Química Orgânica I

PARA

LEIGOS®

de Arthur Winter

ALTA BOOKS
EDITORA
Rio de janeiro, 2011

Química Orgânica I Para Leigos Copyright © 2011 da Starlin Alta Con. Com. Ltda.
ISBN 978-85-7608-526-3

Produção Editorial:
Starlin Alta Con. Com. Ltda.

Gerência de Produção:
Maristela Almeida

Supervisão de Produção:
Angel Cabeza

Tradução:
Lisandra Coelho

Revisão Gramatical:
Beethoven Leite
Damião Nascimento

Revisão Técnica:
Sinai de Fátima Gonçalves da Silva
Formada em Engenharia Química pela UERJ, é Mestre em Química Orgânica pelo IME e Doutora em Química Analítica pela PUC-Rio. Atualmente atua como professora no Centro Federal de Educação Tecnológica Celso Suckow da Fonseca CEFET/RJ

Diagramação:
Cláudio Frota

Fechamento:
Alessandro Talvanes

Translated From Original: Organic Chemistry I For Dummies
ISBN: 978-0-7645-6902-9

Impresso no Brasil

ALTA BOOKS
EDITORA

Rua Viúva Cláudio, 291 – Bairro Industrial do Jacaré
CEP: 20970-031 – Rio de Janeiro – Tel.: 21 3278-8069/8419 Fax: 21 3277-1253
www.altabooks.com.br – e-mail: altabooks@altabooks.com.br

Sobre o Autor

Arthur Winter é graduado pela Frostburg State University (que se localiza nas montanhas do oeste de Maryland), onde se tornou bacharel em Química. Atualmente, é doutorando do quarto ano em química orgânica da University of Maryland em College Park, onde sua pesquisa envolve o estudo de intermediários de vida extremamente curta (tempo de reação de vida menor que 0,000001 segundos) usando espectroscopia *laser*. Gosta de ajudar os alunos em suas batalhas com a química orgânica e criou `www.chemhelper.com`, um *website* de ajuda na área de química orgânica.

No verão, Arthur é um ávido pescador de trutas e caçador de animais perigosos ou deliciosos; nos invernos, ele hiberna. O ano inteiro gosta de assistir a filmes violentos, beber soluções de chá saturadas de açúcar e ler ficção barata. Gosta de competições de levantamento de peso, iron man, trabalhos de lenhador e competições de justa – a partir do conforto de um sofá em frente à sua TV. Costuma gabar-se de sua habilidade para preparar arroz de um minuto em trinta segundos (admite, um pouco *al dente*) e é o orgulhoso proprietário de uma coleção de relógios de pulso baratos. É bom assobiador, mau perdedor e aprecia piadas de mau gosto. Atualmente, reside em College Park, Maryland.

Dedicatória

A Don Weser, professor que causa inspiração e um gigante no campo da educação química (se também não o for na vida real).

Agradecimentos do Autor

Agradeço à equipe editorial, que ajudou a criar este livro. Particularmente, agradeço à editora de aquisições, Kathy Cox, que fez com que a bola rolasse neste projeto; minha editora responsável, Dr[a]. Janet Dunn, que fez incontáveis melhoras no manuscrito, e ao meu paciente editor de projeto, Tere Stouffer, que supervisionou a criação do livro. Agradeço também ao revisor técnico, Dr. Carl Johnson, que ajudou a eliminar erros fatuais, e ao departamento gráfico da editora por reproduzir as muitas imagens deste livro.

Agradeço a Jonathan e Julian Winter por seu apoio, e a Brian Price, Mary Mumper, Robert Larivee, Fred Senese, Glynn Baugher e Dan Falvey por proporcionarem uma educação de primeira categoria.

Sumário Resumido

Sumário

Introdução

Lamentavelmente, ao pensar em química, a primeira coisa que vem à mente de muitas pessoas são substâncias de natureza desagradável – pesticidas nocivos e poluentes químicos, agentes vigorosos e armas químicas ou carcinógenos e toxinas.

Mas a maioria dos produtos químicos é de uma natureza mais positiva. Por exemplo, tanto a água quanto o açúcar são produtos químicos. Por que esses produtos químicos são importantes? Bem, a princípio, porque são componentes da cerveja. As enzimas nas leveduras também são produtos químicos importantes usados na fermentação, processo que transforma o amido em cerveja. O álcool etílico é o produto químico de máxima importância, responsável pelo efeito da cerveja no corpo. Espero que esses três representativos exemplos de produtos químicos tenham refutado minuciosamente a ideia de que todos os produtos químicos são ruins!

Na verdade, quem tem uma opinião negativa sobre todos os produtos químicos deve sofrer de autodesprezo, porque os corpos humanos são, essencialmente, grandes cubas de produtos químicos. Sua pele é feita de produtos químicos – junto com seu coração, pulmões, rins e todos os seus demais órgãos e membros favoritos. E a maioria dos produtos químicos em seu corpo – além dos produtos químicos presentes em todas as demais coisas viventes – não é composta de qualquer tipo de produtos químicos e sim de produtos químicos orgânicos. Então, qualquer um que se interesse pelo maquinário das coisas viventes (ou pela química da cerveja e do vinho) terá de lidar com a química orgânica em algum momento e em algum nível.

Claro, as naturezas desses relacionamentos não têm sido historicamente sempre tão agradáveis. Estudantes de medicina e de biologia (e até de química) têm dado cabeçadas com a química orgânica há décadas e, lamentavelmente, o vencedor desse duelo nem sempre é o humano.

Parte do problema, creio, vem dos preconceitos dos alunos quanto à química orgânica. Eu admito que, como muitos alunos, eu tinha os piores preconceitos com relação à química orgânica. Quando pensava na aula de orgânica, eu pensava em questionários maçantes sobre os produtos químicos, palestras realizadas em tom monótono que levavam ao coma, equações matemáticas complexas esparramando-se por quadros negros de um quilômetro e meio e um tiro de canhão de estruturas e reações químicas vomitadas sucessivamente uma após a outra. Os únicos alunos de sucesso, pensava eu, seriam aqueles que usavam óculos de fundo de garrafa, gravatas com a tabela periódica e sapatos de imitação de couro com fechos de velcro.

Mas se meus preconceitos com relação às aulas de química orgânica eram ruins, meus preconceitos quanto aos laboratórios de química orgânica eram ainda piores. Eu temia o curso no laboratório de química orgânica, certo de que no instante em que eu entrasse no laboratório, todos os produtos químicos instantaneamente iriam evaporar, condensar-se em minhas áreas desprotegidas e espalhar-se por meus cabelos, poros, folículos e unhas. Como resultado, minha pele iria entrar em erupção e desfazer-se em flocos secos. Eu ia ficar careca. Minhas unhas iriam amarelar. O amor da minha vida daria uma olhada em minha fisionomia marcada por cicatrizes, enojada dos homens, e me deixaria sentado sozinho, feito Jó, entre as cinzas de minha existência, raspando minhas feridas chorosas com um pedaço de telha quebrada.

Ok, então eu me enganei quanto a isso. Eu me surpreendi ao descobrir que, na verdade, gostava de química orgânica. Gostava mesmo, era divertido. E trabalhar no laboratório fazendo novas substâncias era menos tóxico do que imaginei que seria e, ao contrário, era interessante e até divertido. Eu também estava enganado com relação à matemática: se você souber contar até 11 sem precisar tirar seus sapatos, então será capaz de fazer a matemática da química orgânica. O momento da virada, na verdade, foi quando parei de lutar contra a química orgânica, parei de alimentar meus preconceitos e mudei de atitude. Esse foi o momento em que eu realmente comecei a gostar do assunto.

Espero que você opte por não lutar contra a química orgânica desde o princípio (como eu fiz) e, ao contrário, decida se dar bem e fazer amizade com ela (mas faça apenas amizade, você não vai querer que as coisas saiam do controle). Nesse caso, este livro o ajudará a conhecer a química orgânica com a maior rapidez possível (e tão bem quanto possível), de forma que quando seu professor decidir testá-lo sobre quão bem você conhece seu novo companheiro, você se dará bem.

Sobre Este Livro

Com *Química Orgânica I Para Leigos*, escrevi o livro que eu gostaria de ter quando estava no primeiro semestre de química orgânica. Isso significa que o livro é bastante prático. Este livro não pretende imitar nem tentar substituir um livro didático. Ao contrário, ele foi pensado como complemento, destacando os conceitos mais importantes de seu livro didático. Enquanto um livro didático dá principalmente uma cobertura do material ao estilo "vamos-aos-fatos-madame" – e traz muitos problemas no fim dos capítulos para ver se você consegue aplicar tais fatos – este livro atua como intérprete, tradutor e guia para conceitos fundamentais sobre a matéria. Esse livro também dá detalhes de como realmente lidar com o enfrentamento de certos problemas da química orgânica.

Enfrentar os problemas é onde a maioria dos estudantes mais tem problemas, em parte porque muitos aspectos de um problema devem ser considerados. Onde é o melhor lugar para começar um problema? O que se pode esperar? Quais questões interessantes (ou seja, pegadinhas) os professores gostam de inserir nos problemas e qual a melhor estratégia para enfrentar um tipo particular de problema? Respondo algumas dessas perguntas neste livro. Embora o livro não tenha meios para mostrar como resolver todos os tipos de problemas encontrados na química orgânica, ele fornece guias para áreas que, em minha experiência, são as costumeiras áreas problemáticas para os alunos. Esses guias incluem os principais pontos de problemas de ressonância, estereoquímica, mecanismos, síntese e espectroscopia.

Além dos tipos de problemas cobertos, esses guias devem dar uma ideia de como tratar de forma lógica a solução de problemas em química orgânica. Eles mostram como organizar seus pensamentos de forma racional e ilustram o tipo de pensamento necessário para abordar novos problemas em química orgânica. Dessa forma, você vê como nadar em vez de entrar em pânico após ser jogado abruptamente para o fundo da piscina.

Além disso, esclareço os mais importantes princípios fundamentais da química orgânica. Uso uma linguagem familiar e de simples compreensão, junto com muitas analogias esclarecedoras, para tornar palatáveis os conceitos difíceis e o jargão técnico que o território contém. Embora este livro seja voltado aos estudantes de um primeiro semestre em um curso introdutório à química orgânica, ele também pode ser um livro de leitura sólido para aqueles que desejem compreender o assunto independente de um curso.

E se você conseguir entender os conceitos da química orgânica, poderá lidar com os problemas e conseguirá dizer de forma razoável que o mundo é sua ostra porque você conquistou a introdução à química orgânica. E isso não é pouca coisa!

Convenções Usadas Neste Livro

Neste livro, uso o termo “fala orgânica” para indicar o jargão do químico orgânico. Com grande frequência, esse jargão (como todo jargão que se preze) pode intimidar e confundir os não iniciados e pode tornar pouco claro, ofuscar e obscurecer o assunto em questão. Eu explico o significado do jargão em termos compreensíveis.

Penso que...

Neste livro, eu suponho que você tenha visto pelo menos um pouco de química no passado e que você tenha familiaridade com princípios básicos da química. Por exemplo, eu parto do princípio que você conhece a Tabela Periódica (veja a Folha de Consulta no início deste livro), que você compreende o que são átomos e de que eles são feitos (nêutrons, prótons e elétrons) e que você tem algum conhecimento de ligações e reações químicas. Você também deve conhecer cinética (como equações de velocidade e constantes de velocidade) e equilíbrios químicos. Se você fez um curso de dois semestres sobre química geral, perfeito (se você achar que sua química geral está um pouco enferrujada, no Capítulo 2 eu reviso os conceitos mais importantes que você precisa conhecer para a química orgânica).

Outra suposição que faço é que você está lendo este livro para compreender os conceitos críticos da química orgânica e, em particular, que você se interessa em descobrir como resolver problemas de química orgânica (porque os problemas são grande parte das perguntas nos exames). Tal suposição indica que – para termos um livro mais curto que o *Moby Dick* – muitos detalhes cobertos por um livro didático não são tratados aqui; ao invés disso, a cobertura é dada ao essencial.

Além disso, suponho que você esteja procurando um livro escrito em estilo conversacional que seja acessível e fácil de compreender, livre da quantidade de jargão e da falta de ventilação da escrita acadêmica. Ou, talvez, você apenas não seja tão bom em química e queira uma referência útil que guie pelos pontos complicados e faça com que a matéria fique mais agradável (ou menos dolorosa, dependendo de seu ponto de vista).

Como Este Livro Está Organizado

Organizei este livro em seis partes principais e cada uma delas está subdividida em capítulos. Organizei o livro de forma que ele acompanhe a organização básica da maioria dos livros didáticos dos cursos de graduação (embora cada um deles organize o material de forma um pouco diferenciada). Se você quiser, poderá seguir este livro de modo direto junto com seu livro didático, usando-o como guia prático do material do livro didático. Além disso, cada capítulo deste livro é independente, o que indica que você pode começar a lê-lo em qualquer ponto sem sentir-se perdido.

No fim do livro estão os apêndices que incluem dicas sobre como lidar com mecanismos de reação e enfrentar sínteses em várias etapas. Como qualquer um dos capítulos deste livro, essas seções são independentes e podem ser pesquisadas sem a necessidade da leitura dos capítulos anteriores como requisito.

Parte I: Tornando-se Orgânico: A Química do Carbono

Nessa parte, apresento a você o mundo da química orgânica. Defino química orgânica, discuto o que torna uma molécula orgânica e falo sobre o que químicos orgânicos fazem o dia inteiro (além de forrar seus protetores de bolso com canetas baratas). Faço também uma revisão do essencial sobre ligações, orbitais e configuração dos elétrons.

Aqui, apresento a linguagem da química orgânica, feita de imagens e estruturas e não de palavras. Incorporo as diversas formas como os químicos orgânicos se comunicam usando estruturas (de estruturas de Lewis completas até estruturas condensadas e representações em bastão) e mostro como desenhar cada uma dessas estruturas de forma correta. Também dou um guia para o desenho das desprezadas estruturas de ressonância, que são usadas por químicos orgânicos para confundir os estudantes (e, como alguns argumentariam, para corrigir uma falha ao representar a localização de certos elétrons nas estruturas de Lewis).

Como quase todas as reações orgânicas são reações ácido-base, cubro os aspectos importantes da química de ácidos e bases e mostro como prever as forças dos ácidos e das bases de forma qualitativa. Além disso, como os grupos funcionais (ou centros reativos) contidos em uma molécula preveem a reatividade da molécula, apresento todas as principais classes de compostos que você precisa conhecer bem no início deste livro.

Essa parte é o aquecimento, a quebra do gelo, o aperto de mão.

Parte II: Hidrocarbonetos

Nessa parte, discuto moléculas orgânicas que só contêm os elementos e hidrogênio e carbono – ou seja, os hidrocarbonetos! Os hidrocarbonetos são os ossos das moléculas orgânicas e incluem os alcanos (moléculas apenas com átomos de hidrogênio e carbono de ligação simples), os alcenos (moléculas com ligações duplas carbono-carbono) e os alcinos (moléculas com ligações triplas carbono-carbono). Aqui, apresento a nomenclatura das moléculas orgânicas e discuto as reações químicas que essas moléculas sofrem.

Nessa parte do livro, apresento também o conceito de conformação, ou as diversas maneiras como as moléculas podem ser curvadas e flexionadas, além do conceito de estereoquímica, ou a forma como as ligações se orientam em três dimensões. Mostro ainda como as moléculas orgânicas podem refazer seus caminhos para formar anéis, e você verá se eu tenho autocontrole para privar-me de fazer um trocadilho infame com O Senhor dos Anéis (não conte com isso).

Parte III: Grupos Funcionais

Se os hidrocarbonetos (e, particularmente, os alcanos) são os ossos das moléculas orgânicas, então os grupos funcionais são os músculos que dão movimento às coisas. Grupos funcionais são os centros reativos das moléculas. Alguns dos grupos funcionais mais importantes são os álcoois, os haletos e os compostos aromáticos. Cubro detalhadamente esses grupos funcionais nessa parte e mostro suas propriedades e reações.

Além disso, chego até a estereoquímica das moléculas orgânicas – a forma como os átomos estão organizados no espaço tridimensional – e mostro como a estereoquímica das moléculas é importante nos sistemas biológicos.

Parte IV: Espectroscopia e Determinação de Estrutura

Como determinar a estrutura de um composto quando é dado um pó branco desinteressante? Como saber que se obteve o produto certo com sua reação? Nessa parte, mostro como os químicos orgânicos determinam as estruturas das moléculas usando uma técnica instrumental chamada espectroscopia (técnica que mede como a luz interage com as moléculas) e espectrometria de massas (processo que envolve a quebra de moléculas em minúsculas partes e a pesagem de todos os pequenos pedaços). Mostro também como você pode usar dicas dessas técnicas de determinação de estrutura para reunir a estrutura de um composto desconhecido.

Parte V: A Parte dos Dez

As partes dos dez são listas de dez itens que se relacionam com a química orgânica. Incluí também dez caras e minas bacanas da química orgânica, dez descobertas orgânicas legais e dez dicas para passar em Química Orgânica.

Parte VI: Apêndices

Nesses apêndices, incluí guias para resolver problemas de mecanismo e problemas de síntese em várias etapas. Esses guias serão úteis depois que você começar a entender as reações químicas dos compostos orgânicos. Além disso, inseri um glossário de química para ajudá-lo a manter-se por dentro do jargão dos químicos orgânicos.

Ícones Usados Neste Livro

Os ícones são as úteis imagenzinhas nas margens. Eu os uso para dar um aviso sobre o alcance do material. Incluí no livro os seguintes ícones:

Uso esse ícone ao dar indicações para economizar seu tempo.

Uso e abuso desse ícone, não apenas para refrescar sua memória sobre algo que você deve ter aprendido antes, mas também para conceitos muito importantes de que você deve se lembrar.

Uso esse ícone para avisá-lo sobre um produto químico ou uma técnica que possam ser particularmente perigosos. Também o utilizo para relembrá-lo de armadilhas comuns em que os estudantes podem cair ao enfrentar certos problemas.

Tento evitar ser técnico demais, então você não verá muito esse ícone. Quando ele é usado, indica uma discussão um pouco mais aprofundada de um conceito (que você pode pular se quiser).

De Lá para Cá, Daqui para Lá

Resumindo, a partir daqui você pode ir para onde quiser. Todos os capítulos deste livro foram planejados para serem independentes, então é possível saltar por eles, lendo os capítulos na ordem que você achar mais adequada. Talvez você esteja tendo problemas com um conceito específico, como desenho de estruturas de ressonância ou solução de estruturas usando espectroscopia RMN. Nesse caso, vá direto ao capítulo que trata do assunto em particular. Ou, caso queira, você pode ler o livro do início ao fim, usando-o como um tipo de intérprete e guia para seu livro didático.

Se você conhece a essência da química orgânica e tem um conhecimento prévio sólido dos conceitos críticos da química geral – como configuração de elétrons, orbitais e ligações – você pode querer pular os dois primeiros capítulos e mergulhar diretamente no Capítulo 3, que explica como são desenhadas as estruturas orgânicas.

Ou você pode querer apenas dar uma olhada por cima dos dois primeiros capítulos como uma rápida introdução e refresco para a memória (as férias de verão têm uma forma estranha de apagar seu quadro-negro da memória, deixando-o limpinho, particularmente na área da química).

Tenha em mente que os apêndices ao fim do livro contêm guias valiosos para lidar com problemas de síntese em várias etapas e propor mecanismos de reação razoáveis, além de um glossário de química. Os problemas da síntese em várias etapas e dos mecanismos de reação aparecem com muita frequência em exames de química orgânica (exceto, talvez, bem no início), então talvez você queira verificá-los quando seu professor começar a falar sobre reações químicas (o momento desse inevitável evento varia de curso para curso). Particularmente útil no início do curso talvez seja o "Dez Dicas para Sobreviver à Química Orgânica", que se encontra na Parte V, a Parte dos Dez.

O livro é seu, então use-o da forma que você acredita que mais lhe ajudará.

Parte I:

Tornando-se Orgânico: A Química do Carbono

A 5ª Onda Por Rich Tennant

"Certo – agora que o paramédico está aqui com o desfibrilador e o amoníaco, preparem-se para abrir seu caderno de provas..."

Nesta parte...

Os compostos orgânicos são onipresentes na natureza. São encontrados em coisas vivas, são encontrados na atmosfera que respiramos, são encontrados nos alimentos que comemos e são encontrados nas roupas que usamos. Em resumo, não é possível escapar das moléculas orgânicas. Nesta parte, eu apresentarei a você os compostos orgânicos, direi o que faz com que um composto orgânico seja orgânico, mostrarei como desenhar moléculas orgânicas e discutirei como as moléculas orgânicas são combinadas.

Capítulo 1
O Maravilhoso Mundo da Química Orgânica

Neste Capítulo

- Lidando com a ansiedade pré-orgânica
- Definição de química orgânica
- Desvendando os mistérios do carbono
- O que fazem os químicos orgânicos

A química orgânica é um tirano do qual você já ouviu falar muito. Você ouviu seus conhecidos sussurrando sobre ela em segredo. Ela é má, dizem; é uma fera e impossivelmente difícil; é desagradável de se ter por perto (e tem um cheiro meio estranho). Este é o capítulo em que eu apresento a você a química orgânica e, no qual, espero, você decide esquecer todos os comentários negativos que ouviu sobre o assunto.

Neste capítulo, mostro que os boatos maldosos sobre a química orgânica são mentirosos (em sua maioria). Falo também sobre o que é a química orgânica e por que você deveria passar preciosas horas de sua vida a estudando. Mostro que descobrir a química orgânica é uma expedição realmente válida e divertida. E a viagem não se dá toda subindo uma ladeira.

Apresentando-se à Química Orgânica

Embora a química orgânica seja uma matéria muito importante e valiosa e, para alguns, até uma matéria altamente divertida, eu percebo que ela é intimidadora, especialmente em seu primeiro encontro com ela. Talvez você já tenha tido o que os mais experientes chamam simplesmente de "A Experiência", aquela em que você pegou o livro didático pela primeira vez. Foi o momento em que você puxou o livro da prateleira na livraria. Quando distendeu as costas tentando segurá-lo no alto. Quando sentiu "O Temor" correr pela sua espinha enquanto folheava o número aparentemente infinito de páginas do livro e temeu que, além de ter que ler tudo aquilo, tal leitura não fosse exatamente fácil como a leitura de uma aventura de detetives ou de mistério.

Sem dúvida, o material pareceu estranho. Abrindo em uma página pelo meio do livro, você viu estruturas químicas bizarras cobrindo a página, flechas curvas movendo-se para cá e para lá como bandos de estorninhos e tabelas de dados inchadas com uma quantidade de valores excessivos – valores que você suspeitou que teria que memorizar. Admito que a química orgânica é um pouco assustadora.

A novela das moléculas orgânicas

As moléculas orgânicas governam nossos processos de vida, como o metabolismo, a codificação genética e o armazenamento de energia. Na natureza, as moléculas orgânicas também realizam uma novela louca, agindo como meio para muitas voltas e reviravoltas, decepções, traições, alianças estratégicas, romances e até guerras.

Tomemos como exemplo as plantas. Elas parecem tão indefesas. Quando um predador vem almoçar nas folhas de uma planta, a planta não pode, simplesmente, fazer as malas e partir. Ela está presa ali onde se encontra, então não resta nada a fazer, certo? Mas embora muitas plantas pareçam indefesas, elas não o são. Muitas plantas produzem fago-repelentes, compostos orgânicos asquerosos de sabor desagradável ou até tóxicos para quem ousar comê-las (quando criança, eu sempre soube que a couve-de-bruxelas tinha algo assim). Os predadores que se alimentaram de uma planta rica nesses compostos desagradáveis lembram-se de não comê-las no futuro.

Produzir fago-repelentes para desencorajar que se seja comido é suficientemente ruim, mas, às vezes, as plantas têm defesas que parecem ser simplesmente do mal. Certas espécies de plantas, por exemplo, conseguem detectar quando uma lagarta decide mascar suas folhas (detectando moléculas orgânicas presentes na saliva da lagarta!). Quando a planta detecta que uma lagarta decidiu jantar suas folhas, ela emite moléculas orgânicas voláteis no ar, elementos químicos projetados para atrair vespas. Quando as vespas zumbem em volta para ver o que está acontecendo, elas veem as lagartas comendo a planta e matando-a. As vespas pouco se importam com os infortúnios da planta, mas as vespas fêmeas precisam de um lugar confortável para chocar seus ovos. E onde há uma maternidade mais cômoda do que nas entranhas de uma lagarta gorda e suculenta?

Quando uma vespa localiza uma lagarta, ela desce, faz uma aterrissagem forçada nas costas da lagarta, pica a lagarta até paralisá-la e põe seus ovos dentro dela! Depois, quando as larvas da vespa saem do ovo, elas fazem da lagarta sua primeira refeição, mascando-a com satisfação de dentro para fora. A vespa, portanto, reproduziu-se e alimentou sua pequena descendência, e a planta está livre da peste – uma aliança estranha entre vespa e planta, tudo isso graças à comunicação por meio de moléculas orgânicas. E esse é apenas um episódio dessa novela interminável, produzida, provida e patrocinada por moléculas orgânicas.

Acho que a maioria dos estudantes se sente assim antes de fazer essa aula e, provavelmente, até sua professora também se sentiu, assim como o professor dela. Então você não está só. Mas você pode ficar tranquilo sabendo que a química orgânica não é tão difícil quanto parece. Aqueles que dedicam a quantidade necessária de trabalho – que, admito, é muita – e não ficam para trás, quase sempre se dão bem (talvez você queira ver no Capítulo 18 algumas dicas úteis sobre como passar em Química Orgânica). Mais que qualquer outra matéria, a química orgânica recompensa os dedicados (como você) e pune de forma implacável os preguiçosos (os demais de sua classe). Eu acho que compreender química orgânica não é tão difícil quanto trabalhar com ela é.

Espero que toda essa conversa sobre o quanto o curso é intimidador não tenha jogado um balde de água fria em seu entusiasmo, porque a matéria de química orgânica é realmente uma coisa de outro mundo. Aprender química orgânica é aprender sobre a própria vida, porque os organismos vivos são compostos de moléculas orgânicas e as usam para funcionar. Enxames de moléculas orgânicas estão trabalhando em seu corpo – dando combustível ao seu cérebro, ajudando seus neurônios a despertar e fazendo com que os músculos de sua boca a façam abrir e fechar – e isso é apenas uma pequena amostra das moléculas orgânicas necessárias para que você reclame sobre os requisitos da química escolar.

Os humanos, na verdade, são compostos quase completamente de moléculas orgânicas (todas as partes macias, pelo menos), dos músculos, cabelos e órgãos até as gorduras que amortecem barrigas e mantêm você aquecidinho em noites sufocantes de verão (alguns são mais abençoados nessa questão que outros). As moléculas orgânicas também podem variar de tamanho, do muito minúsculo, como o dióxido de carbono que você exala e que consiste de apenas três átomos, até o surpreendentemente grande, como o DNA, que age como seu manual de instruções molecular e é feito de milhões de átomos.

O Que São Exatamente Moléculas Orgânicas?

Mas o que une todas essas moléculas? O que exatamente faz com que uma molécula seja orgânica? A resposta está em um único átomo precioso: o carbono. Todas as moléculas orgânicas contêm carbono e estudar química orgânica é estudar moléculas feitas de carbono e ver que tipos de reações elas sofrem e como elas se unem. Quando esses princípios são conhecidos, tal conhecimento pode ser posto em prática para criar drogas melhores (as legais, espero), plásticos mais fortes, materiais melhores para fazer *chips* de computador menores e mais rápidos, tintas, corantes, revestimentos e polímeros melhores e um milhão de outras coisas que ajudem a melhorar sua qualidade de vida.

Posto isso, eu também devo mostrar que o campo da química orgânica é essencialmente arbitrário, que as mesmas leis fundamentais de química que se aplicam às moléculas inorgânicas aplicam-se da mesma forma às orgânicas. Essa conectividade dos ramos da química na verdade é uma ideia relativamente nova, já que, falsamente, pensava-se que as moléculas orgânicas tivessem uma "força vital" que outras moléculas não tinham (para saber mais, veja a seção sobre Wöhler no Capítulo 20). Apesar da destruição dessa teoria de *vitalismo*, os químicos ainda mantêm as antigas divisões da química, divisões que definem os ramos da físico-química, química inorgânica e bioquímica. Mas essas barreiras estão começando a se dissolver lentamente e são mantidas principalmente para ajudar os estudantes a concentrarem-se no material ensinado em um dado curso.

É fascinante que, de todos os muitos elementos presentes na natureza, as coisas viventes tenham selecionado o carbono como seu bloco de construção. O que torna o carbono tão especial, tão único? O que faz com que ele seja o melhor como fundação para a vida do que qualquer um dos demais elementos? O que faz com que esse átomo seja tão importante que toda uma matéria se concentre em torno desse único átomo, enquanto a química de todos os demais elementos fica amontoada em uma pilha grande e mole conhecida como química inorgânica? De fato, o carbono é realmente tão especial assim em comparação com os muitos outros elementos que poderiam ter sido selecionados?

Resumindo, sim. O carbono é muito especial e sua utilidade encontra-se em sua versatilidade. O carbono tem a capacidade de formar quatro ligações, então as moléculas que contêm carbono podem ser variadas e intrincadas. Além disso, as ligações de carbono representam o dilema entre estabilidade e reatividade – as ligações de carbono não são nem fortes nem fracas demais. Ao invés disso, elas resumem aquilo a que os químicos se referem carinhosamente como *Princípio de Cachinhos Dourados* – as ligações de carbono não são "quentes demais" nem "frias demais", são apenas "perfeitas". Se essas ligações fossem fortes demais, o carbono seria não reativo e inútil para os organismos; se elas fossem fracas demais, seriam instáveis e igualmente sem valor. Do contrário, as ligações de carbono atingem os dois extremos, sem ser forte demais nem fraca demais, fazendo com que se encaixem na espinha dorsal da vida.

Além disso, o carbono é um dos muito poucos elementos que podem formar fortes ligações com si próprios, além de ser capaz de formar ligações com uma grande variedade de outros elementos. As ligações de carbono podem até refazer seu caminho formando anéis (ver Capítulo 7). Graças a essa habilidade de ligar-se a si mesmo e a outros elementos, o carbono pode formar uma gama inacreditavelmente vasta de moléculas. Milhões de compostos orgânicos já foram feitos e caracterizados e, sem dúvida, muitos outros milhões serão descobertos (talvez, caro leitor, por você!).

Um Químico Orgânico Conhecido por Qualquer Outro Nome...

Assim como o campo da química pode ser dividido em diversos ramos, da mesma forma o campo da química orgânica pode ser dividido em áreas de pesquisa especializada. Aqueles que trabalham nessas diversas áreas – esses "químicos orgânicos" especializados – ilustram a diversidade do campo da química orgânica e sua conexão com outros ramos da química, ramos como a físico-química, bioquímica e química inorgânica.

Químico orgânico sintético

Químicos orgânicos sintéticos ocupam-se de fazer moléculas orgânicas. Particularmente, químicos sintéticos interessam-se por pegar materiais iniciais baratos e disponíveis e convertê-los em produtos de valor. Alguns químicos sintéticos dedicam-se ao desenvolvimento de procedimentos que podem ser usados por outros na construção de moléculas complexas. Esses químicos querem desenvolver procedimentos gerais que sejam flexíveis e possam ser usados na síntese de tantos tipos diferentes de moléculas quanto possível for. Outros dedicam-se ao desenvolvimento de reações que façam certos tipos de ligações, como ligações carbono-carbono.

Outros usam procedimentos conhecidos para facilitar sínteses em várias etapas – a criação de compostos complexos usando muitas reações individuais conhecidas. A realização dessas sínteses em várias etapas testa os limites dos procedimentos conhecidos. Essas sínteses em várias etapas forçam a inovação e a criatividade por parte do químico, além de encorajar a resistência e a flexibilidade quando uma etapa da síntese der errado (as coisas inevitavelmente dão errado durante a síntese de moléculas complexas). Tal inovação contribui para o corpo de conhecimento da química orgânica.

Químicos orgânicos sintéticos costumam amontoar-se na indústria farmacêutica, mapeando caminhos eficientes de reação para criar drogas e otimizando reações para tornar moléculas orgânicas muito complicadas tão baratas e eficientes quanto possível para serem usadas como produtos farmacêuticos (às vezes, a melhora em alguns pontos percentuais do rendimento da reação de uma droga conhecida pode economizar milhões de dólares para uma companhia farmacêutica anualmente). Se você fizer um curso de laboratório em química orgânica, fará muitas sínteses orgânicas.

Químico bio-orgânico

Químicos bio-orgânicos interessam-se, particularmente, pelas enzimas dos organismos viventes. Enzimas são moléculas orgânicas muito grandes e são as abelhas operárias das células, que catalisam (aceleram) todas as reações na célula. Essas enzimas vão das moderadamente importantes (do ponto de vista de um estudante universitário mediano), como aquelas que nos mantêm vivos transformando a comida e armazenando a energia, até as realmente importantes, como as presentes nas leveduras responsáveis pela fermentação ou as que transformam os açúcares em álcool.

Esses catalisadores funcionam com uma eficiência e seletividade que os químicos orgânicos sintéticos só podem invejar (veja a seção anterior). Químicos bio-orgânicos interessam-se, particularmente, por visualizar essas maravilhas da natureza, essas enzimas, e por determinar como operam. Quando os químicos entendem os mecanismos de como essas enzimas catalisam reações particulares na célula, esse conhecimento pode ser usado para projetar *inibidores* de enzimas, moléculas que bloqueiam a ação dessas enzimas.

Tais inibidores compõem uma grande quantidade das drogas atualmente no mercado. A aspirina, por exemplo, é um inibidor das enzimas *ciclo--oxigenase* (COX). Essas enzimas COX são responsáveis pela formação dos transmissores da dor no corpo (chamados de *prostaglandinas*). Esses transmissores são os mensageiros que mandam seu cérebro infligir uma dor forte e poderosa no dedão que você acabou de acertar com o martelo. Quando a droga aspirina inibe a operação dessas enzimas COX, as enzimas em seu corpo não conseguem mais formar essas moléculas sinalizadoras de dor. Desse modo, a sensação de dor no corpo é reduzida. Atualmente, existem muitos outros exemplos desses tipos de drogas inibidoras, e elas são projetadas por químicos bio-orgânicos.

Químico de Produtos Naturais

Os químicos de produtos naturais isolam os compostos das coisas viventes. Os compostos orgânicos isolados dos organismos viventes são chamados de *produtos naturais*. Ao longo da história, as drogas têm vindo de produtos naturais. Na verdade, só recentemente as drogas têm sido feitas de forma sintética em laboratório. A penicilina, por exemplo, é um produto natural produzido por um fungo, e essa famosa droga salvou milhões de vidas matando uma bactéria nociva. As propriedades curativas das ervas e dos chás e outras "porções de bruxas" costumam ser resultado de produtos naturais contidos nas plantas. Alguns grupos indígenas norte-americanos mascavam casca de salgueiro para aliviar a dor, já que a casca continha a forma ativa da aspirina; outros grupos indígenas norte americanos dedicavam-se ao fumo do peiote, que contém um produto natural com propriedades alucinógenas. Os fumantes intoxicam-se com o produto natural do tabaco chamado nicotina; os bebedores de café intoxicam-se com o produto natural encontrado nos grãos de café chamados de cafeína.

Ainda hoje, uma grande quantidade das drogas encontradas nas prateleiras das farmácias é derivada de produtos naturais. Uma vez extraídos do organismo vivo, os produtos naturais costumam ser testados por químicos quanto à sua atividade biológica. Por exemplo, um produto natural pode ser testado para que se verifique se ele pode matar uma bactéria ou células cancerosas, ou se ele pode agir como uma droga anti-inflamatória. Com frequência, os químicos encontram um "princípio ativo" – um composto que exibe atividade biológica útil – as estruturas desses produtos naturais são então modificadas pelos químicos orgânicos sintéticos para tentar aumentar a potência do composto ou para reduzir o número de efeitos colaterais nocivos produzidos pelo produto natural.

Físico-químico orgânico

O *físico-químico orgânico* interessa-se por compreender os princípios implícitos que determinam por que os átomos se comportam da forma como o fazem. O físico-químico orgânico, particularmente, estuda os princípios implícitos e os comportamentos das moléculas orgânicas. Alguns físico-químicos orgânicos interessam-se por modelar o comportamento dos sistemas químicos e compreender as propriedades e reatividades das moléculas. Outros estudam e preveem com que rapidez certas reações ocorrerão; essa área especializada é chamada de *cinética*. Outros, ainda, estudam as energias das moléculas e usam equações para prever quanto produto uma reação terá produzido em equilíbrio, essa área é chamada de *termodinâmica*. Físico-químicos orgânicos também se interessam por *espectroscopia* e *fotoquímica*, ambas estudam as interações da luz com as moléculas (a fotossíntese das plantas, provavelmente, é o exemplo mais conhecido de luz interagindo com moléculas na natureza).

Químico organometálico

Químicos organometálicos interessam-se pelas moléculas que contêm tanto metais quanto carbono. Tais moléculas costumam ser mais usadas como catalisadores de reações químicas (os catalisadores aceleram as reações). As ligações carbono-carbono são fortes comparadas às ligações carbono-metal, então essas ligações carbono-metal são feitas e desfeitas muito mais facilmente que as ligações carbono-carbono. Como tais, são úteis para catalisar transformações químicas de moléculas orgânicas. Muitos químicos organometálicos ocupam-se de fazer e otimizar catalisadores organometálicos para tipos específicos de reações.

Químico computacional

Com os recentes avanços na velocidade dos computadores, os químicos apressaram-se para usar os computadores no auxílio de seus estudos dos átomos e moléculas. *Químicos computacionais* modelam compostos (tanto inorgânicos quanto orgânicos) para prever diversas propriedades desses compostos. Por exemplo, químicos computacionais costumam se interessar pela estrutura tridimensional das moléculas e pelas energias das moléculas.

Os modelos gerados pelos químicos computacionais estão ficando cada vez mais sofisticados conforme os computadores aumentam sua velocidade e conforme físico-químicos criam modelos melhores. Muitas drogas agora são projetadas por computador pelos químicos computacionais; esse processo é chamado de desenvolvimento de drogas *in silico*, o que significa que a droga é desenvolvida no computador baseado em silício. Normalmente, as drogas funcionam bloqueando um receptor em uma enzima (veja a explicação do Químico bio-orgânico). O desenvolvimento de drogas *in silico* concentra-se em modelar para ver quais compostos melhor se encaixariam no receptor alvo da droga. Isso permite o *desenvolvimento racional de drogas* ou o uso do cérebro para criar uma estrutura de uma droga ao invés de, simplesmente, usar os “métodos de força bruta” do passado, métodos que envolviam o teste de milhares de compostos selecionados aleatoriamente e a procura da atividade biológica.

Químico de materiais

Rearranjos de McLafferty interessam-se por fontes materiais. Plásticos, polímeros, revestimentos, tintas, corantes – todos esses são do interesse do químico de materiais. Químicos de materiais costumam trabalhar tanto com materiais orgânicos quanto inorgânicos, mas muitos dos compostos de interesse dos químicos materiais são orgânicos. O *teflon* é um material polimérico orgânico que evita que as coisas grudem em superfícies, o polímero de cloreto de vinila (pvc) é um polímero usado para fazer tubos e o polietileno é um plástico encontrado em jarras e carpetes.

Os químicos de materiais também desenvolvem detergentes ambientalmente seguros que retêm seu poder de limpeza. Materiais orgânicos também são necessários para que a fotolitografia faça *chips* de computador menores, mais rápidos e mais confiáveis. Todas essas aplicações e outras milhares são do interesse do químico de materiais.

Capítulo 2

Dissecação de Átomos: Estrutura Atômica e Ligação Química

Neste Capítulo

- Divisão de um átomo e sua reconstrução
- Revisão dos apartamentos de elétrons: orbitais
- Previsão de momentos do dipolo para ligações e moléculas
- Descoberta de ligações iônicas e covalentes
- Misturando a mistura orbital
- Determinação de imagens orbitais para moléculas orgânicas

Neste capítulo, você dividirá um átomo, estudará suas partes mais importantes (tendo o cuidado de não perder nenhuma delas) e depois o reconstruirá, como se fosse um mecânico de átomos. Após ver todas as partes, inclusive onde elas se encaixam em um átomo e como elas funcionam, você começará a ver como os átomos se unem e se ligam, descobrindo-se os diversos tipos de ligação. Aqui, você descobrirá que os átomos não foram criados de forma igual: alguns átomos são gulosos e saqueiam de forma gulosa os elétrons de uma ligação, enquanto outros são mais generosos. Mostro como distinguir os átomos altruístas dos porcos e como essa distinção pode ser usada para prever a separação de carga em uma ligação ou molécula (essa separação é chamada de *dipolo*), uma ferramenta útil para a compreensão da reatividade de uma molécula. Disseco também os *orbitais* – os apartamentos nos quais os elétrons residem – e mostro como sua sobreposição leva à ligação com outros átomos.

Então, prepare-se para encher as mãos de graxa e ficar com areia de carbono gravada embaixo de suas unhas. E não se preocupe com a bagunça.

Prisão Domiciliar de Elétrons: Camadas e Orbitais

A alma de um átomo é o número de prótons que há em seu núcleo; esse número não pode ser modificado sem mudar a identidade do próprio átomo. Você pode determinar quantos prótons um átomo tem pelo seu número atômico na Tabela Periódica. Seu amigo carbono, por exemplo, tem número atômico seis, portanto tem seis prótons escondidos em seu núcleo. Como os prótons têm carga positiva, para que um átomo permaneça eletricamente neutro ele precisa de um número de elétrons (que tem carga negativa) igual ao número de prótons.

LEMBRE-SE

Se um átomo tiver mais ou menos elétrons do que prótons – em outras palavras, quando o número de partes com carga positiva não estiver em equilíbrio com o número de partes com carga negativa – o próprio átomo torna-se carregado e passa a se chamar *íon*. Se um átomo tiver mais elétrons do que prótons, ele se torna um íon de carga negativa, chamado de *ânion*. Se tiver menos elétrons do que prótons, torna-se um íon de carga positiva e chama-se *cátion*.

Diferente dos prótons, os elétrons não ficam firmemente presos no núcleo de um átomo, e sim nas camadas que rodeiam o núcleo. De forma qualitativa, podemos pensar nas camadas eletrônicas como esferas concêntricas que rodeiam o núcleo do átomo. A primeira camada, mais próxima ao núcleo do átomo e com menor nível de energia, pode conter até dois elétrons (geralmente abrevia-se elétrons como *e*– , então, usando essa notaçao, a primeira camada pode conter 2*e*–). Veja a Figura 2-1. A segunda camada tem maior nível de energia, fica mais distante do núcleo e pode conter até oito elétrons. A terceira camada, com nível ainda maior de energia, pode conter até 18 elétrons. Não falo sobre as camadas em nível maior que o terceiro (porque você não lidará com elas na química orgânica), exceto para dizer que quanto maior o número da camada, mais distante ela estará do núcleo, mais elétrons ela poderá conter e maior será seu nível de energia.

Figura 2-1: O núcleo e as camadas de energia mais baixa de um átomo.

Apartamentos de elétrons: Orbitais

As camadas eletrônicas subdividem-se em *orbitais*, a posição real em qual um elétron é encontrado na camada. A mecânica quântica – aquela matéria assustadora que lida com equações matemáticas complicadas demais para serem cobertas pela química orgânica (viva!) – diz que nunca se pode saber exatamente onde um elétron está em um dado momento, mas você pode saber a região do espaço na qual um elétron pode ser encontrado, e ela é o orbital do elétron.

Então, qual a diferença entre uma camada e um orbital? Uma camada indica o nível de energia de um elétron em particular e o orbital é a localização real no espaço em que o elétron reside. Uma camada cheia de elétrons tem formato esférico (verifique a Figura 2-1). A camada pode ser imaginada como o chão do apartamento em que vive o elétron (o nível de energia), enquanto o orbital é o apartamento propriamente dito, no qual o elétron reside.

Você pode levar essa analogia mais além para esclarecer o que sabe sobre o elétron. Todos os elétrons em um átomo estão em prisão domiciliar; eles simplesmente não podem estar em nenhum outro lugar de um átomo, estando restritos aos seus apartamentos orbitais particulares. Mas a mecânica quântica fecha as portas e as janelas do apartamento, então você nunca consegue espiar e saber com certeza onde o elétron está em um dado momento (essa incerteza para saber as localizações dos elétrons chama-se *Princípio da Incerteza de Heisenberg*).

Embora não seja possível saber a localização exata de um elétron em um dado momento, é possível saber a região no espaço em que um elétron será encontrado, que é o orbital. E o formato desses apartamentos – esses orbitais de elétrons – torna-se importante na ligação. Os orbitais atômicos com que você lida na química orgânica são de dois tipos: os orbitais *s* e os orbitais *p*, e cada tipo tem um formato distinto. Desenhos desses orbitais mostram onde um elétron em um orbital em particular será encontrado 95% do tempo. Um orbital *s* tem formato esférico, enquanto o orbital *p* tem formato de um haltere (mais ou menos; veja a Figura 2-2). Cada orbital pode conter até dois elétrons, mas se houver dois elétrons em um orbital, eles devem ter "spins" opostos (você pode ter aprendido que os subníveis *p* têm seis elétrons, isso é porque há três orbitais *p* individuais em uma subnível *p*, cada um deles contendo dois elétrons). O *spin* de um elétron em um orbital é uma propriedade, de certa forma abstrata, que não tem contrapartida em nosso mundo, mas você pode pensar nesses *spins* de forma qualitativa como elétrons em movimento em torno do próprio eixo *spins* como se fossem piões – um elétron movimenta-se em uma direção em torno do próprio eixo e outro movimenta-se na direção oposta.

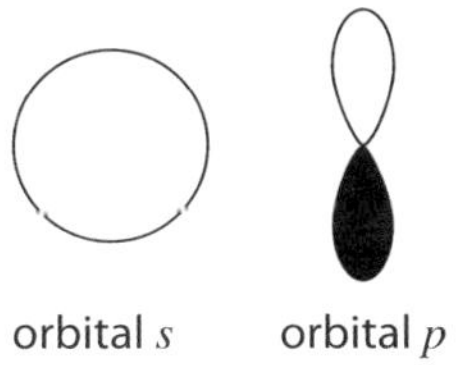

Figura 2-2: Os formatos dos orbitais s e p.

Os químicos usam também uma sintaxe específica quando se referem aos orbitais. Um número é colocado diante de um tipo de orbital para designar em qual camada tal orbital reside. Por exemplo, o orbital 2*s* refere-se ao orbital *s* na segunda camada. Se a ocupação de elétrons desse orbital for importante, o número de elétrons nele será colocado de forma sobrescrita, seguindo o número. Veja a Figura 2-3.

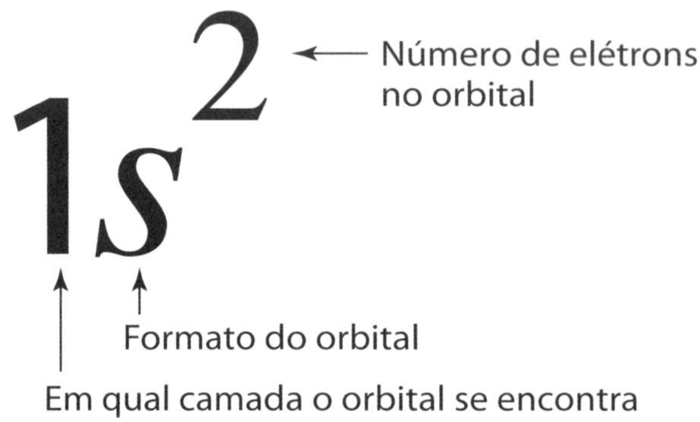

Figura 2-3: Separação dos símbolos de configuração dos elétrons.

Agora que você sabe o que são os orbitais, pode ver como os diferentes tipos se encaixam nas camadas eletrônicas. O orbital *s* é esfericamente simétrico, tem dois elétrons e é o único orbital da primeira camada. A segunda camada contém orbitais *s* e *p* e tem até oito elétrons. O orbital 2s tem o mesmo formato esférico do orbital 1*s*, mas é maior em tamanho e energia. A camada 2*p* consiste de três orbitais individuais – um que aponta na direção x (p_x), um que aponta na direção y (p_y) e um que aponta na direção z (p_z). Como cada um desses orbitais *p* tem igual energia, diz-se que eles são *orbitais degenerados*, usando a fala orgânica. Veja a Figura 2-4. Em geral, os subníveis *p* podem conter até seis elétrons (porque eles têm três orbitais *p* individuais, cada um deles podendo conter até dois elétrons), e os subníveis *s* podem ter até dois elétrons (pois têm apenas um orbital que pode ter até dois elétrons).

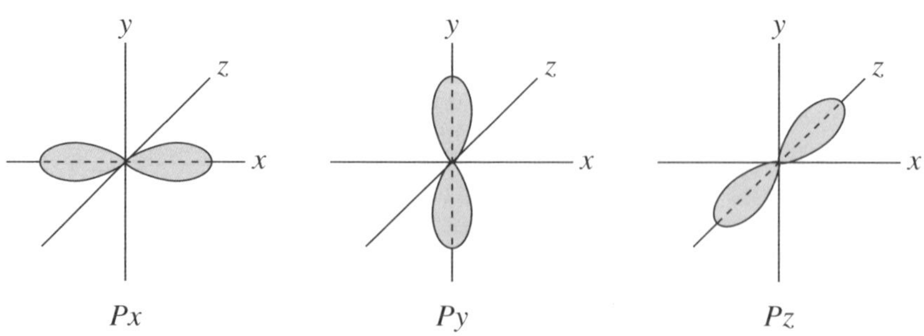

Figura 2-4: Os três tipos de orbitais p.

Manual de instruções do elétron: Configuração de elétron

Os químicos gostam de saber quais orbitais de um átomo estão ocupados por elétrons, porque a localização dos elétrons em um átomo costuma prever sua reatividade. Para construir a *configuração eletrônica do estado* fundamental, ou a lista de orbitais ocupados por elétrons em um átomo particular, começamos colocando elétrons nos orbitais de menor energia e, então, aumentamos daí para adiante. A natureza, como os seres humanos, é preguiçosa e prefere estar no menor estado possível de energia (para os humanos, preguiça significa ficar sentado no sofá assistindo TV em vez de estar estudando química orgânica). O diagrama de Aufbau, na Figura 2-5 (*Aufbau* significa *construção* em alemão), é útil para lembrar quais orbitais são preenchidos primeiro. Basta seguir as flechas. O orbital de menor energia é o 1*s*, seguido pelo 2*s*, 2*p*, 3*s*, 3*p*, 4*s*, e daí por diante.

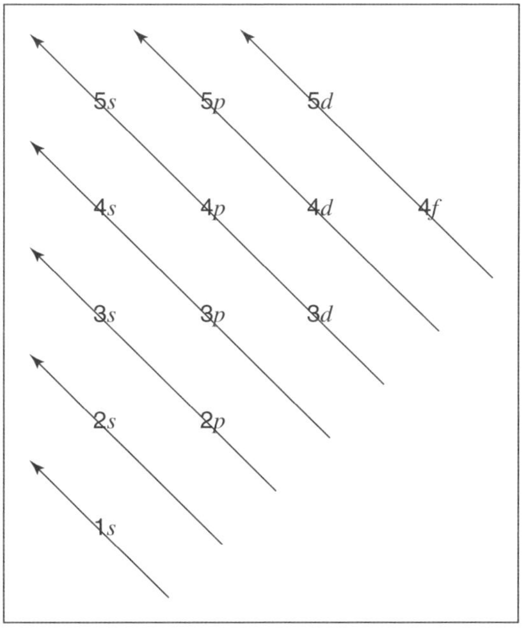

Figura 2-5: O esquema Aufbau de organização dos elétrons.

Preencher orbitais com elétrons é uma tarefa bastante simples – basta preencher com dois elétrons por orbital, começando pelos orbitais de menor energia e seguindo em frente até terminar os elétrons. Mas os últimos elétrons a serem colocados nos orbitais às vezes precisam ser colocados de forma um pouco diferente. A regra de Hund diz o que fazer ao chegar no último dos elétrons que precisa ser colocado em orbitais e se está em um nível orbital que não será preenchido por completo. Nesse caso, a regra de Hund declara que os elétrons devem ir para diferentes orbitais com o mesmo spin em vez de serem colocados em um único orbital com spin oposto. Essa regra aplica-se, em parte, porque os elétrons se repelem e querem se distanciar um do outro o máximo possível, e colocá-los em orbitais separados deixa os dois elétrons distantes um do outro.

A escrita da configuração eletrônica de um átomo usando a regra de Hund fará mais sentido se você fizer uma. Tente determinar a configuração eletrônica do carbono, por exemplo. O carbono tem seis elétrons a serem colocados em orbitais. Como sempre iniciamos colocando primeiro os elétrons nos orbitais de menor energia, prosseguindo daí para frente, colocam-se os dois primeiros elétrons no orbital 1*s*, os dois seguintes no orbital 2*s* e os dois restantes no orbital 2*p*. Mas como a camada 2*p* pode conter até seis elétrons, você precisa seguir a regra de Hund para esses dois últimos elétrons e colocar os dois elétrons em orbitais *p* diferentes de mesmo spin. Como resultado, esses dois elétrons ficam em orbitais *p* separados, não no mesmo.

Portanto, a configuração eletrônica do carbono é escrita $1s^2\ 2s^2\ 2px^1\ 2py^1\ 2pz^0$ (e não $1s^2\ 2s^2\ 2px^2\ 2py^0\ 2pz^0$, que violaria a regra de Hund).

Casamento do Átomo: Ligação Química

Agora que você sabe como os elétrons se encaixam nos átomos, você poderá ver como os átomos podem se juntar e ligar. Mas, primeiro, por que os átomos fazem ligações? Os átomos não são felizes sozinhos? Os carbonos não estão felizes com suas carbonices, os flúores com suas fluorices, os sódios com suas sodices? Não estão felizes com o número de elétrons distribuídos entre eles?

Não, claro que não! Os átomos são como as pessoas, a maioria não está feliz com a forma como é e gostaria de ser de outro jeito. Assim como muitos querem ser como aquele cara rico e popular do início da rua que dá grandes festas todas as noites (em vez de ser o pobre *nerd* em química comendo migalhas diante do teclado), os átomos lutam para ser como os *gases nobres*, elementos encontrados na oitava (e última) coluna da Tabela Periódica. Esses gases nobres (como o hélio [He], neônio [Ne], xenônio [Xe] e argônio [Ar]) são os Sean Connerys e as Marilyn Monroes dos átomos – os átomos que todos os demais gostariam de ser e tentam imitar. Esse desejo que os átomos têm de imitar os gases nobres é a força motriz para muitas reações.

Então, por que os átomos querem imitar os gases nobres? O que faz com que esses átomos em particular sejam tão atraentes? A resposta é sua estrutura eletrônica. Os gases nobres são os únicos átomos que têm suas camadas mais externas preenchidas com elétrons, enquanto todos os outros átomos têm camadas preenchidas apenas parcialmente. E como uma camada cheia de elétrons é a configuração eletrônica mais estável possível, ter uma camada cheia é sempre a última moda.

Entre os átomos encontrados na química orgânica, cada camada de um átomo pode ter até oito elétrons, exceto a primeira camada, que pode ter dois (na verdade, a terceira camada pode ter 18 elétrons, mas, por alguns motivos meio complicados, ela se comporta como se estivesse cheia quando tem oito). O desejo dos átomos de ter camadas cheias de elétrons costuma ser chamado de *regra do octeto*, que se refere ao desejo que os átomos da segunda linha da Tabela Periódica têm de preencher suas camadas mais externas com oito elétrons, ou de imitar aqueles gases nobres.

PAPO DE ESPECIALISTA

Esse desejo que os átomos têm de imitar os gases nobres preenchendo suas camadas é uma importante força motriz das reações químicas. Na verdade, os gases nobres são tão felizes sozinhos que são quase completamente inertes, (reagem tão pouco que eles eram chamados de "gases inertes", até que alguns químicos espertalhões conseguiram fazer com que eles reagissem sob condições incomuns).

Os elétrons na camada mais externa de um átomo são conhecidos como *elétrons de valência*. Para a ligação, os elétrons de valência são os mais importantes e, dessa forma, com grande frequência ignoramos os elétrons das camadas mais internas, porque eles não participam da ligação. Ao invés disso, concentramo-nos inteiramente nos elétrons da camada de valência.

Compartilhar ou Não Compartilhar: Ligação Iônica e Ligação Covalente

É importante entender os diferentes tipos de ligação nas moléculas porque a natureza das diferentes ligações em uma molécula costuma determinar como a molécula irá reagir. As duas grandes categorias de ligação são a ligação *iônica*, na qual os dois elétrons de uma ligação não são compartilhados pelos átomos de ligação, e a ligação *covalente*, na qual os dois elétrons em uma ligação são compartilhados entre os átomos de ligação – e essas classificações representam os extremos das ligações.

Meus! São todos meus! Ligação iônica

Segue um exemplo de uma reação provocada por esse desejo que os átomos têm de imitar os gases nobres. O sódio (Na) combina-se com o cloro (Cl) para fazer o cloreto de sódio (NaCl), ou sal de cozinha, como exibido na Figura 2-6. O sódio é um átomo encontrado na primeira coluna da Tabela Periódica e tem um elétron em sua camada mais externa (um elétron de valência). O cloro está na penúltima coluna da Tabela Periódica (a coluna que contém os elementos do grupo 7A) e tem sete elétrons em sua camada mais externa (ou sete elétrons de valência). Frequentemente, para compreender com mais facilidade como uma reação está acontecendo, o número de elétrons de valência que um átomo possui é representado pelo número de pontos em torno do átomo. Então, atribui-

-se um ponto para o sódio, porque ele tem um elétron de valência, e sete pontos para o cloro, porque ele tem sete.

Figura 2-6: Formação do NaCl.

Para preencher seu octeto de valência, o sódio poderia ganhar sete elétrons ou perder um. Da mesma forma, para preencher seu octeto, o cloro poderia perder sete elétrons ou ganhar um. Os átomos geralmente não gostam de ganhar ou abrir mão de mais de três elétrons, então o sódio abre mão de seu único elétron de valência para o cloro, para ficar apenas com camadas cheias de elétrons (abrindo mão desse único elétron da camada mais externa, ele fica apenas com as camadas do núcleo preenchidas), e o cloro aceita o elétron do sódio e o usa para preencher seu octeto. Ao perder seu elétron, o sódio torna-se um íon de carga positiva (um cátion) e, ao aceitar um elétron a mais, o cloro torna-se um íon de carga negativa (um ânion).

O sódio fica feliz em abrir mão de seu elétron porque, ao fazê-lo, imita a configuração eletrônica do gás nobre neônio (Ne), que tem uma camada de valência cheia. Da mesma forma, o cloro, ao receber um elétron, imita a camada de valência do gás nobre argônio (Ar). Ficar com as camadas cheias deixa os átomos felizes. Quando o cátion sódio e o ânion cloro se combinam, obtém-se cloreto de sódio estável (NaCl, ou sal de cozinha) e (até onde se refere a esses átomos) fica tudo bem no mundo.

A atração entre o cátion sódio e o ânion cloro no cloreto de sódio é chamada de ligação iônica. Em uma ligação iônica, os elétrons da ligação são compartilhados como os brinquedos dos irmãos – o que significa dizer que não o são. A espécie aniônica (cloreto) rouba o elétron da espécie catiônica (sódio). Como os elétrons da ligação não são compartilhados, a atração é de cargas opostas (positiva e negativa). Você já viu esse tipo de atração se alguma vez viu dois ímãs se grudando sobre uma mesa. A "ligação" entre os dois ímãs é como a ligação iônica entre o sódio e o cloreto, embora em escala muito maior.

O nome é Valente, Ligação Covalente

Um tipo diferente de ligação ocorre quando dois átomos de hidrogênio se unem para fazer o gás hidrogênio (H_2), como exibido na Figura 2-7, embora essa reação seja causada pelo mesmo desejo de imitar os gases nobres, como na reação do sódio e do cloro.

Figura 2-7: Formação do H_2.

$$H\cdot + H\cdot \longrightarrow H:H$$

Um átomo de hidrogênio tem um elétron e, assim, precisa de um elétron para preencher sua camada (lembre-se que a primeira camada só pode ter dois elétrons e as camadas externas restantes podem ter oito elétrons). Como ambos os átomos de hidrogênio precisam preencher a primeira camada, ao invés de um agarrar o elétron do outro, eles compartilham seus elétrons igualmente. Esse comunismo molecular é chamado de ligação covalente, uma ligação na qual os elétrons são compartilhados entre dois átomos. Os dois átomos de hidrogênio estão felizes agora, porque cada um tem a configuração eletrônica do gás nobre hélio (He).

Gula por elétron e eletronegatividade

Então, como saber se uma ligação será iônica ou covalente? Uma boa ferramenta geral é olhar a diferença nas eletronegatividades entre os dois átomos. Eletronegatividade de um átomo é a interpretação orgânica para a gula que um átomo tem por elétrons. Um átomo com alta eletronegatividade vai engolir os elétrons de um átomo de baixa eletronegatividade. Se a diferença de eletronegatividade for muito grande, a ligação será iônica porque o átomo com maior eletronegatividade essencialmente monopolizará todos os elétrons. Se a diferença de eletronegatividade for menor, a ligação pode ser vista como sendo covalente polar: Os elétrons são compartilhados, mas não de igual modo entre os dois átomos. E se a diferença de eletronegatividade for zero (como é quando dois dos mesmos átomos são unidos), a ligação pode ser entendida como covalente apolar. Os elétrons são igualmente compartilhados entre os dois átomos. A tendência geral quanto à eletronegatividade é que conforme se vai para cima e para a direita na Tabela Periódica, ela aumenta. O flúor (F), portanto, é o maior usurpador dos elétrons, porque é o elemento mais eletronegativo (veja Figura 2-8).

H 2.1							
Li 1.0	Be 1.5	B 2.0	C 2.5	N 3.0	O 3.5	F 4.0	
Na 0.9	Mg 1.2	Al 1.5	Si 1.8	P 2.1	S 2.5	Cl 3.0	
K 0.8	Ca 1.0					Br 2.8	
						I 2.5	

Figura 2-8: Eletronegatividades de alguns elementos. Um valor maior de eletronegatividade indica um usurpador maior de elétrons.

Seguem as regras gerais para determinar se uma ligação será covalente ou iônica.

- Se não houver diferença de eletronegatividade entre dois átomos, a ligação será covalente apolar.
- Se a diferença de eletronegatividade entre os dois átomos estiver entre 0 e 2, a ligação será covalente polar.
- Se a diferença de eletronegatividade entre os dois átomos for maior que 2, a ligação será iônica.

A Tabela 2-1 mostra alguns exemplos nos quais essa regra é aplicada a diferentes ligações.

Tabela 2-1 Classificação de Ligações

Ligação	Diferença de Eletronegatividade	Classificação
H-H	0	Covalente apolar
Cl-Cl	0	Covalente apolar
H-Cl	0,9	Covalente polar
C-N	0,5	Covalente polar
Li-F	3,0	Iônica
K-Cl	2,2	Iônica

Embora as ligações iônicas sejam encontradas com maior frequência em compostos inorgânicos (compostos que não contêm carbono), os compostos orgânicos costumam ser mantidos juntos pelas ligações covalentes. Essa tendência faz sentido quando olhamos a tabela das eletronegatividades (veja a Figura 2-8). Compostos inorgânicos costumam ser formados quando os átomos do lado esquerdo da Tabela Periódica se ligam aos átomos do lado direito. Por exemplo, frequentemente se veem compostos como LiF, NaCl, KBr e $MgBr_2$, onde átomos da primeira ou da segunda coluna se ligam a átomos encontrados no lado superior direito da Tabela Periódica. Como os átomos do lado esquerdo da Tabela Periódica têm baixa eletronegatividade e os átomos do lado direito da Tabela Periódica têm alta eletronegatividade, muitos desses compostos inorgânicos são iônicos, porque as diferenças entre suas eletronegatividades são grandes.

Os compostos orgânicos, por outro lado, geralmente têm ligações apenas entre alguns diferentes tipos de átomos, e esses átomos costumam ser encontrados entre os do lado direito da Tabela Periódica. O carbono (C), hidrogênio (H), oxigênio (O) e o nitrogênio (N) são os elementos mais notórios que se veem nos compostos orgânicos, mas também encontramos fósforo (P), enxofre (S) e a maioria dos *halogêneos* (elementos como o flúor [F], cloro [Cl], bromo [Br] e o iodo [I], que são encontrados na penúltima coluna). Como as diferenças de eletronegatividades entre esses átomos são pequenas, as ligações entre eles resulta em ligações covalentes apolares ou polares, onde os elétrons na ligação são compartilhados entre os dois átomos envolvidos na ligação. Então, na maioria dos casos, os compostos orgânicos são mantidos juntos pelas ligações covalentes.

Separação de Carga: Momentos de Dipolo

Em uma ligação covalente polar, os elétrons da ligação não são compartilhados de forma igual entre os dois átomos. Ao contrário, o átomo mais eletronegativo intimida a maioria dos elétrons da ligação para distanciá-los do átomo menos eletronegativo, criando uma separação de carga na ligação. Essa separação é chamada de *momento de dipolo*. Momentos de dipolo costumam ser usados para explicar como as moléculas reagem, então aprender a prever o momento de dipolo de uma ligação ou de uma molécula é uma habilidade bastante importante a ser inserida em sua caixa de ferramentas.

Considere, por exemplo, o ácido clorídrico (HCl), exibido na Figura 2-9. Uma comparação rápida das eletronegatividades do hidrogênio e do cloro mostra que o cloro é o átomo mais eletronegativo (veja a Figura 2-8). Isso significa que os elétrons na ligação entre o hidrogênio e o cloro serão monopolizados, em sua maioria, pelo cloro. Como os elétrons da ligação irão gastar a maior parte de seu tempo em volta do cloro e longe do hidrogênio, isso coloca uma carga parcialmente negativa no cloro (o símbolo da letra grega minúscula delta δ é usada significando "parcial"). Como os elétrons vão ficar afastados do hidrogênio, a extremidade de hidrogênio da molécula torna-se parcialmente positiva. Usando interpretação orgânica, essa separação de carga é chamada de momento de dipolo.

Figura 2-9: Visualização dos dipolos de ligação.

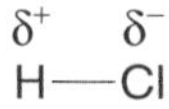

Uma flecha de aparência estranha, chamada de vetor de dipolo, exibida na Figura 2-10, é usada para mostrar a direção do momento do dipolo ou a separação da carga. Por convenção, a ponta da flecha aponta na direção da carga parcial negativa, enquanto a extremidade, que parece um sinal de +, aponta na direção da carga parcial positiva.

Figura 2-10: Uso de vetores de dipolo.

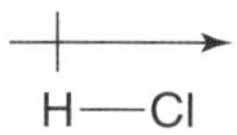

Solução de problemas: Previsão de momentos dipolares de ligação

Se quiser desenhar o vetor de dipolo para uma ligação, você precisará ver as eletronegatividades dos dois átomos. O átomo com maior eletronegatividade torna-se parcialmente negativo por ser o maior monopolizador de elétrons, e o átomo com menor eletronegatividade torna-se parcialmente positivo. Então, desenha-se o vetor de dipolo com a ponta apontando na direção do átomo de maior eletronegatividade e a extremidade apontando na direção do átomo parcialmente positivo. O tamanho do vetor depende da diferença de eletronegatividade; desenhe um vetor longo para grandes diferenças de eletronegatividade e um vetor curto para diferenças menores.

LEMBRE-SE

Poder prever a direção do momento de dipolo é absolutamente essencial porque o momento do dipolo pode ser usado para compreender como as moléculas reagem (veja a próxima seção).

Solução de problemas: Previsão de momentos dipolares da molécula

Prever o momento do dipolo de uma molécula é ligeiramente mais complicado que prever um momento do dipolo para uma ligação (veja a seção anterior). Veja o exemplo do clorofórmio ($CHCl_3$) na Figura 2-11. O primeiro passo para determinar o momento do dipolo do clorofórmio é encontrar os vetores de dipolo de cada uma das ligações individuais (***Nota:*** negligenciei a ligação C-H porque a diferença de eletronegatividade entre o hidrogênio e o carbono é tão pequena que essa contribuição costuma ser ignorada). Desenhei cada vetor das ligações C-Cl com o mesmo tamanho, porque cada ligação é idêntica.

Figura 2-11: Os vetores de dipolo para o clorofórmio ($CHCl_3$).

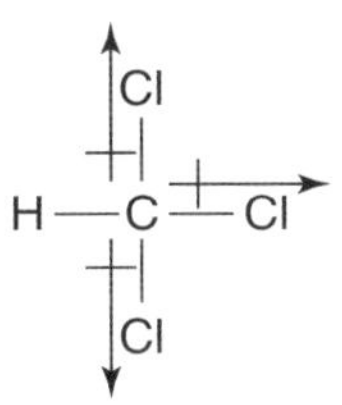

Para determinar o momento do dipolo para a molécula, você precisará somar cada um dos vetores de ligação individuais. Para fazê-lo, basta alinhar os vetores da ponta até a extremidade (não importa em que ordem você os alinhe), como feito na Figura 2-12. O momento do dipolo para a molécula aponta de onde você iniciou até onde chegou. Nesse caso, aponta para a direita.

Figura 2-12: Uso dos vetores de dipolo para prever o momento do dipolo do clorofórmio ($CHCl_3$).

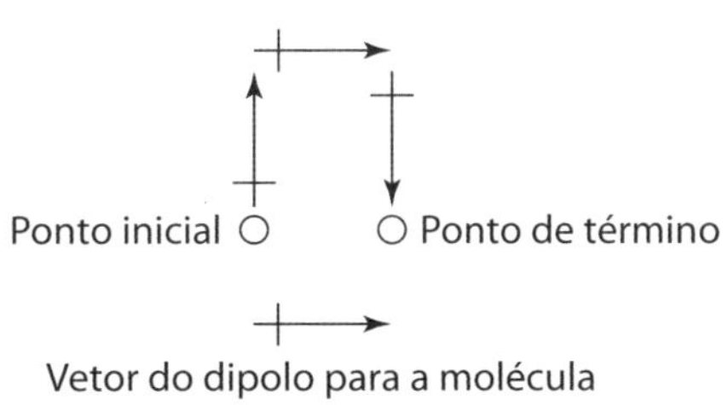

CUIDADO!

O simples fato das ligações individuais terem momentos do dipolo não indica que a molécula tenha um momento do dipolo. Considere o dióxido de carbono (CO_2), exibido na Figura 2-13. Nessa molécula, o oxigênio é mais eletronegativo que o carbono, então os dois vetores de dipolo são desenhados apontando para fora (as ligações duplas, como aquelas entre carbono e oxigênio no dióxido de carbono, são mais discutidas no Capítulo 3).

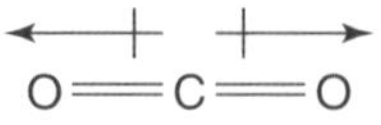

Figura 2-13: Dipolos de ligação no CO_2.

Para prever o dipolo para a molécula inteira é preciso somar todos os vetores. No caso do dióxido de carbono, porém, embora haja um dipolo para cada uma das ligações individuais, o momento dipolar final da molécula é zero, porque os oxigênios estão puxando em direções iguais e opostas, e cancelam-se, como exibido na Figura 2-14. Imagine dois homens igualmente fortes fazendo cabo de guerra – nenhum deles venceria, seria simplesmente um empate (a menos que um deles tropeçasse). Como o vetor dipolar final é zero, o dióxido de carbono não tem momento dipolar.

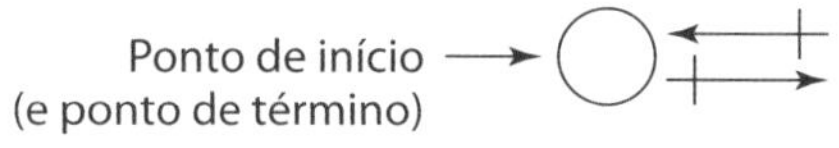

Figura 2-14: O CO_2 não tem momento dipolar.

Geometria Molecular

A Teoria VSEPR – VSEPR é pronunciado como "vesper" e significa Teoria de Repulsão dos Pares Eletrônicos de Valência – prevê a geometria aproximada das ligações em torno de um átomo. Essa teoria diz que, como os elétrons se repelem, as ligações e os *pares solitários* (pares de elétrons não ligantes) em torno de um átomo querem ficar à maior distância possível uns dos outros. Até onde diz respeito aos átomos, os elétrons de outros átomos são como nuvens de um desagradável cheiro de átomo (imagino que a abreviação seja c.a. em vez de c.c.) e, então, é imperativo para os átomos ficarem o mais longe possível do nojento "cecê" de outros átomos.

Estendendo essa teoria às moléculas, um átomo que tem duas ligações iria querer que as ligações ficassem a 180° de distância umas das outras em uma geometria linear, dando aos elétrons das ligações a maior separação possível (veja a Figura 2-15). Pelo mesmo motivo, um átomo com três ligações as situaria a 120° uma da outra em uma *geometria trigonal plana* (ou triangular), e um átomo com quatro ligações as situaria a 109,5° de distância uma da outra, formando um tetraedro piramidal. Todas essas geometrias colocam as ligações a uma máxima distância possível. Essas três geometrias (linear, triangular we tetraédrica) são as principais geometrias necessárias para se pensar em química orgânica, porque os átomos que formam as moléculas orgânicas formam geralmente apenas quatro ligações ou menos.

Figura 2-15: As três principais geometrias das moléculas orgânicas.

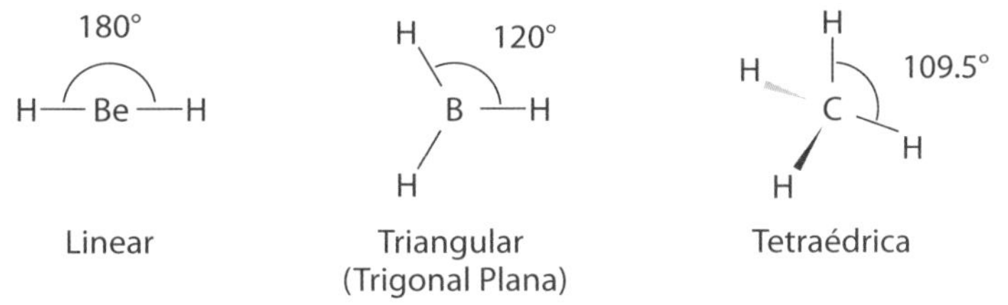

Misturando as coisas: Orbitais híbridos

Quando sabemos quais moléculas dos ângulos de ligação são as preferidas em torno de um átomo (veja a seção anterior), podemos ver como a sobreposição dos orbitais entre os átomos leva à ligação. O carbono é um modelo prático para ver como funciona a ligação. O carbono tem quatro elétrons de valência e, portanto, deseja fazer quatro ligações para poder preencher seu octeto e imitar o gás nobre neônio (Ne). Mas a configuração eletrônica do carbono ($1s^2 2s^2 2p_x^{\ 1} 2p_y^{\ 1} 2p_z^{\ 0}$) mostra que os orbitais 1s e 2s estão completamente preenchidos, então apenas os dois elétrons nos orbitais *p* estão disponíveis para serem compartilhados em uma ligação covalente. Da mesma forma, o carbono quer ter suas quatro ligações orientadas em geometria tetraédrica ao redor do átomo de carbono, com ângulos de ligação de 109,5°. Mas os orbitais *p* estão orientados em ângulos de 90°, perpendiculares entre si, não em ângulos de 109,5°. Então, o que resta ao átomo de carbono fazer?

A primeira coisa que o átomo de carbono faz é promover um elétron do orbital preenchido 2*s* para o último orbital *p* vazio (veja a Figura 2-16). Isso deixa o átomo com quatro orbitais, contendo um elétron cada um, perfeito para fazer quatro ligações covalentes. Mas por que o carbono promoveria o elétron? A colocação de um elétron em um orbital de maior energia não tem seu custo de energia? Com certeza tem, mas essa promoção do elétron também permite a formação de duas ligações adicionais, que pagam mais que o custo. É como investir um dólar e receber cinco. Ainda assim, o carbono tem aquele problema irritante de como fazer com que os orbitais posicionem-se nas direções corretas.

Então, o carbono faz a coisa mais sorrateira. Mistura os quatro orbitais – os três orbitais 2*p* e o orbital 2*s* – e faz quatro novos orbitais, chamados de orbitais hibridizados sp^3, todos idênticos, que apresentam em ângulos de ligação a 109,5° de distância um do outro (que conveniente!). Esses novos orbitais sp^3 são chamados de orbitais hibridizados porque são híbridos dos orbitais originais.

Figura 2-16: A promoção de um elétron do orbital 2*s* para o orbital 2*p*, de maior energia, permite que o carbono forme quatro ligações.

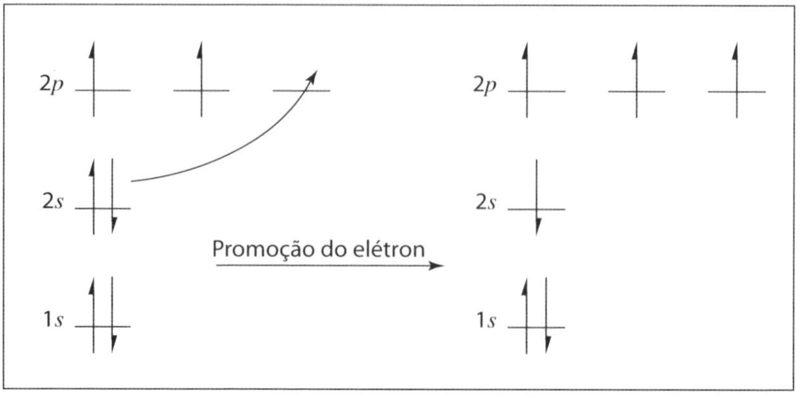

Na nomenclatura dos orbitais hibridizados, o sobrescrito indica o número de orbitais de cada tipo que se misturam para formar o híbrido. Mas se apenas um orbital s ou p estiver envolvido no orbital hibridizado, o sobrescrito será omitido. Assim, um orbital hibridizado feito de um orbital s e três orbitais p é escrito como sp^3.

A mistura de orbitais sp^3 é uma média ponderada dos orbitais que foram lançados no tacho. A mistura de três orbitais *p* e de um orbital s faz com que os quatro orbitais hibridizados sp^3 resultantes tenham características de ¾ de *p* e ¼ de s (veja a Figura 2-17). É como misturar potes de corante alimentício. Junte um pote de corante alimentício vermelho e um pote de corante alimentício amarelo, e você terá dois potes de corante alimentício laranja, que é a "média" das duas cores.

Com a mistura dos orbitais, o número de orbitais misturados deve se igualar ao número de orbitais hibridizados resultantes. Se você misturar quatro orbitais atômicos, deverá produzir quatro orbitais hibridizados. Note que, para dar mais clareza, os pequenos lóbulos dos orbitais híbridos costumam ser omitidos nos desenhos.

Figura 2-17: Quatro orbitais hibridizados sp^3 são formados quando se misturam um orbital *s* e três orbitais p.

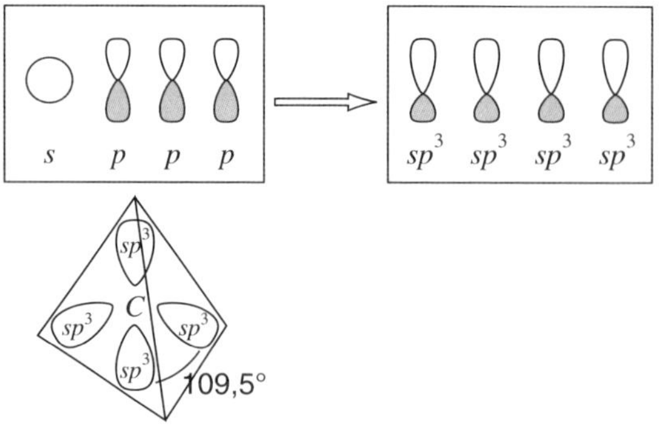

E quando um átomo tem apenas três ligações com outros átomos? Nesse caso, os quatro orbitais híbridos sp^3 não teriam valor, porque seus ângulos de ligação estão em 109,5°, e você quer ângulos de ligação de 120° para um átomo com três ligações, de forma que as ligações tenham a maior separação entre si. Nesse caso, os orbitais misturam-se de forma um pouco diferente. Em vez dos quatro orbitais misturados, apenas três deles se misturam – o orbital 2*s* e os dois orbitais *p* – enquanto um dos orbitais *p* permanece em sua forma original não hibridizada. Veja a Figura 2-18. Como estamos misturando um orbital s e dois orbitais *p*, os três orbitais híbridos resultantes são conhecidos como orbitais hibridizados sp^2, e essas ligações ficam situadas a ângulos de 120° umas das outras.

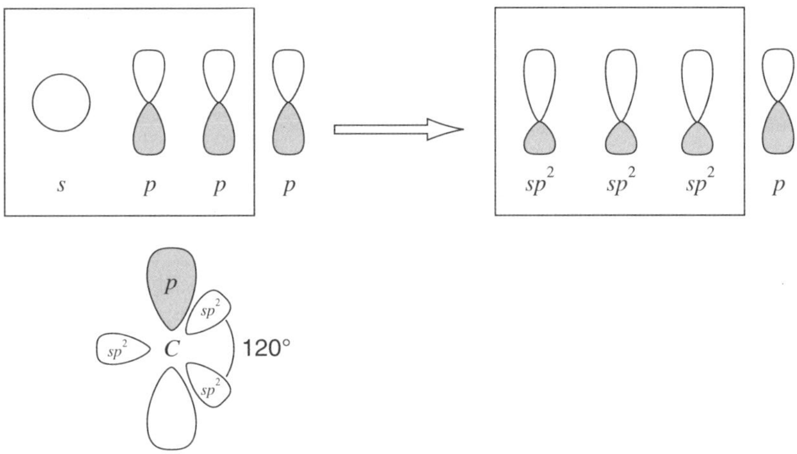

Figura 2-18: Três orbitais hibridizados sp^2 são formados quando se misturam um orbital s e dois orbitais *p*.

Para um átomo com duas ligações, o ângulo de ligação ideal é 180°, então apenas dois dos orbitais se misturam – o orbital s e um dos orbitais *p* – e os dois orbitais *p* restantes permanecem sem modificação. Esses dois orbitais são chamados de orbitais hibridizados *sp*. Veja a Figura 2-19.

Previsão de hibridização para átomos

A previsão da hibridização de um átomo costuma ser tão simples quanto contar o número de *substituintes* (ou número de átomos ligados àquele átomo em particular) e pares solitários de elétrons em volta daquele átomo. Para BeH_2 (veja a Figura 2-9), o berílio (Be) tem dois substituintes (dois átomos idênticos de H), então ele é hibridizado *sp*. Para BH_3 (veja novamente a Figura 2-9), o boro (B) tem três substituintes (três átomos de H), então ele é hibridizado sp^2. E no metano, CH_4, que tem quatro substituintes, o carbono é hibridizado sp^3 (veja a Figura 2-9). Ao conhecermos a hibridização de um átomo, podemos dizer o ângulo de ligação aproximado e a geometria das ligações em torno de um dado átomo. Veja a Tabela 2-2.

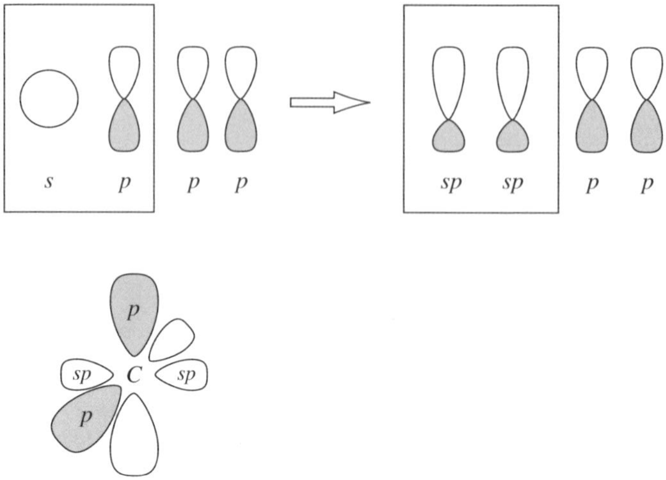

Figura 2-19: Dois orbitais hibridizados *sp* são formados quando se misturam um orbital *s* e um orbital *p*.

Tabela 2-2	Regra para Determinar a Hibridização		
Número de Substituintes (Incluídos os pares solitários de elétrons)	**Hibridização**	**Ângulo de Ligação Aproximado**	**Geometria**
2	*sp*	180°	Linear
3	sp^2	120°	Triangular
4	sp^3	109,5°	Tetraédrica

Isso para Mim é Grego: Ligação Sigma e Pi

Ligações covalentes ocorrem onde os orbitais dos átomos ligantes se sobrepõem. Dois tipos de ligações covalentes podem ser formadas nas moléculas orgânicas – sigma (σ) e pi (π).

- *Ligações sigma* são ligações nas quais a sobreposição orbital ocorre entre os dois núcleos ligantes.
- *Ligações pi* são ligações onde a sobreposição orbital ocorre acima e abaixo dos núcleos, não diretamente entre eles.

Vários tipos diferentes de sobreposições orbitais podem resultar em ligações sigma. Por exemplo, dois orbitais s poderiam sobrepor-se para formar uma ligação sigma (como na ligação entre os dois hidrogênios em H_2), um orbital hibridizado e um orbital s poderiam sobrepor-se (como em uma ligação C-H), ou dois orbitais hibridizados poderiam sobrepor-se (como em uma ligação C-C). Todas essas são ligações sigma, porque a sobreposição orbital acontece entre os dois núcleos ligantes (veja a Figura 2-20).

Figura 2-20: Exemplos de sobreposição orbital para ligação sigma e pi.

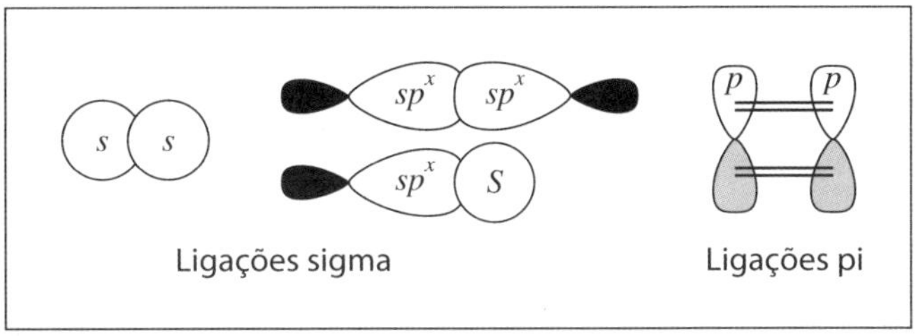

Diferente das ligações sigma, apenas um tipo de sobreposição orbital forma ligações pi (bem, pelo menos é apenas um tipo que você precisa conhecer em química orgânica), e trata-se da sobreposição lado a lado entre orbitais *p*. Com a sobreposição lado a lado dos orbitais *p*, não há sobreposição diretamente entre os núcleos de ligação, porque os orbitais *p* têm nós nessa região (um *nó* é uma região de densidade eletrônica zero). Há, no entanto, sobreposição acima e abaixo do núcleo. As ligações pi são menos comuns que as ligações sigma, por serem encontradas apenas em ligações duplas e triplas, nunca em ligações simples. Enquanto as ligações simples são ligações em que dois elétrons são usados para fazer uma ligação entre os átomos, as ligações duplas são aquelas que contêm quatro elétrons; as *ligações triplas* são formadas de seis elétrons compartilhados entre os dois átomos ligantes.

Agora é possível aplicar o que você sabe sobre ligação sigma e pi e hibridização para desenhar o diagrama orbital de uma molécula. É importante saber desenhar o diagrama orbital de uma molécula porque esse diagrama mostra quais tipos de orbitais são responsáveis pelas diferentes ligações em uma molécula (esse diagrama orbital às vezes pode ser útil para explicar como reagem certos tipos de moléculas, por exemplo). Use os três próximos passos para desenhar o diagrama orbital de uma molécula.

1. **Determine a hibridização de cada átomo.**

   Note que o hidrogênio é o único átomo cujos orbitais permanecem não hibridizados em compostos orgânicos (lembre-se que o hidrogênio contém apenas o orbital 1*s* em sua camada de valência).

2. **Desenhe todos os orbitais de valência para cada átomo.**

3. Determine quais orbitais se sobrepõem para fazer as ligações.

As ligações duplas consistem de uma ligação sigma e uma pi e as ligações triplas consistem de uma ligação sigma e duas pi. Todas as ligações simples são ligações sigma.

Considere como exemplo o etileno (C_2H_4), exibido na Figura 2-21.

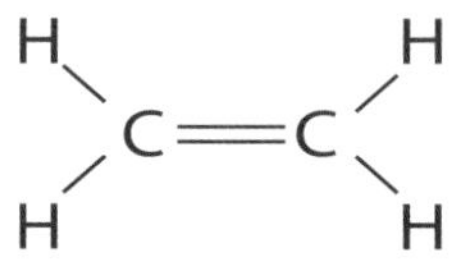

Figura 2-21: Etileno.

Para determinar a imagem orbital do etileno, deve-se primeiro determinar a hibridização de cada um dos átomos. Como ambos os carbonos têm três substituintes (ou seja, eles estão juntos de três outros átomos), ambos os átomos são hibridizados sp^2 (veja a Tabela 2-2). Isso significa que cada carbono tem três orbitais sp^2 mais um orbital *p* disponível para a ligação. O hidrogênio não é hibridizado e, assim, tem apenas o orbital 1*s* disponível para ligação. O hidrogênio é o único átomo que não hibridiza seus orbitais para as ligações, porque tem apenas um orbital de valência, o orbital 1*s*. Em seguida, desenhe cada um dos átomos com todos seus orbitais de valência (ignorando todos os orbitais internos, porque eles não são importantes para a ligação), como exibido na Figura 2-22.

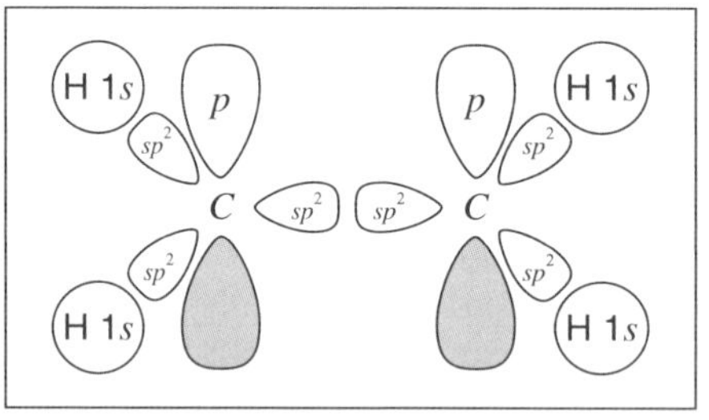

Figura 2-22: Os orbitais de valência de cada um dos átomos do etileno.

Em seguida, determinam-se quais orbitais sobrepõem-se para fazer as ligações. Para cada uma das ligações C-H, a ligação resultará da sobreposição entre um orbital sp^2 no carbono e o orbital 1*s* no hidrogênio, fazendo uma ligação sigma. Para a ligação dupla, uma das ligações vem dos dois orbitais hibridizados sp^2 que se sobrepõem entre os núcleos do carbono para fazer uma ligação sigma, enquanto a outra ligação vem dos dois orbitais *p* que se sobrepõem de lado para fazer uma ligação pi acima e abaixo dos núcleos do carbono.

Esse último passo gera a representação orbital do etileno (veja a Figura 2-23), porque os orbitais que se sobrepõem para fazer cada ligação na molécula são explicados. Como saber quais orbitais tornam uma ligação importante? Geralmente, os tipos de ligações em uma molécula explicam as reações que a molécula sofre. Por exemplo, uma das ligações na ligação dupla do etileno é uma ligação sigma, e a outra é uma ligação pi. As ligações pi são mais reativas que as ligações sigma (explicação no Capítulo 9), então alguém pode suspeitar com base nessa representação orbital do etileno que a ligação pi é a ligação mais reativa dessa molécula. Na verdade, tal observação acaba sendo o caso (como você também verá no Capítulo 9).

Figura 2-23: Representação orbital do etileno, mostrando quais orbitais se sobrepõem para formar as diferentes ligações.

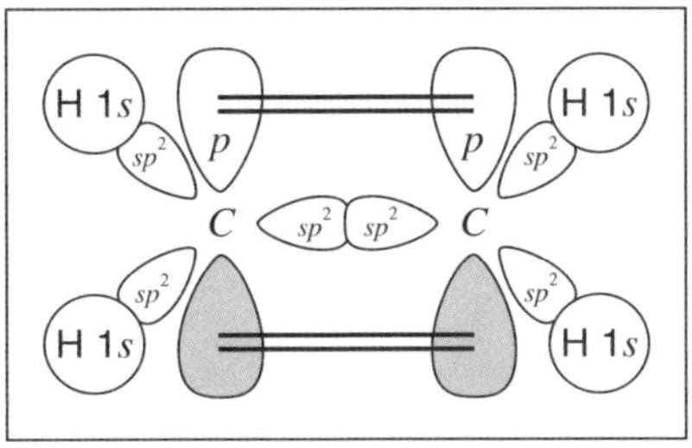

Capítulo 3

Falando por Meio de Imagens: Desenhando Estruturas

Neste Capítulo

- Aperfeiçoamento de sua interpretação orgânica
- Desenho de estruturas de Lewis
- Visualização de abreviações estruturais
- Desenho de estruturas de ressonância

Espero que você tenha tido a chance de ouvir uma conversa entre dois químicos nos salões de um edifício cavernoso de química, enquanto eles discutiam seus experimentos. Talvez você tenha ouvido trechos da conversa: "Não entendo", um deles pode ter dito, "Minha RMN de próton mostrou dois multipletos uma parte por milhão distantes dos prótons aromáticos"; ou, talvez, você tenha ouvido "fiz o alceno via Witting, mas, de forma alguma, eu consegui que o grupo nitro reduzido reagisse com o cloreto de t-butila usando um S_N1 em etanol!". Ou, talvez, "voltamos ao planeta Beldar com os terráqueos em oito ciclos lunares de Klathryn!". E você pensou "e agora, que língua é essa que estão falando?".

Eles estavam falando orgânico, claro (a maior parte do tempo), que ainda não foi classificado como língua estrangeira, mas talvez pudesse ser, porque o aprendizado da química orgânica é bastante parecido com o aprendizado de uma língua estrangeira. A química orgânica tem seu próprio jargão, como mostram os trechos da conversa que você ouviu (no entanto, depois de ter lido este livro e ser fluente em orgânico você poderá entender do que eles estavam falando). Mas eu diria que a semelhança é mais profunda. As palavras também são diferentes.

Antes de poder falar alemão, japonês ou suaíli – ou qualquer língua estrangeira que seja – você precisará aprender o significado das diferentes palavras. Da mesma forma, antes de poder "falar orgânico", você precisará aprender a desenhar estruturas. Estruturas são as "palavras" do químico orgânico, e tornar-se fluente no desenho das estruturas é absolutamente essencial se você quiser se dar bem em química orgânica. Desenhar estruturas pode parecer estranho no início e, provavelmente, até intimidador, mas com prática você logo aprende. Assim como para falar uma língua estrangeira, com prática suficiente o desenho de estruturas orgânicas simplesmente se tornará algo inato (e divertido também).

Neste capítulo, dou o vocabulário para falar química orgânica mostrando como desenhar as estruturas orgânicas usando a convenção de Lewis padrão. Também lhe apresento as formas como os químicos orgânicos abreviam as estruturas de Lewis, tanto quando querem ser mais claros quanto quando estão com preguiça (o que acontece, admite-se, na maior parte do tempo). Mostro também como desenhar estruturas de ressonância, que são usadas para corrigir uma falha no modelo da estrutura de Lewis.

Modelos e Moléculas

As pessoas têm dificuldade para compreender objetos que são imensos ou minúsculos. Isso acontece porque nossas mentes pensam nos termos dos tamanhos dos objetos que encontramos em nossa vida diária. Um quilômetro é mais ou menos a distância que caminhamos para cruzar o campus; dois centímetros é cerca do comprimento de nossas unhas. Para nós, esses tamanhos fazem sentido, conseguimos nos relacionar com eles. Mas a compreensão de comprimentos gigantescos, como a distância de milhões de anos-luz entre a Terra e uma estrela, ou de comprimentos minúsculos, como a distância para cruzar um átomo (apenas algumas centenas de picômetros), é de confundir a cabeça.

Essa dificuldade cria um problema para os químicos. Como eles podem entender átomos e moléculas se são tão pequenos que o simples ato de pensar neles lhes confunde a cabeça? Como podem descrever, organizar e classificar coisas que não conseguem ver? Em resumo, como podem ser científicos quanto ao estudo da química?

Além de nossa incapacidade de compreender coisas tão pequenas, acrescenta-se a complexidade do fato dos átomos não se comportarem da mesma forma que os objetos de escala maior; eles não se comportam como as coisas que vemos em nossa vida cotidiana – coisas que podemos ver, tocar ou arremessar, coisas como bombinhas de traques ou textos de química. As moléculas comportam-se de formas muito bizarras como resultado de sua pequeneza, e a intuição humana, baseada no grande mundo dos objetos cotidianos, não ajuda a compreender o minúsculo mundo das moléculas. Com os átomos, a física clássica que você aprendeu desde o ensino fundamental fracassa, e de forma miserável. Isso se dá porque se descobriu que algo que é muito, muito pequeno (como um elétron) comporta-se tanto como uma partícula (que é de se esperar) quanto como uma onda (que não é de se esperar). Os elétrons são suficientemente pequenos de forma que têm a habilidade de criar um "túnel" por um obstáculo (o equivalente a uma pessoa atravessando uma parede), e eles podem existir em dois lugares simultaneamente, além de outros comportamentos bastante bizarros.

Então, os químicos devem usar modelos para descrever as moléculas e seu comportamento estranho. Os químicos usam modelos para descrever a forma como uma molécula é criada – onde os elétrons estão e quais átomos são unidos e de que forma – e para representar como as reações podem ocorrer. O principal modelo usado em química orgânica é a estrutura de Lewis. Embora as estruturas de Lewis sejam apenas modelos aproximados de como as moléculas parecem na realidade, elas realmente fazem um excelente trabalho de mostrar a conectividade dos átomos. Esses modelos, no entanto, nem sempre são perfeitos para descrever as localizações exatas de certos elétrons, como discuto na seção sobre estruturas de ressonância, posteriormente neste capítulo.

Papo de Imagem: Estruturas de Lewis

Uma estrutura de Lewis é a maneira com que o químico retrata uma molécula infinitamente pequena em um pedaço de papel macroscópico. Uma estrutura de Lewis mostra quais átomos estão conectados entre si e onde residem os elétrons da molécula. Ligações simples entre dois átomos são representadas com uma única linha (—), que significa dois elétrons compartilhados; ligações duplas são representadas por uma linha dupla (=), que significa quatro elétrons compartilhados; e ligações triplas são representadas por uma linha tripla (≡), que significa seis elétrons compartilhados (veja no Capítulo 2 mais informações sobre ligações). Elétrons não ligantes são indicados com pontos nos átomos em que residem.

Elétrons, elétrons, elétrons: esses carinhas são as chaves da química. Eles são aquilo com que os químicos orgânicos mais se preocupam. Os nêutrons e prótons ficam fixos em seu barraquinho redondo no núcleo, mas os elétrons são aventureiros, animados em fazer novas ligações e quebrar as antigas e, portanto, os químicos orgânicos preocupam-se principalmente com o que acontece aos elétrons. Como elétrons formam e quebram ligações (ao contrário dos prótons e nêutrons), o foco de toda a química orgânica está onde os elétrons estão e para onde eles vão em uma reação química. Então, em sua maioria, ignoram-se os prótons e nêutrons do núcleo, porque eles permanecem constantes.

Assumindo a responsabilidade: Atribuição de cargas formais

A primeira coisa que se quer saber identificar em uma estrutura de Lewis é quais átomos têm cargas formais. Os elétrons têm carga negativa, então um átomo sem um ou mais elétrons tem uma carga positiva. Um átomo com um elétron a mais tem carga negativa. É extremamente importante saber determinar rapidamente a carga em qualquer átomo de uma dada molécula. Então, aqui vai um macete em forma de equação para determinar a carga formal em um átomo:

carga formal de um átomo = elétrons de valência – pontos – traços

Aqui, "pontos" é, simplesmente, o número dos elétrons dos pares solitários em torno do átomo, enquanto "traços" é o número de ligações que saem do átomo (uma ligação simples é um traço; uma dupla, dois; uma tripla, três). A melhor forma de ver isso é experimentando. Então, aplique essa equação ao NH_2, exibido na Figura 3-1, para calcular a carga formal do átomo de nitrogênio.

Figura 3-1
O íon amida.

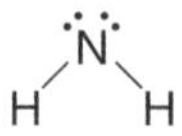

Basta colocar os valores na fórmula. O nitrogênio está na quinta coluna da Tabela Periódica, portanto, tem cinco elétrons de valência; tem quatro pontos (quatro elétrons não ligantes) e dois traços (duas ligações).

$$\text{carga formal} = 5 \text{ elétrons de valência} - 4 \text{ pontos} - 2 \text{ traços} = -1$$

A carga formal do nitrogênio, portanto, é –1, então, nessa molécula, o nitrogênio é aniônico. Usando essa mesma metodologia, você deverá conseguir aplicar essa fórmula rapidamente a todos os átomos de uma molécula. Mesmo assim, embora essa equação seja bastante simples de usar, sua aplicação a cada átomo de uma molécula é maçante. Você vai querer poder simplesmente olhar para uma estrutura e, dentro de alguns segundos, determinar quais átomos têm cargas.

Felizmente, com bastante prática, você rapidamente irá reconhecer certos padrões de diferentes átomos que indicarão se os átomos são neutros, têm carga positiva ou negativa. Por exemplo, se o carbono tem quatro ligações, será neutro, se tiver três ligações, terá carga positiva e se tiver três ligações e um par solitário, terá carga negativa. Você poderá ver a verdade dessa generalização por conta própria inserindo as diversas configurações do carbono na equação da carga formal que acaba de ser mostrada.

DICA

Saber que um átomo de carbono neutro sempre tem quatro ligações permite que se dê uma rápida vista de olhos em uma molécula para identificar carbonos que não têm quatro ligações e, ao encontrar um, dizer "Aha! Esse carbono deve ter uma carga." Para o nitrogênio, procura-se ver quais átomos de nitrogênio não têm três ligações e um par solitário; para o oxigênio, procura-se ver quais não têm duas ligações de dois pares solitários, e daí por diante. Assim, não será necessário aplicar a fórmula a todos os átomos (embora você possa fazê-lo se quiser); basta olhar e ver quais átomos são diferentes da quantidade típica de ligações encontradas em torno de um átomo em forma neutra. Mostro esses padrões para os elementos mais comuns em compostos orgânicos, na Figura 3-2.

Os químicos, na verdade, usam jargão específico para descrever padrões típicos de ligação dos átomos. O número de ligações em torno de um átomo neutro é conhecido como *valência* do átomo. O carbono é tetravalente ("tetra" indicando quatro), porque o carbono tem quatro ligações a outros átomos quando neutro; o nitrogênio é trivalente, porque tem três ligações a outros átomos (além de um par solitário) quando neutro; o oxigênio é bivalente, porque tem duas ligações a outros átomos (além de dois pares solitários) em sua forma neutra, e os halogênios (elementos como flúor [F], cloro [Cl], bromo [Br] e iodo [I]) são monovalentes, porque têm uma ligação com outro átomo (além de três pares solitários) quando neutros.

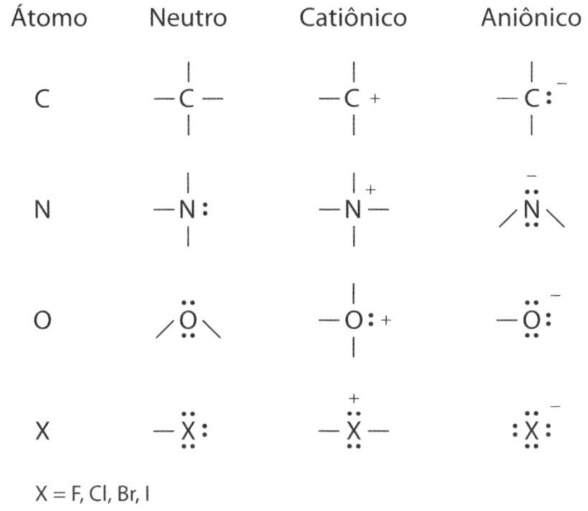

Figura 3-2: Algumas cargas comuns dos átomos.

Desenhando estruturas

Além de calcular cargas, você também precisa saber desenhar estruturas orgânicas rapidamente e interpretar o significado dos desenhos, porque essas são as palavras que você usará para falar química orgânica.

Os químicos orgânicos desenham estruturas de várias formas diferentes e, como os diferentes estilos têm diferentes usos, você deve conhecer todos eles. A forma mais completa de desenhar estruturas orgânicas é com a estrutura de Lewis completa (às vezes chamada de estrutura de Kekulé; para saber mais sobre Kekulé, veja o Capítulo 20). Uma estrutura de Lewis clareia todas as ligações de uma molécula (um exemplo é dado na Figura 3-3). Os pares solitários dos átomos podem ou não ser mostrados em uma estrutura de Lewis (geralmente não são!), mas as cargas formais sempre são exibidas. Posteriormente, neste capítulo, eu mostro como determinar o número de pares solitários em um dado átomo quando esses pares solitários não são exibidos de forma explícita (não se preocupe, não é difícil).

Figura 3-3: Estrutura de Lewis completa para butanona.

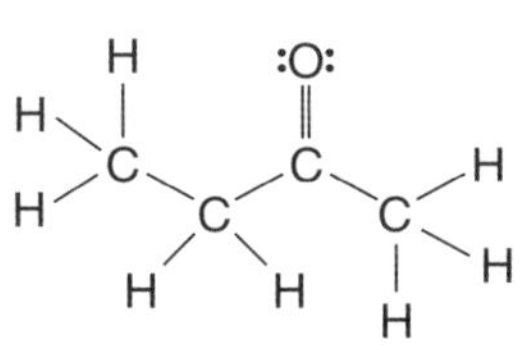

As estruturas de Lewis completas mostram com a maior fidelidade a estrutura de uma molécula e como a molécula é formada, porque todas as ligações e todos os átomos são exibidos. Mas esse método de desenho de estrutura pode se tornar tedioso e cansativo quando se desenham moléculas maiores. Para deixar o desenho da estrutura mais rápido e a interpretação da mudança em uma molécula mais fácil de localizar, os químicos usam notações de taquigrafia, assim como você deve usar abreviações especiais ao enviar mensagens instantâneas para seus amigos na internet.

Empacotamento atômico: Estruturas condensadas

Essa forma abreviada de uma estrutura de Lewis completa é chamada de estrutura condensada. Em uma estrutura condensada, as ligações entre carbono e hidrogênios não são exibidas de forma explícita; ao invés disso, cada carbono e os hidrogênios ligados são reunidos em um grupo (como CH_2 ou CH_3), e esses grupos são escritos em uma cadeia que mostra a conectividade entre os carbonos. As ligações carbono-carbono podem ser exibidas de forma explícita ou podem ser simplesmente supostas. As estruturas condensadas com ligações exibidas e ocultas entre os grupos são dadas na Figura 3-4 para a molécula butanona.

Figura 3-4: Estruturas condensadas da butanona.

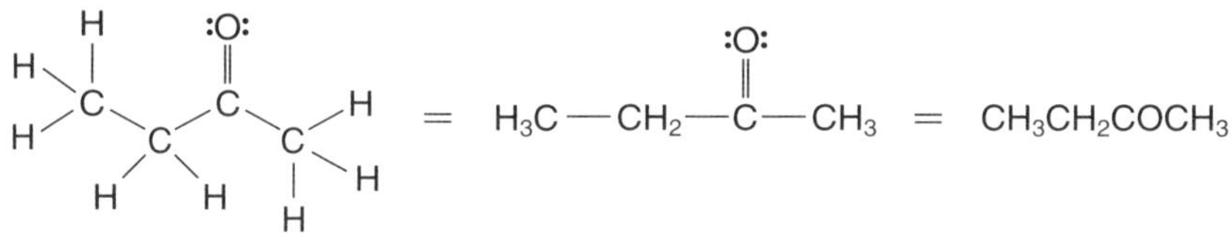

As estruturas condensadas são mais úteis quando a molécula consiste de uma cadeia linear de átomos; as estruturas elaboradas que contêm anéis são difíceis de serem retratadas por estruturas condensadas. Quando dois ou mais grupos idênticos são unidos a um átomo, podem ser usados parênteses com um subscrito para abreviar ainda mais a estrutura. Nesse caso, o subscrito indica o número de grupos idênticos que estão unidos ao átomo. Um exemplo desse agrupamento de estruturas condensadas é dado na Figura 3-5 para o éter etílico.

Figura 3-5: Estruturas condensadas para éter etílico.

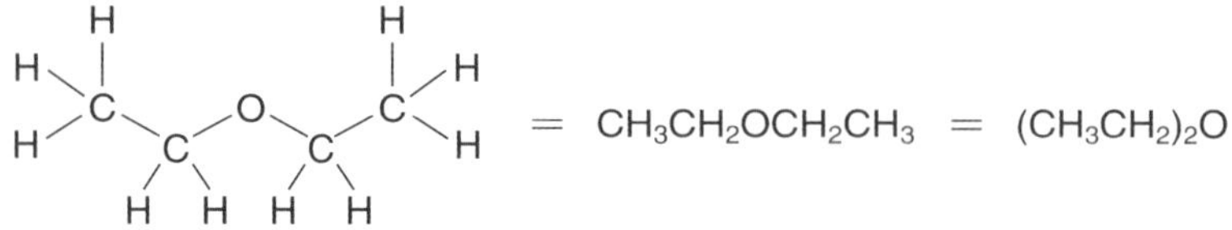

Os parênteses também são usados quando uma cadeia se torna muito longa e uma unidade é repetida muitas vezes (por exemplo, quando uma unidade de CH_2 é repetida). Aqui, o subscrito após os parênteses indica quantas vezes a unidade é repetida, como exibido para o heptano na Figura 3-6.

Figura 3-6: Estrutura condensada do heptano.

$CH_3CH_2CH_2CH_2CH_2CH_2CH_3 = CH_3(CH_2)_5CH_3$

Taquigrafia estrutural: Representação em bastão

O método mais comum de desenhar estruturas, no entanto, é chamado de representação em bastão. Nessas estruturas, cada ponto (ou *nó*) em uma linha dentada é tido como um átomo de carbono. Os hidrogênios unidos aos carbonos não são exibidos de forma explícita em uma representação em bastão. Mas como cada carbono é presumivelmente neutro, a menos que uma carga esteja escrita de forma explícita na estrutura, esse método de desenhar estruturas supõe que você possa fornecer mentalmente o número de hidrogênios unidos a cada carbono, fazendo com que o número total de ligações seja igual a quatro. Então, se um carbono neutro é exibido tendo duas ligações a outros átomos de carbono, então ele também deve estar ligado a dois hidrogênios tradicionais que não são exibidos. A Figura 3-7 mostra a representação em bastão para o iso-heptano.

LEMBRE-SE

As regras gerais para representação em bastão são:

- Cada ponto em uma linha dentada é tido como um átomo de carbono.
- As extremidades (pontas) das linhas são consideradas átomos de carbono.
- Todos os hidrogênios unidos aos elementos não carbônicos (como N, O, S, e daí por diante) devem ser exibidos de forma explícita.
- Presume-se que todos os átomos sejam neutros a menos que uma carga específica seja exibida.

Figura 3-7: Estruturas para o iso-heptano.

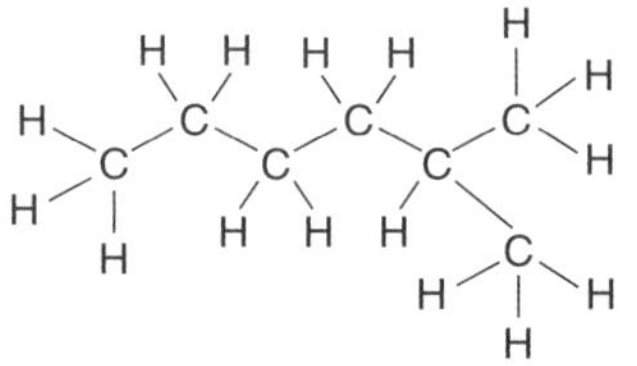

Estrutura de Lewis completa

$CH_3(CH_2)_3CH(CH_3)_2$

Estrutura condensada

Representação em bastão

Conversão de estruturas de Lewis para representações em bastão

Como exibido na Figura 3-8, para converter uma estrutura de Lewis completa em uma representação em bastão, uma linha dentada é usada representando moléculas em cadeia linear, com cada ponto (inclusive as extremidades da estrutura) representando um átomo de carbono.

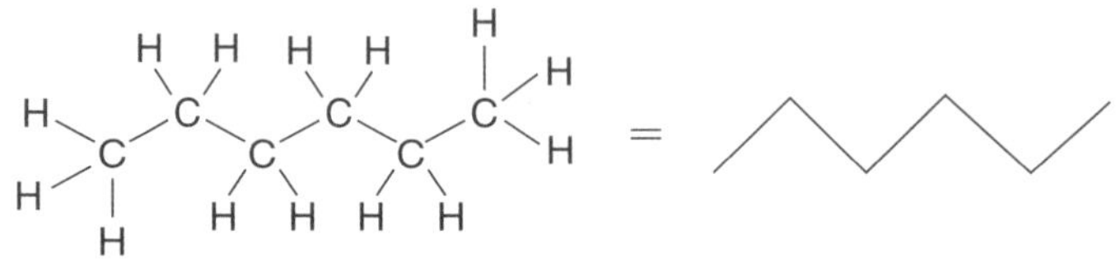

Figura 3-8: Representação em bastão para o hexano.

Nas representações em bastão, os anéis são representados pelos polígonos, com cada ponto representando um átomo de carbono, como exibido no anel de cinco lados da Figura 3-9. Um triângulo é um anel de três carbonos (que, claro, é o menor tamanho possível de anel); um quadrado é um anel de quatro carbonos; um pentágono é um anel de cinco carbonos, e daí por diante.

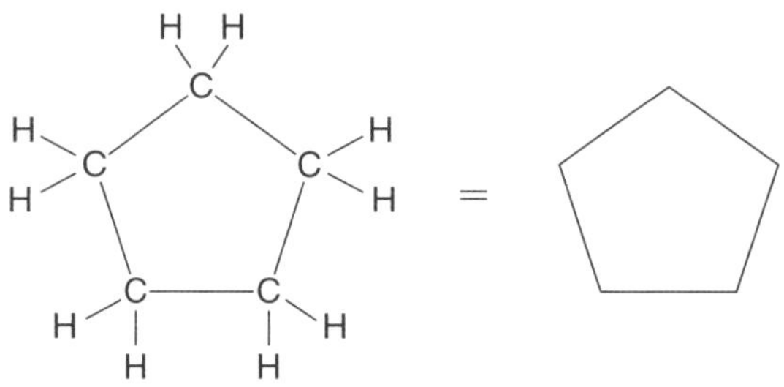

Figura 3-9: Representação em bastão do ciclopentano.

As ligações múltiplas são explicitamente desenhadas. As ligações triplas são desenhadas em linha reta como exibido na Figura 3-10, e não são dentadas como as ligações simples (eu digo por que no Capítulo 9).

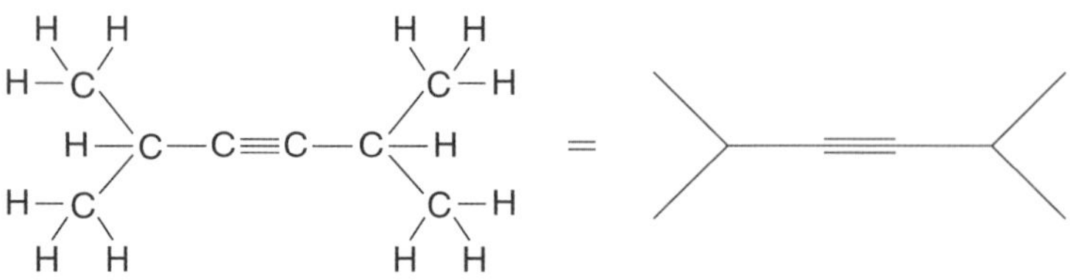

Figura 3-10: Diisopropilacetileno.

Os hidrogênios ligados a qualquer átomo que não o carbono (átomos como o oxigênio [O], o enxofre [S] e o nitrogênio [N]) devem ser exibidos de forma explícita; apenas os hidrogênios ligados aos carbonos não são exibidos. A Figura 3-11 mostra um exemplo de como desenhar átomos não carbônicos em representação em bastão.

Figura 3-11: Metanolamina.

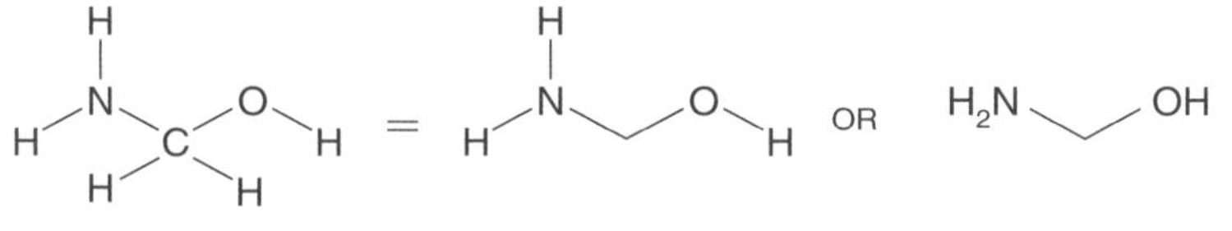

Esse método de representação em bastão da representação estrutural é, provavelmente, o método mais comumente usado pelos químicos orgânicos – é fácil de desenhar, é conveniente e não fica amontoado em comparação com a estrutura de Lewis completa. Imagino que você irá preferir, ao menos no início, usar estruturas de Lewis completas para representar as moléculas em vez dessa representação em bastão, porque as estruturas de Lewis não requerem o fornecimento mental dos hidrogênios faltantes.

A princípio, o uso de estruturas de Lewis completas em seus desenhos é, provavelmente, uma excelente ideia, porque essa estrutura não tem abreviações estruturais (da forma como você iria querer aprender a falar sua língua corretamente, antes de aprender abreviações da língua com as Mensagens Instantâneas). Mas você deve se familiarizar com os desenhos em bastão imediatamente para poder se sentir rapidamente confortável em usá-los. Seu livro didático de química orgânica – e seu professor – provavelmente usará representação em bastão de forma quase exclusiva mais adiante no curso, então você terá vantagem em saber como desenhar e interpretar as representações em bastão.

Determinação do número de hidrogênios em representações em bastão

Saber "ver" rapidamente quantos hidrogênios há em cada carbono em uma representação em bastão requer prática. Mas a matemática, pelo menos, é simples. Um carbono neutro tem quatro ligações. Então, se uma representação em bastão mostra um carbono que tem três ligações com outros átomos, ele deve ter um hidrogênio implícito; se mostrar um carbono que tenha duas ligações, então deverá ter dois hidrogênios implícitos; se mostrar um carbono que tem apenas uma ligação, então deverá ter três hidrogênios implícitos. Na Figura 3-12, mostro uma representação em bastão e aponto o número de hidrogênios que se suponham estar unidos a cada um dos carbonos.

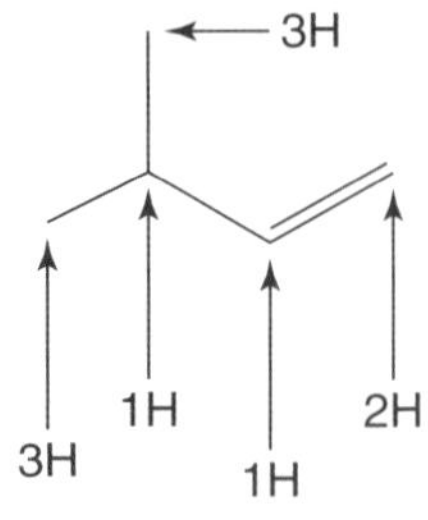

Figura 3-12: Contagem dos hidrogênios supostos.

Sair-se bem no desenho da representação em bastão requer certo trabalho, mas quando se consegue, a recompensa é grande, pois você saberá desenhar estruturas com muito mais rapidez (que é uma questão significativa quando se lida com uma grande quantidade de estruturas), e você conseguirá ver mudanças químicas com muito mais facilidade do que se estivesse usando estruturas de Lewis completas (importante quando se começam as reações químicas das moléculas orgânicas). Você também compreenderá o livro didático e seu professor quando eles usarem a representação em bastão.

Com muita frequência, veem-se estruturas desenhadas combinando esses três diferentes métodos de desenho de estrutura. Em outras palavras, não é um requisito que uma molécula inteira seja desenhada com uso de apenas um dos métodos. Não é incomum ver partes de uma molécula desenhadas pela representação completa de Lewis, partes desenhadas na forma da estrutura condensada e partes desenhadas com uso da representação em bastão. Os químicos costumam ter bons motivos para fazê-lo – enfatizar certas partes importantes de uma molécula, por exemplo – mas, no começo, quando se está tentando deixar tudo claro na cabeça, você poderá se confundir facilmente se uma estrutura for desenhada combinando os diferentes estilos de estrutura. A Figura 3-13 mostra uma molécula orgânica que foi desenhada usando uma combinação dos métodos de desenho de estruturas.

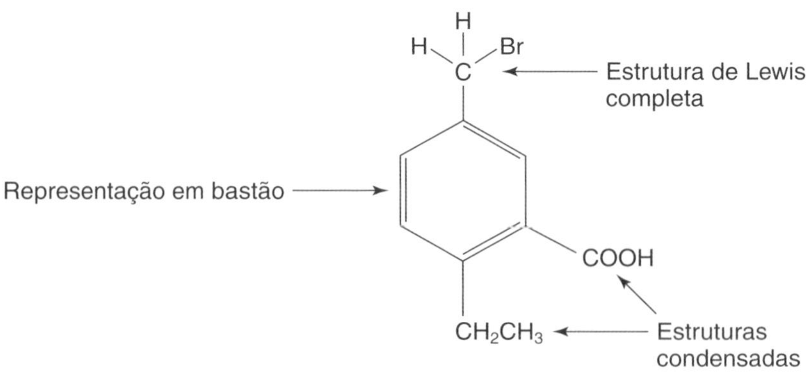

Figura 3-13: Um desenho de estrutura que combina os três diferentes estilos.

Tão só: Determinação de pares solitários nos átomos

Frequentemente, os pares solitários nos átomos não são mostrados de forma explícita porque os químicos supõem que você possa determinar sozinho o número de pares solitários no átomo. Uma forma de determinar o número de pares solitários (se eles não forem exibidos) é, simplesmente, colocar a informação na equação reorganizada da carga formal, onde "pontos" é, simplesmente, o número de elétrons não ligantes.

pontos = elétrons de valência – traços – carga formal

A melhor maneira de dominar isso é pela prática, então vá em frente e experimente. Para determinar o número de pares solitários no átomo de nitrogênio em NH_2^-, coloca-se na equação o número de elétrons de valência para o nitrogênio (cinco), o número de traços (dois, porque o nitrogênio tem duas ligações, uma com cada um dos hidrogênios) e a carga formal do átomo (-1, nesse caso).

Pontos = 5 – 2 – (– 1) = 4

Então, NH_2^- tem quatro elétrons não ligantes ou dois pares solitários de elétrons (porque há dois "pontos" em cada par solitário).

Bem como para distinguir cargas formais, após um tempo adquire-se suficiente prática para descobrir o número de pares solitários que não serão necessários para fazer esse cálculo, porque você reconhecerá os padrões de elétrons e ligações. Nesse ponto, você saberá que um nitrogênio de carga negativa tem dois pares solitários, que um carbono de carga negativa tem apenas um par solitário, que um oxigênio neutro tem dois pares solitários, e daí por diante (veja outros padrões, na Figura 3-2). Mas vai levar algum tempo até que isso se torne algo natural, então pratique, pratique, pratique!

Solução de Problemas: Lançamento de Flechas

Agora a parte tranquila. Se as estruturas são as palavras da química orgânica, o lançamento de flechas é a gramática e a sintaxe da química orgânica. E eu sei o quanto todo mundo adora gramática. A Figura 3-14 mostra os diferentes tipos de flechas usados em química orgânica. Saber o que as flechas representam e como usá-las de forma adequada vai ajudá-lo a entender a química orgânica (assim como os professores de línguas, os professores de química são bastante exigentes quanto ao uso correto dessa "gramática").

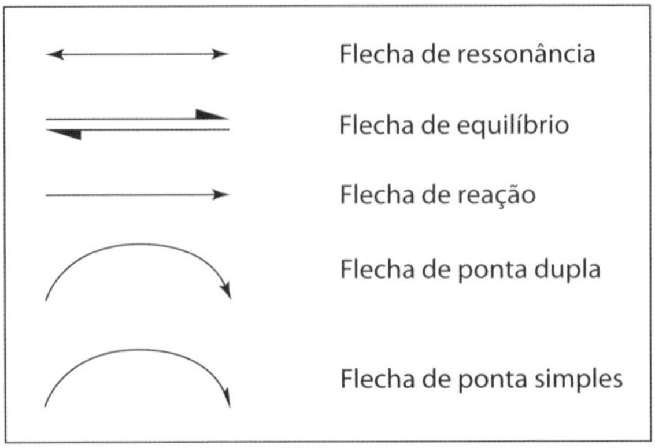

Figura 3-14: Tipos de flechas usados em química orgânica.

Em química orgânica, há cinco importantes tipos de flechas:

- **Flecha de ressonância:** usada para indicar movimento entre estruturas de ressonância (das quais falo na próxima seção).
- **Flecha de equilíbrio:** usada para mostrar reações governadas por equilíbrios (veja o Capítulo 12). Fazer uma das flechas de equilíbrio maior mostra a direção do equilíbrio em uma reação (em outras palavras, qual lado da reação – reagentes ou produtos – é favorecido).
- **Flecha de reação:** usada para mostrar a mudança das moléculas por uma reação.
- **Flecha de ponta dupla:** usada para mostrar o movimento de dois elétrons.
- **Flecha de ponta simples:** usada para mostrar o movimento de um elétron.

Químicos orgânicos usam flechas de ponta simples e dupla para mostrar o movimento dos elétrons (às vezes elas são chamadas de *flechas de anzol*, porque se parecem com anzóis). As flechas de ponta dupla são muito mais comuns que as de ponta simples, apenas porque a maioria das reações envolve o movimento dos pares solitários e ligações – cada um contendo dois elétrons. As flechas de ponta simples são usadas para descrever reações de radicais livres (descritos no Capítulo 7), porque essas reações envolvem o movimento de elétrons simples. Você precisa se tornar tão bom quanto Robin Hood no uso dessas flechas.

O domínio do que chamamos de "lançamento de flechas" é essencial para dominar a química orgânica – e, importante, para se dar bem na aula! O lançamento das flechas é algo que não pode ser aprendido em apenas uma sessão. Esse tipo de gramática requer muita prática para ser dominado (espero que essa história esteja começando a se tornar repetitiva). Lançamento de flechas é fala orgânica para mostrar como uma mudança química ocorre. Para fazê-lo, químicos orgânicos usam essas flechas de ponta simples e dupla, que mostram como ir de uma estrutura para outra em uma reação (ou em uma estrutura de ressonância, que é descrita na próxima sessão) mostrando o movimento dos elétrons. As flechas de ponta dupla, por convenção, são usadas para mostrar o movimento dos elétrons. Portanto, sempre se desenham as *flechas a partir dos elétrons para a direção em que eles vão, nunca ao contrário*. Acho que a maioria dos alunos preferiria que as flechas mostrassem o movimento dos átomos em vez de mostrar o movimento dos elétrons. Mas o uso de uma flecha para mostrar o movimento dos átomos é errado e se você fizer com que suas flechas façam isso em um exame, com certeza perderá pontos. Se, por exemplo, você quiser mostrar água sendo protonada (recebendo um íon H^+) pelo ácido, você mostrará um dos pares solitários no oxigênio da água atacando o próton (o H^+), não o próton movendo-se para a água.

Como H^+ não tem elétrons (o hidrogênio perdeu seu único elétron para se tornar um cátion de carga positiva), alguém pode perguntar quando estaria correto mostrar uma flecha vinda de um H^+. Como Rei Lear teria dito se tivesse sido um químico orgânico: "jamais, jamais! Jamais! Jamais! Jamais!". A Figura 3-15 mostra as formas corretas e incorretas de mostrar o movimento dos elétrons usando uma flecha de ponta dupla.

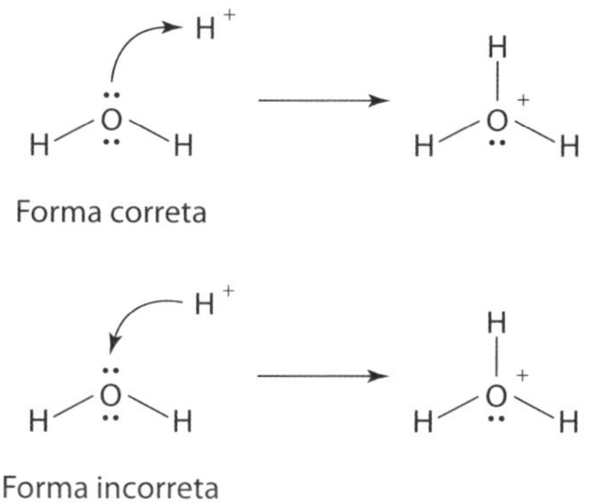

Figura 3-15: As formas correta e incorreta de usar flechas de ponta dupla para mostrar o movimento do elétron.

Desenho de Estruturas de Ressonância

As estruturas de Lewis mostram as localizações dos elétrons corretamente a maior parte do tempo, mas nem sempre. Para corrigir uma falha na exibição da posição de certos elétrons nas estruturas de Lewis, os químicos usam estruturas de ressonância. Os químicos orgânicos usam essas estruturas de ressonância – sem parar, do início do curso até o fim – para explicar uma falha na exibição da posição de certo par solitário e elétrons pi nas estruturas de Lewis (elétrons pi são elétrons encontrados em ligações pi, veja o Capítulo 2). Não se consegue sobreviver à química orgânica sem saber desenhar as temerosas estruturas de ressonância e sem entender o que elas significam.

A estrutura de Lewis para um carboxilato (RCO_2^-, onde R significa resto de molécula) é um bom exemplo de como as estruturas de Lewis não são sempre a melhor forma de descrever certas moléculas. Essa estrutura de Lewis (veja Figura 3-16) prevê uma ligação dupla entre carbono e um dos oxigênios e uma ligação simples entre o carbono e o oxigênio que contém carga negativa. De acordo com a estrutura de Lewis, as duas ligações de C-O são diferentes. Ao invés disso, a estrutura real é uma na qual tanto as ligações de carbono-oxigênio são idênticas – com cada ligação de C-O tendo algumas características de ligação simples e algumas de ligação dupla – e cada um dos oxigênios compartilha a carga negativa igualmente.

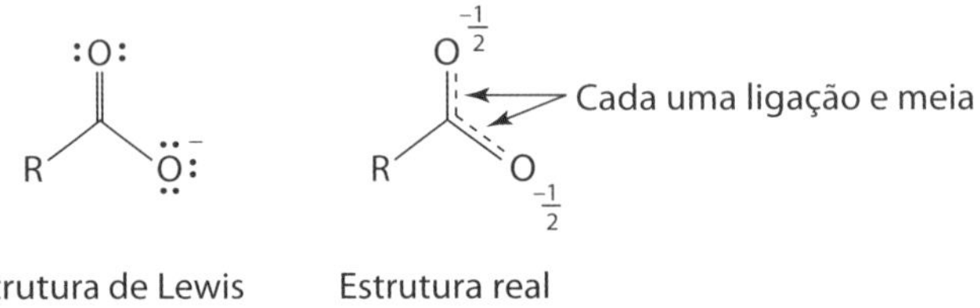

Figura 3-16: A estrutura de Lewis de um íon carboxilato comparado à estrutura real.

Como essa estrutura de Lewis falha em explicar corretamente a posição dos elétrons, os químicos orgânicos usam estruturas de ressonância para corrigir essa falha. Em geral, a qualquer momento que mais de uma estrutura de Lewis válida puder ser desenhada para uma dada molécula, cada uma dessas estruturas alternativas será considerada uma estrutura de ressonância e a estrutura real de uma molécula se parecerá com um híbrido de todas as diversas estruturas de ressonância.

Regras para estruturas de ressonância

Aqui estão as três regras básicas para estruturas de ressonância:

- **Os átomos são fixos e não podem se mover.** Como o propósito das estruturas de ressonância é, simplesmente, explicar as posições alternativas dos elétrons, todos os átomos permanecem em posições fixas. Apenas a distribuição dos elétrons na molécula modifica-se de uma estrutura de ressonância para a seguinte.
- **Apenas elétrons em pares solitários e elétrons pi – que só são encontrados em ligações duplas e triplas – podem se mover.** As ligações simples ficam em seus lugares (para revisar as ligações pi, veja o Capítulo 2).
- **Não se pode quebrar a regra do octeto.** Essa antiga lei ainda se aplica. Para colocar essa regra em termos práticos, a soma dos pares solitários e das ligações de um átomo não pode ser maior que quatro.

Por exemplo, o ânion carboxilato da Figura 3-17 pode ser representado apenas por duas estruturas de Lewis diferentes e válidas, uma na qual a carga negativa fique no oxigênio de cima e outra na qual a carga fique no oxigênio de baixo. Então, qual estrutura de Lewis representa a molécula real? Resposta: nenhuma delas! Na verdade, nenhuma estrutura de ressonância única descreve uma molécula com perfeição, mas a estrutura correta fica em algum ponto intermediário; a estrutura correta é um híbrido de todas as estruturas de ressonância. No caso do ânion carboxilato, cada uma das ligações de C-O não é nem uma ligação dupla nem uma ligação simples, e sim uma ligação intermediária (1 ligação e ½).

PAPO DE ESPECIALISTA

Você deve perguntar por que os químicos não fazem simplesmente o desenho híbrido (como aquele exibido na porção da direita da Figura 3-17), com a linha pontilhada representando o caráter de ligação parcial (1 e ½). Um motivo é que esse desenho não mostra o *número* de elétrons na molécula, então ele é uma representação inconveniente para exibir as reações daquela molécula. Ao contrário, múltiplas estruturas de ressonância são usadas para representar a natureza híbrida da estrutura real.

Note o uso da flecha de ressonância de duas pontas (↔) na Figura 3-17 mostrando as duas estruturas de ressonância equivalentes. Essa flecha serve como lembrete de que a ressonância não é uma reação, nem um processo de equilíbrio e nem uma mudança de qualquer espécie na molécula. Ao contrário, essas estruturas de ressonância são, simplesmente, uma forma de explicar a distribuição adequada de elétrons de uma *única molécula* em uma folha de papel. Uma molécula não tira a sorte entre diferentes estruturas de ressonância, de trás para a frente, de frente para trás. Ao contrário, ela existe como uma estrutura o tempo todo, uma que, simplesmente, parece o híbrido de todas as estruturas de ressonância possíveis.

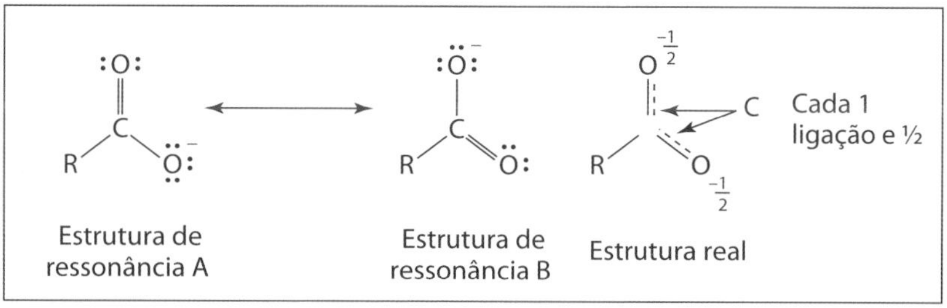

Figura 3-17: Flechas de ressonância de duas pontas são usadas para transformar entre as formas de ressonância.

Para o ânion carboxilato, há duas estruturas de Lewis válidas que podem ser desenhadas e, então, cada uma delas é considerada uma estrutura de ressonância.

Solução de problemas: Desenho de estruturas de ressonância

Então, como reconhecer quando uma estrutura tiver estruturas de ressonância alternativas e como começar a desenhar estruturas de ressonância para uma dada molécula? Todas as vezes em que uma molécula puder ser representada por uma estrutura de Lewis alternativa válida, todas essas alternativas serão consideradas estruturas de ressonância. Mas como determinar quando uma molécula pode ser representada por estruturas de Lewis alternativas?

Uma forma de encontrar as estruturas de ressonância é lançando os elétrons não ligantes e elétrons pi por meio das flechas (lembre-se que elétrons pi são elétrons que contribuem com ligações duplas e triplas. Leia mais no Capítulo 2). As flechas de lançamento de elétrons são usadas para transformar uma estrutura de ressonância na seguinte. É um pouco de azar que, geralmente, o primeiro "lançamento de flechas" feito no curso de química orgânica seja para as estruturas de ressonância, porque o significado por trás do lançamento das flechas usadas com as estruturas de ressonância é completamente diferente do significado por trás do lançamento de flechas que será usado várias vezes no curso futuramente, para mostrar como ocorre uma reação. São fundamentalmente diferentes, ainda que pareçam semelhantes.

Como assim? Na seção anterior, uso uma flecha dupla na Figura 3-17 para mostrar a protonação da água (o acréscimo de H^+ à água). Naquela figura, a flecha é usada para mostrar como uma reação acontece: os elétrons do par solitário no oxigênio atacam o próton (H^+), formando uma nova ligação.

As estruturas de ressonância usam as flechas com um propósito diferente. Elas não mostram como acontece uma reação. Do contrário, as flechas são usadas simplesmente como uma ferramenta conveniente para determinar todas as estruturas de ressonância alternativas. Essas flechas não estão mostrando realmente o movimento dos elétrons, porque as estruturas de ressonância são, simplesmente, nossa forma de modelar uma única molécula imutável.

Tendo isso em mente, alguns padrões comuns podem ser usados para reconhecer quando uma estrutura puder ser descrita melhor com o uso de estruturas de ressonância. Nas próximas seções, eu apresento quatro tipos de características estruturais que indicam moléculas que terão duas ou mais estruturas de ressonância. Além desses quatro padrões, tenha em mente que as estruturas de ressonância devem atender às três regras básicas listadas acima: os átomos são fixos e não se movem, deve-se deixar as ligações simples fixas e não se pode quebrar a regra do octeto. Agora, veja cada um desses padrões individualmente.

Um par solitário próximo a uma ligação dupla ou a uma ligação tripla

Usam-se flechas para transformar uma estrutura de ressonância em outra. Note que nos casos em que um par solitário for adjacente a uma ligação dupla, serão desenhadas pelo menos duas flechas. A primeira começa nos elétrons do par solitário e move-os na direção da ligação dupla. A próxima flecha coloca os elétrons da ligação dupla no carbono adjacente como um par solitário.

DICA

Não se pode parar após ter desenhado apenas a primeira flecha porque fazer isso resultaria em uma estrutura que violaria a regra do octeto. Para provar, desenhe todos os hidrogênios da estrutura e então lance algumas flechas!

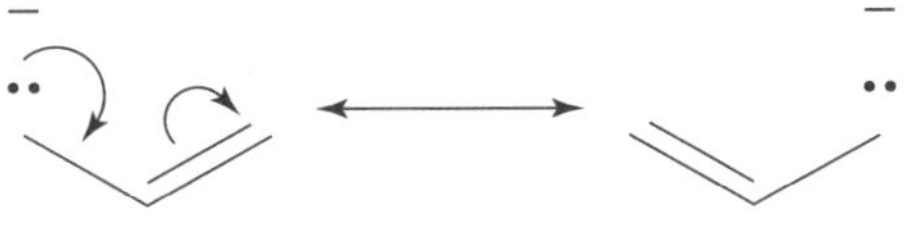

Figura 3-18: Ressonância de par solitário.

PAPO DE ESPECIALISTA

Uma confusão comum entre os estudantes envolve a frequente simetria das estruturas de ressonância. Eles veem que as duas estruturas de ressonância parecem a mesma coisa – em outras palavras, se você as jogasse para o alto como uma panqueca, seria possível sobrepor uma à outra. Então, elas não são a mesma coisa? A resposta é não, porque a primeira regra de estruturas de ressonância é que os átomos não podem se mover, então não se poderia realizar tal movimento de jogar para o alto e girar sem mover os átomos. Portanto, embora as estruturas de ressonância "pareçam iguais", cada uma delas é uma estrutura de ressonância diferente e deve ser incluída.

Um cátion próximo a uma ligação dupla, ligação tripla ou par solitário de elétrons

Em uma situação de certa forma semelhante, uma ligação dupla que está situada próxima a uma carga positiva também produz estruturas de ressonância. Nesse caso, não se pode desenhar uma flecha da carga positiva porque não há par solitário ou elétrons pi naquele carbono (lembre-se que com o lançamento de flechas nunca se desenha uma flecha originária de uma carga positiva porque as flechas sempre se originam nos elétrons). Do contrário, movem-se os elétrons da ligação dupla para a ligação simples adjacente, fazendo uma nova ligação dupla. Isso reforma a ligação dupla no outro lado da molécula e desloca a carga positiva do lado esquerdo para o direito, como exibido na Figura 3-19 (insira os hidrogênios e calcule as cargas você mesmo caso não acredite!). Note que a regra do octeto não foi violada aqui.

Figura 3-19: Ressonância da ligação pi.

De forma semelhante, quando um par solitário de elétrons está situado próximo a uma carga positiva, uma estrutura de ressonância alternativa envolve a mudança do par solitário de elétrons na direção do cátion para formar uma ligação dupla. A carga positiva então se move para o átomo que, originalmente, tinha o par solitário, porque esse átomo tornou-se deficiente em elétrons. Veja a Figura 3-20.

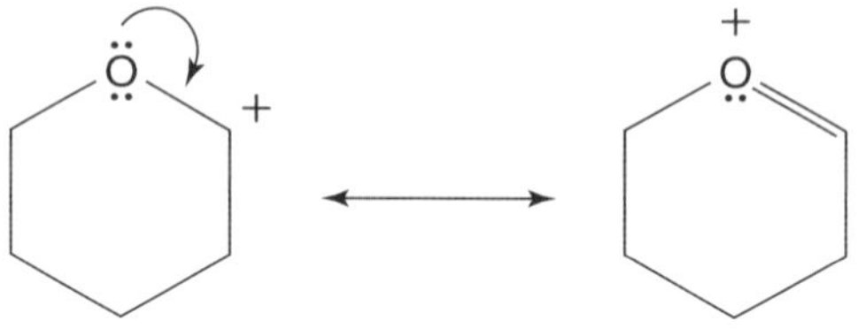

Figura 3-20: Ressonância do par solitário.

Uma ligação dupla ou tripla contendo um átomo eletronegativo

Quando uma ligação dupla ou tripla inclui um átomo eletronegativo (como oxigênio ou nitrogênio), uma estrutura de ressonância alternativa pode ser encontrada movendo uma das ligações duplas (ou triplas) para o elemento eletronegativo como um par solitário. Em tais situações, os elétrons sempre vão para o elemento mais eletronegativo, não para o carbono (descubra mais sobre essa regra na seção "Atribuição de importância às estruturas de ressonância", futuramente neste capítulo). Um exemplo desse tipo de ressonância é exibido na Figura 3-21, para acetona (produto químico presente no removedor de esmalte).

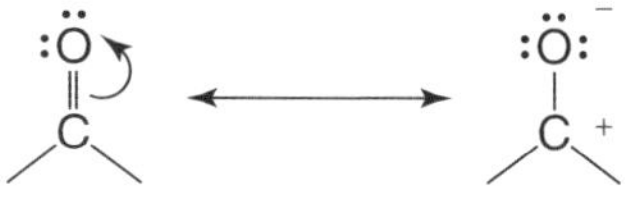

Figura 3-21: Ressonância da ligação pi.

Alternância de ligações duplas em torno de um anel

Quando as ligações duplas se alternam em volta de todo um anel, pode-se mover cada uma das ligações duplas para o próximo carbono para criar uma forma de ressonância alternativa. O benzeno, por exemplo, tem duas estruturas de ressonância, como exibido na Figura 3-22. Aqui, você quebraria a regra do octeto se parasse após desenhar uma ou duas das flechas. Então, você terá que fazer todo o caminho em torno do anel.

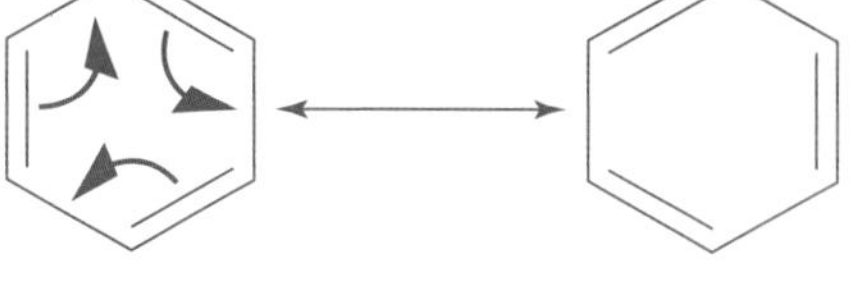

Figura 3-22: Estruturas de ressonância do benzeno.

Desenhando mais que duas estruturas de ressonância

Às vezes, uma estrutura terá mais do que duas estruturas de ressonância. A Figura 3-23, por exemplo, mostra uma molécula que tem quatro estruturas de ressonância. Se pedissem o desenho de todas as estruturas de ressonância para essa molécula, você começaria reconhecendo que a molécula tinha uma ligação dupla contendo um átomo eletronegativo (a unidade C=O), que está em conformidade com o padrão número três, descrito na seção anterior.

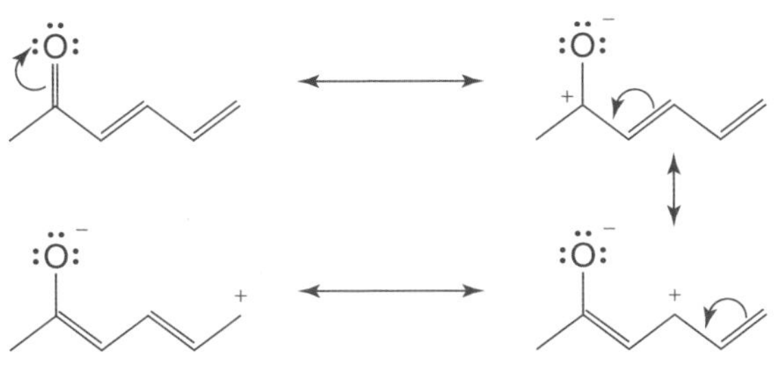

Figura 3-23: Quatro estruturas de ressonância para 2-hexadienona.

O desenho da estrutura de ressonância movendo os elétrons da ligação dupla para o oxigênio cria uma espécie com carga positiva no carbono. Mas esse não é o final das estruturas de ressonância. Essa carga positiva agora está próxima a uma ligação dupla, que é outro dos padrões comuns (padrão número dois), discutidos na seção anterior. Então, outra estrutura de ressonância pode ser desenhada movendo os elétrons da ligação dupla para a ligação simples à esquerda, que muda a posição da carga positiva. Mas ainda há mais uma estrutura de ressonância que pode ser desenhada. Mover a última ligação dupla para a esquerda da mesma forma que você fez anteriormente colocará a carga positiva no átomo de carbono da extremidade. Todas as quatro estruturas são estruturas de ressonância válidas.

Geralmente é possível chegar a qualquer uma das estruturas de ressonância em um único passo; a Figura 3-24 ilustra esse processo de uma só etapa. Porém, desenhar todas as estruturas de ressonância de uma só vez como mostrei (pelo menos até que você as domine) geralmente é útil para garantir que nenhuma estrutura de ressonância seja deixada de fora.

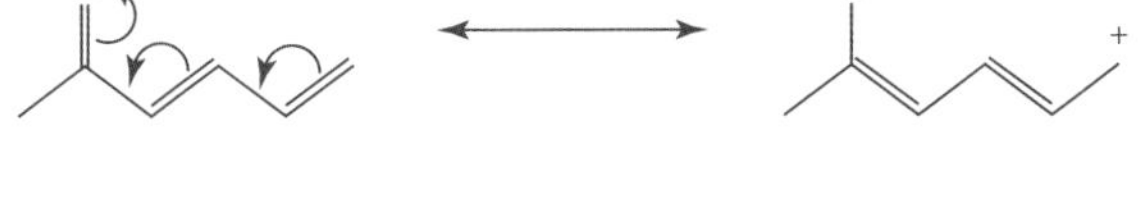

Figura 3-24: Conversão entre estruturas de ressonância em uma etapa.

Atribuição de importância às estruturas de ressonância

Algumas estruturas de ressonância contribuirão mais com os híbridos em geral do que outras. Como regra, as estruturas de ressonância mais estáveis contribuirão mais com o híbrido que as instáveis. Três fatores importantes são usados para determinar a estabilidade relativa das estruturas de ressonância (e, portanto, sua importância relativa). Nesta seção, ilustro cada um desses três fatores.

Menores cargas

As estruturas de ressonância que têm as menores cargas dentro da molécula são as que mais contribuirão com o híbrido total. Essa regra faz sentido porque manter as cargas positiva e negativa separadas umas das outras custa energia, assim como custaria energia afastar dois ímãs. Para a molécula acetona, exibida na Figura 3-25, a primeira estrutura de ressonância não tem carga, então ela contribuirá mais com o híbrido total do que a estrutura de ressonância à direita, que tem cargas tanto positiva quanto negativa.

Figura 3-25: Estrutura de ressonância da acetona.

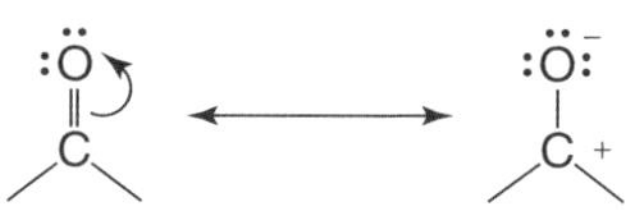

Cargas nos melhores átomos

Cargas negativas geralmente preferem ficar nos elementos eletronegativos (elementos como oxigênio e nitrogênio), enquanto cargas positivas irão preferir ficar nos elementos eletropositivos (como o carbono). Uma estrutura de ressonância alternativa para a acetona é aquela em que a carga negativa fica no carbono e a carga positiva fica no oxigênio. Essa estrutura de ressonância é considerada uma estrutura de ressonância ruim (veja a Figura 3-26). Como o oxigênio é um átomo eletronegativo (um devorador de elétrons), ele realmente não quer ter carga positiva; portanto, a estrutura de ressonância à direita contribuiria com uma quantidade insignificante para o híbrido total. Embora, tecnicamente, seria considerada uma estrutura de ressonância válida, essa forma de ressonância nunca é desenhada por ser tão instável que não contribuiria de forma significativa com o híbrido total.

Figura 3-26: Estrutura de ressonância ruim.

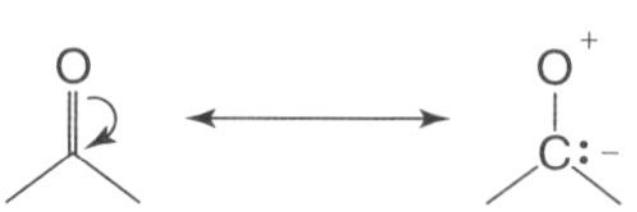

No exemplo exibido na Figura 3-27, as duas estruturas de ressonância contribuiriam para o híbrido total. Nesse exemplo, a carga negativa fica no oxigênio (na estrutura à direita) ou no carbono (na estrutura à esquerda). Como o oxigênio é mais eletronegativo, ele fica mais confortável portando a carga negativa do que o carbono, então a estrutura de ressonância à direita contribuiria mais com o híbrido total.

Figura 3-27: Comparação da estabilidade de carga.

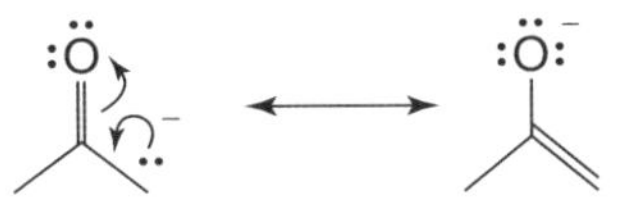

Octetos preenchidos

No próximo exemplo, exibido na Figura 3-28, pode-se esperar, com base no último argumento sobre a colocação das cargas positivas nos átomos eletropositivos e das cargas negativas nos átomos eletronegativos, que a estrutura de ressonância à esquerda contribuiria mais com o híbrido total, porque o carbono estaria mais disposto a conter uma carga positiva do que o nitrogênio. Porém, essa análise negligencia um fator importante: um octeto de elétrons completo.

Na verdade, a estrutura de ressonância à direita contribui ao máximo com o híbrido total, porque todos os átomos naquela forma de ressonância têm um octeto completo de elétrons. Na estrutura de ressonância à esquerda, o carbono não tem um octeto completo, possuindo apenas seis elétrons na camada mais externa. Geralmente, o desejo dos átomos de atingir um octeto completo prevalece ao desejo de colocar as cargas nos melhores átomos. Por isso a estrutura de ressonância à direita contribui mais com o híbrido total do que a estrutura de ressonância à esquerda, embora a estrutura à direita tenha a carga em um átomo menos preferível.

Figura 3-28: As considerações do octeto prevalecem às considerações da carga.

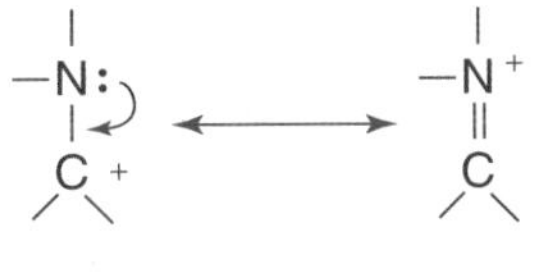

Erros comuns no desenho de estruturas de ressonância

Aqui estão quatro erros comuns que os alunos cometem ao desenhar estruturas de ressonância. Evite-os a todo custo.

Esquecer cargas

Depois de desenhar as flechas e determinar que aspecto a estrutura de ressonância alternativa terá, é fácil cometer o erro de deixar uma carga ou duas de fora (veja a Figura 3-29). Uma forma de verificar rapidamente cargas faltantes é ver se todas as suas cargas se equilibram. Ou seja, a carga líquida com que você inicia deve ser igual à carga líquida com que você termina. Se sua estrutura de ressonância inicial tiver uma carga líquida negativa, então todas as demais estruturas de ressonância também deverão ter uma carga líquida negativa.

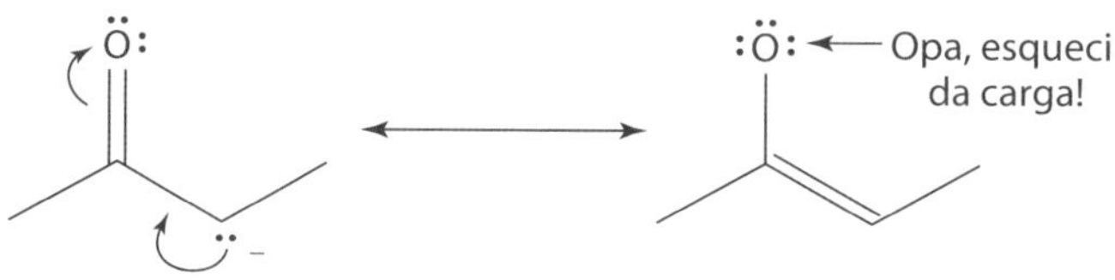

Carga líquida negativa | Neutra

Figura 3-29: Mantendo registros das cargas.

Isso não significa dizer que o *número* de cargas tenha de ser o mesmo, apenas que a carga líquida deve ser a mesma. Por exemplo, se você começar sem nenhuma carga na estrutura de ressonância, uma estrutura de ressonância alternativa poderá acabar com uma carga positiva e uma carga negativa, porque a carga líquida permanece zero. Mas começar com uma molécula neutra e terminar com uma carga negativa ou uma carga positiva é inaceitável. Se você perceber que suas cargas não estão em equilíbrio, isso geralmente indica que você simplesmente negligenciou a colocação de uma carga em um dos átomos.

Quebra da regra do octeto

A quebra da regra do octeto é um erro bastante comum e, infelizmente, grande. Uma regra geral a ser lembrada é que um átomo na segunda linha da Tabela Periódica (como C, N, O, F) nunca terá mais que oito elétrons em torno de si. Isso significa que a soma de todas as ligações e pares solitários em torno de um desses átomos não pode totalizar mais do que quatro. Conheço professores que ameaçam reprovar alunos se no exame final eles desenharem um carbono pentavalente (um carbono com cinco ligações), como o exibido na Figura 3-30. Então, evite cometer esse erro.

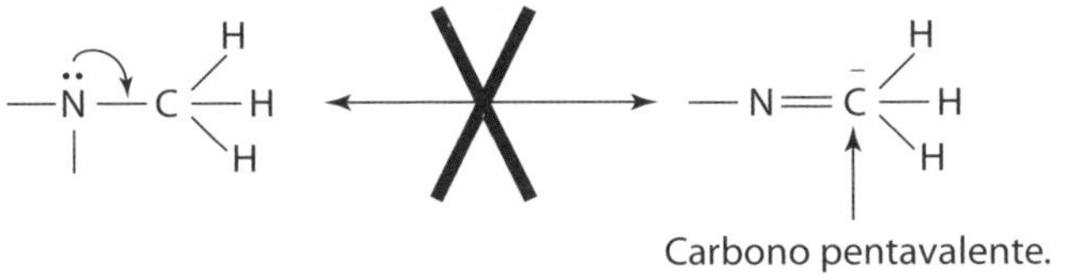

Figura 3-30: Carbono pentavalente. Um grande equívoco da química orgânica.

Movimentação de ligações simples

As estruturas de ressonância envolvem o movimento de um par solitário e de elétrons pi. Portanto, não se podem mover ligações simples. Para fazê-lo, fragmente a molécula, como exibido na Figura 3-31.

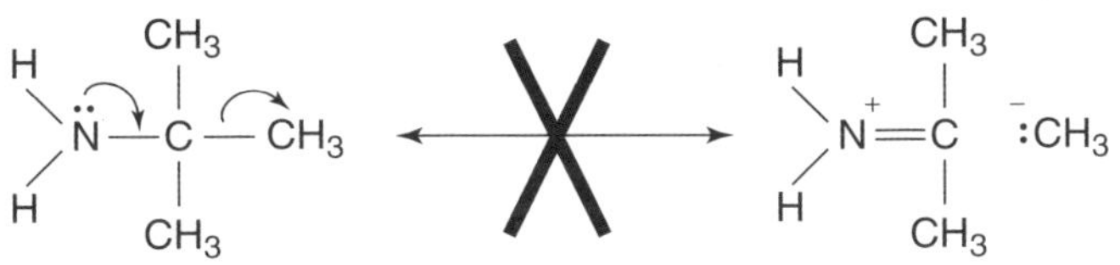

Figura 3-31: Ressonância de ligação simples – outro grande equívoco importante.

Sem seguir o fluxo do elétron

Os elétrons sempre são desenhados "fluindo" em uma única direção. Então, as flechas não vão começar a ir em uma direção para então voltarem na direção oposta, como exibido na Figura 3-32.

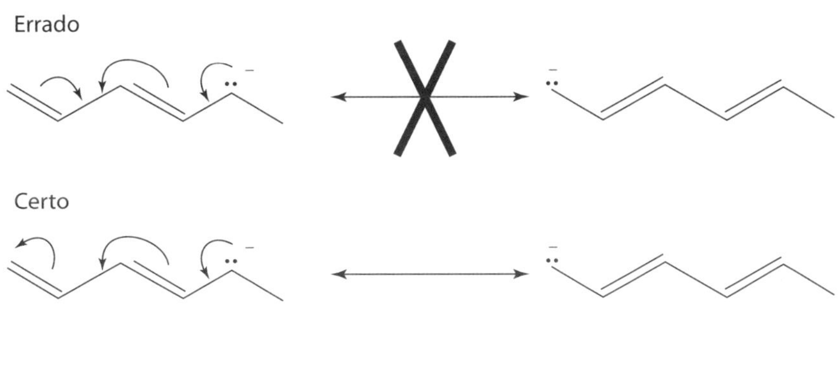

Figura 3-32: Ressonância indo contra o fluxo.

Capítulo 4

Abordagem das Bases (e dos Ácidos)

Neste Capítulo

- Definição de ácidos e bases
- Comparação da acidez de moléculas orgânicas
- Valores de pKa
- Previsão das direções dos equilíbrios ácido-base

Com certeza você já fez algumas reações químicas de ácidos e bases em sua vida, ou, pelo menos, observou algumas. Alguma vez você já espremeu limão sobre o peixe para neutralizar os odores? Você já fez um foguete com uma garrafa ou um vulcão falso usando bicarbonato de sódio e vinagre? Você já assou pães, biscoitos ou bolos? Então, você já fez reação química de ácidos e bases. Certamente, em algum momento, você já lidou com ácidos e bases. Alimentos como tomates, laranjas, limões, refrigerantes e cafés são ácidos, enquanto itens de uso doméstico como alvejante, amônia, bicarbonato de sódio e sabões são bases.

Na verdade, quase todas as reações em química orgânica envolvem química de ácidos e bases – quase todas. Compreender como funcionam os ácidos e bases, portanto, é crítico para compreender as reações das moléculas orgânicas.

Neste capítulo, defino ácidos e bases usando as três notórias definições em vigor. Mostro como se podem prever de forma qualitativa as acidezes relativas das moléculas orgânicas pela comparação estrutural e descrevo como os químicos orgânicos usam uma escala quantitativa, chamada pKa, para definir a acidez da molécula de forma numérica. Então, mostro como usar esse pKa para prever a direção de uma reação ácido-base em equilíbrio.

Um Momento de Definição: Definições de Ácido-Base

Antes de chegar à essência de como funcionam ácidos e bases, primeiro preciso definir o que eles são. Três definições são aceitas atualmente para definir se uma molécula é um ácido ou uma base: a definição de Arrhenius, a definição de Brønsted-Lowry e a definição de Lewis.

Ácidos e bases de Arrhenius: Um pouco aguados

Svante Arrhenius, notório químico do início do século XX (cujas ideias sobre ácidos e bases mais tarde lhe trouxeram o Prêmio Nobel), definiu ácidos como moléculas que se dissociam na água para formar o íon hidrônio, H_3O^+. Ácidos fortes são aqueles que se dissociam completamente na água para fazer íons hidrônios, enquanto os ácidos que se separam apenas parcialmente na água são conhecidos como ácidos fracos. O ácido nítrico (HNO_3), exibido na Figura 4-1, é um ácido forte porque se separa completamente na água para fazer íons hidrônios; o ácido acético (CH_3COOH) separa-se apenas parcialmente na água e é um ácido fraco (a direção do equilíbrio na Figura 4-1 é exibida com a flecha maior).

$$HNO_3 + H_2O \rightleftharpoons NO_3^- + H_3O^+$$

Ácido nítrico — Separação completa

$$CH_3COOH + H_2O \rightleftharpoons CH_3COO^- + H_3O^+$$

Ácido acético — Separação parcial

Figura 4-1: A dissociação de ácidos fortes e fracos

As bases, por outro lado, são moléculas que se dissociam para fazer íons hidróxidos, OH^-. Como é o caso dos ácidos, as bases que se dissociam completamente gerando íons hidróxidos são bases fortes, enquanto as bases que se dissociam apenas parcialmente para gerar íons hidróxidos são bases fracas. O hidróxido de potássio (KOH), exibido na Figura 4-2, é uma base forte porque ela se dissocia completamente na água para fazer íons hidróxidos; o hidróxido de berílio ($Be(OH)_2$) é uma base fraca porque se dissocia apenas parcialmente na água.

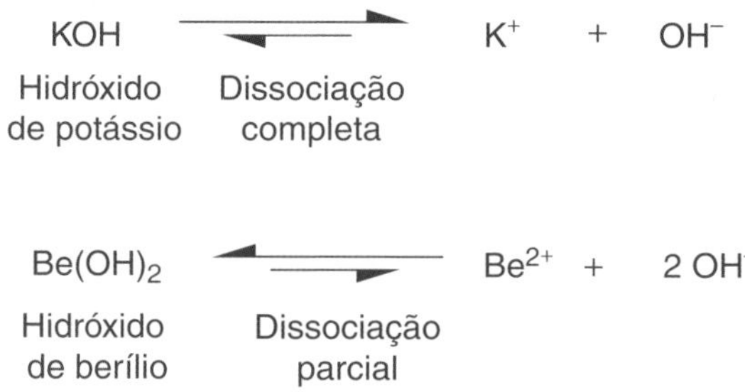

Figura 4-2: A dissociação de bases fortes e fracas

Torcida pelos prótons: Ácidos e bases de Brønsted

A definição de Arrhenius, embora útil, tem algumas limitações sérias. Primeiro, a definição não pode se aplicar a todas as moléculas, porque muitas moléculas não são solúveis em água. Segundo, nem todas as bases se dissociam para gerar o íon hidróxido. O amoníaco (NH_3), por exemplo, cria o íon hidróxido em solução, mas não tem íon hidróxido em sua fórmula e, portanto, não é uma molécula básica em virtude da dissociação.

Portanto, são necessárias outras definições ácido-base de aplicação mais ampla. A definição ácido-base mais comumente usada em química orgânica é a definição Brønsted-Lowry de ácidos e bases. Um *ácido Brønsted-Lowry* é uma molécula que doa um próton (H^+) para uma base; uma *base Brønsted-Lowry* é uma molécula que recebe um próton de um ácido.

LEMBRE-SE

Um íon H^+ é chamado de próton porque o átomo hidrogênio não tem nêutrons nem elétrons – apenas um único próton no núcleo.

Para manter a terminologia, o ácido desprotonado torna-se o que é conhecido como *base conjugada* (geralmente de carga negativa, mas nem sempre), enquanto a base protonada se torna o ácido conjugado, como exibe a Figura 4-3.

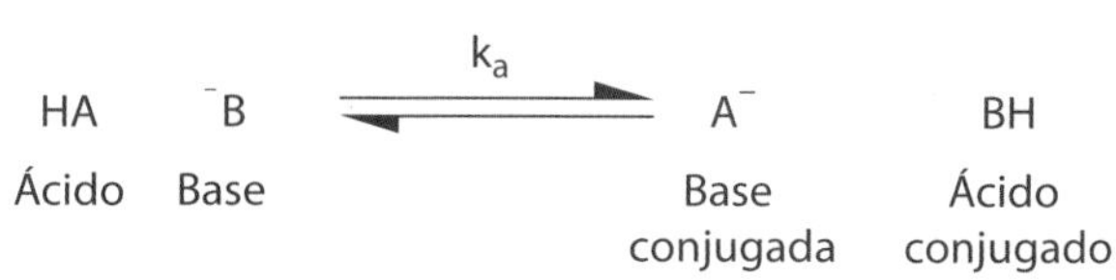

Figura 4-3: Uma reação ácido-base.

Aqueles que amam e odeiam elétrons: Ácidos e bases de Lewis

Embora a definição de ácidos e bases de Brønsted-Lowry seja mais geral que a definição de Arrhenius, ela ainda não é universal porque não inclui moléculas como BF_3 ou $AlCl_3$, que não doam prótons nem os recebem. O método mais geral para classificar ácidos e bases é a definição de ácido e base de Lewis. Um *ácido de Lewis* é uma molécula que recebe elétrons e uma *base de Lewis* é uma molécula que doa elétrons.

O borano (BH_3) é um exemplo de um ácido de Lewis. O borano é uma molécula muito infeliz porque não tem um octeto completo de elétrons de valência (veja no Capítulo 2 uma explicação sobre elétrons de valência). Por não ter um octeto de elétrons completo, pode receber um par solitário de uma molécula como metilamina (CH_3NH_2), que tem um par solitário de elétrons e usa esse par de elétrons para preencher seu octeto (veja a Figura 4-4). Como BH_3 recebe elétrons, diz-se que é um ácido de Lewis; como a metilamina doa elétrons, diz-se que é uma base de Lewis.

Os ácidos de Lewis também são chamados de *eletrófilos*, que significa "amantes de elétron". As bases de Lewis também são chamadas de *nucleófilas*, que significa "amantes de núcleo". Os termos nucleófilo e eletrófilo são usados repetidamente ao longo dos cursos de química orgânica.

LEMBRE-SE

Nucleófilas são as moléculas que podem doar elétrons (bases de Lewis) e são amantes de núcleos; eletrófilas são as moléculas que podem receber elétrons (ácidos de Lewis) e são amantes de elétrons.

Uma palavra sobre ácidos e bases

É fácil chamar uma molécula de ácido ou de base e dizer "isso é tudo, pessoal". Mas os termos "ácido" e "base" são um pouco mais esquivos. Uma molécula é um ácido apenas em comparação com outra molécula, e o mesmo acontece com uma base. Quando os termos "ácido" ou "base" são usados para discutir uma molécula em particular, eles são usados em comparação com uma molécula de referência – a água. A água é capaz de atuar tanto como um ácido quanto como uma base, e qualquer molécula que tenha mais acidez que a água costuma ser considerada um ácido e qualquer molécula que seja mais básica que a água costuma ser considerada uma base.

Mas você deve reconhecer que esses termos são gerais. A maioria das pessoas concordaria que o ácido nítrico é um ácido; seu nome até inclui a palavra ácido. Mas até o ácido nítrico pode atuar como base sob as condições certas! Na presença de ácido sulfúrico, que tem maior acidez, o ácido nítrico age como uma base (essa reação é vista na nitração do benzeno, no Capítulo 13). Essa reação é um caso extremo, mas espero que você seja cuidadoso ao classificar de forma rígida uma molécula como ácido ou base, embora seja conveniente fazê-lo. Se uma molécula atuará como ácido ou base realmente dependerá do que foi lançado no recipiente de reação junto com ela.

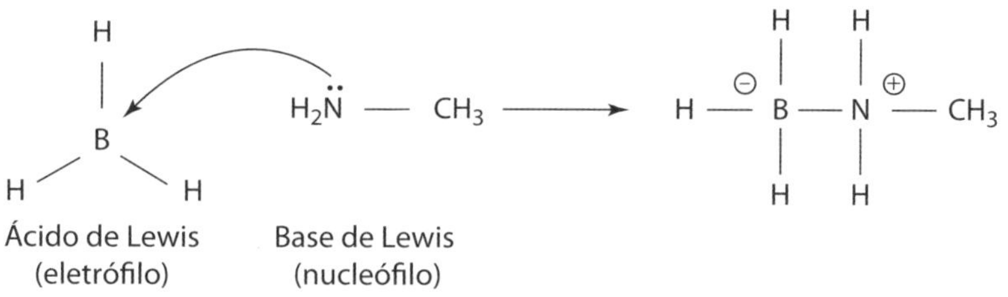

Figura 4-4: Ácidos de Lewis (recebedores de elétrons) e bases de Lewis (doadores de elétrons).

Os ácidos e as bases de Lewis incluem também os ácidos e bases de Brønsted. Qualquer ácido de Brønsted também será um ácido de Lewis e qualquer base de Brønsted será uma base de Lewis (veja um exemplo na Figura 4-5). Alguém poderá perguntar "se é assim, por que usar os ácidos e as bases de Brønsted?". A resposta é que é muito mais conveniente para o químico orgânico pensar em reações ácido-base em termos de transferências de prótons ao invés de em termos de transferência de elétrons. Por isso, quando ácidos e bases são discutidos em química orgânica, com apenas algumas exceções, isso é feito em termos de ácidos e bases de Brønsted.

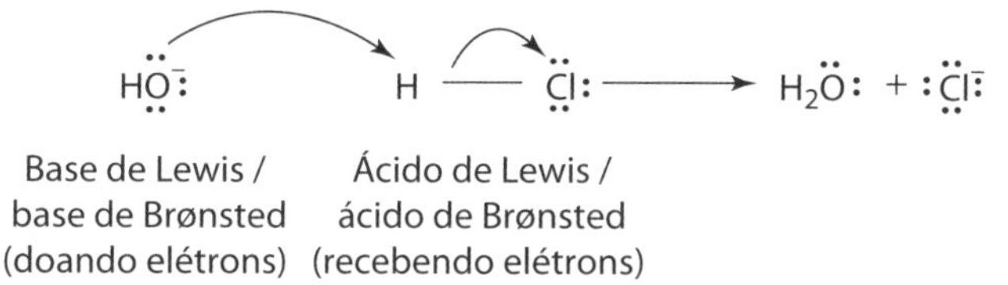

Figura 4-5: Ácidos de Brønsted também são ácidos de Lewis.

Comparação da Acidez de Moléculas Orgânicas

Em geral, a força de um ácido é diretamente proporcional à estabilidade da base conjugada do ácido. Em outras palavras, um ácido que tem uma base conjugada mais estável terá mais acidez do que um ácido que tem uma base conjugada menos estável. Como a base conjugada geralmente tem carga negativa (aniônica), uma tática conveniente ao comparar as acidezes das moléculas é pensar em quais características das estruturas de molécula contribuem para estabilizar as cargas negativas. Quanto mais estáveis forem as cargas negativas, maior acidez terá o ácido. Nas seções que seguem, falo sobre características estruturais que estabilizam cargas negativas e levam a ácidos mais fortes.

Ácidos fortes têm bases conjugadas estáveis.

Em geral, moléculas ácidas têm características estruturais que permitem que o ânion da base conjugada mude a posição da carga. A mudança de posição da carga negativa (de forma que um átomo não tenha que conter a carga negativa completa) deixa a molécula mais estável. Dentre as três características mais importantes que estabilizam cargas negativas estão a eletronegatividade, a hibridização e o tamanho do átomo no qual se localiza a carga negativa, os efeitos da retirada de elétrons de átomos eletronegativos vizinhos e efeitos de ressonância.

Comparação dos átomos

Em qual átomo fica a carga negativa da base conjugada do ácido? Uma carga negativa prefere ficar nos elementos eletronegativos (amantes de elétron). Portanto, uma carga negativa é mais estável no oxigênio do que no nitrogênio; de forma semelhante, uma carga negativa é mais estável no nitrogênio do que no carbono. Por esse motivo, os álcoois (R–OH) têm mais acidez que as aminas (R–NH_2), que por sua vez têm mais acidez que os alcanos (R–CH_3), como exibido na Figura 4-6.

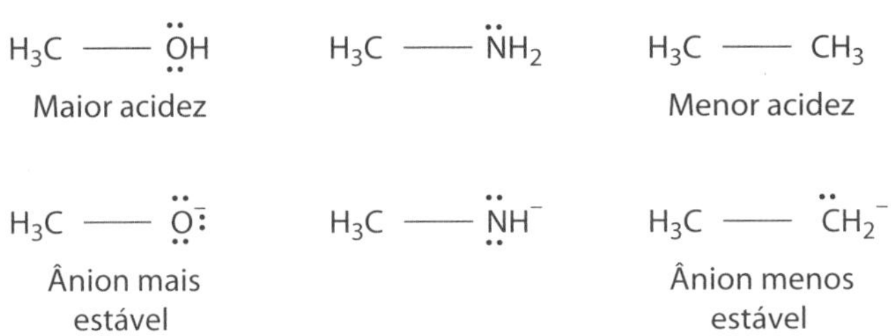

Figura 4-6: Cargas negativas preferem ficar nos átomos mais eletronegativos.

A eletronegatividade aumenta conforme se vai para cima e para a direita da Tabela Periódica.

O tamanho do átomo também tem seu papel na estabilização da carga negativa. As cargas preferem ficar em átomos maiores em detrimento dos menores. Essa preferência resulta dos átomos grandes permitirem que a carga negativa mude de posição para uma região espacial muito maior, em vez de se concentrarem em uma região pequena (como aconteceria em um átomo pequeno). Como regra, o tamanho do átomo prevalece às considerações de eletronegatividade. Então, embora o flúor seja um átomo mais eletronegativo que o iodo, HI tem mais acidez que HF. O átomo muito maior de iodo permite que a carga negativa mude de posição para um espaço maior do que o átomo muito menor de flúor, e assim dá maior acidez ao iodeto de hidrogênio. O efeito que o tamanho do átomo tem sobre a acidez é exibido na Figura 4-7.

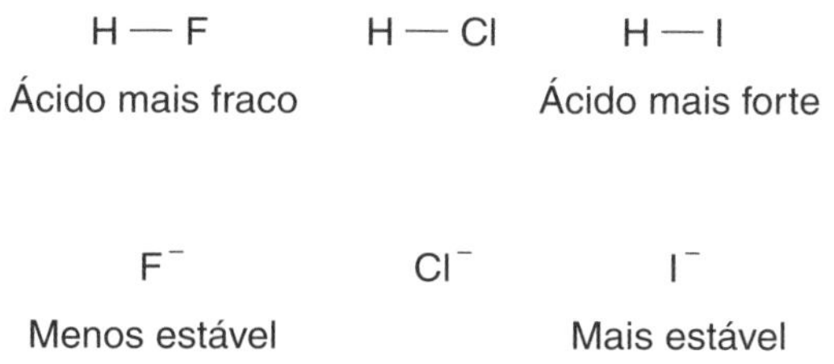

Figura 4-7: O tamanho do átomo contribui para a acidez

Hibridização do átomo

O orbital em que fica o ânion do par solitário também afeta a acidez. Os ânions dos pares solitários preferem residir nos orbitais que têm mais características *s* do que características *p*, porque os orbitais *s* estão mais próximos ao núcleo do átomo que os orbitais *p*, e os elétrons etabilizam-se estando mais próximos ao núcleo. Orbitais hibridizados *sp* têm 50% de características s, orbitais hibridizados sp^2 têm 33% de características s e orbitais hibridizados sp^3 têm 25% de características *s*. Portanto, os ânions preferem estar nos orbitais hibridizados *sp* em detrimento daqueles que são orbitais hibridizados sp^2, e eles preferem estar nos orbitais hibridizados sp^2 em detrimento daqueles que são hibridizados sp^3. O efeito do tipo de orbital sobre a acidez é exibido na Figura 4-8 (leia no Capítulo 2 mais sobre a hibridização orbital).

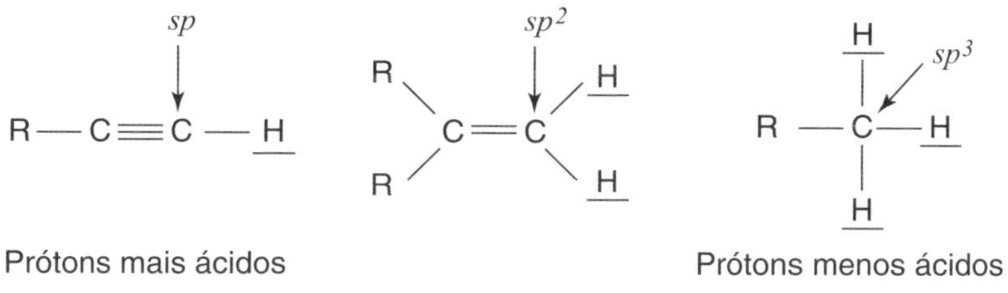

Figura 4-8: Os tipos de orbitais afetam a acidez.

Efeitos da eletronegatividade

Os grupos de retirada de elétrons em um ácido também estabilizam o ânion da base conjugada permitindo que alguma carga do ânion mude de posição para outras partes da molécula. Por exemplo, o trifluoroetanol (exibido na Figura 4-9) é mais ácido que o etanol. Os átomos de flúor altamente eletronegativos (que atraem elétrons) no trifluoroetanol puxam a densidade do elétron para longe do ânion, tirando alguma carga negativa do oxigênio, estabilizando, assim, a molécula.

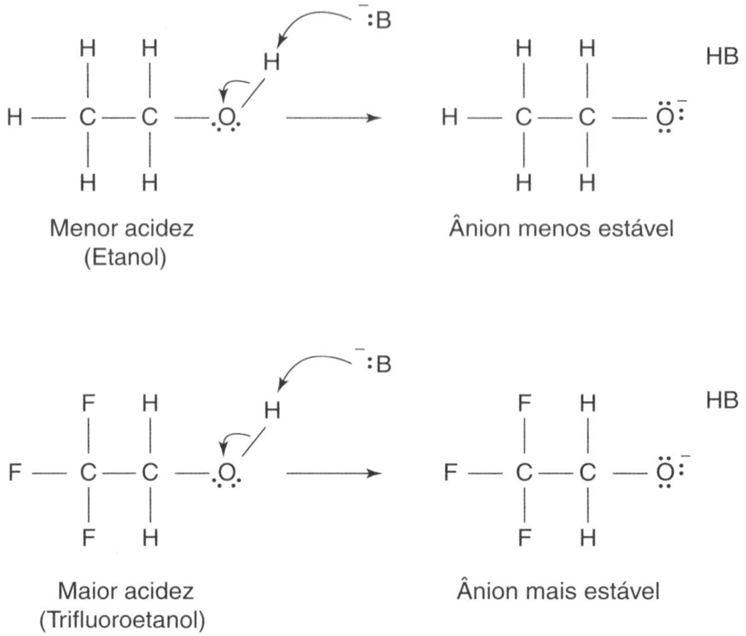

Figura 4-9: Os grupos eletron-atraentes a acidez da molécula.

Efeitos da ressonância

Os ácidos com bases conjugadas que permitem que a carga negativa troque de posição por meio da ressonância são ácidos mais fortes do que os ácidos cujas bases conjugadas não têm estruturas de ressonância. Por exemplo, o ácido acético, exibido na Figura 4-10, tem muito mais acidez do que o etanol porque o ânion da base conjugada do ácido acético pode trocar a localização da carga negativa por meio da ressonância.

LEMBRE-SE

As estruturas de ressonância são uma característica estabilizadora das moléculas.

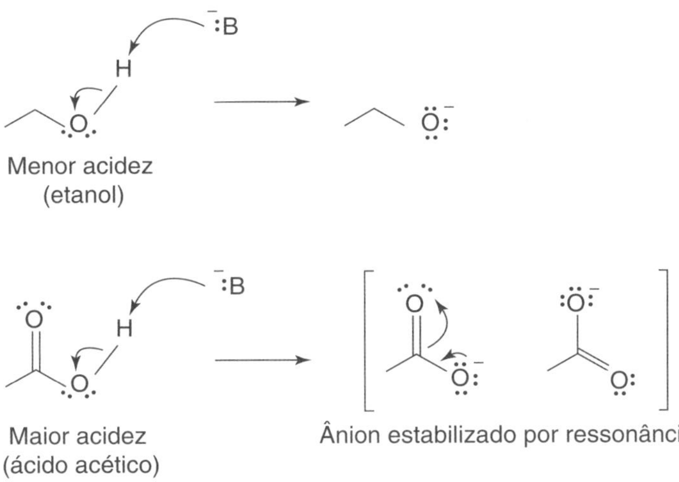

Figura 4-10: Os efeitos da ressonância contribuem para a acidez.

Definição de pKa: Uma Escala Quantitativa de Acidez

O valor pKa de um ácido é uma medida quantitativa da acidez de uma molécula. O pKa deriva da constante de equilíbrio para a dissociação do ácido, Ka, e usa uma escala logarítmica para permitir que os valores de pKa tenham alcances maiores.

$$Ka = \frac{[A^-][BH]}{[HA][B^-]} \qquad pKa = -\log Ka$$

LEMBRE-SE

Quanto mais baixo o valor pKa de um ácido, mais forte ele é. Quanto mais alto o valor pKa, mais fraco é o ácido. Ácidos muito fortes têm valores pKa menores que zero enquanto ácidos fracos geralmente têm valores pKa entre zero e nove.

Uma curta tabela de pKa dos ácidos é exibida na Tabela 4-1.

Tabela 4-1 Valores pKa Aproximados dos Ácidos Comuns

Ácido	pKa Aproximado	Ácido	pKa Aproximado
H_2SO_4	-7	H_3O^+	-2
HCN	9	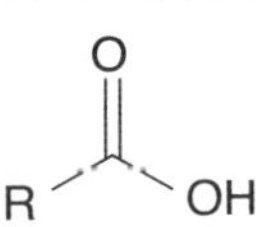	5

(continua)

Tabela 4-1 (Continuação)

Ácido	pKa Aproximado	Ácido	pKa Aproximado
R-OH	16	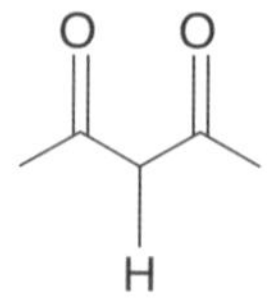	10
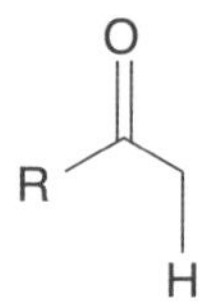	20	CH_4	50

Solução de Problemas: Previsão da Direção das Reações Ácido-Base em Equilíbrio

Com a tabela de pKa em mãos (ou em sua memória, se seu professor insistir), você poderá prever a direção do equilíbrio das reações ácido-base. Ácidos e bases fracas têm menor energia do que os ácidos e bases fortes, e como os equilíbrios favorecem o lado da reação com as espécies de energia mais baixa, as reações ácido-base irão para o lado que tem os ácidos e bases mais fracos.

LEMBRE-SE

Como regra, o equilíbrio de uma reação irá favorecer o lado que tem ácidos e bases mais fracos.

Por exemplo, pode-se prever a direção da reação ácido-base entre cianeto de hidrogênio (HCN) e acetato ($C_2H_3O_2^-$), exibida na Figura 4-11. Como o cianeto de hidrogênio (pKa = 9) tem um valor pKa maior que o ácido acético (pKa = 5), o equilíbrio penderá para a esquerda, na direção do ácido e da base mais fracos. Basta isso para prever a direção de uma reação ácido-base. Se você souber os valores pKa dos dois ácidos nos dois lados da equação, então saberá para qual direção pende o equilíbrio, porque o equilíbrio irá favorecer o lado com o ácido que tem maior pKa.

Figura 4-11: Os valores pKa preveem a direção do equilíbrio ácido-base.

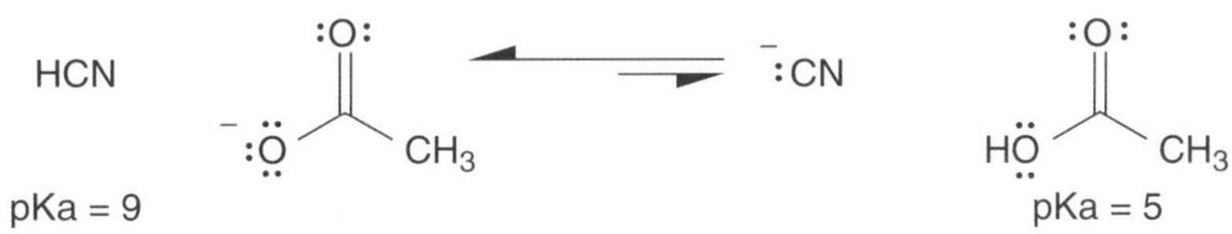

Capítulo 5

Centros de Reatividade: Grupos Funcionais

Neste Capítulo

- Reconhecimento dos grupos funcionais
- Compreensão das propriedades dos grupos funcionais
- Encontrando grupos funcionais na natureza

Considere: Milhares de reações das moléculas orgânicas são conhecidas atualmente, e esse número aumenta todos os dias. Esse pensamento deve ser assustador. Você consegue se imaginar tentando aprender todas elas? A boa notícia é que não é preciso aprender todas as reações de moléculas específicas porque moléculas orgânicas costumam reagir de formas previsíveis, com base nos tipos de grupos que uma molécula em particular contém.

Os *alcanos* – moléculas que contêm apenas átomos de hidrogênio e de carbono em ligações simples – são bastante inertes sob a maioria das condições. O carbono, porém, é único entre os elementos por ter a capacidade de formar compostos estáveis que têm ligações múltiplas com outros carbonos, além das ligações estáveis com outros átomos não carbônicos, formando centros reativos. Esses centros reativos são chamados de *grupos funcionais* e são as porções reativas de uma molécula. Os químicos organizam os compostos orgânicos com base nos grupos funcionais presentes em uma molécula específica.

Um motivo pelo qual aprender os grupos funcionais é importante é que se você aprender as reações gerais de um grupo funcional em particular, terá aprendido essencialmente as reações de milhares de moléculas específicas que contêm aquele grupo funcional. Esse é o motivo pelo qual a nomenclatura das moléculas orgânicas é baseada nos grupos funcionais presentes em uma molécula, porque os grupos funcionais ditam como uma molécula reagirá. Assim, quanto mais rapidamente você memorizar esses grupos funcionais, melhor será.

Neste capítulo, apresento os grupos funcionais mais importantes encontrados na química orgânica. Dou exemplos de recursos naturais nos quais se encontram tais moléculas para mostrar sua relevância para os sistemas biológicos. Além disso, discuto seus usos comerciais, pontos de nomenclatura em geral e propriedades interessantes. Essa visão geral, espero, ajudará a lembrar desses grupos funcionais e dará uma compreensão dos usos de grupos funcionais específicos.

Hidrocarbonetos

Os *hidrocarbonetos*, como o nome sugere, são moléculas que contêm apenas hidrogênio e carbono. Hidrocarbonetos simples costumam ser baratos e estão disponíveis comercialmente, porque são encontrados como componentes do petróleo cru. Dentre os hidrocarbonetos há os alcanos (que contêm apenas ligações simples e, geralmente, não são considerados um grupo funcional), os alcenos (moléculas que contêm ligações duplas carbono-carbono) e os aromáticos (ligações duplas contendo sistemas de anéis).

Diversão duplicada: O alceno

Um *alceno* é uma molécula que contém uma ligação dupla carbono-carbono (veja mais a respeito de ligações duplas, no Capítulo 2). A forma geral de um alceno é exibida na Figura 5-1 (no Capítulo 3 há uma visão geral dos desenhos moleculares).

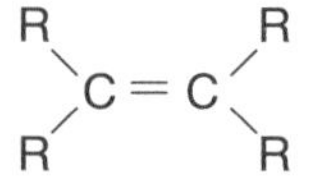

Figura 5-1: Forma geral de um alceno.

LEMBRE-SE

R é abreviação de Resto da molécula. Um grupo R, na maioria das vezes, significa um átomo de hidrogênio ou um grupo de hidrocarbonetos. É usado quando uma generalidade está sendo demonstrada ou quando o resto da molécula não for muito importante para que se compreenda o que está em discussão.

Os alcenos costumam ser encontrados em produtos naturais, compostos isolados dos organismos vivos. No alceno mais simples, o etileno, cada grupo R é um átomo de hidrogênio (veja a Figura 5-2). O etileno é um fitormônio gasoso liberado quando a planta atinge a maturidade, que sinaliza a hora dos frutos começarem a amadurecer. Fazendeiros costumam ter um equipamento especial usado para pulverizar o etileno em suas plantações quando querem forçar o amadurecimento dos frutos.

Figura 5-2: As estruturas de alguns alcenos comuns.

Os alcenos também têm uso comercial. O etileno se *polimeriza* (combina muitas unidades pequenas para criar moléculas grandes) para fazer o polietileno – uma molécula formada de muitas moléculas de etileno enfileiradas uma após a outra, formando uma grande cadeia. O polietileno é um tipo de plástico usado em embalagens como sacos de supermercado, garrafas de leite e muitos outros itens que vemos e usamos diariamente.

Os alcenos podem até ser organizados em anéis, como o ciclopropeno, embora eles geralmente não gostem de ficar em anéis muito pequenos como o ciclopropeno (veja a Figura 5-2). Falo sobre os alcenos, no Capítulo 8.

Os alcenos são particularmente importantes para os químicos orgânicos porque podem ser transformados em muitos grupos funcionais diferentes. São facilmente produzidos e convertidos em outras coisas, fazendo com que eles sejam particularmente úteis como mediadores na síntese de moléculas complexas. Neste livro, mostro como os alcenos são convertidos em alcanos, cicloalcanos, éteres cíclicos, álcoois, haloalcanos, aldeídos e ácidos carboxílicos. Muito versáteis!

Os nomes dos alcenos costumam terminar com o sufixo "eno". Um alceno particularmente importante é a vitamina A (também conhecida como retinol). A vitamina A (veja a Figura 5-3) é um composto orgânico que contém cinco ligações duplas. É importante para a visão, protege de náuseas e é usada em produtos para cuidados da pele como antioxidante, protegendo a pele dos radicais livres suspeitos de causarem seu envelhecimento precoce (leia mais sobre os radicais livres, no Capítulo 7). Discuto reações, propriedades e nomenclatura dos alcenos detalhadamente, no Capítulo 8.

Figura 5-3: A estrutura da Vitamina A (retinol).

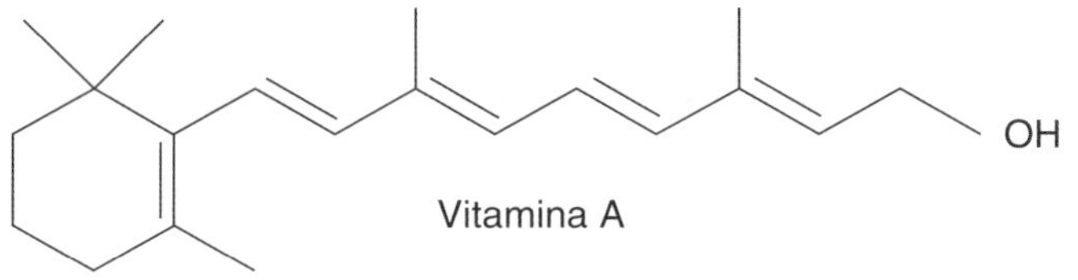

Alcinos de diversão

Os *alcinos* são moléculas que contêm uma ligação tripla carbono--carbono. Veja a Figura 5-4. Muitas das suas reações e propriedades são semelhantes às dos alcenos, embora a química dos alcenos e dos alcinos tenha algumas diferenças interessantes.

Figura 5-4: Forma geral de um alcino.

$$R-C\equiv C-R$$

O alcino mais simples, o acetileno, tem os dois grupos R substituídos pelo hidrogênio (Figura 5-5). O acetileno é um gás usado como combustível para maçaricos de solda e costuma ter cheiro de alho devido a impurezas nele contidas. Como o acetileno queima de forma limpa e produz uma chama muito quente, suas tochas chegam a temperaturas acima dos 3.000°C, o que é suficientemente quente para soldar metais, derreter vidros e queimar seus dedos mindinhos se você não tiver cuidado. Outros alcinos comuns são o metilacetileno (ou propino) e o dimetilacetileno (ou 2-butino); veja na Figura 5-5 as estruturas desses alcinos.

Figura 5-5: As estruturas de alguns alcinos comuns.

$H-C\equiv C-H$	$H-C\equiv C-CH_3$	$H_3C-C\equiv C-CH_3$
Etino ou acetileno	Propino ou metilacetileno	2-butino ou dimetilacetileno

Os alcinos são menos comuns na natureza que os alcenos, mas eles aparecem ocasionalmente. A calicheamicina (tente dizer rápido três vezes), por exemplo, é uma molécula orgânica complicada feita por uma bactéria que cresce em rochas. Recentemente, descobriu-se que a calicheamicina ataca e mata as células cancerosas do DNA de forma seletiva e vem sendo usada, junto com compostos semelhantes, como uma droga nas terapias de combate ao câncer.

PAPO DE ESPECIALISTA

A porção biologicamente ativa da molécula calicheamicina contém duas ligações triplas (veja a Figura 5-6). Essa porção é chamada de um enediino – o "diino" desse nome significa "dois inos", ou "duas ligações triplas".

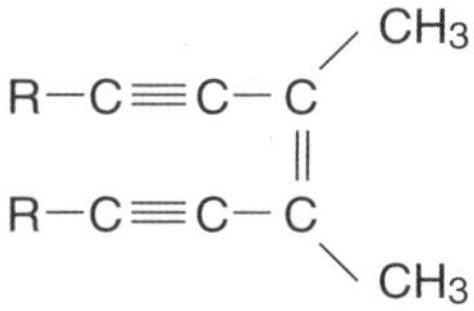

Calicheamicina

Figura 5-6: Estrutura da calicheamicina.

Os alcinos preferem ter ângulos de ligação de 180°, onde a ligação tripla e os grupos R dos dois lados fiquem em linha reta. As ligações triplas não são particularmente elásticas e, por isso, as moléculas com ligações triplas geralmente ficam instáveis em anéis com menos de oito carbonos.

Os alcinos terminam com o sufixo "ino". Às vezes são chamados pelo nome comum derivado do alcino mais simples, o acetileno. Abordo as propriedades e as reações específicas dos alcinos no Capítulo 9.

Compostos com cheiro: Os aromáticos

Os *aromáticos* (ou arenos, como costumam ser chamados) consistem de anéis que contêm ligações duplas. O principal composto aromático é o benzeno, um anel de seis carbonos que contém três ligações duplas alternadas (veja a Figura 5-7). Você pode achar que o benzeno se comportaria como um anel contendo três alcenos. Esse não é o caso. Os compostos aromáticos têm uma propriedade especial que os deixa significativamente mais estáveis e menos reativos que os alcenos. No Capítulo 13, discuto por que o benzeno e outros aromáticos são tão estáveis e falo também sobre compostos aromáticos diferentes do benzeno.

Esses anéis são chamados de aromáticos porque os primeiros desses compostos a serem descobertos (mesmo antes que suas estruturas fossem determinadas) tinham cheiros horríveis. O próprio benzeno é encontrado como um componente do petróleo cru e até tem propriedades de queima melhores que as do octano, usado para completar o tanque de gasolina. Infelizmente é cancerígeno e tem outras propriedades indesejadas, então não é usado como combustível. No entanto, costuma ser usado por químicos orgânicos (com manuseio cuidadoso) como solvente e como material primário barato em sínteses em várias etapas.

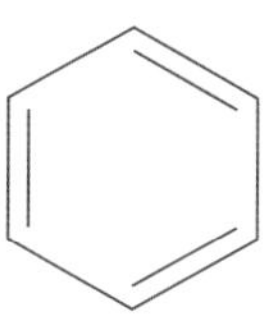

Benzeno

Figura 5-7: A estrutura do benzeno.

Muitos compostos feitos por organismos vivos contêm anéis aromáticos (veja na Figura 5-8 as estruturas de alguns compostos aromáticos; veja no Capítulo 6 mais sobre a estrutura em 3-D). A morfina, por exemplo, contém um anel de benzeno que é vital para suas propriedades analgésicas. O gás de exaustão, a fuligem e a fumaça do tabaco contêm anéis fundidos de benzeno, como o benzopireno, onde os anéis são espremidos para formar compostos aromáticos muito grandes. Descobriu-se que esses compostos são cancerígenos. Na verdade, os limpadores de chaminés (homens que limpavam as chaminés no tempo em que se usava carvão para aquecer uma casa) tinham uma incidência de câncer nos testículos notavelmente alta por causa de sua grande exposição a esses compostos aromáticos da fuligem da chaminé.

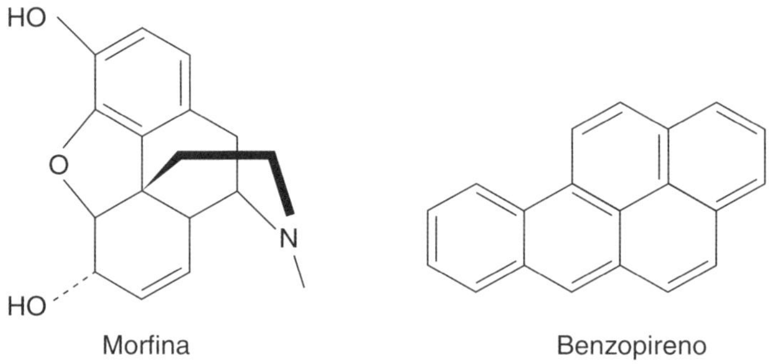

Figura 5-8: As estruturas de alguns compostos aromáticos.

Heteroátomos de Ligação Única

Os *heteroátomos* referem-se a átomos diferentes dos de carbono ou hidrogênio. Dentre esses heteroátomos encontram-se átomos importantes como os halogênios, o oxigênio e o enxofre, e eles são componentes dos grupos funcionais dos haletos, álcoois, éteres e tióis. Cada um desses grupos funcionais é descrito nesta seção.

Haletos felizes

Os *haletos* são compostos orgânicos que contêm um ou mais halogênios (os halogênios são aqueles elementos encontrados na coluna 7A da Tabela Periódica). Os quatro halogênios que vemos frequentemente nos compostos orgânicos são o flúor, o cloro, o bromo e o iodo. A forma geral de um haleto é exibida na Figura 5-9.

Os haletos, como os alcinos, raramente são encontrados em produtos naturais e, quando são, frequentemente estão em compostos que são toxinas. Comercialmente, os haletos são usados como propelentes em latas de aerosóis como *spray* de cabelo e de tinta e como líquidos refrigerantes.

Evidências de que certos haloalcanos (ou seja, haletos unidos a alcanos) persistem na atmosfera e de que esses compostos contribuem para diminuir a camada de ozônio levaram muitos países a limitarem ou declararem ilegal seu uso como propelentes. Um exemplo de um haleto refrigerante é exibido na Figura 5-10.

Figura 5-9: A estrutura de um haleto simples.

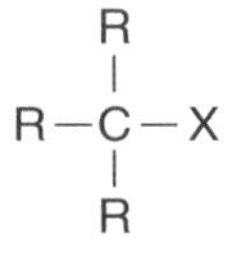

onde X = F, Cl, Br, ou I

Figura 5-10: Estrutura de um líquido refrigerante.

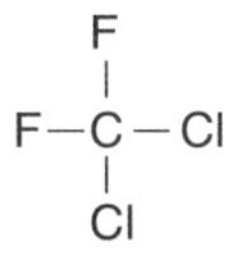

Os haletos também são usados como inseticidas. Por exemplo, o DDT (Dicloro-Difenil-Tricloroetano, veja a Figura 5-11) era amplamente usado para proteger as colheitas dos insetos, até que evidências sugeriram que esse composto acumulava-se no ambiente e causava efeitos colaterais indesejados na vida selvagem, como o afinamento das cascas de ovos dos pássaros selvagens e a morte de morcegos e roedores. Em doses suficientemente grandes, descobriu-se que o DDT causava até a morte de humanos. Então, por mais que não gostemos de morcegos e de roedores, esse composto teve que ser deixado e hoje tem seu uso proibido.

Outros haletos ainda são usados em lares e escritórios. Por exemplo, o Teflon é um polímero que contém flúor e é usado em superfícies não aderentes como as das panelas. Veja a Figura 5-11. Os colchetes com o n subscrito na estrutura do Teflon indicam que aquela porção da molécula é uma unidade que se repete.

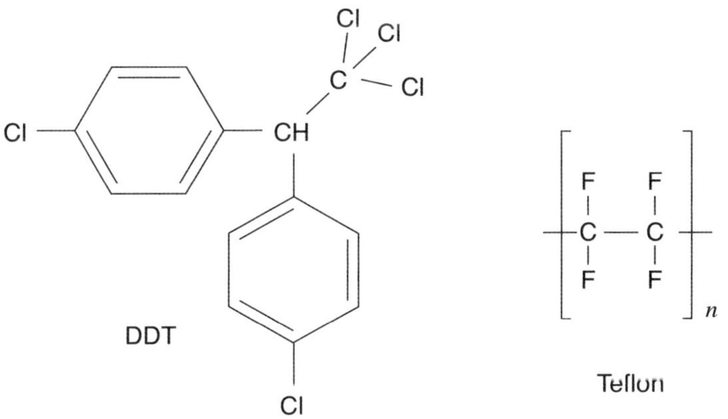

Figura 5-11: As estruturas de alguns haletos comuns.

Muitos outros haletos são importantes para os químicos orgânicos porque são boas vias expressas para outras moléculas; eles são facilmente feitos e convertidos em outras coisas. Falo mais sobre os haletos e suas reações, no Capítulo 10.

Retificando e bebendo: Álcoois

Os álcoois também são um grupo muito comum e importante de compostos orgânicos. Os *álcoois* consistem da fórmula geral R-OH e têm nomes que terminam com o sufixo "ol". Provavelmente, o álcool que você conhece melhor é o etanol (ou álcool etílico), que é o álcool encontrado na cerveja, no vinho e no licor. O etanol é tóxico em doses suficientemente grandes e um de seus efeitos é a diminuição da coordenação motora, a diminuição da inibição, a cantoria alta e desafinada no karaokê e os trotes para a sua sogra. Álcoois simples, como o isopropanol (álcool retificado), são usados em soluções de limpeza e como desinfetantes, e um álcool com dois grupos de OH, o etileno glicol (que também é tóxico, então não deixe seu cachorro bebê-lo) é usado em anticongelantes. A Figura 5-12 ilustra alguns álcoois comuns.

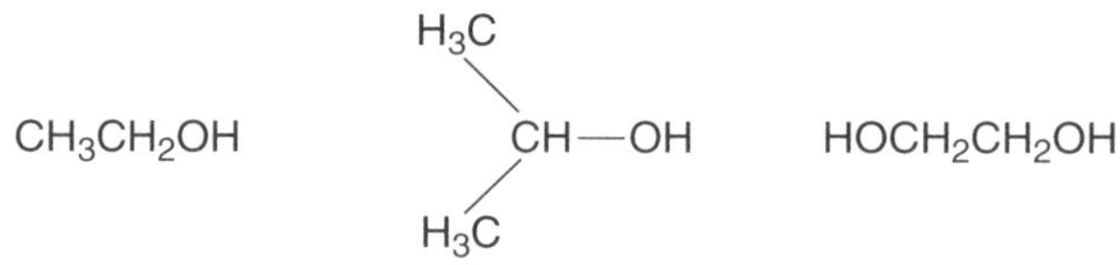

Álcool etílico (cerveja e vinho) — Isopropanol (álcool retificado) — Etileno glicol (anticongelante)

Figura 5-12: As estruturas de alguns álcoois comuns.

Os álcoois também costumam ser encontrados em produtos naturais. Açúcares, por exemplo, como a sacarose (açúcar de mesa), exibida na Figura 5-13, contêm muitos grupos OH.

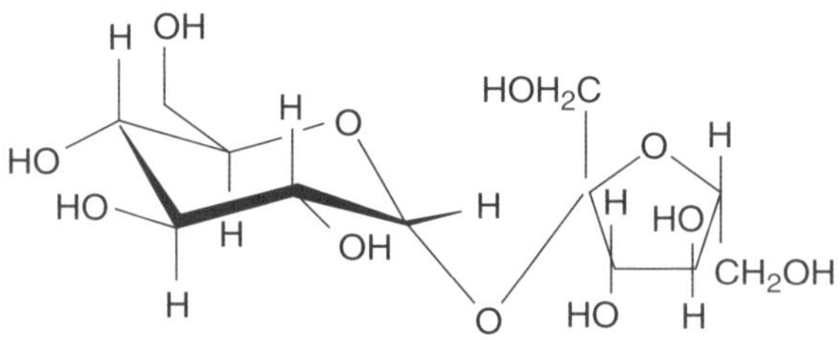

Sacarose (açúcar de mesa)

Figura 5-13: A estrutura do açúcar de mesa (sacarose), exibindo os componentes frutose e glicose.

Que cheiro é esse? Tióis

Poucos químicos orgânicos têm um desejo ardente de trabalhar com os tióis. Isso porque os tióis são compostos de odor desagradável, de fórmula geral R-SH. Os *tióis* correspondem ao enxofre dos álcoois e costumam ser compostos horrendamente desagradáveis. Certos tióis, por exemplo, são encontrados nas glândulas odoríferas do gambá – aquela coisa fedida que os gambás usam para proteger-se de predadores. Outros tióis são responsáveis pelos odores da flatulência, do alho, esgoto e ovos podres. Comercialmente são acrescidas quantidades muito pequenas de tiol ao gás metano, para que você possa detectar quando houver um vazamento de gás (o metano em si é inodoro).

No entanto, nem todos os tióis estão associados a tais coisas desagradáveis. A cisteína, por exemplo, é um dos aminoácidos que o corpo humano usa para produzir proteínas, e esse aminoácido tem um papel particularmente importante na queratina, proteína encontrada no cabelo. Esses aminoácidos de cisteína (ver Figura 5-14) são importantes porque podem se unir e criar ligações dissulfeto (ligações 3-3), que mantêm a forma de seu cabelo. Se você já fez um permanente, já experimentou a química dos tióis. Um permanente é um tratamento de cabelo com produtos químicos e calor que quebra as ligações dissulfeto, dá ao cabelo a nova forma desejada e, depois, retoma as ligações dissulfeto.

Geralmente, os nomes dos tióis terminam com o sufixo "tiol", como no caso de dois dos tióis encontrados na glândula odorífera do gambá, 2,3-dimetil-2-buteno-1-tiol e 3-metil-1-butanotiol, ambos exibidos na Figura 5-14.

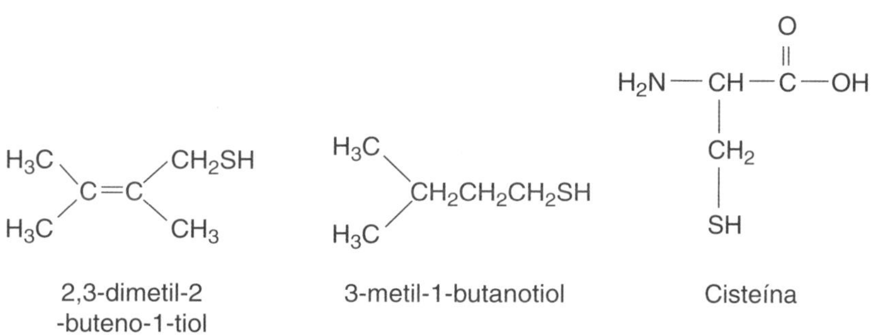

Figura 5-14: Cisteína e tióis nas glândulas odoríferas do gambá

Que etéreo

Éteres são moléculas que contêm um oxigênio entre dois carbonos, como em um sanduíche (veja a Figura 5-15). As moléculas que contêm os grupos funcionais dos éteres são muito usadas como solventes em reações orgânicas. Além disso, antes de ter sido substituído pelos modernos anestésicos que tornam a recuperação menos dolorosa, o éter etílico (comumente conhecido como "éter") era usado como anestésico para deixar os pacientes inconscientes para uma cirurgia. Os éteres encontrados em anéis de três membros recebem o nome específico de epóxido. Os epóxidos são encontrados nas resinas epóxi e em poliepóxidos e são comuns como intermediários nas sínteses em várias etapas.

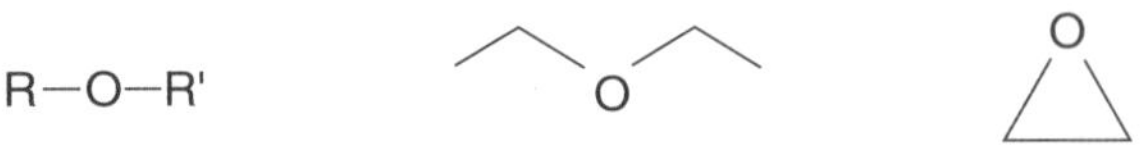

Um éter — Éter etílico — Epóxido

Figura 5-15: Éteres.

Compostos Carbonilados

A química dos seres vivos é, em grande parte, a química dos compostos de carbonilados. Um *grupo carbonilados* é um grupo C=O –, em outras palavras, um átomo de carbono em ligação dupla com o oxigênio. Um grupo carbonilados não é considerado por si só um grupo funcional; pelo contrário, é considerado um componente em alguns dos grupos funcionais mais importantes, incluindo os aldeídos, as cetonas, os ésteres, as amidas e os ácidos carboxílicos. Se você estiver pensando em fazer um curso de bioquímica, deverá ter um bom entendimento das reações e das propriedades dos compostos de carbonilados, porque a maioria das reações do corpo é de reações de carbonilados (inclusive as reações no Ciclo de Krebs, na glicólise e nas sínteses dos ácidos-graxos e policetídeos).

Vivendo perigosamente: Aldeídos

Os aldeídos são a forma mais simples de compostos de carbonilados. Em um aldeído (veja a Figura 5-16), o grupo carbonila é ladeado por um hidrogênio e um grupo R. Imaginar um aldeído como um grupo carbonila na extremidade de uma molécula orgânica pode ajudar.

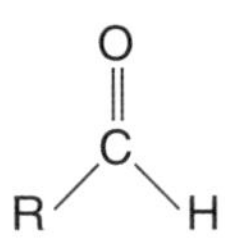

Figura 5-16: Um aldeído.

O aldeído mais simples, o formaldeído – no qual o grupo R é o hidrogênio – tem muitos usos, inclusive para preservar. Geralmente, os cheiros que flutuam em um laboratório de biologia vêm do formaldeído usado para preservar os espécimes (não que os químicos tenham muito direito de reclamar, porém, considerando alguns dos cheiros que vêm de seus laboratórios). O retinal é um aldeído grande; é um dos pigmentos que bloqueiam a luz nos olhos dos humanos, possibilitando a visão. O benzaldeído é um composto de maravilhoso aroma adocicado que dá odor às amêndoas. Tanto o retinal quanto o benzaldeído são exibidos na Figura 5-17.

Figura 5-17: Dois aldeídos importantes.

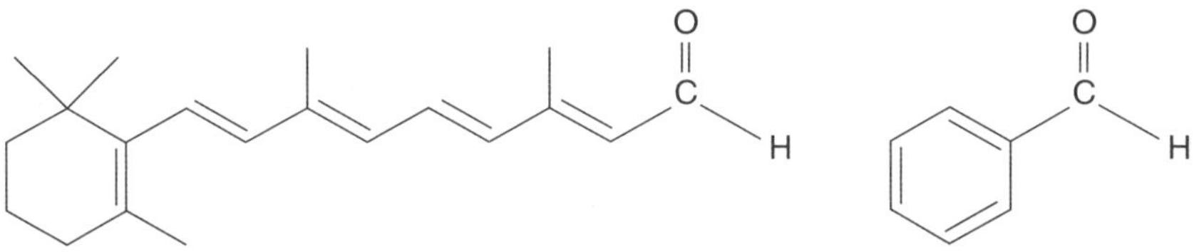

Retinal Benzaldeído

DICA

Você frequentemente verá os aldeídos representados como R-CHO. Não confunda essa forma condensada com um álcool, que é representado como R-OH.

Presas no meio: Cetonas

Os compostos que contêm um grupo carbonila entre dois carbonos, como um sanduíche, são chamados de *cetonas*. Se podemos imaginar um aldeído como uma carbonila na extremidade de uma molécula, então uma cetona é uma carbonila em algum lugar no meio de uma molécula. A cetona mais simples, nas quais os dois grupos R são unidades de CH_3, é chamada de acetona, um solvente comum de laboratório. Acetona é aquela coisa que tem cheiro, é encontrada no removedor de esmalte e é o motivo pelo qual unhas pintadas não ficam pintadas por muito tempo em laboratórios orgânicos. Os nomes das cetonas geralmente terminam com o *sufixo –ona*.

Figura 5-18: A estrutura geral de uma cetona e a estrutura específica da acetona.

Uma cetona Acetona

Orquídeas sorrateiras, cetonas e o canto químico da sereia

Em 2003, cientistas alemães e australianos relataram pela primeira vez a descoberta da dicetona (uma molécula com dois grupos funcionais de cetona) chiloglottis, produzida por uma orquídea australiana. Descobriu-se que essa orquídea usa essa dicetona para se reproduzir, levando seu pólen para outra orquídea para fazer a polinização. Mas como um produto químico pode ser responsável pelo transporte do pólen de uma orquídea para outra, às vezes por vários quilômetros? Por trucagem, engano e fraude, lógico. Esse engano forma mais um episódio interessante da novela entre plantas e insetos, uma novela que é principalmente indetectável pelos humanos.

Acontece que a chiloglottis não apenas é produzida pela orquídea australiana, mas também tem o feromônio sexual de uma espécie de vespa nativa da Austrália. Quando uma vespa fêmea emite esse feromônio, ela sinaliza para todas as vespas macho da área que está pronta para acasalar. Quando uma vespa macho detecta o feromônio no ar, ela faz o equivalente ao huhuhuuu das vespas e não perde tempo em rastrear a trilha de volta até sua origem para encontrar um pouquinho de farra entre vespas. A orquídea, porém, quebrou o código químico de comunicação entre as vespas e aproveita-se de seu sistema de mensagens instantâneas para seus próprios propósitos desonestos. A orquídea faz sua travessura produzindo e transmitindo o mesmo feromônio sexual que as vespas produzem e usa o produto químico como isca.

Quando detectam o feromônio produzido pela orquídea, as vespas – de modo tipicamente machista – ficam tão enlouquecidas com a possibilidade de amor entre vespas que ficam irracionais e, do alto de sua paixão, não percebem que a orquídea não é uma vespa fêmea e, na verdade, sequer é uma vespa. Precipitando-se, a vespa macho tenta ao máximo acasalar com a cabeça da orquídea e, ao terminar, voa para longe da orquídea com uma fina camada de pólen da orquídea em suas pernas. Coberta de pólen, a vespa voa até ser atraída por outra orquídea que esteja emitindo o feromônio sexual e, sentindo-se ainda amorosa, "acasala" com a segunda orquídea. Quando o pólen da primeira orquídea sai das pernas da vespa pela esfregação, a segunda orquídea é polinizada.

Dessa forma, a orquídea prega uma peça na vespa macho para que se torne um mensageiro de seu pólen, de graça, sem necessidade do sexo. Esse tipo de fraude é bastante comum na natureza e é chamada de *engano sexual*. Embora os insetos se vinguem das plantas de alguma forma – mastigando-as, por exemplo! – essa partida pertence às plantas.

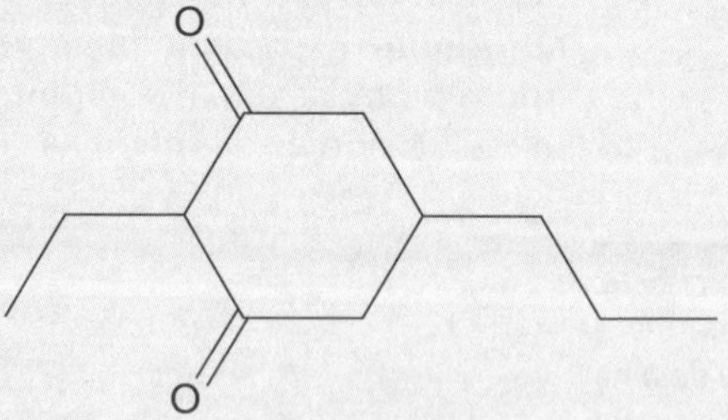

Chiloglottis

Ácidos carboxílicos

O grupo funcional dos *ácidos carboxílicos* é feito de um grupo carbonila unido a um grupo OH. A forma geral dos ácidos carboxílicos é exibida na Figura 5-19.

DICA

Não confunda um ácido carboxílico com uma cetona ou um álcool. Os ácidos carboxílicos têm propriedades completamente diferentes e as reatividades das cetonas ou dos álcoois. Em particular, o próton (H^+) do oxigênio em um ácido carboxílico tem uma acidez incomum (por isso o nome!), por motivos que falo no Capítulo 4.

Ácidos carboxílicos são abundantes na natureza. Na verdade, cada um dos aminoácidos que nosso corpo usa como blocos de construção para fazer proteínas contém um ácido carboxílico (como o aminoácido glicina, da Figura 5-19), assim como todos os ácidos graxos. Os nomes dos ácidos carboxílicos costumam terminar em *–oico*, como ácido etanóico (mais comumente chamado de ácido acético), que é o ácido carboxílico responsável pelo sabor azedo do vinagre.

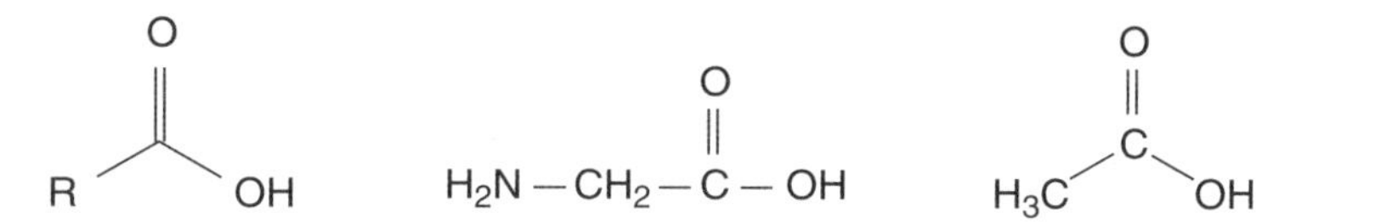

Um ácido carboxílico Glicina (um aminoácido) Ácido acético (vinagre)

Figura 5-19: Ácidos carboxílicos comuns.

Compostos de aroma doce: Ésteres

Os ésteres têm estrutura muito semelhante à dos ácidos carboxílicos. Um éster é, basicamente, um ácido carboxílico que tem um grupo R no lugar do hidrogênio (na verdade, os ésteres são feitos de ácidos carboxílicos). Os ésteres são, geralmente, compostos de aroma adocicado, e muitos dos adoráveis cheiros de frutas são ésteres (veja na Figura 5-20 as estruturas de alguns ésteres). Por isso, eles geralmente são encontrados em desodorantes e como sabores artificiais em alimentos. Os nomes dos ésteres geralmente terminam com o sufixo –ato –ou –oato.

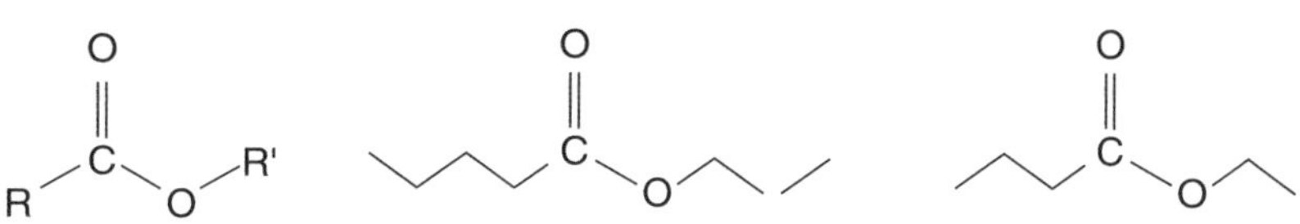

Um éster Pentanoato de propila (abacaxis) Butanoato de etila (maçãs)

Figura 5-20: Ésteres comuns.

Grupos funcionais contendo nitrogênio

Assim como os compostos de carbonilados têm papel importante na natureza, o mesmo acontece com os compostos que contêm nitrogênio. Drogas ilícitas e analgésicos, que, frequentemente, são *alcaloides* (anéis que contêm nitrogênio), costumam conter também nitrogênio.

Embora o componente principal do ar seja o gás nitrogênio (N_2), a maioria das plantas e dos animais não pode tê-lo como fonte de nitrogênio porque em seu estado gasoso ele é muito estável e sem reação. O gás N_2 precisa ser convertido em amoníaco (NH_3) ou nitrato (NO_3^-) para que animais e plantas sejam capazes de usá-lo como bloco de construção, processo chamado de fixação de nitrogênio. Esse trabalho é deixado para micro-organismos, que têm enzimas especiais que podem enfrentar essa reação (relâmpagos também explicam a fixação de nitrogênio, embora em quantidade bem pequena).

Eu sou a amida

Amidas são parentes próximas dos ésteres, exceto porque as amidas têm um nitrogênio (em vez de um oxigênio) próximo ao grupo carbonilado. Amidas são encontradas na natureza com bastante frequência. As ligações de amida mantêm juntas todas as nossas proteínas (a ligação de amida nas proteínas é chamada de *ligação peptídica*). Veja na Figura 5-21 as estruturas de algumas amidas comuns.

PAPO DE ESPECIALISTA

O famoso antibiótico penicilina contém dois grupos de amidas. A amida no anel de quatro membros (chamado de anel *beta-lactâmico*) é responsável pelas propriedades antibacterianas da penicilina; esse grupo de amidas rompe as paredes celulares da bactéria (para saber mais sobre a penicilina, veja o Capítulo 19).

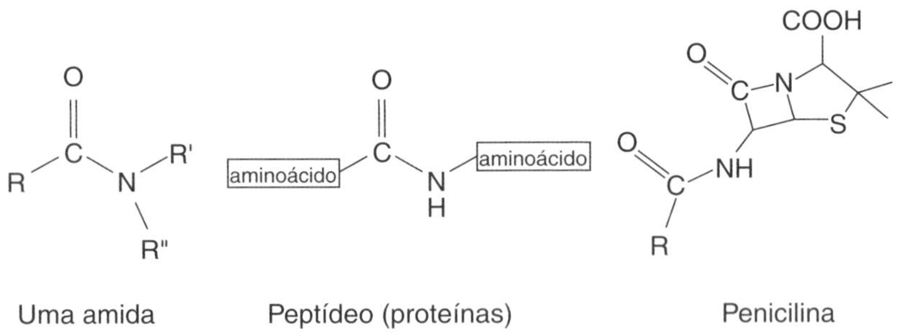

Figura 5-21: Estrutura geral de uma amida e um peptídeo e estrutura específica da penicilina.

Seja legal, não seja uma amina

Aminas são átomos de nitrogênio que ocupam o lugar de um átomo de carbono em um alcano (as três formas de amina são R-NH_2, R_2NH e R_3N). As aminas não são conhecidas por serem agradáveis. Por exemplo, o cheiro de animais em decomposição vem da *diamina* (uma molécula com dois grupos funcionais de aminas) putrescina, por exemplo. Então, você provavelmente não vai querer usar esses compostos como perfumes. Plantas, animais e outros organismos criam muitos compostos de amina importantes. A nicotina (veja a Figura 5-22), assim como muitos outros compostos familiares como cocaína, mescalina, anfetamina e a morfina são todos compostos que contêm amina. Infelizmente, costuma-se abusar dos compostos de amina; a maioria das drogas ilícitas contém aminas que são essenciais para sua atividade.

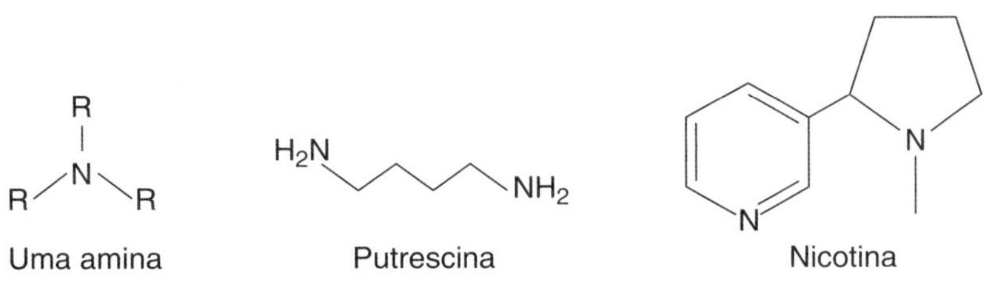

Figura 5-22: Aminas comuns.

Nitrilas

Nitrilas são compostos que contêm um carbono em uma ligação tripla com o nitrogênio. As nitrilas não são terrivelmente importantes nos produtos naturais, mas são úteis na síntese orgânica. As nitrilas podem ser convertidas em ácidos carboxílicos e aminas por meio de procedimentos bem conhecidos. Acetonitrila, na qual o grupo R é um grupo metilo (CH_3), é um solvente orgânico comum. As nitrilas costumam terminar com o sufixo "nitrila" e como substituintes em uma molécula são conhecidas como grupos *ciano*. Veja a Figura 5-23.

Figura 5-23: Nitrilas.

Teste Seu Conhecimento

A Figura 5-24 mostra uma molécula inventada que contém alguns dos grupos funcionais que mencionei neste capítulo. Quantos você consegue identificar? (Dica: desenhe todas as partes condensadas – como COOH, CN e CHO – para ajudá-lo a identificar qual grupo funcional é).

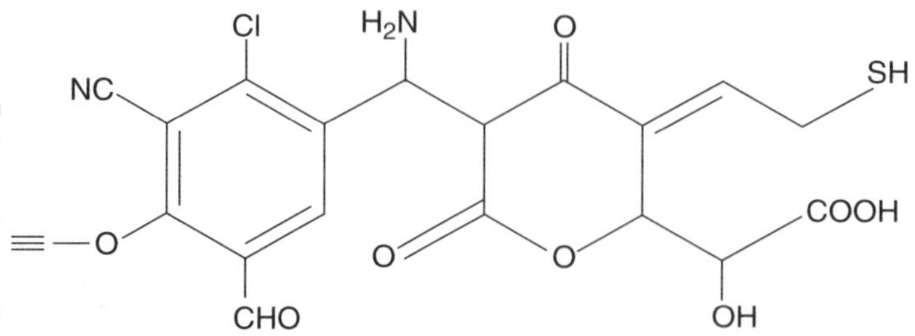

Figura 5-24: Uma molécula hipotética com grupos funcionais diferentes.

Capítulo 6

Visualização em 3D: Estereoquímica

Neste Capítulo

- Visualização de moléculas em três dimensões
- Determinação de estereoquímica R e S
- Lançamento de luz (polarizada) em moléculas quirais
- Descoberta dos diastereoisômeros e das projeções de Fischer

Neste capítulo, vemos as moléculas bem de perto, em três dimensões. Por que você se importaria com as organizações dos átomos no espaço tridimensional? Porque a natureza o faz. Praticamente todos os compostos produzidos na natureza – proteínas, açúcares, carboidratos, DNA e RNA, para nomear apenas alguns – têm átomos orientados de maneiras bastante específicas no espaço tridimensional.

Podem ser reconhecidas diferenças sutis na forma como as moléculas são organizadas em três dimensões, por exemplo, pelos seus receptores nasais. O limoneno, por exemplo, exibido na Figura 6-1, pode ter duas configurações tridimensionais diferentes (cunhas sólidas indicam uma ligação saindo da superfície do papel; pontilhadas indicam uma ligação retornando para o papel). Se a molécula estiver organizada em uma configuração, seu cheiro será de laranja; organizada da outra forma, seu cheiro será de limão!

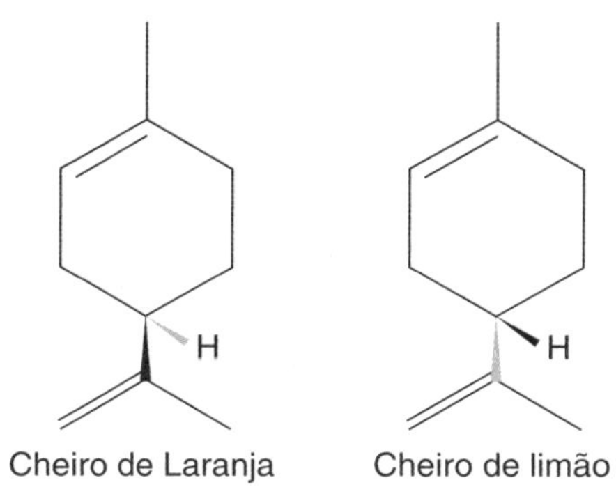

Figura 6-1: As duas configurações do limoneno.

Essa discriminação feita pelos seus receptores nasais (das moléculas diferentes apenas na orientação dos átomos no espaço tridimensional) é bastante comum nos sistemas biológicos. A maioria das drogas, na verdade, só é ativa quando tem uma configuração tridimensional muito específica, enquanto compostos de estrutura idêntica, mas com organizações diferentes dos átomos no espaço, costumam ser completamente ineficazes, ou até danosas (veja a barra lateral "Importância biológica da estereoquímica: a tragédia da talidomida" mais adiante, neste capítulo, para ver um exemplo de tais drogas danosas). Por causa dessa significância biológica da tridimensionalidade das moléculas, o estudo da estereoquímica – a forma como as moléculas se orientam no espaço tridimensional – é muito importante particularmente na indústria farmacêutica.

Desenho de Moléculas em 3D

Para estudar estereoquímica, você precisa saber desenhar moléculas tridimensionais em um pedaço de papel bidimensional. Para desenhar moléculas em três dimensões, costumam-se usar cunhas sólidas e pontilhadas. Uma cunha sólida (—)indica uma ligação saindo da superfície da folha de papel e uma cunha pontilhada (—)indica uma ligação voltando para o papel. Uma linha regular (—) indica uma ligação que está no mesmo plano do papel. Quando se quer desenhar um átomo de carbono sp^3 (veja o Capítulo 2) em três dimensões, desenham-se duas ligações no plano do papel, uma ligação saindo do plano do papel e uma ligação retornando (atrás do plano do papel), em formato de tetraedro (veja a Figura 6-2).

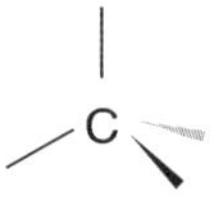

Figura 6-2: Organização tetraédrica.

Comparação de Estereoisômeros e Isômeros Constitucionais

As duas moléculas diferentes de limoneno exibidas na Figura 6-1 são estereoisômeros. Os estereoisômeros são diferentes dos isômeros constitucionais. Isômeros constitucionais são moléculas de mesma fórmula molecular, mas com átomos conectados uns aos outros de modos diferentes (veja o Capítulo 7). Os estereoisômeros, por outro lado, são moléculas de mesma conectividade atômica, mas com diferentes orientações desses átomos no espaço.

Suas mãos, por exemplo, são estereoisômeros. Nas duas mãos, todos os seus dedos estão colocados da mesma forma – polegar, indicador, dedo médio, anelar e mindinho, nessa exata ordem. Mas embora suas mãos tenham a mesma ligação com os dedos, elas não são idênticas – elas são estereoisômeros uma da outra. Tente colocar uma luva da mão direita em sua mão esquerda se não acreditar; não vai dar certo. Se você fosse um alienígena com uma mão que tivesse um dedo mindinho onde o polegar deveria estar e um polegar no lugar do mindinho, então suas mãos seriam isômeros constitucionais, pois a conexão de seus dedos seria diferente.

Moléculas de Imagem Especular: Enantiômeros

As moléculas que são imagens especulares e que não podem ser postas umas sobre as outras são chamadas de *enantiômeros*. Sua mão direita é o enantiômero da esquerda porque as mãos são imagens especulares uma da outra (coloque sua mão direita sobre um espelho e verá que ela se parece com uma mão esquerda). Enantiômeros não podem ser sobrepostos, assim como sua mão direita não pode ser posta sobre sua mão esquerda. Para traduzir essa característica em estruturas, o composto exibido na Figura 6-3 não pode ser posto sobre sua imagem especular; se deslizarmos o composto sobre sua imagem especular, as várias partes das duas moléculas não se alinharão. Você pode tentar fazer os modelos moleculares dos dois enantiômeros para provar a si mesmo que eles não podem ser sobrepostos – os átomos simplesmente não ficarão alinhados.

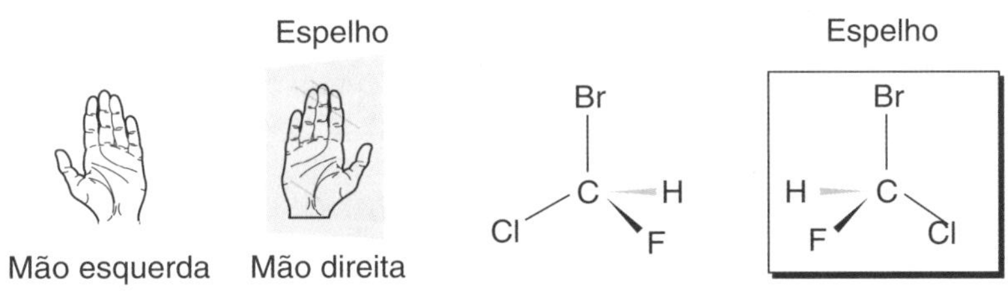

Figura 6-3: Enantiômeros (imagens espelhadas).

Se você realmente quiser compreender a estereoquímica, precisará brincar com os modelos moleculares. Ao brincar com os modelos, compreende-se a estereoquímica na pele, não apenas na cabeça.

Moléculas que não podem ser postas sobre suas imagens especulares (como o halometano exibido na Figura 6-3) são conhecidas como moléculas quirais. Inversamente, moléculas cujas imagens especulares podem ser sobrepostas são conhecidas como aquirais. O metano (Figura 6-4) é um exemplo de uma molécula aquiral. O metano pode ter sua imagem especular sobreposta.

Ou seja, se você girar a imagem especular do metano, os átomos sobrepõem-se (ou coincidem) perfeitamente na molécula original. Assim, o metano não tem um enantiômero porque sua imagem especular é idêntica a si mesmo.

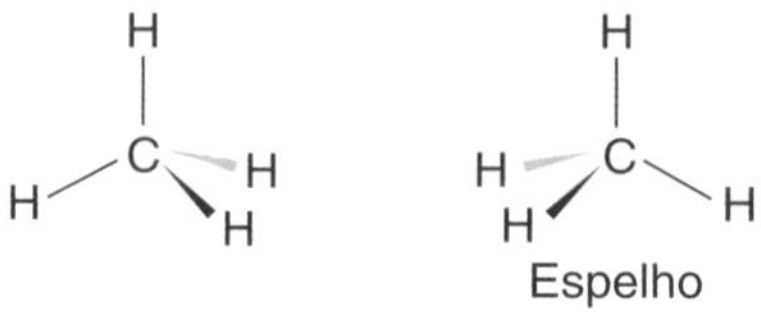

Figura 6-4: Metano: uma molécula aquiral.

LEMBRE-SE

Só as moléculas quirais têm enantiômeros.

Centros Estereogênicos

Como se pode dizer se uma molécula será quiral ou aquiral sem construir sua imagem especular e ver se as imagens podem ser sobrepostas? Muito frequentemente, moléculas quirais contêm pelo menos um átomo de carbono com quatro substituintes não idênticos. Tal átomo de carbono é chamado de *centro quiral* (ou, às vezes, um *centro estereogênico*), usando fala orgânica. Qualquer molécula que contenha um centro quiral será quiral (com uma exceção, discutida futuramente). Por exemplo, o composto mostrado na Figura 6-5 contém um átomo de carbono com quatro substituintes que não são idênticos; esse átomo de carbono é um centro quiral e a própria molécula é quiral, porque ela não pode ter sua imagem especular sobreposta.

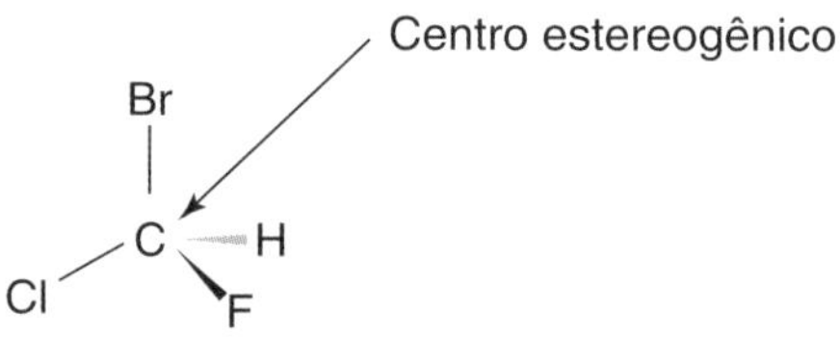

Figura 6-5: Um centro estereogênico.

Você precisa saber encontrar rapidamente os centros quirais das moléculas. Todos os carbonos do grupo da cadeia linear de alquila (unidades de CH_3 ou CH_2) não serão centros quirais, porque esses grupos têm dois grupos idênticos ou mais (os hidrogênios) unidos aos carbonos. Nem os carbonos das ligações duplas ou triplas serão centros quirais, porque não podem ter ligações com quatro grupos diferentes. Ao olhar uma molécula, devemos procurar carbonos que estejam substituídos por quatro grupos diferentes. Veja, por exemplo, se você consegue localizar os dois centros estereogênicos na molécula exibida na Figura 6-6.

Figura 6-6: Uma molécula com dois centros estereogênicos.

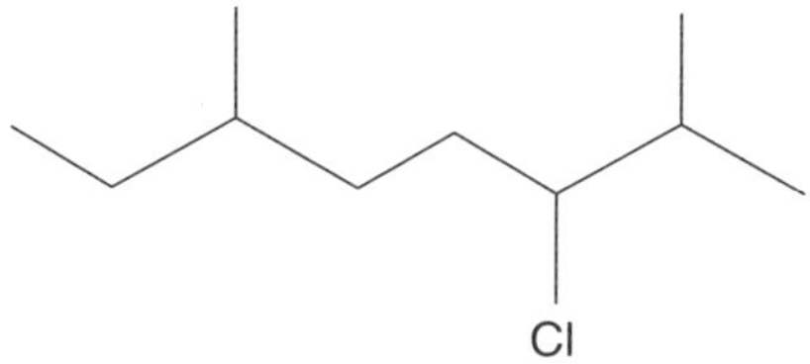

Como todos os grupos CH_3 e CH_2 não podem ser centros estereogênicos, a molécula exibida na Figura 6-5 tem apenas três carbonos que podem ser centros estereogênicos. Enquanto as duas possibilidades mais à esquerda, identificadas na Figura 6-7, têm quatro grupos que não são idênticos e são centros estereogênicos, a da extrema direita tem dois grupos idênticos de metila (CH_3) e, portanto, não é um centro estereogênico.

Figura 6-7: Centros estereogênicos em uma molécula longa.

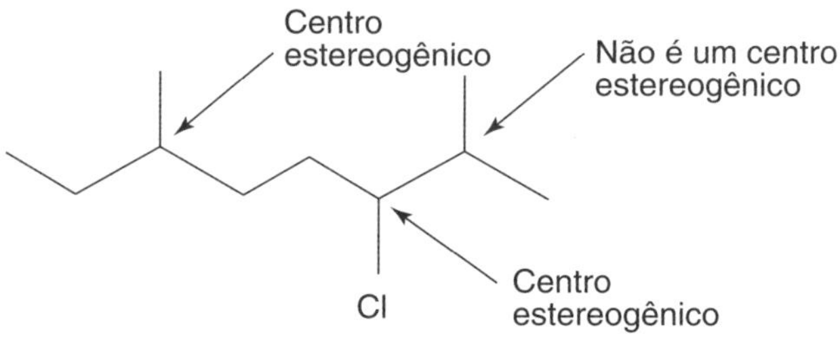

Atribuição de Configurações aos Centros Estereogênicos: Nomenclatura R/S

Qualquer centro estereogênico pode ter duas configurações possíveis (assim como uma mão pode ter duas configurações, a direita e a esquerda), e essas configurações são designadas por uma convenção R ou S (os termos R e S vêm das palavras em latim para direita e esquerda, *rectus* e *sinister*). Se uma molécula tiver um centro estereogênico determinado como R, o centro estereogênico será S no enantiômero da molécula.

Você precisa saber definir se um centro estereogênico é R ou S. Para fazê-lo, precisamos seguir três passos. São assim:

1. **Numere cada um dos substituintes no carbono do centro estereogênico usando o sistema Cahn-Ingold-Prelog.** Esse esquema de numeração é convenientemente o mesmo usado na determinação da estereoquímica E/Z em ligações duplas, como descrito (em maio-

res detalhes), no Capítulo 9. De acordo com o esquema de priorização Cahn-Ingold-Prelog, a maior prioridade vai para o substituinte cujo primeiro átomo tenha maior número atômico (por exemplo, Br teria maior prioridade que Cl, porque o número atômico de Br é maior). Se os primeiros átomos nos dois substituintes forem iguais, continue descendo pela cadeia até atingir um átomo maior, e o laço será desfeito.

2. **Após atribuir prioridades para cada um dos substituintes, gire a molécula para que o substituinte de prioridade número quatro fique virado para trás.**

3. **Desenhe uma curva do substituinte de primeira prioridade até o substituinte de segunda prioridade e, em seguida, até o de terceira.** Se a curva for em sentido horário, o centro estereogênico será determinado como R; se a curva for em sentido anti-horário, o centro estereogênico será determinado como S.

Solução de Problemas: Determinação da Configuração R/S

Precisamos de muita prática para nos tornarmos proficientes na aplicação da nomenclatura R/S para os centros estereogênicos. Tente determinar a estereoquímica R/S do centro estereogênico na molécula exibida na Figura 6-8.

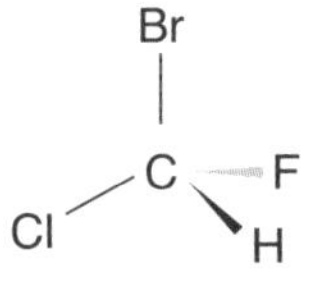

Figura 6-8: Uma molécula quiral.

Primeiro Passo: Priorização dos substituintes

O primeiro passo é dar a todos os substituintes prioridades de um a quatro. O bromo é o átomo de maior número atômico, então esse substituinte receberá a maior prioridade; o hidrogênio tem menor número atômico e, portanto, receberá a menor prioridade. O cloro receberá a prioridade número dois porque é maior que o flúor, que receberá prioridade três. As prioridades são exibidas na Figura 6-9.

DICA

O hidrogênio sempre receberá a menor prioridade (quarta).

Figura 6-9: Priorização dos substituintes em um centro estereogênico.

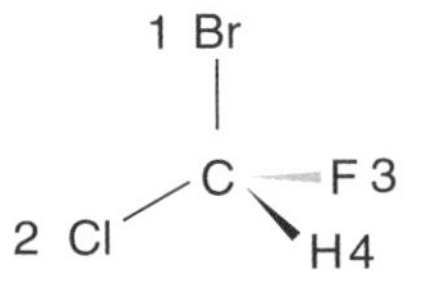

Segundo Passo: Colocação do substituinte número quatro para trás

O próximo passo é girar a molécula de forma que o substituinte de número quatro fique para trás, como exibido na Figura 6-10. Para muitos, esse é o passo mais difícil, porque girar a molécula requer que se visualize a molécula em três dimensões.

Figura 6-10: Girando a molécula para colocar a quarta prioridade para trás.

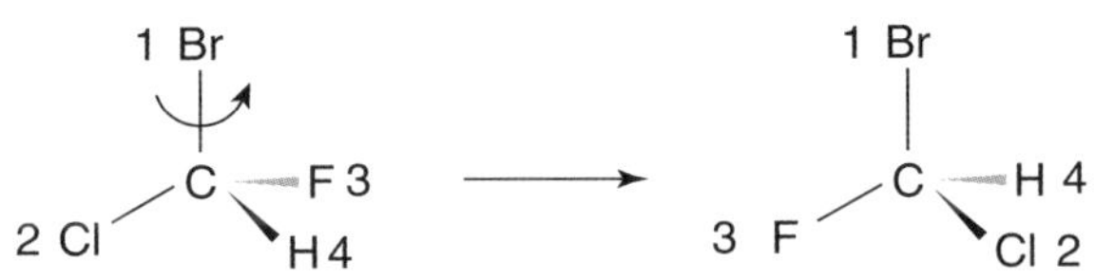

Se sua visualização tridimensional não for boa, você poderá usar alguns truques para colocar o grupo de prioridade número quatro para trás sem ter que girar a molécula mentalmente no espaço tridimensional.

Os truques são esses. Primeiro, trocamos quaisquer dois substituintes para mudar a configuração – ou seja, se o centro estereogênico era R, ele se tornará S após a troca (e vice-versa). Então, se trocarmos o substituinte de número quatro pelo substituinte localizado atrás, como exibido na Figura 6-11, a configuração do centro estereogênico modifica-se. Após termos feito a troca para colocar o substituinte de prioridade número quatro para trás, podemos seguir para o terceiro passo e determinar a configuração, lembrando que a configuração real daquele centro é oposta à determinada.

Figura 6-11: Troca de dois grupos em um centro estereogênico.

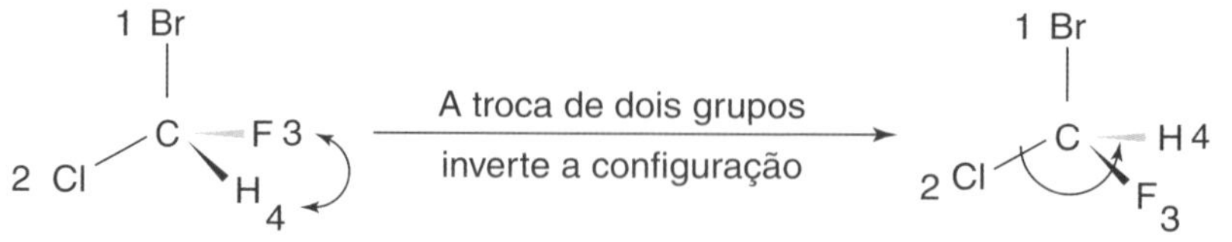

Ou podemos prosseguir, trocando mais duas posições. Embora a troca das posições dos dois primeiros substituintes inverta a configuração, a troca dos dois substituintes restantes após realizarmos essa operação reverterá a configuração de volta à inicial, como exibido na Figura 6-12. Então, se trocarmos primeiro o substituinte número quatro pelo grupo de trás e, então, trocarmos os dois substituintes restantes, teremos duas inversões da configuração, chegando a uma retenção líquida da configuração (por exemplo, se o centro estereogênico começar como R e invertermos dois substituintes, ele se tornará S; se invertermos dois outros substituintes, a configuração voltará a ser R). Essa troca dupla é uma forma fácil de fazer com que o substituinte de prioridade número quatro vá para trás sem fazermos giros mentais dos átomos.

Figura 6-12: Troca de mais dois grupos em um centro estereogênico.

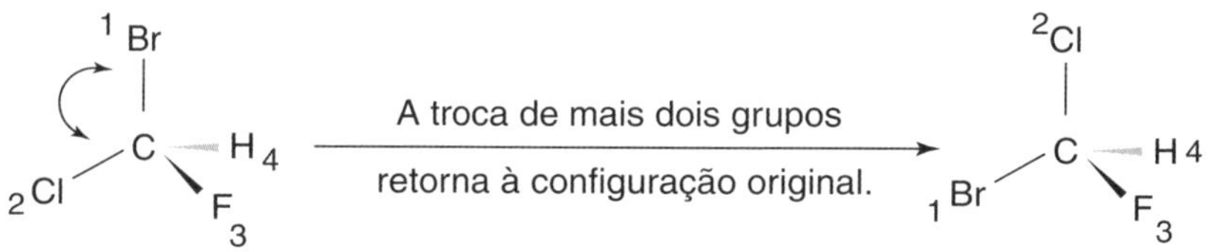

LEMBRE-SE

A troca das posições dos dois substituintes inverte a configuração.

Terceiro Passo: Desenho da curva

Agora que o substituinte de número quatro está para trás, desenhamos uma curva do substituinte de primeira prioridade, passando pelo substituinte de segunda prioridade, chegando até o de terceira prioridade. Nesse caso, a curva segue em sentido horário, então a molécula tem estereoquímica R, como exibido na Figura 6-13.

DICA

Se o substituinte de quarta prioridade estiver na frente, podemos reverter as regras do último passo e pular o terceiro. Com o substituinte de número quatro na frente, uma curva em sentido horário do substituinte de primeira prioridade até o de terceira resultará em uma configuração S; uma curva em sentido anti-horário indicaria uma configuração R.

Todos os polegares: uma técnica alternativa para atribuir estereoquímica R e S

Uma forma muito conveniente de determinar a configuração R/S de um centro estereogênico é usando a técnica do polegar. Por essa técnica, exibida na figura que segue, apontamos o polegar na direção do substituinte de prioridade número quatro. Se, com seu polegar apontado na direção do substituinte de quarta prioridade, os dedos da sua mão direita puderem se encolher na direção do primeiro para o segundo e para o terceiro substituinte, nessa ordem, a configuração é R; se você tiver que usar a mão esquerda para conseguir encolher os dedos do primeiro para o segundo e para o terceiro substituintes, então a configuração é S. A principal vantagem dessa técnica é que não é preciso colocar o substituinte de prioridade número quatro para trás; basta apontar o polegar em qualquer direção para a qual o substituinte de prioridade número quatro esteja de frente.

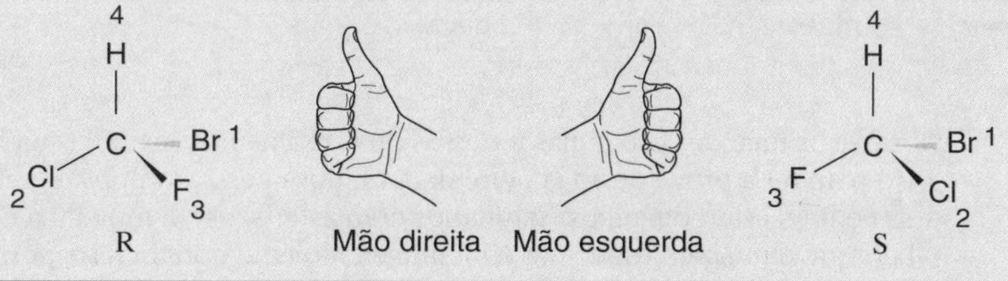

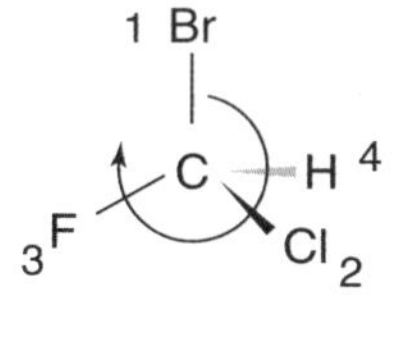

Figura 6-13: A estereoquímica R.

As Consequências da Simetria: Compostos Meso

Qualquer molécula que contenha um centro estereogênico será quiral, com uma exceção: as moléculas que contêm um plano de simetria serão aquirais, independentemente do fato de a molécula ter um centro estereogênico. Um plano de simetria é um plano que corta a molécula pela metade, resultando em duas metades que são reflexos especulares uma da outra.

Lembre-se que, por definição, uma molécula não sobreponível em sua imagem especular é uma molécula quiral. Enquanto os compostos que contêm centros estereogênicos geralmente são quirais, as moléculas que têm planos de simetria são aquirais e têm estruturas idênticas às de suas imagens especulares. As moléculas que contêm centros estereogênicos, mas são aquirais como resultado de terem um plano de simetria, são chamadas de compostos meso, usando fala orgânica. Por exemplo, o cis-dibromociclopentano, exibido na Figura 6-14, é meso porque um plano corta a molécula em duas metades que são reflexos uma da outra. O trans-dibromociclopentano, porém, é quiral porque nenhum plano divide a molécula em duas metades de imagens espelhadas.

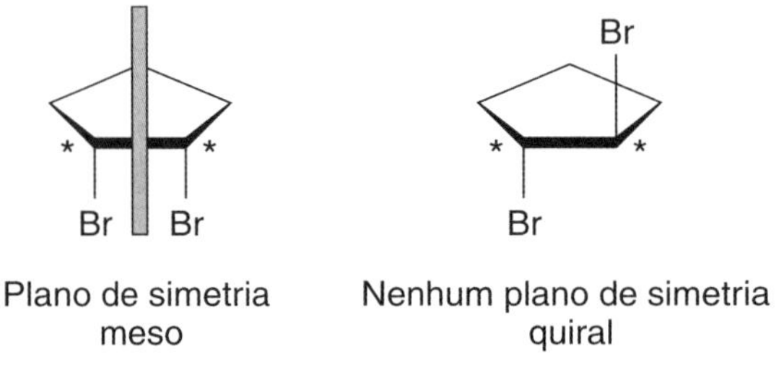

Figura 6-14: O plano de simetria nos compostos meso.

Observe as imagens especulares dessas duas moléculas (exibidas na Figura 6-15) para ter a prova dessa generalidade. Embora esse composto cis tenha dois centros estereogênicos (indicados com asteriscos), a molécula é aquiral porque a imagem especular é idêntica à molécula original (e, portanto, é sobreponível na molécula original). As moléculas com planos de simetria sempre terão imagens especulares sobreponíveis e serão aquirais. Por outro lado, o estereoisômero trans não tem plano de simetria e é quiral.

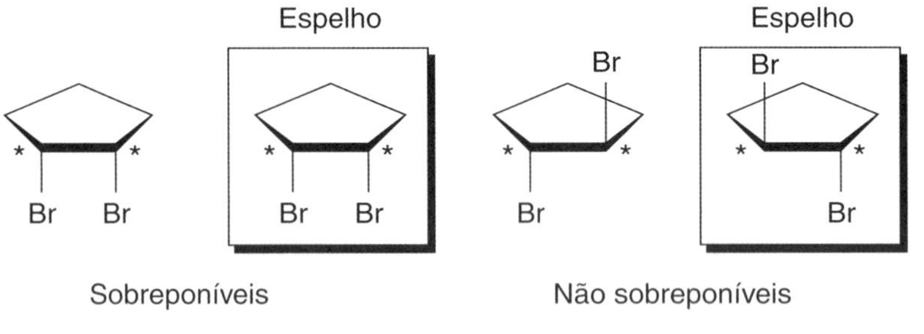

Figura 6-15: As imagens espelhadas de moléculas aquirais (meso) e quirais.

LEMBRE-SE

Os compostos meso são aquirais.

Na química orgânica é preciso saber localizar os planos de simetria nas moléculas de forma que possamos determinar se uma molécula com centros estereogênicos será quiral ou meso. Por exemplo, você consegue localizar os planos de simetria em cada um dos compostos meso exibidos na Figura 6-16?

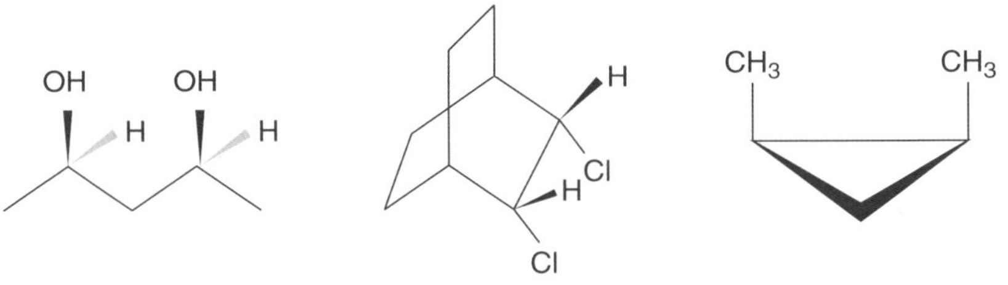

Figura 6-16: Alguns compostos meso.

Giro da Luz Polarizada

Os enantiômeros compartilham entre si quase todas as propriedades físicas – eles têm os mesmos pontos de ebulição, pontos de fusão, momentos do dipolo e todas as demais propriedades, exceto uma. Os enantiômeros giram a luz polarizada em direções opostas. Ondas de luz propagam-se em todas as direções, mas a luz polarizada é a luz filtrada para permitir que a que se propaga em apenas uma direção passe pelo filtro (é dessa forma que muitos óculos de sol funcionam para bloquear a luz). Quando a luz polarizada é passada por uma amostra contendo uma molécula quiral, a luz é girada para a direita ou para a esquerda por um certo número de graus (rotulado como α), como exibido na Figura 6-17.

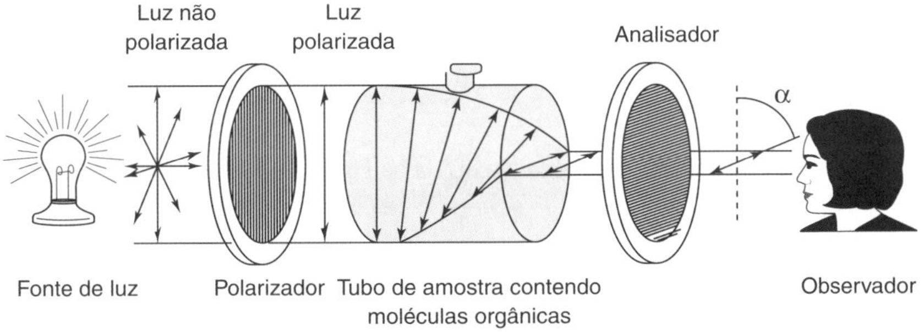

Figura 6-17: Um polarímetro.

Só as moléculas quirais giram a luz polarizada. O número de graus pelos quais uma molécula quiral gira a luz deve ser determinado por experimento e não é algo que se possa calcular por conta própria. A direção do giro da luz por uma molécula também não é algo que se possa determinar olhando a estrutura de uma molécula (a designação R ou S não diz para que lado a luz será girada). Porém, se soubermos que uma molécula quiral gira a luz a 30°, saberemos também que seu enantiômero girará a luz polarizada por exatamente -30° (ou seja, 30° na direção oposta).

Os enantiômeros giram a luz polarizada em direções iguais e opostas.

Se misturarmos dois enantiômeros em proporções iguais, obteremos uma mistura racêmica – uma mistura 50:50 de enantiômeros. Misturas racêmicas não giram a luz polarizada. Isso porque metade das moléculas na mistura gira a luz em uma direção e a outra metade das moléculas gira a luz na direção oposta, resultando em um giro líquido igual a zero. Tais misturas racêmicas são, portanto, ditas serem opticamente inativas, o que significa que elas não giram a luz polarizada.

Centros Estereogênicos Múltiplos: Diastereoisômeros

Quando existe um único centro estereogênico em uma molécula, o único etereoisômero possível é o enantiômero, a imagem especular da molécula. Mas quando mais de um centro estereogênico está presente em uma molécula, tem-se a possibilidade de haver estereoisômeros que não são imagens espelhadas uma da outra. Tais estereoisômeros, que não são imagens espelhadas, são chamados de *diastereoisômeros*.

LEMBRE-SE

Normalmente, só temos diastereoisômeros quando a molécula tem dois centros estereogênicos ou mais.

O número de estereoisômeros possíveis que uma molécula pode ter é uma função de 2^n, onde *n* é o número de centros estereogênicos na molécula. Portanto, uma molécula com cinco centros estereogênicos pode ter 2^5 ou 32 estereoisômeros possíveis! Conforme aumenta o número de centros estereogênicos, o número de estereoisômeros possíveis para esse composto aumenta rapidamente.

Por exemplo, a molécula exibida na Figura 6-18 tem dois centros estereogênicos.

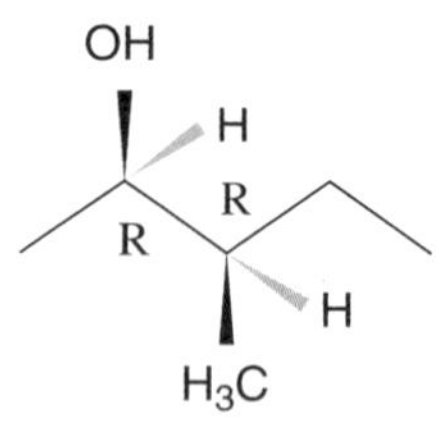

Figura 6-18: Uma molécula com dois centros estereogênicos.

Como essa molécula tem dois centros estereogênicos, ela pode ter um total de 2^2, ou quatro, estereoisômeros possíveis, dos quais apenas um será o enantiômero da molécula original. Como ambos os centros estereogênicos nessa molécula são de configuração R, seu enantiômero teria a configuração S para ambos os centros estereogênicos. Todos os estereoisômeros dessa molécula são exibidos na Figura 6-19. As moléculas que não são enantiômeros entre si são diastereoisômeros uma da outra.

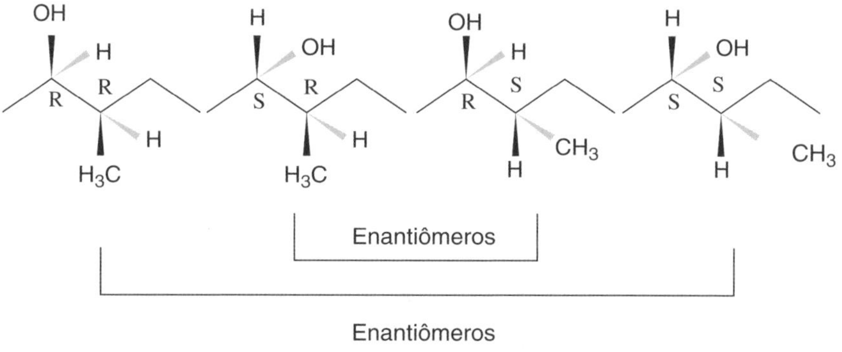

Figura 6-19: Os quatro estereoisômeros de uma molécula com dois centros estereogênicos.

Representação de Estruturas 3D no Papel: Projeções de Fischer

A forma mais conveniente de visualizar moléculas com mais de um centro estereogênico é por meio das projeções de Fischer. Uma projeção de Fischer é um desenho bidimensional conveniente que representa uma molécula tridimensional. Para fazer uma projeção de Fischer, visualiza-se um centro estereogênico de forma que dois substituintes saiam do plano em sua direção e dois substituintes retornem para o plano, como mostra a Figura 6-20. Então, o centro estereogênico torna-se uma cruz na projeção de Fischer. Cada cruz em uma projeção de Fischer é um centro estereogênico.

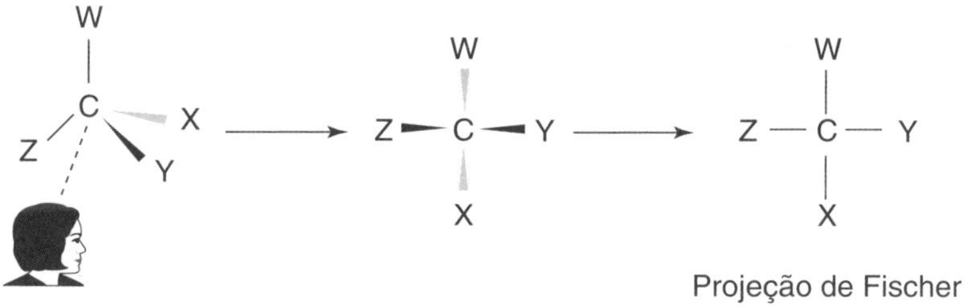

Figura 6-20: Criação de uma projeção de Fischer.

Regras para o uso das projeções de Fischer

As projeções de Fischer são convenientes para comparar as estereoquímicas de moléculas que têm muitos centros estereogênicos. Mas essas projeções têm seus próprios conjuntos de regras e convenções para como podem ser giradas e movidas. As duas maneiras principais de girar uma projeção de Fischer são as que seguem:

- Pode-se girar uma projeção de Fischer por 180° e manter sua configuração estereoquímica, mas não se pode girar uma projeção de Fischer por 90° (veja a Figura 6-21).
- Quaisquer três substituintes podem ser girados em uma projeção de Fischer, enquanto um substituinte, mantém-se fixo e retém-se a configuração estereoquímica.

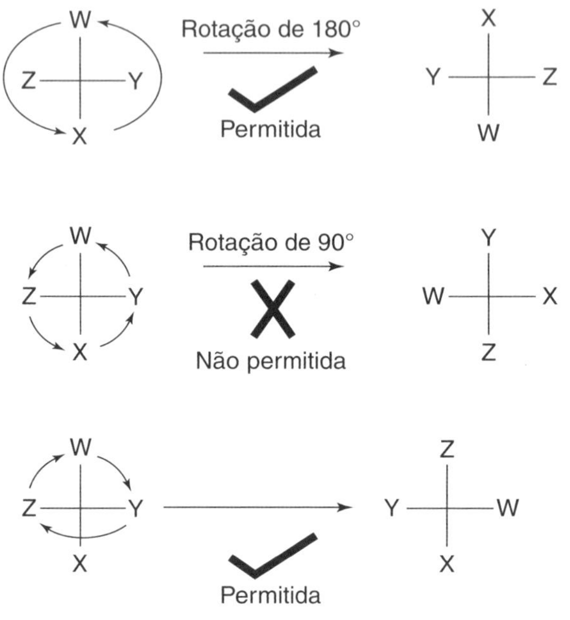

Figura 6-21: Trabalhando com projeções de Fischer.

Determinação da configuração R/S a partir de uma projeção de Fischer

Aqui está como determinar a configuração de um centro estereogênico desenhado em uma projeção de Fischer. Primeiro, priorizamos cada um dos substituintes usando o esquema de priorização de Cahn-Ingold-Prelog (trata-se do mesmo esquema de priorização usado em uma seção anterior deste capítulo e discutido em detalhes, no Capítulo 8). Em seguida, colocamos o substituinte de quarta prioridade no alto e desenhamos uma curva do primeiro, passando pelo segundo, até o terceiro substituinte. Se a curva seguir em sentido horário, a configuração será R, se ela seguir em sentido anti-horário, a configuração será S. Para que se coloque o substituinte de prioridade número quatro no alto da projeção de Fischer, é preciso usar um dos dois movimentos permitidos diagramados anteriormente, na Figura

6-21 (pode-se fazer um giro de 180° ou pode-se manter um substituinte fixo e girar os outros três). Dois exemplos da determinação da configuração a partir de projeções de Fischer são exibidos na Figura 6-22.

Figura 6-22: Determinação de configurações R e S a partir de projeções de Fischer.

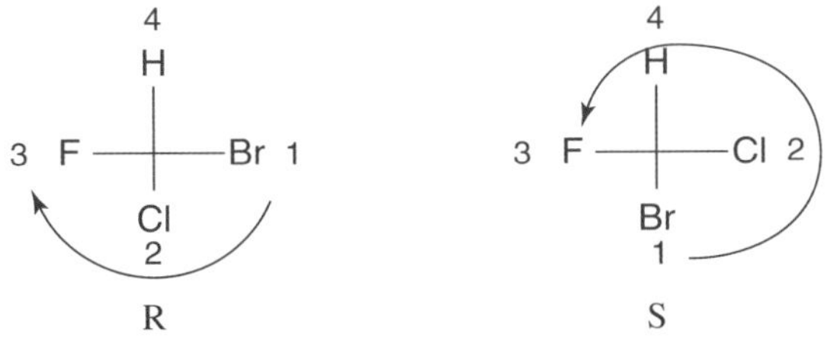

Visualização da estereoisomeria com projeções de Fischer

Uma das principais vantagens das projeções de Fischer é que se podem ver facilmente os relacionamentos entre os estereoisômeros. Em outras palavras, com uma projeção de Fischer determinamos rapidamente se dois estereoisômeros são diastereoisômeros ou enantiômeros. Por exemplo, os relacionamentos entre alguns estereoisômeros de uma molécula são exibidos na Figura 6-23. Ao comparar estereoisômeros, é desejável garantir que as partes superior e inferior estejam corretamente alinhadas. Em outras palavras, ao comparar duas projeções de Fischer, garanta que ambas as projeções tenham a mesma parte superior e a mesma parte inferior e que uma delas não está de cabeça para baixo (se uma delas estiver, faça um giro permitido de 180°). Depois que as partes superior e inferior estiverem corretamente alinhadas, compare as direções dos substituintes entre as duas moléculas em cada cruz da projeção de Fischer. Um substituinte que aponte para a esquerda em uma projeção de Fischer apontará para a direita em seu enantiômero.

Figura 6-23: Os relacionamentos entre estereoisômeros em projeções de Fischer.

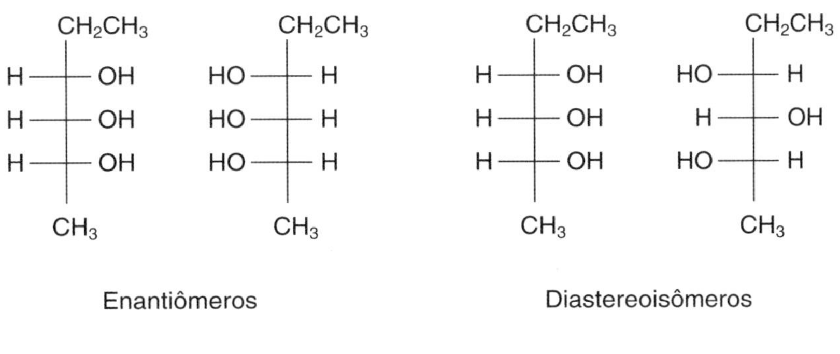

Localização de compostos meso com projeções de Fischer

Outra característica conveniente das projeções de Fischer é que frequentemente é possível localizar compostos meso mais facilmente com as projeções de Fischer do que seria feito com moléculas desenhadas com traços e cunhas. Com a projeção de Fischer, a simetria da molécula fica mais fácil de ser localizada. Um exemplo de simetria em uma projeção de Fischer é exibido na Figura 6-24.

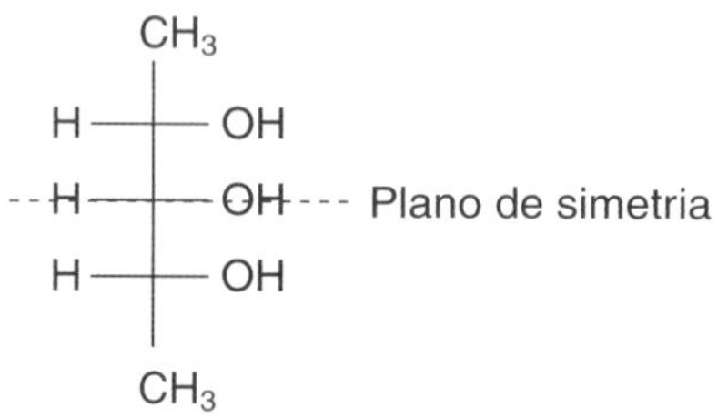

Figura 6-24: A projeção de Fischer de um composto meso.

Esclarecendo o Jargão

Um dos aspectos mais confusos da estereoquímica é a quantidade maciça de nova terminologia que será preciso lembrar. Então, aqui vai um miniglossário de terminologia estereoquímica para evitar confusões:

- **Molécula aquiral:** uma molécula aquiral é aquela que pode ser sobreposta em sua imagem especular; uma molécula aquiral é idêntica à sua imagem especular. Moléculas aquirais não giram a luz polarizada.
- **Centro estereogênico:** normalmente, para que uma molécula seja quiral, ela deve ter pelo menos um centro estereogênico – um carbono com quatro grupos não equivalentes. A esses centros estereogênicos são atribuídas configuração R ou S. Qualquer molécula que contenha um centro estereogênico será quiral, a menos que a molécula tenha um plano de simetria, em cujo caso a molécula será aquiral (e meso).
- **Moléculas quirais:** uma molécula quiral não é sobreposta em sua imagem espelhada. Moléculas quirais giram a luz polarizada.
- **Diastereoisômeros:** diastereoisômeros são estereoisômeros que não são imagens especulares um do outro. Para que uma molécula tenha um diastereoisômero, ela, geralmente, deve ter mais do que um centro estereogênico.
- **Enantiômeros:** as moléculas que são imagens especulares umas das outras são chamadas de enantiômeros.
- **Compostos meso:** um composto meso é uma molécula que contém um centro estereogênico, mas é aquiral como resultado de ter um plano de simetria na molécula.

- **Opticamente ativo:** um composto opticamente ativo (tal como a solução pura de um único enantiômero de uma molécula) tem a habilidade de girar a luz polarizada.
- **Misturas racêmicas:** uma mistura racêmica é uma mistura 50:50 de dois enantiômeros. Misturas racêmicas não giram a luz polarizada.

Importância biológica da estereoquímica: a tragédia da talidomida

A talidomida, um composto quiral cuja estrutura é exibida na figura que segue, era uma droga prescrita na Europa para mulheres grávidas contra os sintomas do enjoo matinal. Embora apenas um dos enantiômeros da talidomida trabalhasse ativamente contra o enjoo matinal, a droga era prescrita como mistura racêmica (uma mistura 50:50 dos dois enantiômeros).

Por que a droga era administrada na forma de mistura racêmica e não como um único enantiômero ativo? Por motivos práticos. Geralmente, sintetizar um enantiômero sobre o outro de forma seletiva é muito difícil e, com a maioria das reações que produzem compostos com centros estereogênicos, obtêm-se produtos que são misturas racêmicas. Misturas racêmicas são diabolicamente difíceis de separar porque os enantiômeros compartilham propriedades físicas importantes. Elas têm os mesmos pontos de ebulição, então não podem ser separadas por destilação; têm os mesmos momentos do dipolo e solubilidades, de forma que não podem ser separadas por recristalização. É possível separar os enantiômeros, mas a tarefa costuma ser tediosa e cara.

Infelizmente, enquanto um enantiômero da talidomida controlava os sintomas do enjoo matinal, o outro enantiômero causava terríveis efeitos colaterais, inclusive graves defeitos (como malformação de membros) nos fetos. A droga foi retirada do mercado quando cientistas descobriram que esses defeitos de nascença eram causados pela droga. Desde então, é necessário que as drogas passem por testes muito melhores em animais para verificar possíveis efeitos colaterais (a talidomida havia sido testada em ratos, mas não em coelhos ou em macacos, que são parentes biológicos mais próximos aos humanos).

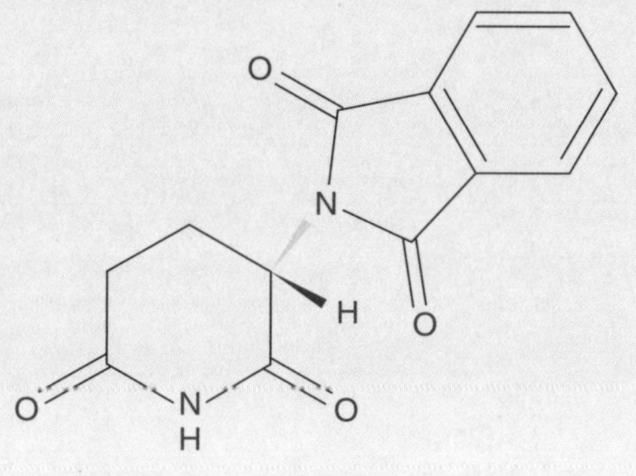

Talidomida

Parte II
Hidrocarbonetos

A 5ª Onda Por Rich Tennant

"Adoro essa época do ano, quando os estudantes de química orgânica começam a explorar formas novas e empolgantes de ligar átomos de carbono".

Nesta parte...

Eu faço a exumação dos ossos das moléculas orgânicas – os hidrocarbonetos. Hidrocarbonetos são moléculas que contêm apenas hidrogênio e carbono, e entre elas estão os alcanos (moléculas que têm apenas ligações simples), os alcenos (moléculas com ligações duplas entre carbono) e os alcinos (moléculas com ligações triplas entre carbono). Nesta parte, começa-se a elaborar suas habilidades na nomenclatura de moléculas orgânicas, e você terá sua primeira amostra de reações químicas, que é essencial para toda a química orgânica. Você também terá uma experiência com a *estereoquímica* – as diferentes formas como os átomos podem se orientar em três dimensões.

Capítulo 7

Os Ossos das Moléculas Orgânicas: Os Alcanos

Neste Capítulo

- As estruturas dos alcanos
- Dominando a nomenclatura dos alcanos
- Análise das conformações dos alcanos
- Reações dos alcanos

Neste capítulo, abordo os esqueletos das moléculas orgânicas – os alcanos. Alcanos são as moléculas orgânicas mais simples. Por serem as mais simples das moléculas orgânicas, são úteis para introduzir vários princípios importantes da química orgânica, como o isomerismo (moléculas de mesma fórmula molecular, mas com estruturas diferentes), *conformação* (as diversas formas como os átomos podem se dobrar e flexionar) e a estereoquímica (orientação dos átomos no espaço tridimensional). Além disso, como os alcanos formam as moléculas orgânicas mais simples, eles são o melhor lugar para começar a afiar suas habilidades de nomenclatura (regras para nomear moléculas orgânicas).

Os alcanos são compostos que contêm apenas ligações simples de carbono-hidrogênio. Por terem o número máximo possível de hidrogênios, os alcanos são conhecidos como *hidrocarbonetos saturados*. Os alcanos têm a fórmula molecular C_nH_{2n+2}, em que *n* é o número de carbonos da molécula. Um alcano que tenha oito carbonos, por exemplo, teria a fórmula molecular C_8H_{18}.

O que há em um Nome? Nomenclatura de Alcanos

Nomear moléculas é uma habilidade importante. Ao contrário da biologia, em que os organismos recebem nomes aparentemente arbitrários, as moléculas orgânicas são nomeadas de forma sistemática. Entendidas as regras de nomenclatura e como aplicá-las, podemos nomear a maioria das moléculas que encontrarmos. E graças aos céus por isso, já que há milhões de compostos orgânicos conhecidos. Você consegue imaginar quanta memorização seria necessária se cada um recebesse um nome arbitrário? Não quero nem *pensar* nisso.

Além disso, cada molécula única em química *deve* ter um nome diferente. George Foreman pode ter a capacidade de batizar cada um de seus cinco filhos como George Foreman Jr., mas, em química, se duas moléculas forem diferentes, elas deverão ter nomes diferentes.

Tudo em uma linha: Alcanos de cadeia linear

Todos os nomes dos alcanos terminam com o sufixo –ano. Os prefixos para os alcanos com um, dois, três e quatro carbonos têm raízes históricas, enquanto os alcanos com mais de cinco carbonos têm prefixos derivados do grego (veja a Tabela 7-1). Esses prefixos devem simplesmente ser memorizados. A mnemônica "**M**aria **e**stá **p**rocurando o **b**ebê" pode ajudá-lo a se lembrar dos prefixos para os quatro primeiros alcanos que têm raízes históricas – **m**etano, **e**tano, **p**ropano e **b**utano. Depois disso, conhecer os números gregos (por exemplo, saber que *hex* refere-se a seis e *oct* refere-se a oito) tornará os nomes mais familiares.

Tabela 7-1 Os nomes dos Alcanos de Cadeia Linear

Número de Carbonos	Nome	Estrutura
1	Metano	CH_4
2	Etano	CH_3CH_3
3	Propano	$CH_3CH_2CH_3$
4	Butano	$CH_3(CH_2)_2CH_3$
5	Pentano	$CH_3(CH_2)_3CH_3$
6	Hexano	$CH_3(CH_2)_4CH_3$
7	Heptano	$CH_3(CH_2)_5CH_3$
8	Octano	$CH_3(CH_2)_6CH_3$
9	Nonano	CH3(CH2)7CH3
10	Decano	$CH_3(CH_2)_8CH_3$
11	Undecano	$CH_3(CH_2)_9CH_3$
12	Dodecano	$CH_3(CH_2)_{10}CH_3$

Esticando-se: Alcanos ramificados

Ah, se a vida fosse assim tão simples! Todos os alcanos da Tabela 7-1 têm átomos de carbono que são unidos em uma fila e, portanto, são chamados de *alcanos de cadeia linear*. Os alcanos, porém, não se limitam a ficar em fila e podem ter estruturas ramificadas. Por exemplo, o alcano de fórmula C_4H_{10} pode ter duas estruturas possíveis (veja a Figura 7-1) – um alcano em cadeia linear (butano) e um alcano ramificado (isobutano).

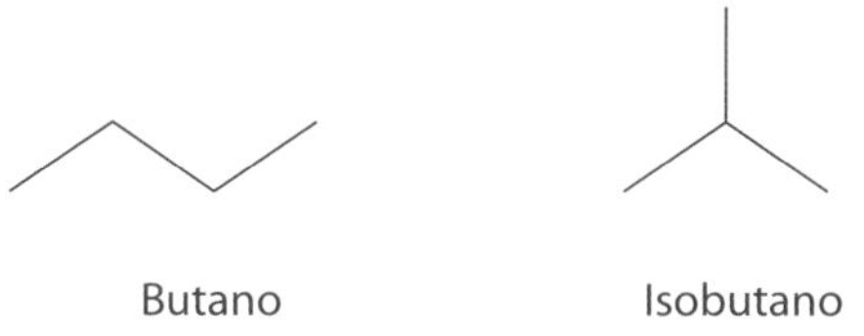

Figura 7-1: Os isômeros de C_4H_{10}.

As moléculas com mesma fórmula molecular e estruturas químicas diferentes são conhecidas como *isômeros*, usando fala orgânica. A ramificação dificulta um pouco a nomenclatura dessas moléculas, mas as moléculas ramificadas ainda podem ser nomeadas de forma sistemática. Com um pouco de prática, você logo entenderá a nomenclatura de todos os alcanos – inclusive dos ramificados – e as perguntas sobre nomenclatura nas provas se tornarão uma moleza.

Vários passos precisam ser seguidos para que se nomeie um alcano ramificado. Em cada uma das próximas seções, detalho como se realiza cada etapa, usando um exemplo para esclarecimento.

Encontrando a cadeia mais longa

O primeiro passo, potencialmente mais traiçoeiro, é encontrar a cadeia mais longa de átomos de carbono na molécula. Essa tarefa pode ser traiçoeira porque você está acostumado a ler em língua portuguesa da esquerda para a direita. Frequentemente, porém, a cadeia mais longa de carbonos não é a cadeia que segue, simplesmente, da esquerda para a direita, mas aquela que serpenteia em torno da molécula em diferentes direções. Professores universitários de química orgânica gostam de fazer da cadeia principal aquela que serpenteia em torno da molécula e não necessariamente a que flui da direita para a esquerda, então é preciso estar alerta para garantir que se localize a cadeia de carbono mais longa.

A cadeia de carbono mais longa da molécula, exibida na Figura 7-2, tem sete carbonos, então o nome da cadeia principal desse alcano é heptano (veja a Tabela 7-1).

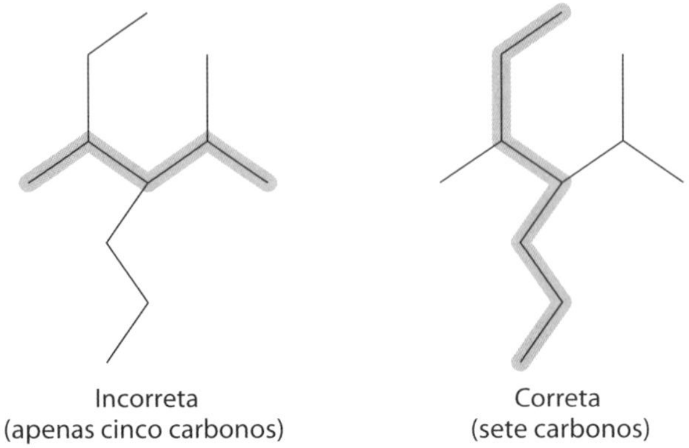

Figura 7-2: Maneira correta e incorreta de contar a cadeia principal.

Numeração da cadeia

Numere a cadeia principal começando pela extremidade que atinge primeiro um substituinte. Uma cadeia sempre pode ser numerada de duas maneiras. No caso da molécula da Figura 7-2, a numeração pode ser feita de cima para baixo, ou pode começar embaixo e subir. A forma correta de numerar uma cadeia principal é começando pela extremidade que atinge o primeiro substituinte antes. *Substituinte* é fala orgânica para um fragmento que saia do grupo principal. Nesse exemplo, se você numerar de cima para baixo, o primeiro substituinte vem no carbono número três (veja a Figura 7-3), se você numerar debaixo para cima, o primeiro substituinte vem no carbono número quatro. Então, a numeração correta, nesse caso, vai de cima para baixo.

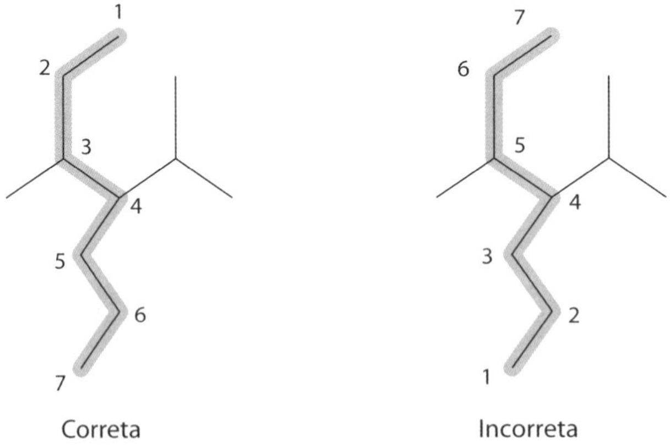

Figura 7-3: Maneira correta e incorreta de numerar os carbonos da cadeia principal.

Substituintes

Depois de numerar a cadeia principal, o passo seguinte é determinar os nomes de todos os substituintes que saem da cadeia principal. Nessa molécula, dois substituintes separam-se da cadeia principal – um substituinte no carbono de número três e um substituinte no carbono de número quatro (veja a Figura 7-4). Os substituintes são nomeados da mesma forma que as cadeias principais, exceto que em vez de terminar com um sufixo –ano terminam com o sufixo –il, indicando que o grupo é um substituinte saído da cadeia principal. Por exemplo, o substituinte com um carbono no carbono número três é um substituinte *metil* (não um substituinte met*ano*). Um substituinte de dois carbonos seria o *etil*, um substituinte de três carbonos seria um *propil*, um substituinte de quatro carbonos seria *butil*, e daí por diante (veja a Tabela 7-1).

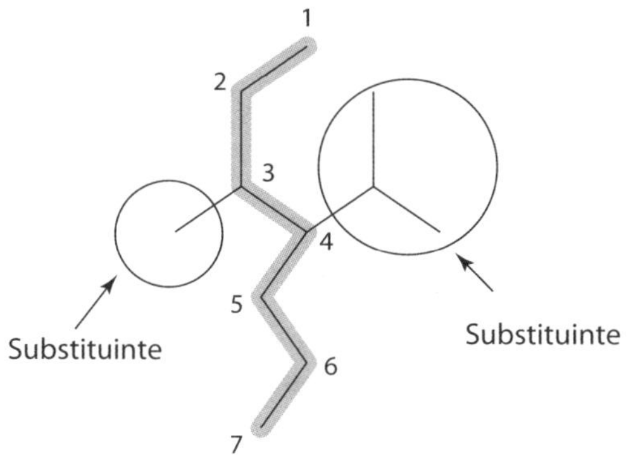

Figura 7-4: Posições dos substituintes em uma cadeia principal.

Alguns substituintes têm nomes comuns e não sistemáticos. Esses devem ser simplesmente memorizados. Os substituintes comuns mais importantes são o grupo isopropil (um grupo de três carbonos que parece uma língua de cobra), o grupo terc-butil (ou t-butil, que parece um tridente) e o grupo sec-butil, exibido na Figura 7-5.

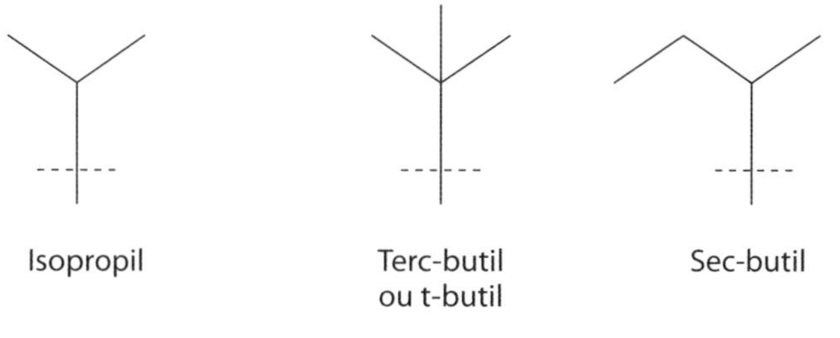

Figura 7-5: Nomes comuns de alguns substituintes.

No exemplo da Figura 7-4, o substituinte do carbono de número quatro é, na verdade, um grupo isopropil. Agora, você tem o nome da cadeia principal e os nomes de todos os substituintes. O substituinte de um carbono no carbono número três é um grupo metila (ou metil) e o substituinte de três carbonos no carbono número quatro é um grupo isopropil. Agora, basta juntar tudo!

Ordenação dos substituintes

O próximo passo é colocar os substituintes em ordem alfabética na frente do nome principal, usando números para indicar sua posição. Como i vem antes do *m* no alfabeto, o grupo *i*sopropil é colocado na frente do grupo metila no nome da molécula: 4-isopropil-3-metil-heptano. Note que são usados traços para separar os números dos substituintes.

Lógico, sempre há um porém. Um capricho envolvendo os nomes comuns dos substituintes terc-butil e sec-butil surge quando são colocados em ordem alfabética, já que as porções *terc* e *sec* do nome são ignoradas. Em outras palavras, o terc-butil seria ordenado como se começasse com a letra *b*, o mesmo acontece com o sec-butil. O isopropil, no entanto, é alfabetizado normalmente, sob a letra *i* (sempre tem que haver exceções esquisitas como essa, não é?)

Mais que único

E se a molécula contiver mais do que um do mesmo substituinte? Por exemplo, se o composto tiver dois substituintes do grupo metila na molécula? Nesse caso, não se nomeia individualmente cada um dos grupos metila. Do contrário, coloca-se um prefixo diante de um nome de substituinte simples indicando o número desse substituinte que a molécula contém (veja, na Tabela 7-2, uma lista de prefixos).

Tabela 7-2 Prefixos para Grupos Idênticos

Número de Grupos Idênticos	Prefixo
2	di
3	tri
4	tetra
5	penta
6	hexa
7	hepta
8	octa

Número de Grupos Idênticos	Prefixo
9	nona
10	deca

Por exemplo, se a molécula tiver dois grupos metila separados, o prefixo *di* virá diante do nome metil, transformando o nome do substituinte em dimetil. Além disso, dois números são colocados diante do nome do substituinte, mostrando as posições dos dois grupos metila na cadeia principal. Se a molécula tiver três grupos metila saindo da cadeia principal, o nome do substituinte será trimetil, se tiver quatro metilas, o nome será tetrametil, se tiver cinco metilas, o nome será pentametil, e daí por diante. Esses prefixos, como terc e sec nos exemplos anteriores, são ignorados quando posicionamos os substituintes em ordem alfabética (dimetil seria colocado sob *m*, por exemplo). Para ver dois exemplos de moléculas que têm substituintes iguais, veja a Figura 7-6. Perceba o uso das vírgulas separando os números que precedem o nome do substituinte.

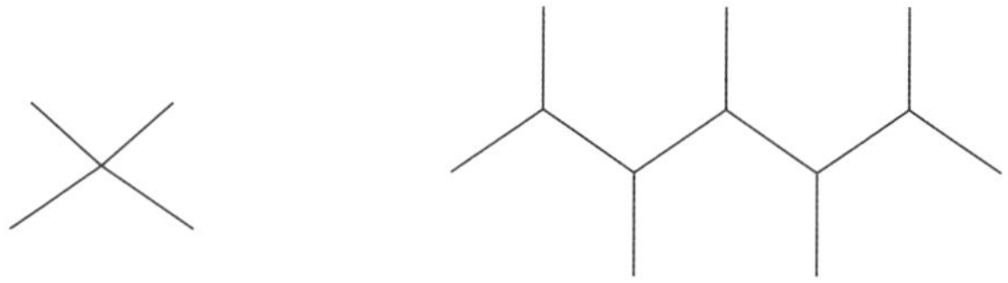

2,2-dimetilpropano   2,3,4,5,6-pentametil-heptano

Figura 7-6: Exemplos de múltiplos substituintes idênticos.

Nomenclaturas de substituintes complexos

Às vezes, os substituintes ramificados não terão nome comum, como o exibido na Figura 7-7. Nesse caso, nomeamos o substituinte como se fosse um alcano separado, mas com o nome principal do substituinte terminando com o sufixo *il* em vez de *ano*, indicando que essa porção da molécula é um substituinte saído da cadeia principal.

A principal surpresa na nomenclatura dos substituintes complexos, no entanto, é que o carbono que une o substituinte à cadeia principal deve ser o carbono de número um; assim, ao numerar os carbonos da cadeia de substituintes, força-se o carbono que se une à cadeia principal a ser o carbono de número um (veja, na Figura 7-8, um exemplo de como isso funciona).

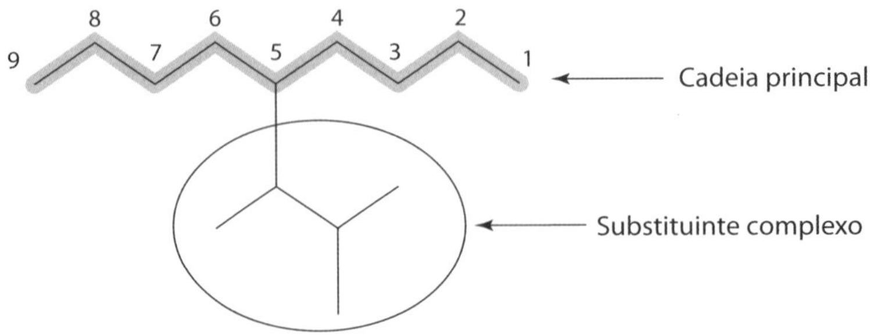

Figura 7-7: Um alcano com um substituinte complexo.

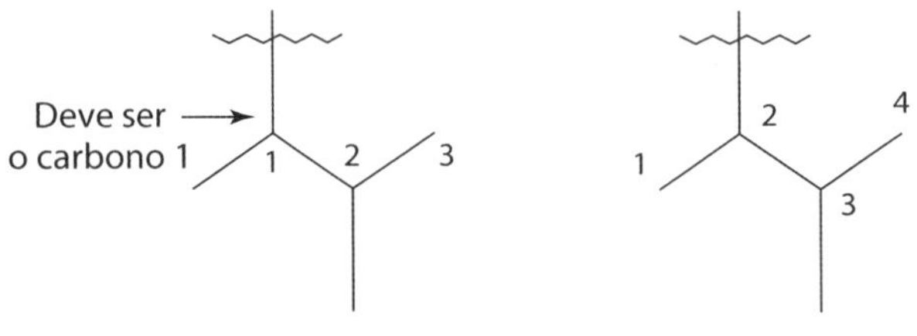

Figura 7-8: Formas correta e incorreta de numerar um substituinte complexo.

Como o substituinte complexo exibido na Figura 7-8 tem três carbonos de comprimento e tem grupos metila nos carbonos número um e três, o substituinte complexo é chamado de 1,2-dimetil-propil.

LEMBRE-SE

Como se está nomeando um substituinte saído da cadeia principal, o nome deve terminar com o sufixo *il*, e não ano.

Agora, podemos colocar todas as partes do nome juntas. Por convenção, quando um substituinte complexo é incluído em um nome, seu nome é iniciado com parênteses. Então, o nome da molécula na Figura 7-7 é 5-(1,2-dimetil-propil)-nonano.

Praticar bastante a nomenclatura de alcanos é essencial para dominar a nomenclatura das moléculas orgânicas.

Conversão de um Nome em uma Estrutura

É tão importante saber determinar a estrutura de um nome quanto é saber determinar o nome de uma estrutura. Embora leiamos da esquerda para a direita, a melhor maneira de ler o nome de uma estrutura é da direita para a esquerda. Por exemplo, se quisermos desenhar a estrutura do 4-t-butil-2,3,5-

-trimetil-heptano, começaríamos desenhando primeiro a cadeia principal – heptano. O heptano tem sete carbonos de comprimento, então desenhamos uma cadeia de sete carbonos. Veja a Figura 7-9.

Figura 7-9: A cadeia principal.

Então, numeramos a cadeia de carbono, como exibido na Figura 7-10.

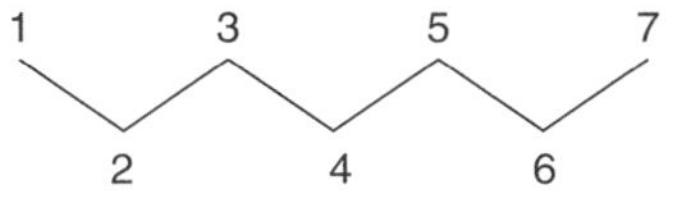

Figura 7-10: Numeração da cadeia.

Então, colocamos os substituintes. Eles podem ser acrescentados em qualquer ordem. Um grupo t-butil é colocado no carbono de número quatro (veja a Figura 7-11).

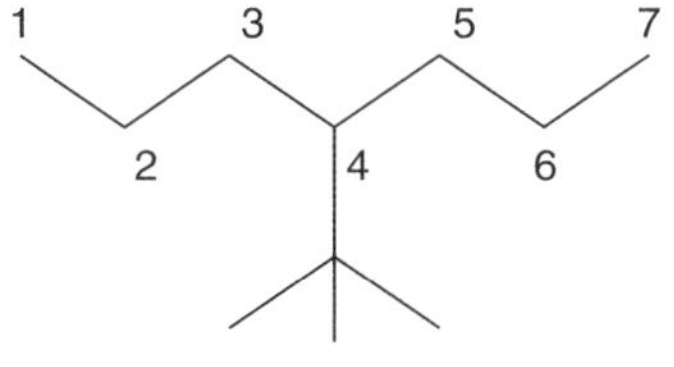

Figura 7-11: Acréscimo de um grupo t-butil.

Então, os grupos metila devem ser conectados nos carbonos de números dois, três e cinco, como exibido na Figura 7-12.

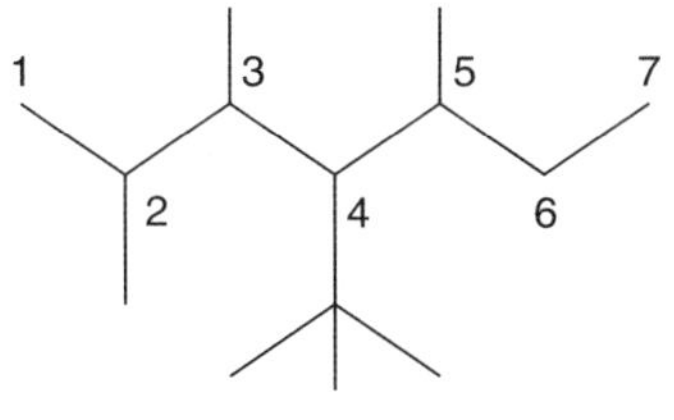

Figura 7-12: Acréscimo de metilas.

É isso! Lendo a molécula da direita para a esquerda, a estrutura é facilmente deduzida pelo nome.

Uma palavrinha sobre desenho e interpretação de moléculas

É fácil confundir-se e ser enganado pelas estruturas escritas no papel, porque as estruturas desenhadas são, simplesmente, a forma que um químico orgânico tem de representar convenientemente uma molécula tridimensional no papel bidimensional. Por exemplo, veja as duas estruturas seguintes e pergunte-se se elas se referem à mesma molécula ou se elas se referem à moléculas diferentes.

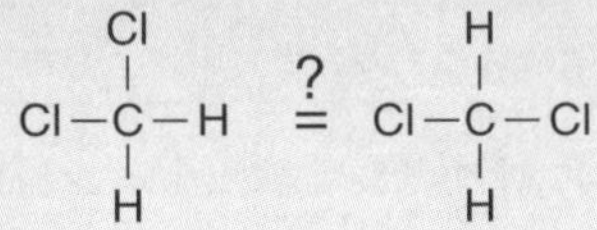

São a mesma ou são diferentes?

Muitas pessoas diriam que são diferentes porque parecem diferentes no papel. Mas ambas são desenhos da mesma molécula. A confusão resulta do fato que uma molécula tridimensional é representada por um desenho bidimensional. No papel, parece que essas moléculas são chatas e que cada uma se liga apenas pelo carbono em ângulos de 90º; na verdade, as ligações estão a 109,5° de distância umas das outras e a molécula tem forma de tetraedro (veja o Capítulo 2).

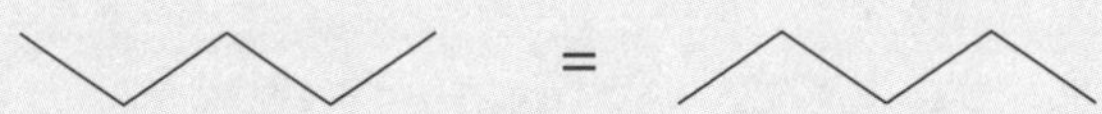

Da mesma forma, é fácil confundir-se com desenhos que parecem levemente diferentes quando, na verdade, representam a mesma coisa. Desenhar uma cadeia linear com o primeiro carbono para cima ou com o primeiro carbono para baixo é, simplesmente, uma questão de preferência pessoal, porque ambas representam a mesma molécula.

Além disso, não se confunda com moléculas não desenhadas em uma cadeia linear. As moléculas de uma cadeia linear podem ser desenhadas em uma linha reta ou de forma serpenteada.

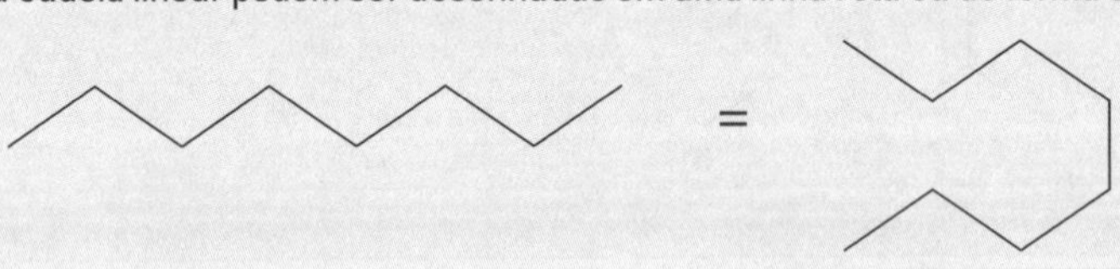

O ponto principal é que você deve estar consciente das suposições feitas nesses desenhos de estruturas. Também quero encorajá-lo a usar modelos moleculares (aquelas bolas e pauzinhos plásticos que representam átomos e ligações). Especialmente no início do curso, os modelos moleculares são úteis, permitindo que você compreenda como os desenhos bidimensionais se relacionam com as estruturas tridimensionais reais. Depois de entender como as estruturas desenhadas se relacionam com os modelos moleculares, você terá menor probabilidade de se confundir com as diferentes maneiras como as estruturas são desenhadas.

Solução de Problemas: Desenho de Isômeros de uma Fórmula Molecular

Muitas vezes, no início da química orgânica, pede-se que você desenhe todos os isômeros possíveis dada uma fórmula molecular. Esses problemas podem ter uma forma sorrateira de aparecer em lições de casa e em exames, e são do tipo nos quais você é solicitado a "desenhar tantos isômeros estruturais da fórmula C_XH_Y quantos forem possíveis". Esses problemas são úteis porque, ao trabalhar com eles, compreendemos a quantidade de diferentes moléculas possíveis em uma fórmula molecular. Além disso, esses problemas possibilitam praticar a nomeação dos alcanos.

Poucos livros didáticos dão conselhos práticos sobre a solução de problemas. Então, aqui está uma técnica sistemática. Nas próximas seções, descrevo a técnica e aplico-a a um problema para mostrar como colocá-la em prática.

Para descrever a técnica, mostro como resolver o seguinte problema: "Desenhe todas as estruturas possíveis da fórmula C_6H_{14}." Lá vai.

Primeiro Passo

Primeiro, desenha-se a cadeia linear principal. Sabemos pela fórmula C_6H_{14} que a estrutura representa um alcano saturado, porque a fórmula segue a equação C_nH_{2n+2}. Isso significa que não podem estar presentes na molécula nenhuma ligação dupla ou tripla ou anéis. Como há seis carbonos na fórmula, a principal molécula da cadeia linear é o hexano, sem nenhuma ramificação. Veja a Figura 7-13.

Figura 7-13: Hexano.

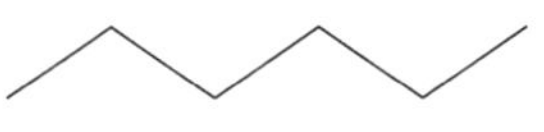

Segundo Passo

Agora é preciso pensar no desenho dos isômeros ramificados. Para fazê-lo, desenhamos a cadeia principal com um carbono a menos. Como a cadeia principal tem seis carbonos de comprimento, subtraímos um carbono para termos cinco (um pentano). Agora, adicionamos uma unidade de um carbono (um grupo metila) ao pentano para fazermos tantos isômeros quantos forem possíveis, com o cuidado de não duplicarmos estruturas (embora caso sejam repetidas, elas serão encontradas no quinto passo). Como regra geral, não é desejável o acréscimo de grupos às extremidades das cadeias, porque isso acabará duplicando uma estrutura já desenhada. Na estrutura a seguir (Figura 7-14), por exemplo, não acrescentamos a metila ao primeiro ou ao quinto carbono. Fazer isso duplicará o isômero de hexano da cadeia linear, já desenhado no primeiro passo.

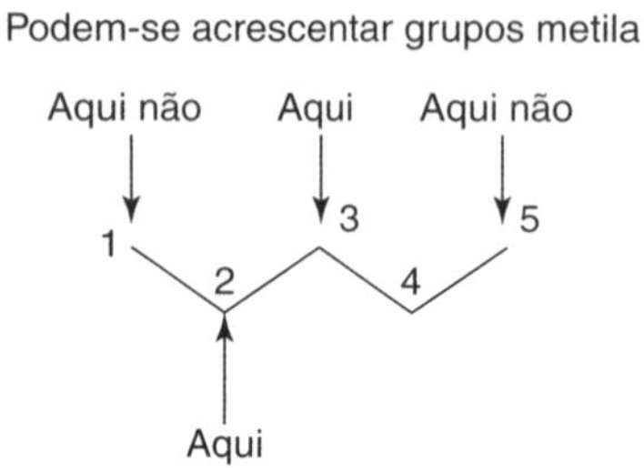

Figura 7-14: Acréscimo de metilas ao pentano.

Após desenharmos a cadeia de cinco carbonos, procuramos as posições onde o grupo metila possa ser acrescentado. Como não é desejável acrescentar o grupo metilo às extremidades das cadeias, podemos acrescentar o grupo a qualquer um dos três pontos – segundo, terceiro ou quarto carbono. Porém, se desenharmos um isômero com um grupo metila no carbono de número dois, desenhar outro com a metila no carbono número quatro resultará exatamente na mesma molécula (nomeie as duas moléculas e veja se elas não têm nomes idênticos, caso não acredite). Não queremos duplicar estruturas, então desenhe apenas uma delas.

LEMBRE-SE

No entanto, se você não reconheceu que as duas moléculas são a mesma, e em um exame tiver desenhado a mesma estrutura duas vezes, tudo bem, porque você fará uma verificação no quinto passo para garantir que cada uma das estruturas desenhadas seja única.

As duas estruturas únicas que surgem da molécula com uma cadeia principal de pentano são exibidas na Figura 7-15.

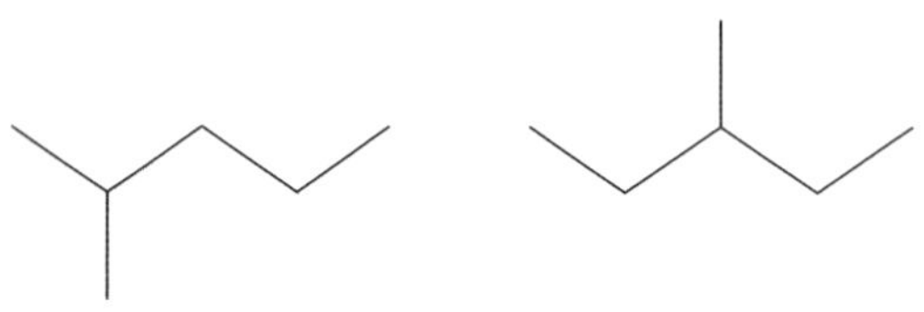

Figura 7-15: Fórmulas de pentano.

Terceiro Passo

Agora que desenhamos os isômeros para as cadeias de seis e de cinco carbonos, repetiremos o processo com uma cadeia de quatro carbonos (um butano). Com uma cadeia de quatro carbonos, subtraímos dois carbonos da cadeia principal, então é preciso acrescentar dois grupos metila de um carbono ou acrescentar um grupo etila de dois carbonos.

Comece desenhando a cadeia de quatro carbonos e pensando em onde acrescentar os dois grupos metila. Veja a Figura 7-16.

Figura 7-16: Butano.

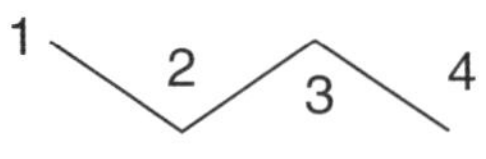

Podemos acrescentar ambos os grupos metila ao carbono de número dois (ou ambos ao carbono de número três, que resultará na mesma molécula). Ou podemos acrescentar uma metila ao carbono número dois e uma ao carbono número três. Novamente, não acrescentamos às extremidades das cadeias para evitar a duplicação de estruturas já desenhadas. Isso nos dá outros dois isômeros com a cadeia de quatro carbonos, exibida na Figura 7-17.

Figura 7-17: Isômeros de butano.

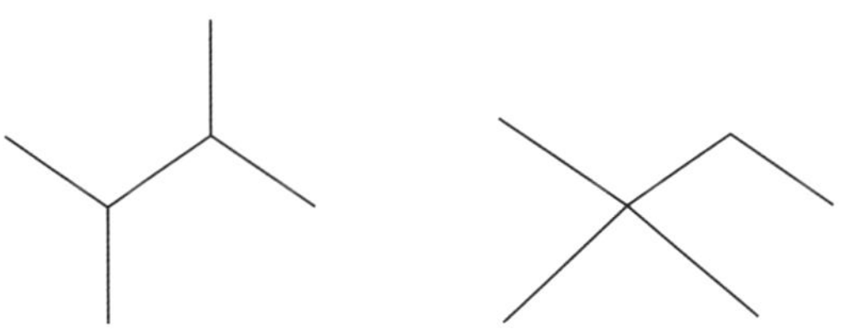

Quarto Passo

Agora estão desenhadas as cadeias de seis, cinco e quatro carbonos. Já é possível tentarmos chegar à cadeia de três carbonos e, então, acrescentar três grupos metila, mas, nesse caso, fazer isso resultará apenas na repetição de estruturas já desenhadas, então não o farei (isso não é necessariamente óbvio, você deve tentar fazê-lo).

Quinto Passo

Agora, queremos garantir que não desenhamos o mesmo composto duas vezes por acidente. Para verificar, nomeie cada um dos isômeros (essa é uma excelente prática de nomeação de alcanos). Se todos tiverem nomes diferentes, eles devem ser diferentes; se dois tiverem nomes iguais, esses dois devem ser o mesmo (ainda que pareçam diferentes), e um deles deverá ser descartado.

Neste exemplo, como todos os isômeros desenhados têm nomes diferentes, todos são isômeros diferentes da fórmula C_6H_{14}. Veja a Figura 7-18.

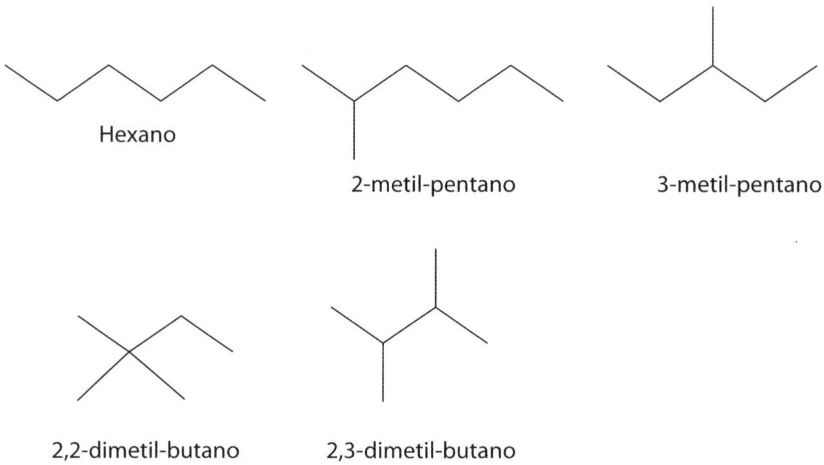

Figura 7-18: Nomeação dos isômeros.

Conformação dos Alcanos de Cadeia Linear

Ligações simples carbono-carbono são capazes de girar. Isso permite que os alcanos existam em *conformações* diferentes. O que são conformações? Pense em uma molécula nos termos do seu corpo – você pode dobrá-lo e flexioná-lo. Você se encolhe na cama para ler um livro, senta-se na sala de aula para ouvir uma palestra e flexiona para fazer calistenia, que permite que seu sangue flua de manhã. Todas essas atividades colocam seu corpo em diversas conformações. Mas essas conformações não são de igual energia – deitar para ler um livro requer bem pouca energia, sentar-se na sala de aula (e prestar atenção!) gasta um pouco mais de energia, e a calistenia requer muito mais energia. Agora, qual dessas atividades você prefere realizar? Estou imaginando que você preferiria estar na conformação de energia mais baixa, lendo um livro, em vez de estar na conformação de alta energia, praticando calistenia.

De forma semelhante, os alcanos podem existir em conformações diferentes – diferentes arranjos espaciais dos átomos – e nem todas as conformações têm energia igual. E as moléculas – como este autor – preferem estar em conformações de baixa energia em vez das de alta energia.

Nas próximas seções, falo sobre as diferentes conformações dos alcanos, como podemos desenhar alcanos em diferentes conformações usando projeções de Newman e como é possível prever as energias relativas das conformações.

Newman! Análise conformacional e projeções de Newman

Uma das melhores maneiras de ver diferentes conformações de moléculas (conformações individuais são chamadas de *confôrmeros*) é usando as projeções de Newman. Uma projeção de Newman é uma forma conveniente para observar uma ligação carbono-carbono específica. A Figura 7-19 mostra um desenho em perspectiva do etano e a projeção de Newman da mesma molécula (veja, no Capítulo 6, mais sobre desenhos em perspectiva).

As cunhas sólidas nas estruturas de Lewis indicam uma ligação que está saindo do papel, enquanto as cunhas pontilhadas indicam uma ligação que está entrando no papel.

Em uma projeção de Newman, as três linhas em formato de Y representam as três ligações do primeiro carbono que está sendo observado; o ponto em que as três linhas se conectam é onde está o carbono da frente. Um círculo (desenhado "atrás" do carbono frontal) representa o carbono de trás; as três linhas saindo do círculo representam as três ligações que saem daquele carbono (note que a quarta ligação para cada um destes carbonos é a ligação carbono-carbono que se está olhando). Uma projeção de Newman pode ajudar a analisar as rotações em torno de uma ligação carbono-carbono específica.

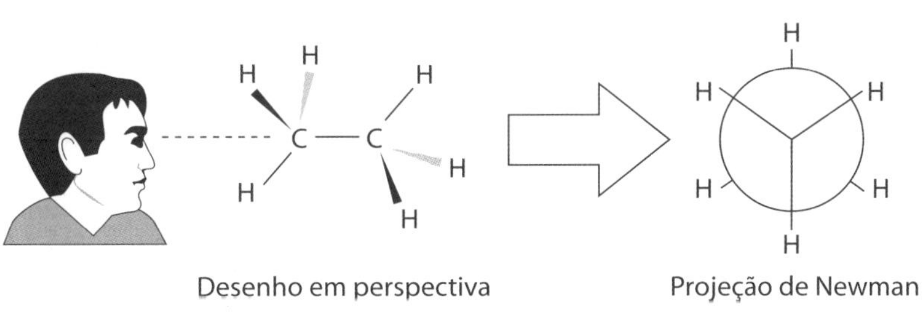

Figura 7-19: Fazendo uma projeção de Newman.

DICA

Usando projeções de Newman, girar uma ligação específica para chegar a outros confôrmeros torna-se uma tarefa bastante simples. A melhor maneira de alcançar outros confôrmeros é girando apenas um carbono de cada vez – ou o da frente ou o de trás. Por questões de consistência, neste livro irei sempre manter a frente da projeção de Newman fixa e vou girar o carbono de trás.

Embora exista um número infinito de conformações (basta girar um dos carbonos por uma fração de grau e – *voilá*! – tem-se uma conformação diferente), as duas mais importantes são as conformações eclipsada e alternada (veja a Figura 7-20). Uma *conformação eclipsada* resulta quando as ligações do carbono frontal e as ligações do carbono de trás se alinham e o ângulo entre as ligações (chamado de ângulo diedral) é 0°. Na projeção de Newman, as ligações eclipsadas são desenhadas com alguma distância de forma que os substituintes do carbono de trás possam ser vistos. Uma *conformação alternada* resulta quando as ligações do carbono da frente e as ligações do carbono de trás têm um ângulo diedral de 60°. Na conformação alternada, as ligações que saem dos carbonos da frente e de trás estão o mais distantes possível uma da outra.

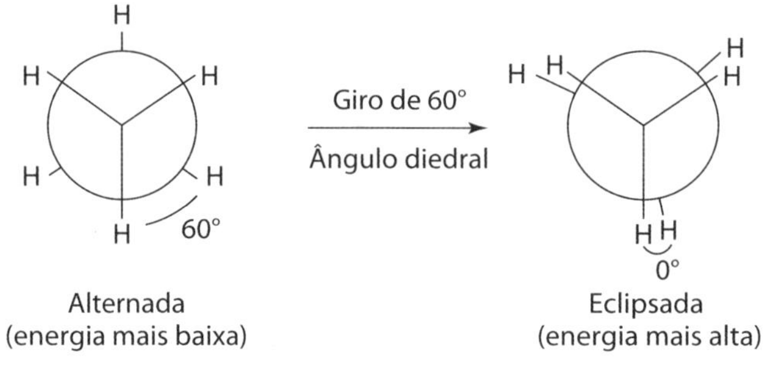

Figura 7-20: As conformações alternada e eclipsada nas projeções de Newman.

LEMBRE-SE

Quando as ligações do carbono da frente e de trás se alinham na conformação eclipsada, a repulsão dos elétrons entre as ligações é maior do que quando as ligações são alternadas e mais distantes. Essa repulsão elétron-elétron entre as ligações é chamada de *tensão torsional*. Como as conformações alternadas têm tensão torsional menor do que as conformações eclipsadas, as conformações alternadas são, como regra, mais estáveis (ou seja, têm menor energia) que as conformações eclipsadas.

Conformações do butano

A situação do butano é um pouco mais complicada que a situação do etano. A Figura 7-21 mostra a projeção de Newman para o butano, observando a ligação entre o segundo e o terceiro carbono (também conhecida como ligação C2-C3).

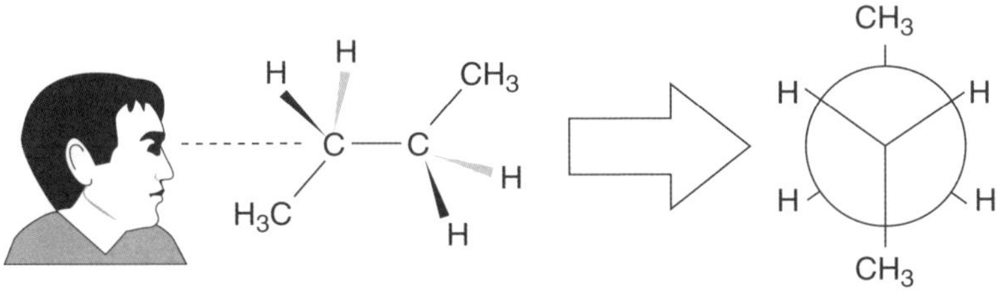

Figura 7-21: Observação da ligação C2-C3 do butano.

Com o butano, nem todas as conformações eclipsadas e nem todas as conformações alternadas têm a mesma energia. Na Figura 7-22, mostro a rotação em torno da ligação C2-C3 no butano. Na primeira conformação alternada, os dois grupos metila estão a 180° de distância. Esse confôrmero é chamado de *confôrmero anti*. No outro confôrmero alternado, os dois grupos metila ficam lado a lado. A interação entre dois grandes grupos adjacentes (como grupos metila) em uma conformação alternada é chamada de *interação gauche*. As interações gauche agem para aumentar a energia de um confôrmero. Como o confôrmero anti alternado não tem interações gauche, tem energia mais baixa que a do confôrmero gauche alternado.

Geralmente, o seguinte princípio é verdadeiro: Grupos grandes (como grupos metila) querem ficar o mais distantes possível uns dos outros (de forma que não invadam o espaço alheio), e os confôrmeros com grupos grandes distantes terão menor energia que os confôrmeros nos quais os grupos grandes estão próximos.

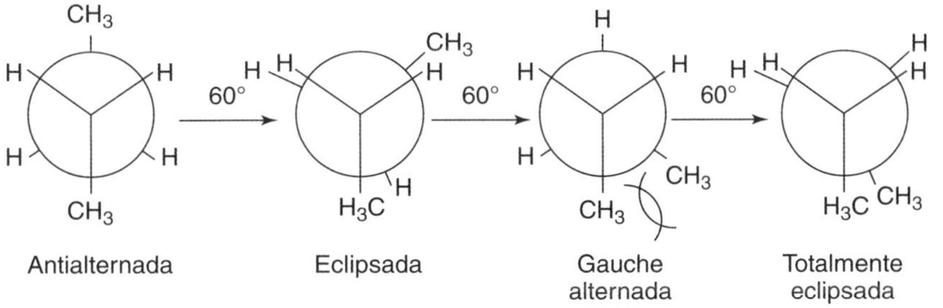

Figura 7-22: As conformações do butano formadas pela rotação em torno da ligação C2-C3.

Da mesma forma, as duas conformações eclipsadas não têm a mesma energia. Na primeira conformação eclipsada, os grupos metila estão a 120° de distância; na última conformação eclipsada, os grupos metila estão a 0° de distância. Esse último confôrmero é chamado de totalmente eclipsado, indicando que os dois grupos grandes estão eclipsados um pelo outro. Como os dois grupos grandes estão mais próximos no confôrmero totalmente eclipsado, esse confôrmero tem maior energia que o outro confôrmero eclipsado. O diagrama da energia para converter o confôrmero antialternado no totalmente eclipsado é dado na Figura 7-23; com o eixo x representando a rotação (em graus) e o eixo y indicando a energia (em unidades arbitrárias).

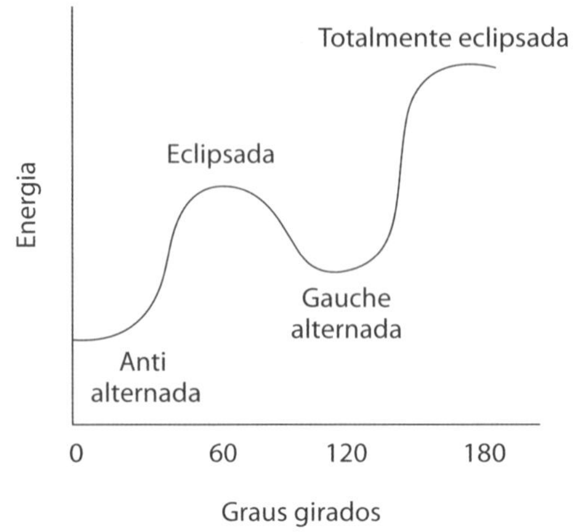

Figura 7-23: Diagrama de energia para confôrmeros de butano.

Círculo Completo: Cicloalcanos

Os alcanos comumente também se formam em anéis, chamados de *cicloalcanos*. Os cicloalcanos são nomeados contando-se o número de carbonos no anel, dando o mesmo sufixo como faríamos com um alcano de cadeia linear e, então, dando à molécula o prefixo ciclo. Por exemplo, um anel de três carbonos é chamado de ciclopropano. Os anéis menores e mais comuns são exibidos na Figura 7-24.

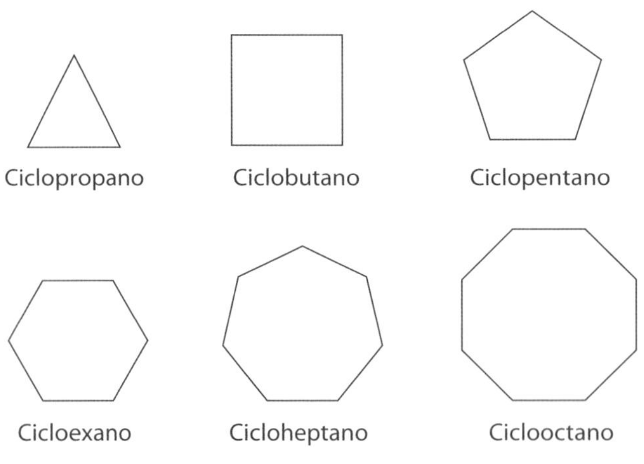

Figura 7-24: Alcanos cíclicos comuns.

Estereoquímica dos Cicloalcanos

Uma característica interessante dos cicloalcanos é que cada anel tem duas faces distintas. Se dois substituintes forem anexados a um anel de cicloalcano, ambos poderão despontar na mesma face ou poderão despontar em faces opostas do anel. Considere o 1,2-dimetilciclopentano, exibido na Figura 7-25, tanto em perspectiva tradicional quanto em com uma inclinação – chamada de *projeção de Haworth*, que é conveniente para ver a estereoquímica dos anéis. Os dois grupos metila poderiam despontar na mesma face (formando um isômero chamado de estereoisômero cis) ou em faces opostas (formando um isômero chamado de *estereoisômero trans*). Estereoisômeros são moléculas que têm a mesma conectividade dos átomos, mas diferem na organização desses átomos no espaço.

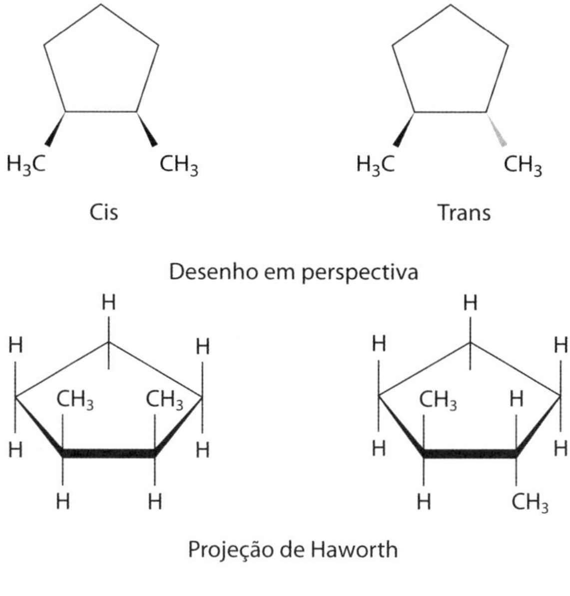

Figura 7-25: Os estereoisômeros cis e trans do 1,2-dimetilciclopentano.

Conformações do cicloexano

Embora o cicloexano seja tipicamente desenhado como se fosse plano, na realidade sua estrutura não o é. A maior parte do tempo, a estrutura existe no que é chamado de *conformação de cadeira*. Essa conformação tem esse nome por se parecer com (uma espécie de) espreguiçadeira reclinável (veja a Figura 7-26). Existem outras conformações para o cicloexano – e, entre elas, estão as conformações de barco, de meia cadeira e em barco torcido – mas a mais importante é a conformação de cadeira porque essa é, tipicamente, a mais estável.

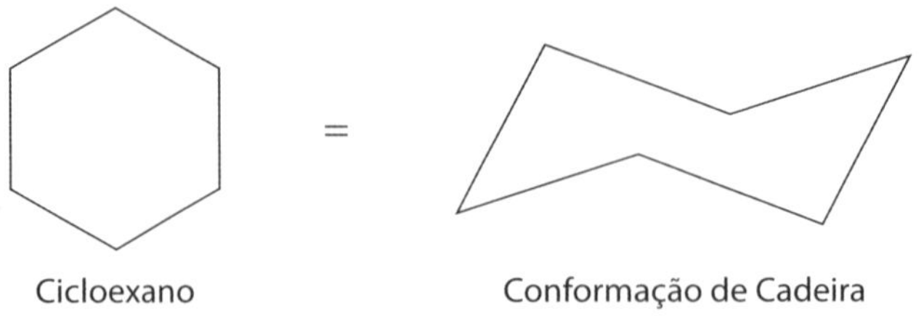

Figura 7-26: Conformação de cadeira do cicloexano.

Desenho de cadeiras

Muitos acham que desenhar cadeiras pode ser um pouco difícil no início, mas dominar o desenho correto dessa conformação é essencial para seu sucesso em química orgânica. Para começar, inicie desenhando duas linhas paralelas não perfeitamente horizontais, como exibido na Figura 7-27. Em seguida, acrescente uma ponta em V direcionada para baixo em uma das extremidades (esse é o *rabo* da cadeira). Por fim, coloque uma ponta em V direcionada para cima na outra extremidade (esse é o nariz da cadeira).

Figura 7-27: Os passos envolvidos no desenho da conformação de cadeira do cicloexano.

Acréscimo de hidrogênios a uma cadeira

Uma cadeira de cicloexano contém dois tipos de hidrogênios – hidrogênios axiais e hidrogênios equatoriais. *Hidrogênios axiais* são aqueles hidrogênios espetados para cima ou para baixo, paralelamente a um eixo imaginário que atravessa a cadeira; *hidrogênios equatoriais* são hidrogênios espetados junto à linha do Equador da cadeira (veja a Figura 7-28).

Ao desenhar os hidrogênios em um cicloexano em cadeira, costuma ser mais fácil desenhar primeiro os hidrogênios axiais. Em qualquer ponto para cima da cadeira, coloque o hidrogênio axial espetado para cima; em qualquer ponto para baixo da cadeira, desenhe o hidrogênio axial virado para baixo. Depois que os hidrogênios axiais estiverem desenhados, acrescentar os hidrogênios equatoriais em torno da linha do Equador da cadeira será uma tarefa bem mais simples.

Figura 7-28: Hidrogênios axiais e equatoriais no cicloexano.

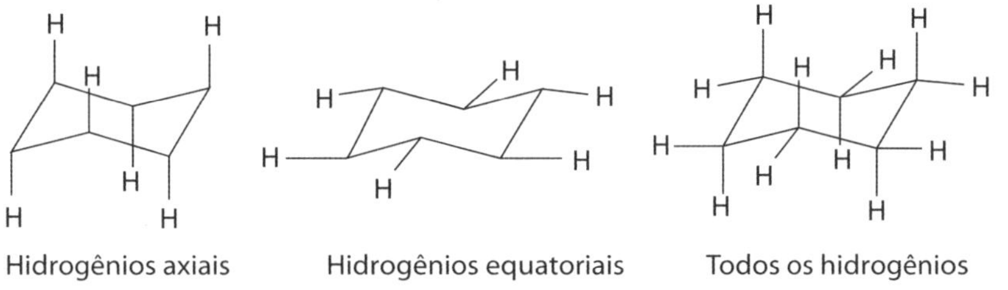

Girando a cadeira

Em temperatura ambiente, o cicloexano não permanece em conformação de cadeira, mas, rapidamente, interconverte-se em uma conformação de cadeira alternativa com uma inversão de anel. Uma *inversão de anel* é exibida na Figura 7-29. Com a cadeira à esquerda da figura, o nariz da cadeira de cicloexano desce e o rabo do cicloexano sobe para formar o novo confôrmero em cadeira de cicloexano. Com uma inversão de anel, todos os hidrogênios que, originalmente, eram axiais se tornam equatoriais e todos os hidrogênios que eram equatoriais tornam-se axiais. É uma boa ideia pegar seus modelos moleculares e experimentar essa inversão de anel por conta própria, para que você possa vê-la tridimensionalmente.

Figura 7-29: A inversão de anel do cicloexano.

No caso do cicloexano não substituído (um cicloexano que tenha apenas hidrogênios ligados a si), a passagem por uma inversão de anel não modificará a molécula. Com cicloexanos substituídos, porém, os dois confôrmeros em cadeira podem não ser idênticos. Por exemplo, o isopropilcicloexano é exibido na Figura 7-30. Um confôrmero em cadeia coloca o grupo isopropil em posição axial. Após passar por uma inversão de anel, o isopropil torna-se equatorial.

LEMBRE-SE

As inversões de anel trocam todas as posições de axial para equatorial e vice-versa.

Esses dois confôrmeros não são idênticos e não têm a mesma energia. Quando um grupo grande é axial, ele invade o espaço dos hidrogênios nos carbonos que estão a três posições de distância, introduzindo a *interação 1,3 diaxial*. Essa interação aumenta a energia do confôrmero axial. Portanto, como regra, grupos grandes preferem ser equatoriais porque essa conformação não tem interação 1,3-diaxial (a flecha que aponta para a direita é mais longa, indicando que a direção do equilíbrio favorece a conformação de cadeira mais estável). Veja a Figura 7-30.

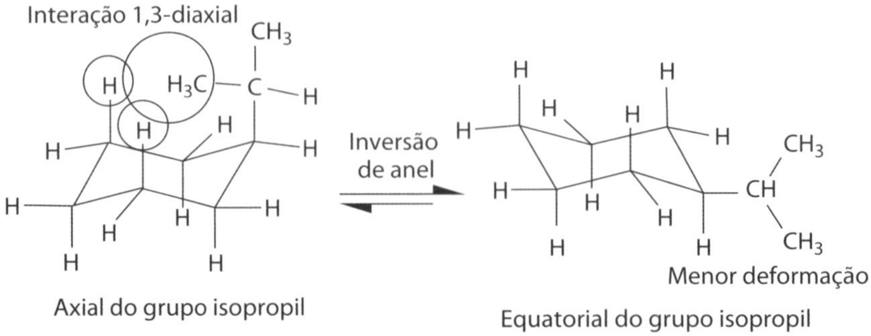

Figura 7-30: Os confôrmeros de cadeira do isopropilcicloexano.

Não confunda conformação com configuração. Uma configuração cis (uma molécula com substituintes que despontam na mesma face do anel) ou uma configuração trans (uma molécula com substituintes que despontam em faces opostas do anel) não mudará com a mudança da conformação. Por exemplo, uma inversão de anel de um cicloexano não mudará uma configuração cis para uma configuração trans, porque depois da inversão os substituintes ainda estarão despontando na mesma face (no caso de uma configuração cis), ou em faces opostas (se for uma configuração trans). A única forma de mudar a configuração é por meio de reações químicas que façam e desfaçam ligações.

Solução de Problemas: Desenho da Conformação de Cadeira Mais Estável

O primeiro passo ao desenhar a conformação mais estável do cicloexano é determinar – baseado em se os substituintes são cis ou trans entre si e baseado em se eles estão localizados no anel – quais são as escolhas das posições axial e equatorial para os substituintes. Uma maneira útil de determinar as alternativas de substituição é usando a projeção de Haworth, na Figura 7-31. Essa projeção é fácil de fazer – comece, simplesmente, na mesma posição do anel e alterne axial (a) e equatorial (e) de carbono em carbono e de cima para baixo. Essa projeção dirá quais são as duas opções para as conformações de duas cadeiras.

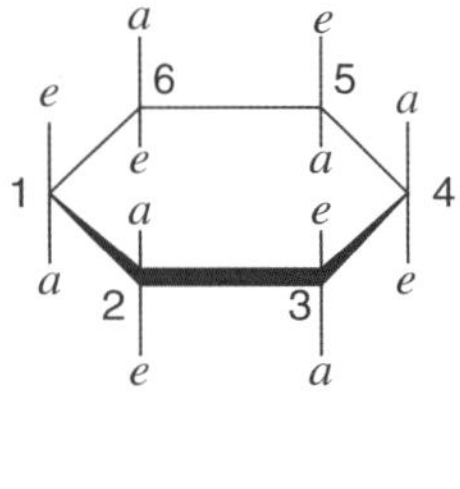

Figura 7-31: A projeção de Haworth

Por exemplo, se solicitassem que você desenhe a conformação mais estável de cis-1,3-dimetilcicloexano, ambos os substituintes estariam no alto ou na parte inferior do anel, como exibido na Figura 7-32 (lembre-se que cis significa que os dois substituintes estão no mesmo lado do anel). Como mostra a figura, para conseguir a estereoquímica cis, ou os dois substituintes poderiam ser equatoriais (ambos e) ou ambos poderiam ser axiais (ambos a).

Figura 7-32: Possíveis posições dos substituintes cis nas posições 1 e 3 no cicloexano.

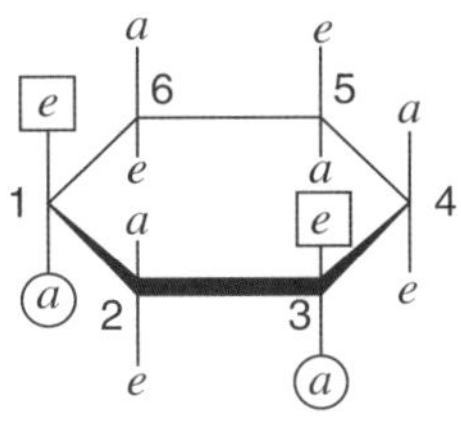

LEMBRE-SE

É energeticamente favorável colocar grupos grandes na posição equatorial para eliminar a interação 1,3-diaxial.

Como grandes grupos preferem ser equatoriais, o confôrmero mais estável para cis-1,3-dimetilcicloexano é o confôrmero biequatorial, exibido na Figura 7-33. O confôrmero diaxial teria energia maior.

Figura 7-33: A confor-mação diequatorial do cis-1,3-dimetilcicloexano.

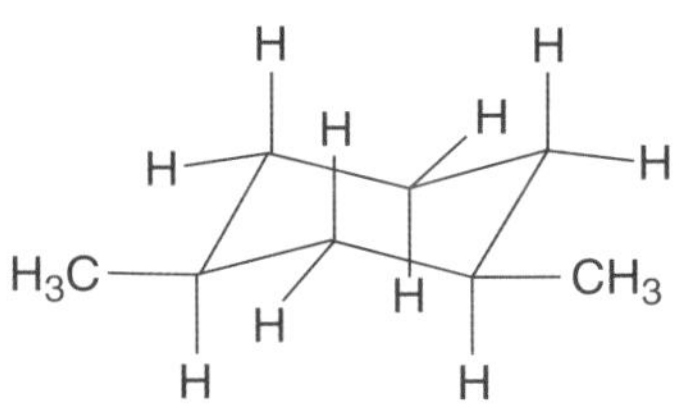

DICA

Se o cicloexano tiver dois substituintes e um tiver que ser colocado como axial e outro como equatorial (como no caso dos cicloexanos trans-1,2-dissubstituídos), a conformação de menor energia será aquela na qual o grupo maior fica em posição equatorial e o grupo menor fica em posição axial.

Reação de Alcanos: Halogenação de Radical Livre

Como os alcanos são essencialmente inertes sob a maioria das condições, praticamente a única reação que vemos dos alcanos é a reação de halogenação de radical livre. Essa reação é, frequentemente, a primeira reação encontrada na química orgânica. Os livros didáticos discutem ocasionalmente a reação de *craqueamento catalítico dos alcanos grandes* – o aquecimento de uma cadeia longa de alcanos de combustível fóssil com uso de um catalisador –, processo que quebra alcanos grandes em fragmentos menores. Mas tal reação é um processo comercial de grande escala usado na indústria para fazer gasolina, e não é uma reação útil em um laboratório típico.

A cloração do metano é exibida na Figura 7-34. Nessa reação, um átomo de cloro é substituído por um hidrogênio do metano.

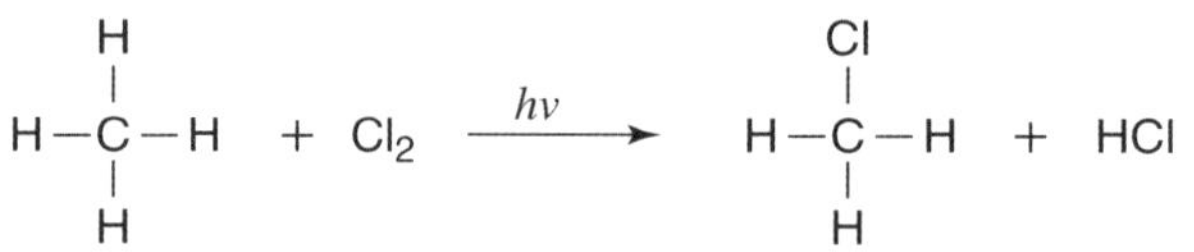

Figura 7-34: A cloração do metano.

Uma característica interessante sobre essa reação de cloração é que a reação é fotoquímica: ao invés de usar o aquecimento para iniciar a reação, a reação usa a luz (que se abrevia como h*υ*)! A reação procede em três estágios – iniciação, propagação e terminação.

Começando as coisas: Iniciação

Na etapa de iniciação, a luz brilha sobre a reação e é absorvida pelo cloro (Cl_2). A luz fornece energia suficiente para que os cloros casados se divorciem – ou seja, para que a ligação cloro-cloro se divida formando dois radicais cloreto, como exibido na Figura 7-35 (lembre-se que os radicais livres são compostos que contêm elétrons sem par). Essa espécie de dissociação da ligação é chamada de *ruptura homolítica*, porque a ligação se parte simetricamente – um elétron da ligação vai para um lado e outro elétron para o lado oposto, assim como metade das propriedades conjuntas vai para cada pessoa no caso de um divórcio (teoricamente). Note que usamos flechas do tipo gancho simples para mostrar o movimento de apenas um elétron. Veja, no Capítulo 3, mais sobre o uso de flechas na química orgânica.

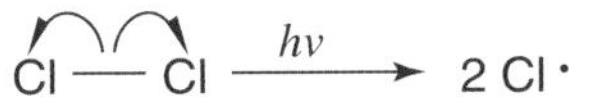

Figura 7-35: A iniciação.

Manutenção da reação: Propagação

Depois que a reação foi iniciada pela formação dos radicais cloreto, ela procede para os passos de propagação (veja a Figura 7-36). Um radical cloreto é instável porque o átomo de cloreto tem apenas sete elétrons de valência, um elétron a menos do que teria seu octeto de valência completamente cheio. Para completar seu octeto de valência, um radical cloreto tira um átomo de hidrogênio (não um próton) do metano para fazer o ácido clorídrico mais o radical metil. Agora, porém, falta um elétron para que o radical metil complete seu octeto. Então, o radical metil ataca outra molécula de cloreto para fazer o clorometano e outro radical cloreto.

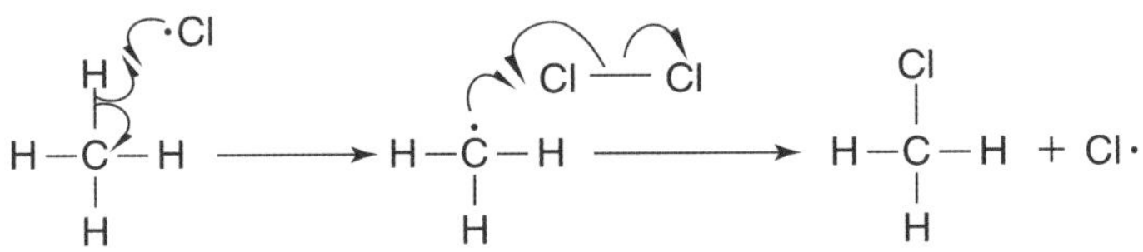

Figura 7-36: Os passos da propagação.

Você está fora: Passos da terminação

Como essa reação gera radicais cloreto como subproduto, a reação é chamada de *reação em cadeia*. Em uma reação em cadeia, a espécie reativa (nesse caso, o radical cloreto) é renovada pela reação. Não fosse pelos passos de terminação, essa reação teoricamente continuaria até que todos os materiais primários fossem consumidos. Os passos de terminação são reações que removem as espécies reativas sem gerar novas. Quaisquer acoplamentos de radicais exibidos na Figura 7-37 são considerados passos de terminação porque removem as espécies reativas (os radicais livres) da reação sem substituí-los.

DICA

Ao resolver problemas de síntese em várias etapas (veja o Apêndice A), frequentemente recebemos um alcano como material primário. Uma das melhores maneiras de começar as coisas (geralmente a única maneira) no que diz respeito a colocar um grupo funcional na molécula é pela bromação (ou cloração) do alcano, usando essa reação de radical livre.

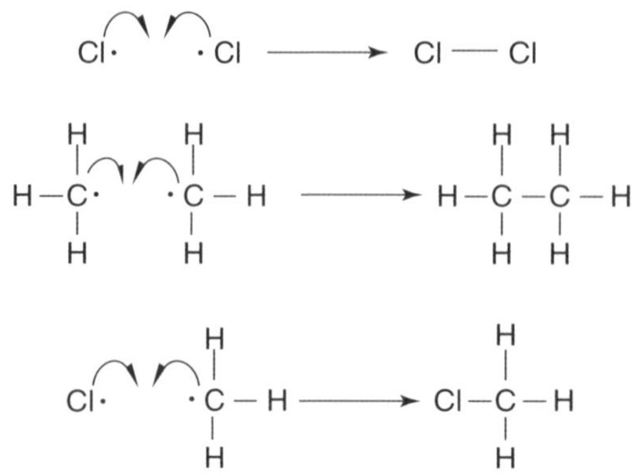

Figura 7-37: Passos de terminação para a cloração do metano.

E a cloração de moléculas maiores que têm tipos diferentes de hidrogênios? Enquanto no metano só um tipo de hidrogênio está disponível para ser extraído – e, dessa forma, apenas um produto pode ser feito –, em moléculas maiores, vários produtos podem ser formados. Por exemplo, o butano (Figura 7-38) tem dois tipos de hidrogênio. Os hidrogênios são classificados de acordo com a substituição do carbono ao qual estão conectados. Os hidrogênios conectados aos carbonos primários (ou carbonos ligados a apenas um outro carbono) são chamados de hidrogênios primários, os hidrogênios ligados a carbonos secundários (ou carbonos ligados a dois outros carbonos) são chamados de hidrogênios secundários, e daí por diante. O butano tem dois tipos de hidrogênios – hidrogênios primários (1°) e hidrogênios secundários (2°).

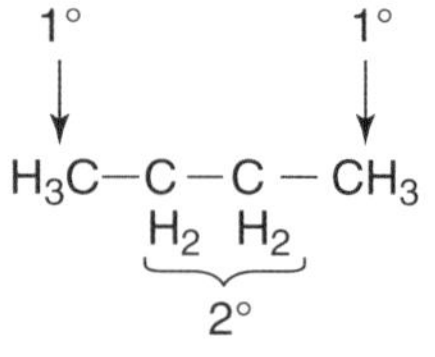

Figura 7-38: Os hidrogênios primários e secundários no butano.

A cloração do butano forma de modo seletivo o produto resultante do radical cloreto abstraindo um hidrogênio secundário para fazer o radical secundário, como exibido na Figura 7-39.

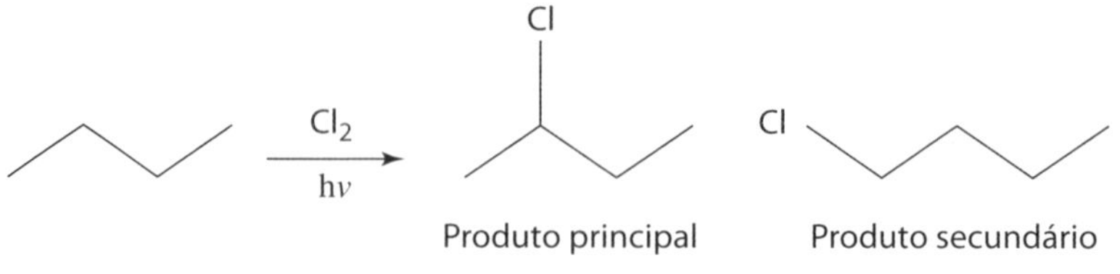

Figura 7-39: A cloração do butano.

Para ver por que isso é assim, precisamos considerar as estabilidades dos radicais livres. Os radicais são mais estáveis quando ficam em carbonos altamente substituídos, como mostra a Figura 7-40. Assim, preferencialmente temos a substituição do cloreto pelo átomo de carbono mais altamente substituído.

Figura 7-40: A relativa estabilidade dos radicais livres.

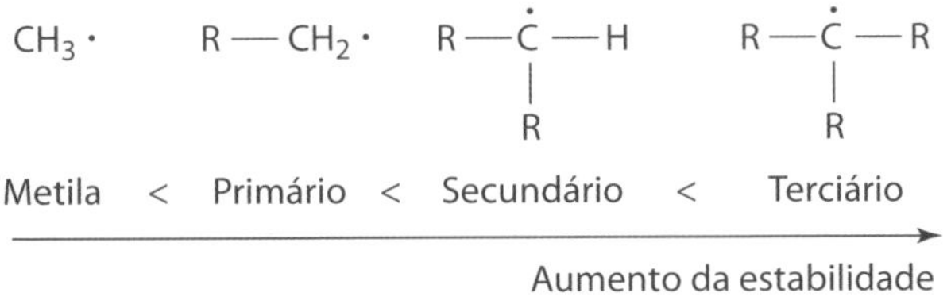

Seletividade da cloração e bromação

A bromação dos alcanos ocorre da mesma forma que sua cloração, exceto porque o Br_2 é usado na reação em vez do Cl_2. Uma diferença entre a cloração e a bromação dos alcanos é que os radicais brometo são mais seletivos para o hidrogênio em carbonos mais substituídos do que os radicais cloreto.

O que quero dizer com seletividade? Considere a analogia politicamente incorreta da seletividade de um assassino de massa *versus* a seletividade de uma esposa que acabou de descobrir que seu marido a tem traído. Um assassino em massa tem baixa seletividade – ele mata praticamente qualquer um que encontre. A esposa furiosa, porém, é muito mais seletiva: ela pode esbarrar em muitas pessoas, mas ela mataria apenas seu marido. De forma semelhante, os radicais brometo são mais seletivos que os radicais cloreto. Um radical cloreto é como o assassino em massa e um radical brometo é como a esposa furiosa. Radicais cloreto têm apenas uma modesta seletividade para escolher os hidrogênios nos carbonos mais substituídos, reagindo, muitas vezes, com qualquer hidrogênio que encontre. Os radicais brometo, porém, escolhem de forma mais seletiva para reagir com hidrogênios nos carbonos mais altamente substituídos.

Capítulo 8

Vendo Duplicado: Os Alcenos

Neste Capítulo

- Importância dos alcenos
- Determinação dos graus de insaturação
- Definição da estereoquímica dos alcenos
- Acréscimo da nomenclatura de alcenos ao seu repertório
- Reações dos alcenos

Neste ponto, suponho que você conheça o básico de química orgânica. Suponho que você compreenda a diferença entre ligações iônicas e covalentes (Capítulo 2), como desenhar e interpretar estruturas orgânicas (Capítulo 3) e como nomear alcanos (Capítulo 7). Usando termos da construção civil, suponho que você tenha as fundações da casa da química orgânica. Agora que as fundações estão prontas, vamos à diversão – as reações químicas – que erguem as paredes da casa da química orgânica.

Reações químicas específicas são o que há de fundamental na maioria dos cursos de química orgânica. E, conforme o número de reações vistas começa a formar uma pilha como as de meias sujas pelo chão dos dormitórios estudantis, torna-se essencial organizar as muitas reações da forma mais sucinta e conveniente possível. Com o grupo funcional dos alcenos, numerosas reações ficam disponíveis tanto para formar alcenos quanto para convertê-los em outros grupos funcionais.

Neste capítulo, apresento o grupo funcional dos alcenos. Mostro como acrescentar a nomenclatura dos alcenos ao seu repertório e discuto as muitas reações que tanto criam quanto transformam os alcenos em novos tipos de compostos. Ao longo do caminho, dou conselhos práticos sobre como é possível aprender melhor as multidões de reações que serão vistas ao longo deste capítulo e em seu curso de orgânica.

Definição dos Alcenos

Alcenos são compostos que contêm ligações duplas carbono-carbono. Como os alcenos são frequentemente encontrados em compostos valiosos (como produtos farmacêuticos), eles são um dos grupos funcionais mais importantes na química orgânica. Alcenos também são muito versáteis, já que são fáceis de criar e converter em outras moléculas, como mostra a Figura 8-1. Portanto, os alcenos se fazem úteis como pontos no caminho para a síntese de outras moléculas.

Dominando reações orgânicas

Muitos estudantes descobrem que fazer cartões de anotações sobre reações (como o exibido na figura que segue) é uma forma útil de aprender as reações (essa prática é altamente recomendada). Outros descobrem que esquematizadores de reações organizando as conversões dos grupos funcionais de forma visual (como o da Figura 8-1) são bastante úteis para aprender as reações.

Não importa a forma escolhida para aprender as reações, você deve trabalhar com muitos problemas que testem sua habilidade para lembrar das reações e aplicá-las a novas situações. Como a maior parte da química orgânica envolve reações de moléculas orgânicas, é preciso tornar-se um "especialista" em química orgânica sintética. E, para tornar-se um especialista em qualquer coisa, é preciso praticar. Para tornar-se um especialista em tocar piano, é preciso praticar o piano; para tornar-se um especialista em pintura, é preciso praticar a pintura; e, para tornar-se um assobiador perito, é preciso praticar o assobio. Da mesma maneira, para tornar-se um especialista em reações orgânicas, é preciso praticar, praticar, praticar.

No sentido prático, deve-se trabalhar com muitos problemas que testam tanto sua habilidade para se lembrar das reações (inclusive quais reagentes usar) quanto sua habilidade para aplicar o que se conhece a novas circunstâncias. A princípio, você lidará apenas com reações de um só passo – quais reagentes convertem o Composto A em Composto B, por exemplo. Mas, eventualmente, será preciso ter a capacidade de trabalhar com problemas de síntese em várias etapas, ou seja, sínteses que envolvem mais de um passo, as quais discuto em maiores detalhes, no Apêndice A.

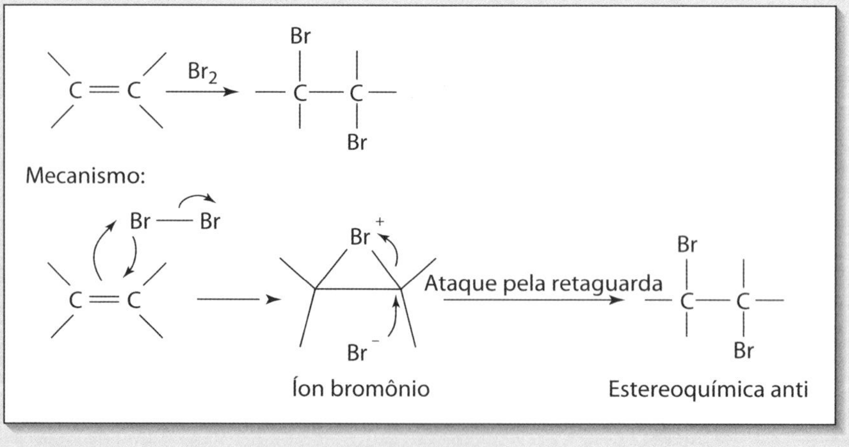

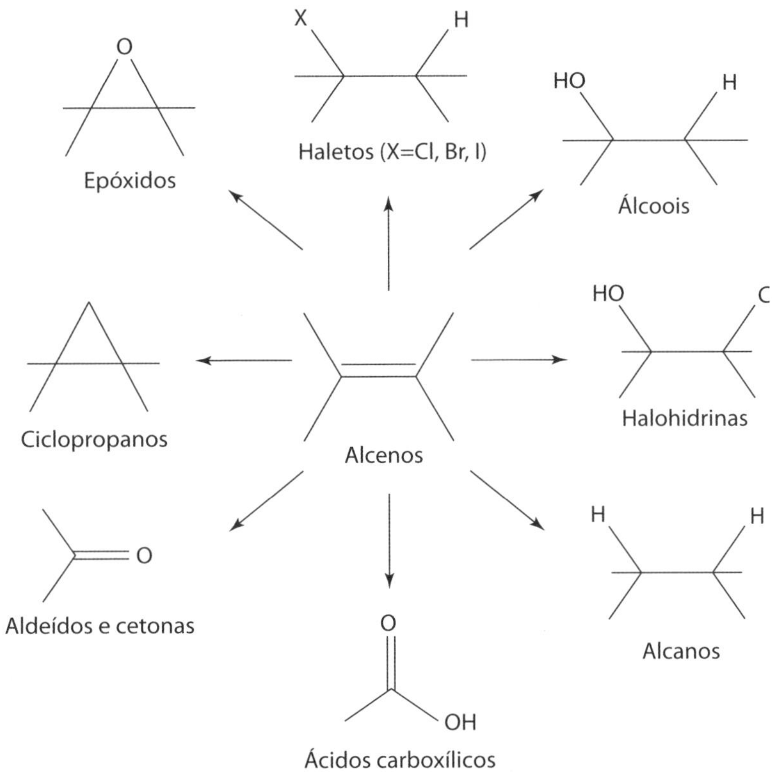

Figura 8-1: Alguns dos compostos que podem ser feitos a partir dos alcenos.

O que quero dizer *com pontos*? Pense em viagens áreas como uma analogia. Você talvez não consiga pegar um voo direto da Flórida até Tombuctu, mas pode conseguir um voo de conexão da Flórida até a Geórgia e, na Geórgia, você pode pegar um voo até Tombuctu. De forma semelhante, talvez você não consiga converter um grupo funcional diretamente no grupo funcional que você queira, mas talvez consiga converter o grupo funcional em um grupo funcional "via expressa" (como um alceno), que, então, poderá ser convertido no produto desejado. Então, mesmo que um produto desejado não contenha ligações duplas carbono-carbono, os alcenos ainda podem ter seu papel na síntese desta molécula.

Retirada de Hidrogênios: Graus de Insaturação

Os alcanos são conhecidos como hidrocarbonetos saturados porque essas moléculas são saturadas com hidrogênios, mantendo o número máximo de hidrogênios enquanto obedecem a todas as regras de valência (não tendo mais que quatro ligações para átomos da segunda coluna). Como a adição de uma ligação dupla carbono-carbono em uma molécula requer a perda de dois hidrogênios, diz-se que os alcenos adicionam um grau de insaturação em uma molécula (às vezes chamado de um equivalente de *dupla ligação* ou índice de *deficiência de hidrogênio*). Então, enquanto os alcanos têm a fórmula geral C_nH_{2n+2}, em que n é o número de átomos de carbono na molécula, os alcenos têm a fórmula geral C_nH_{2n} e contêm dois hidrogênios a menos que um alcano com o mesmo número de carbonos.

Determinação dos graus de insaturação a partir de uma estrutura

É útil saber o número de graus de insaturação em uma molécula porque tal número indica quantas ligações duplas estão presentes em um composto desconhecido (esse bocado de informações é bastante útil quando se quer determinar a estrutura de um composto desconhecido. Veja na Parte IV como aplicar essa informação a problemas de espectroscopia e espectrometria).

Os graus de insaturação em uma molécula são aditivos – uma molécula com uma ligação dupla tem um grau de insaturação, uma molécula com duas ligações duplas tem dois graus de insaturação, e daí por diante. Assim como a formação de uma ligação dupla causa a perda de dois hidrogênios, a formação de um anel também resulta na perda de dois hidrogênios, então todos os anéis da molécula também acrescentam um grau adicional de insaturação. Para cada ligação tripla, são acrescidos dois graus de insaturação a uma molécula, porque a molécula deve perder quatro hidrogênios para formar uma ligação tripla. Alguns exemplos de moléculas de três carbonos com diferentes números de graus de insaturação são exibidos na Figura 8-2.

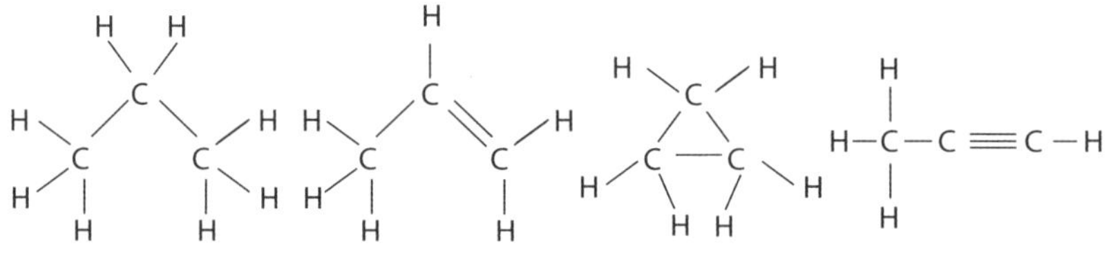

C_3H_8
Hidrogênio saturado

C_3H_6
1 grau de insaturação

C_3H_6
1 grau de insaturação

C_3H_4
2 graus de insaturação

Figura 8-2: Os graus de insaturação para moléculas de três carbonos.

Para determinar o número de graus de insaturação para qualquer estrutura arbitrária, somam-se todos os elementos individuais de insaturação na molécula.

A Figura 8-3 mostra uma molécula que consiste de um anel, uma ligação dupla e uma ligação tripla. Essa molécula, portanto, tem quatro graus de insaturação, porque a ligação dupla e o anel acrescentam, cada um, um grau de insaturação, e a ligação tripla acrescenta dois graus, totalizando quatro.

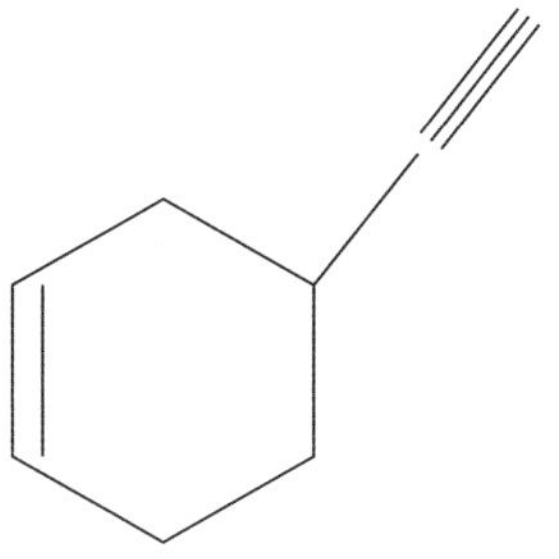

Figura 8-3: Uma molécula com quatro graus de insaturação.

Solução de problemas: Determinação dos graus de insaturação de uma fórmula molecular

Mais importante do que determinar o número de graus de insaturação de uma estrutura molecular é saber determinar o número de graus de insaturação de uma fórmula molecular. O número de graus de insaturação pode ser determinado pela fórmula molecular usando a seguinte equação.

$$\text{graus de insaturação} = \frac{[(\text{número de carbonos} \times 2) + 2] - \text{número de hidrogênios}}{2}$$

Com essa equação, o número de graus de insaturação pode ser determinado para qualquer hidrocarboneto cuja fórmula molecular seja conhecida (para compostos cuja estrutura e fórmula não sejam conhecidas, os químicos usam uma técnica instrumental chamada de espectrometria de massas para determinar a fórmula molecular do composto. Veja, no Capítulo 14, mais informações sobre espectrometria de massas). Mas o que dizer sobre moléculas que contêm átomos diferentes do hidrogênio e do carbono? Nesses casos, é preciso converter essas fórmulas moleculares multiatômicas em fórmulas equivalentes que contenham apenas carbono e hidrogênio, para que possam ser inseridas na equação acima. Para fazer isso, usamos os seguintes fatores de conversão.

- **Halogênios (F, Cl, Br, I):** acrescente um hidrogênio à fórmula molecular para cada halogênio presente
- **Nitrogênio:** subtraia um hidrogênio para cada nitrogênio presente
- **Oxigênio ou enxofre:** ignore

Por exemplo, para determinar o número de graus de insaturação na fórmula $C_8H_6F_3NO_2$, primeiro fazemos as substituições adequadas de todos os átomos que não são hidrogênio nem carbono. O flúor é um halogênio, então acrescentamos três átomos de hidrogênio à fórmula molecular (uma para cada F). A molécula contém um nitrogênio, então subtraímos um hidrogênio da fórmula molecular. Os dois oxigênios da molécula são ignorados. Isso resulta na equação reduzida $C_8H_{6+3-1}=C_8H_8$. Em outras palavras, tanto a fórmula $C_8H_6F_3NO_2$ quanto a fórmula C_8H_8 têm números idênticos de graus de insaturação. A colocação dessa fórmula reduzida na equação acima resulta em cinco graus de insaturação para a fórmula molecular $C_8H_6F_3NO_2$.

Nomenclatura dos Alcenos

Se você souber nomear os alcanos (veja o Capítulo 7), acrescentar a nomenclatura dos alcenos ao seu repertório será uma tarefa bastante simples. Enquanto os nomes dos alcanos terminam com o sufixo *–ano*, os alcenos terminam com o sufixo *–eno*. Um alceno de dois carbonos, portanto, recebe o nome de eteno, um alceno de três carbonos é chamado de propeno e um alceno em um anel de cinco membros é chamado de ciclopenteno. Veja a Figura 8-4.

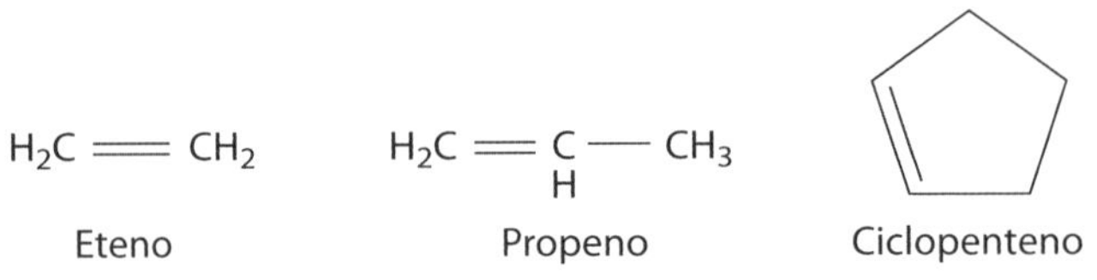

Figura 8-4: As estruturas de alguns alcenos.

Numeração da cadeia principal

Para moléculas nas quais a ligação dupla pode ser colocada em mais de uma posição, devemos colocar um número em frente ao nome principal indicando a posição da ligação dupla. Por exemplo, são possíveis duas posições do alceno no penteno (veja a Figura 8-5), então um número deve ser colocado diante do nome mostrando a posição da ligação dupla.

Figura 8-5: As duas posições possíveis.

A cadeia principal é numerada de forma que o alceno receba o número mais baixo possível. Por exemplo, o penteno não seria nomeado como 3-penteno porque essa estrutura seria idêntica à do 2-penteno. A Figura 8-6 mostra a numeração correta e a incorreta em uma cadeia de sete carbonos com um substituinte metila. Note que dar o número menor à ligação dupla tem precedência sobre a atribuição do número menor ao substituinte.

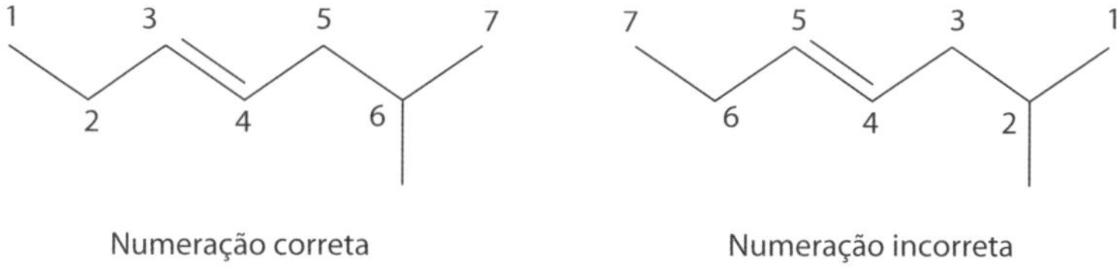

Figura 8-6: Numerações correta e incorreta de um alceno de cadeia longa.

Além disso, o alceno *deve* ser incluído na cadeia principal, mesmo que uma cadeia maior de átomos de carbono que não o contenha possa ser descoberta. A Figura 8-7 mostra como isso funciona.

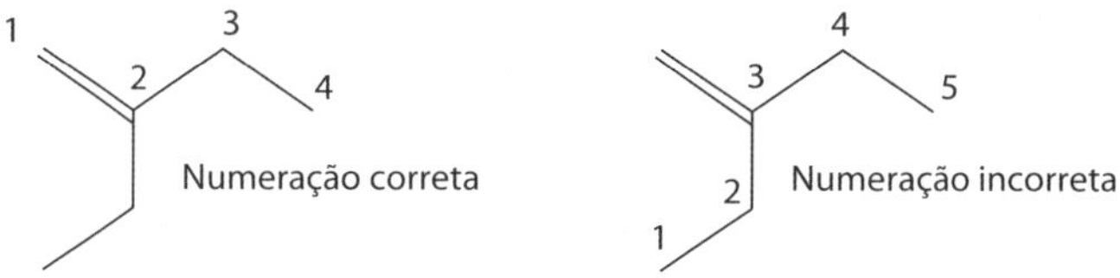

Figura 8-7: Numerações correta e incorreta de um alceno.

Para numerar um alceno em um anel, numere em torno do anel de forma que a ligação dupla tenha o número mais baixo possível, como exibido na Figura 8-8.

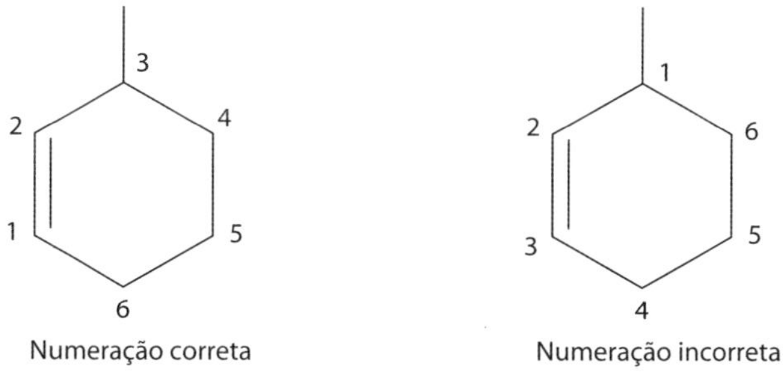

Figura 8-8: Numerações correta e incorreta de um anel de alceno.

Acréscimo de múltiplas ligações duplas

A nomeação dos alcenos com mais de uma ligação dupla requer o uso de um prefixo (como *di, tri, tetra* e daí em diante), indicando o número de ligações duplas na molécula. Além disso, a posição de todas as ligações duplas é indicada com números no início do nome. Um exemplo de como isso é feito é exibido na Figura 8-9.

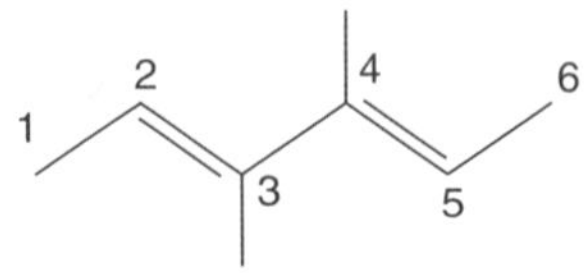

3,4-dimetil-hex-2,4-dieno

Figura 8-9: Numeração e nomeação de um dialceno contendo dois substituintes metila.

Nomes comuns dos alcenos

Embora os alcenos possam ser nomeados de forma sistemática usando a *nomenclatura IUPAC* (a nomenclatura IUPAC é o sistema oficial de nomenclatura química) como esboçado acima, alguns alcenos têm nomes comuns que vêm do passado. Esses nomes mais antigos (alguns dos quais são exibidos na Figura 8-10) ainda costumam ser vistos na literatura e precisam ser memorizados. Para alguns alcenos menores, usa-se o sufixo *–ileno* em vez de, simplesmente, *–eno*. O eteno, por exemplo, costuma ser chamado de etileno, e o propeno é chamado de propileno. O estireno – composto usado para fazer o plástico poliestireno – é o nome comum de uma molécula que consiste de uma ligação dupla que desponta de um anel de benzeno (veja uma discussão sobre o benzeno e outros compostos cíclicos, no Capítulo 13).

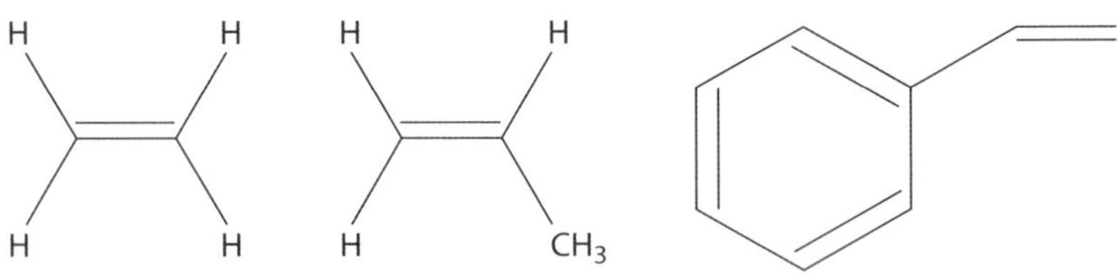

Etileno Propileno Estireno

Figura 8-10: Nomes comuns de alguns alcenos.

Estereoquímica dos alcenos

Ao contrário das ligações simples carbono-carbono, que são livres para girar (veja o Capítulo 7), as ligações duplas são fixas e rígidas. Em outras palavras, a rotação em torno das ligações duplas carbono-carbono não é possível em temperaturas razoáveis. Portanto, as moléculas que contêm ligações duplas podem ter estereoisômeros, assim como os sistemas de anéis.

LEMBRE-SE

As moléculas que têm a mesma conectividade dos átomos, mas com orientações diferentes desses átomos no espaço, são chamadas de estereoisômeros (veja o Capítulo 7).

Mesmo lado ou lados opostos? Estereoquímica cis e trans

Considere o caso do 2-penteno, exibido na Figura 8-11. Nesse alceno, são possíveis dois estereoisômeros. Um estereoisômero, chamado de estereoisômero cis, tem os dois hidrogênios da ligação dupla em um mesmo lado, enquanto o outro estereoisômero, chamado de estereoisômero trans, tem os dois hidrogênios em lados opostos da ligação dupla. Em geral, quando dois grupos idênticos estão do mesmo lado da ligação dupla, diz-se que a molécula possui estereoquímica *cis*; quando dois grupos idênticos estão em lados opostos da ligação dupla, diz-se que a molécula possui estereoquímica trans.

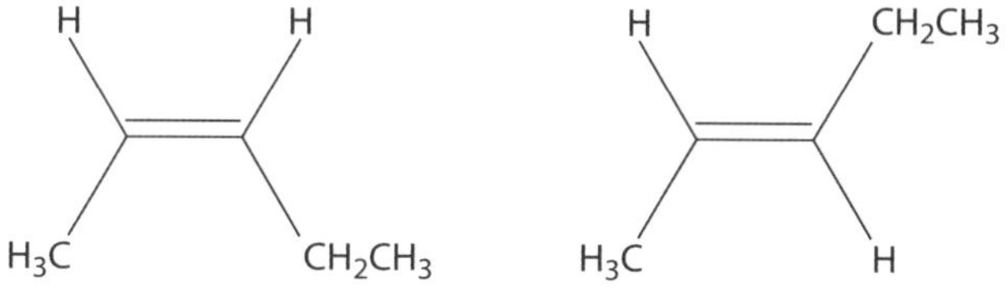

cis-2-penteno trans-2-penteno

Figura 8-11: Cis- e trans-2--penteno.

LEMBRE-SE

A estereoquímica cis-trans só é possível em anéis e em ligações duplas. Não podemos ter isômeros cis-trans em ligações simples devido à rápida rotação livre dessas ligações em temperatura ambiente (dê uma olhada na seção sobre projeções de Newman e conformações, no Capítulo 7).

Um jogo de extremos: Estereoquímica E/Z

E se uma ligação dupla tiver quatro grupos não idênticos? Em tal caso, a nomenclatura cis-trans não se aplica porque ela só pode ser usada quando dois grupos *idênticos* forem anexados a uma ligação dupla ou anel (em muitos casos, esses grupos idênticos são, simplesmente, hidrogênios). Quando quatro grupos não idênticos são anexados a uma ligação dupla, deve-se usar o sistema E/Z de nomenclatura (em vez da nomenclatura cis-trans) para atribuir a estereoquímica da ligação dupla (e vem da palavra alemã *entgegen*, que significa "opostos", enquanto Z vem da palavra alemã *zusammen*, que significa "juntos").

Para usar o sistema de nomenclatura E/Z, é preciso fazer um jogo de extremos. Primeiro, deve-se decidir qual substituinte recebe prioridade mais alta e qual recebe prioridade mais baixa usando o esquema de priorização Cahn-Ingold-Prelog nos dois lados do alceno. A Figura 8-12 ajuda a visualizar esse processo.

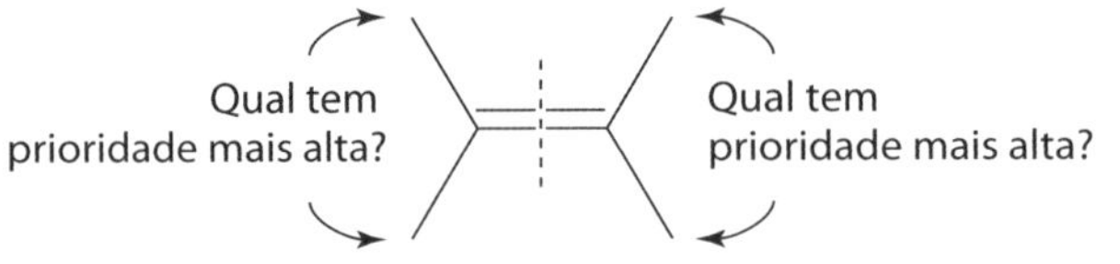

Figura 8-12: Atribuição de estereoquímica E/Z.

Se os dois substituintes de alta prioridade estiverem do mesmo lado da ligação dupla, o alceno receberá nomenclatura Z; se a alta prioridade estiver em lados opostos da ligação dupla, o alceno receberá nomenclatura E. Veja uma ilustração dessas regras de nomenclatura, na Figura 8-13.

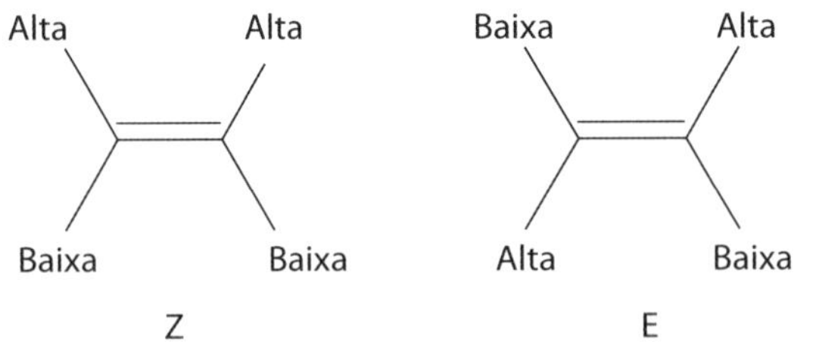

Figura 8-13: Jogando com os extremos.

Priorizamos os substituintes de ligação dupla usando o esquema de priorização Cahn-Ingold-Prelog da seguinte forma:

- **Substituintes individuais:** o substituinte cujo primeiro átomo tenha maior número atômico recebe maior prioridade. Por exemplo, o iodo teria prioridade mais alta que o bromo, que seria mais alto que o flúor.

- **Empates:** em caso de empate (os dois primeiros átomos são carbono, por exemplo), siga para o próximo átomo e decida qual tem maior número atômico. Se você tiver outro empate, continue seguindo até que o empate se desfaça (veja um exemplo na Figura 8-14).

- **Ligações múltiplas:** tratamos ligações múltiplas de modo estranho usando o esquema de priorização Cahn-Ingold-Prelog. Usando esse esquema de priorização, tratamos ligações múltiplas como se elas fossem múltiplas ligações simples. Um carbono em ligação dupla com o oxigênio, por exemplo, seria tratado como se o carbono tivesse duas ligações simples carbono-oxigênio (e como se cada oxigênio estivesse ligado de volta ao carbono). Qual tem maior prioridade, o carbono em ligação dupla com o oxigênio ou o carbono em ligação tripla com o nitrogênio, como exibido na Figura 8-15? O carbono em ligação dupla com o oxigênio tem maior prioridade porque o oxigênio tem número atômico maior que o nitrogênio (o fato de uma molécula ter três ligações C-N e a outra ter apenas duas ligações C-O é irrelevante; o número de ligações só importa quando comparamos ligações idênticas, então C=NH teria prioridade mais alta que C-NH2.)

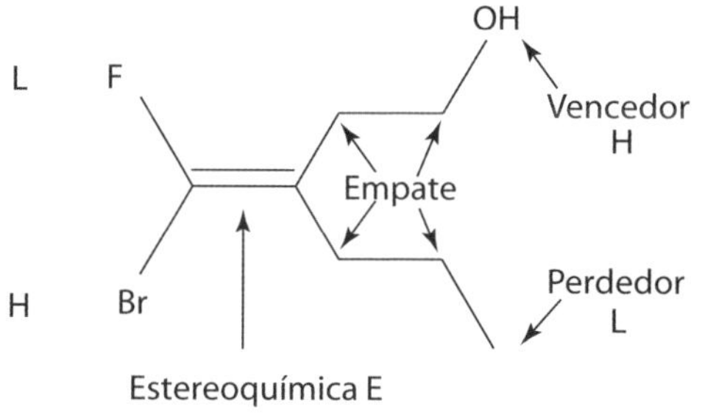

Figura 8-14: Determinação das prioridades de substituintes de ligação dupla em casos de empate.

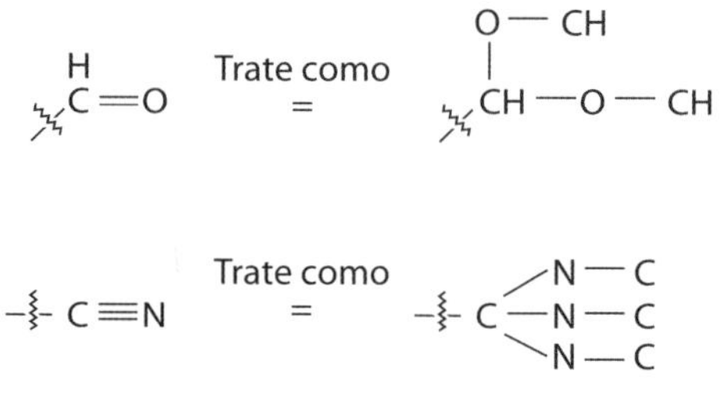

Figura 8-15: Tratamento de ligações múltiplas usando o esquema de priorização Cahn-Ingold-Prelog.

Estabilidades dos Alcenos

As reações que produzem alcenos costumam formar certos isômeros de alceno em vez de outros. Em muitos casos, a preferência de formação de um dos isômeros ocorre devido à estabilidade do isômero preferido. Entender quais características estruturais levam a essa estabilidade maior dos alcenos ajuda a justificar quais são os determinados alcenos que serão formados em reações particulares.

Substituição de alceno

Talvez, o maior fator que afeta a estabilidade dos alcenos seja o número de substituintes diferentes do hidrogênio que saem da ligação dupla carbono-carbono. Em geral, quanto mais substituintes diferentes do hidrogênio saírem de uma ligação dupla, mais estável será o alceno, como exibido na Figura 8-16.

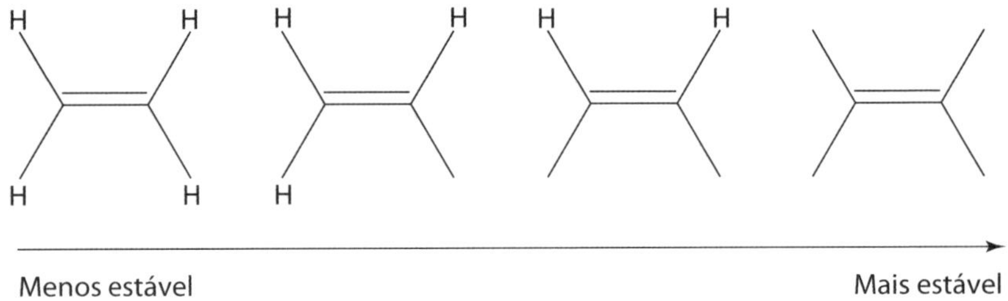

Figura 8-16: Estabilidades relativas de alcenos substituídos.

Estabilidade dos isômeros cis e trans

O isomerismo cis-trans também afeta a estabilidade dos alcenos. Geralmente, os isômeros trans dos alcenos são mais estáveis que os isômeros cis. Essa preferência dos alcenos pelos isômeros trans acontece porque os átomos (assim como as pessoas) querem uma certa quantidade de espaço pessoal, e estes não gostam de ter seu espaço pessoal invadido. Tecnicamente, esse desejo por espaço adequado resulta em átomos que se repelem por causa da repulsão elétron-elétron de suas nuvens de elétron.

Os alcenos na configuração trans têm substituintes que estão em lados opostos da ligação dupla, e os substituintes volumosos, assim, ficam mais distantes uns dos outros; os alcenos na configuração cis, por outro lado, têm substituintes que estão do mesmo lado da ligação dupla, e os substituintes estão próximos uns dos outros, invadindo espaço mutuamente. A repulsão elétron-elétron que resulta dos átomos sendo forçados para o espaço pessoal de outros átomos é chamada de *repulsão estérica*, como exibido na Figura 8-17. Portanto, os alcenos preferem ficar na configuração trans.

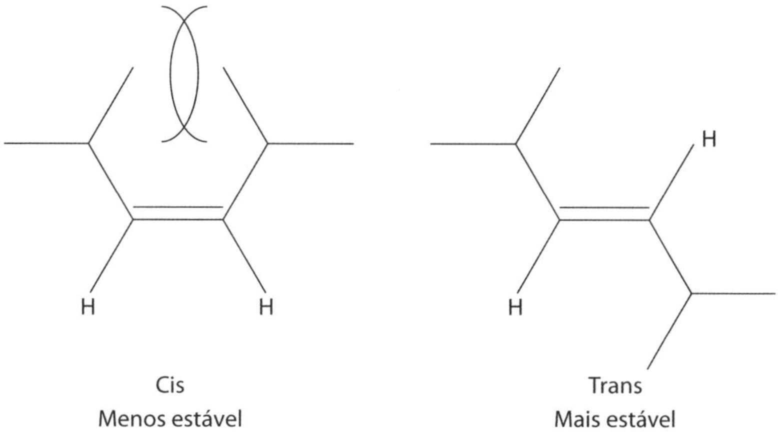

Figura 8-17: A repulsão estérica dos alcenos cis e as estabilidades relativas dos alcenos cis e trans.

DICA

Dizer que uma molécula é mais estável que outra, geralmente é a mesma coisa que dizer que uma tem energia mais baixa que a outra. Em outras palavras, moléculas estáveis geralmente têm menor energia que moléculas instáveis.

Formação dos Alcenos

Os três principais modos de formar alcenos é pela desidrohalogenação, desidratação e pela reação de Wittig.

Eliminação de ácido: Desidrohalogenação

Um dos métodos mais comuns de fazer alcenos é a partir dos haloalcanos. Os halogênios costumam ser abreviados como X, que indica qualquer um dos halogênios cloro (Cl), bromo (Br) ou iodo (I). Quando uma base forte (abreviada $B:^-$) é adicionada a um haleto de alquila, um equivalente do ácido halogenídrico (HX) é eliminado da molécula para formar o alceno. Esse processo é chamado de desidrohalogenação e é exibido na Figura 8-18. O próton que é eliminado é um próton adjacente ao haleto, não um próton do mesmo carbono do haleto. Os dois mecanismos possíveis para essa eliminação são discutidos em detalhes, no Capítulo 10.

Figura 8-18: A desidrohalogenação de um haloalcano.

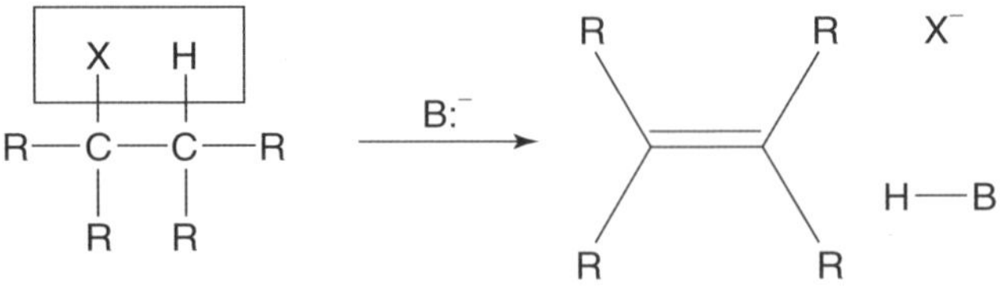

Perda de água: Desidratação de álcoois

Semelhante ao processo de desidrohalogenação dos haloalcanos é o processo de desidratação, ou a perda de água para formar alcenos. Na presença de um ácido forte e do calor (abreviado como Δ), os álcoois perdem água para fazer alcenos, como exibido na Figura 8-19. Essas reações de desidratação normalmente seguem o mecanismo E1 discutido no Capítulo 10.

Figura 8-19: A desidratação de um álcool.

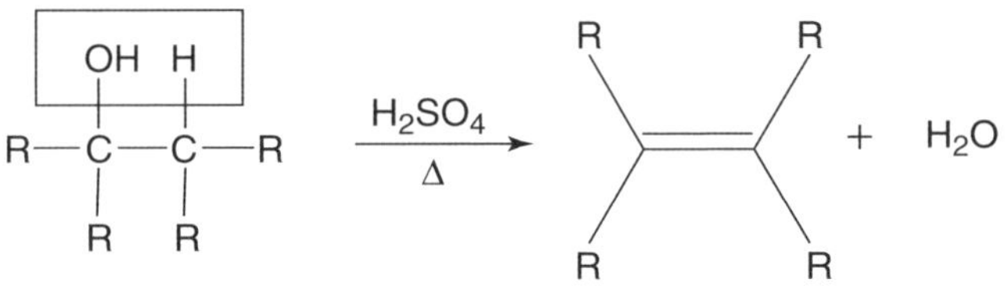

Alcenos de acoplamento: A reação de Wittig

Uma reação muito útil para formar alcenos é a reação de Wittig (pronuncia-se "*Vittig*"), uma reação graças à qual Georg Wittig, químico que a descobriu, recebeu o Prêmio Nobel de Química.

PAPO DE ESPECIALISTA

Se você quiser ganhar um Prêmio Nobel de Química, uma boa maneira de começar é descobrindo uma reação geral que crie ligações carbono-carbono, porque tais reações são extremamente valiosas. Dentre os químicos que ganharam o Prêmio Nobel fazendo apenas isso estão Otto Diels, Kurt Alder, Georg Wittig e Victor Grignard.

Na reação de Wittig, um aldeído ou uma cetona reage com um fosforano (fósforo em ligação dupla com o carbono, $Ph_3P{=}CR_2$) para fazer um alceno, como exibido na Figura 8-20 (lembre-se que Ph significa anel fenil, C_6H_5.) De um ponto de vista conceitual, podemos imaginar a retirada do oxigênio carbonílico e da porção de trifenilfosfeto (PPh_3) do fosforano e, em seguida, o esmagamento das duas partes juntas para formar o alceno.

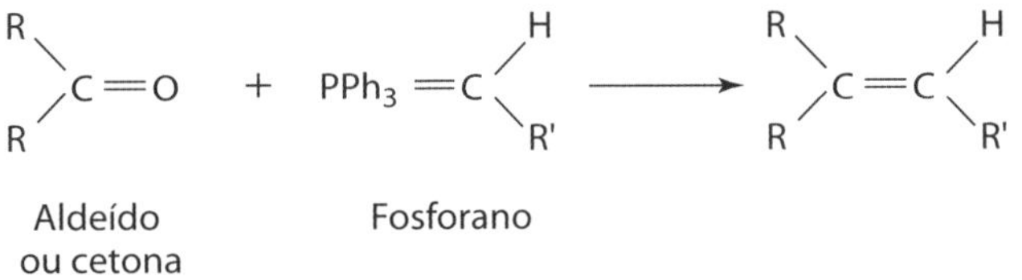

Figura 8-20: A reação de Wittig.

Fazer um fosforano requer dois passos. Primeiro, o trifenilfosfeto (Ph_3P) reage com um haloalcano primário fazendo um íon fosfônio, como exibido na Figura 8-21. Então, uma base forte ($B:^-$) é acrescida para desprotonar o carbono adjacente ao fósforo, criando o fosforano; esse fosforano tem duas estruturas de ressonância principais.

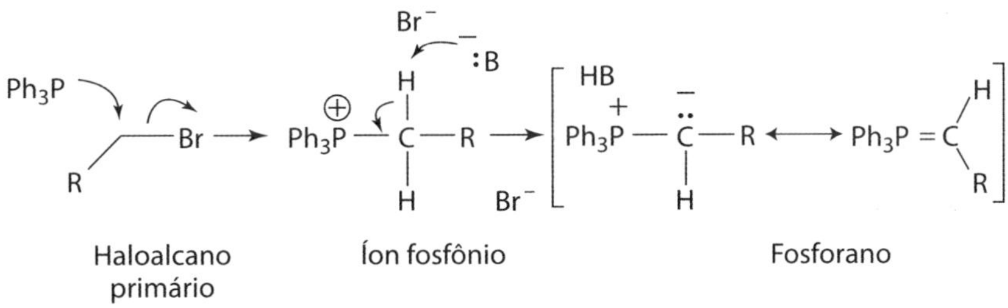

Figura 8-21: Criação de um fosforano.

O mecanismo da adição do fosforano ao composto carbonílico (geralmente um aldeído ou uma cetona) ainda é disputado, mas os químicos acham que o ataque do fosforano ao composto carbonílico gera uma espécie carregada chamada de *betaína*, como exibido na Figura 8-22. O *oxiânion* (oxigênio de carga negativa) da betaína então ataca o fósforo de carga positiva para gerar uma espécie neutra de quatro membros chamada de *oxafosfetano*. O oxafosfetano quebra para gerar um óxido trifenilfosfina muito estável e o alceno (ufa!)

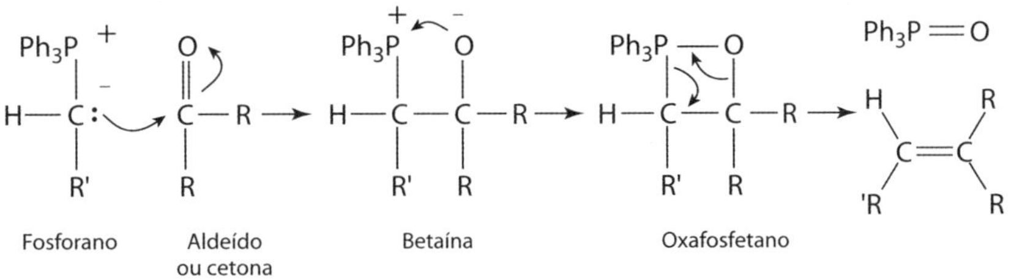

Figura 8-22: O mecanismo da reação de Wittig.

Reações dos Alcenos

Um dos aspectos mais úteis dos alcenos é que eles podem ser transformados em uma variedade de compostos diferentes.

Adição de hidrácidos através de ligações duplas

A adição de um halogenídrico (geralmente HCl ou HBr) a uma ligação dupla converte o alceno em um haloalcano. Essa reação, exibida na Figura 8-23, é a reação reversa da reação de eliminação que cria as ligações duplas.

Figura 8-23: Adição Markovnikov aos alcenos.

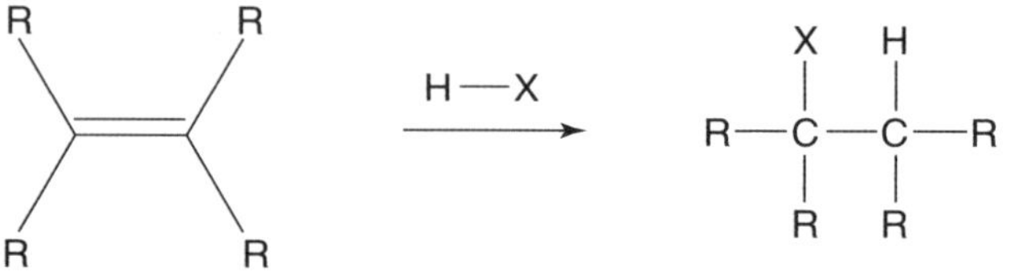

O mecanismo da reação é exibido na Figura 8-24. O primeiro passo da reação é a protonação da ligação dupla pelo ácido. Isso leva a um *carbocátion* intermediário de vida curta (os cátions nos átomos de carbono são chamados de carbocátions). O carbocátion então é atacado pelo ânion de haleto livre para gerar o haloalcano.

Uma ligação dupla, porém, pode ser protonada para gerar dois cátions diferentes, como exibido na Figura 8-24. Mas qual carbono da ligação dupla receberá o próton? (ou, de outro modo, qual lado da ligação dupla se tornará positivamente carregada?)

O químico russo Vladimir Markovnikov observou que os alcenos são protonados no carbono menos substituído da ligação dupla, gerando o carbocátion no átomo de carbono mais altamente substituído. Em outras palavras, carbocátions terciários (carbocátions substituídos por três grupos alquil e abreviados como 3÷) têm preferência sobre os *carbocátions secundários* (cátions substituídos por dois grupos alquil e abreviados como 2÷). Os carbocátions secundários, por sua vez, têm preferência sobre os *carbocátions primários* (1÷), aqueles cátions substituídos por apenas um grupo alquil.

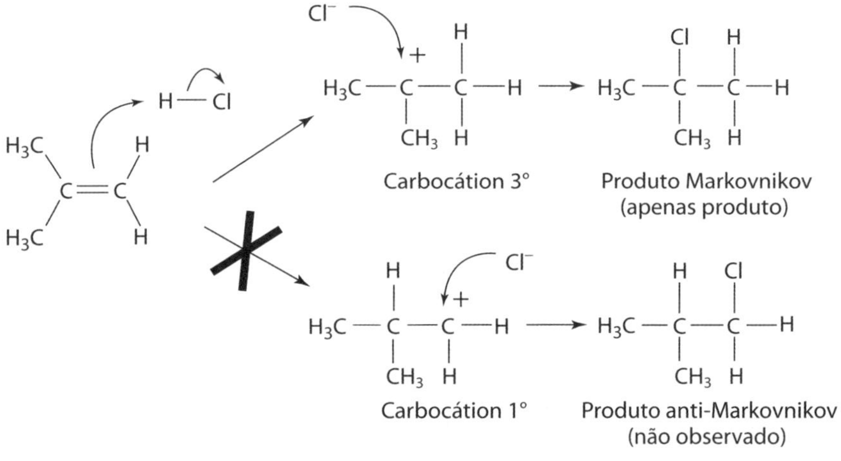

Figura 8-24: A formação do carbocátion no carbono mais altamente substituído (produto Markovnikov).

Por causa dessa preferência por carbocátions mais altamente substituídos, os haletos se *acrescentam ao carbono mais substituído por grupos alquil*. Quando o acréscimo ocorre no carbono mais substituído, como na reação exibida na Figura 8-24, o produto é chamado de *produto Markovnikov*, em honra ao descobridor desse fenômeno.

Como essa reação favorece um entre dois produtos – a adição do haleto ao lado mais substituído da ligação dupla em oposição à adição do haleto ao lado menos substituído – essa reação é conhecida como regiosseletiva. Reações *regiosseletivas* são as que preferem um isômero constitucional em uma reação em detrimento de outro (lembre-se que isômeros constitucionais são moléculas de mesma fórmula molecular, mas com átomos ligados de formas diferentes).

Mas o que explica essa preferência? Por que os carbocátions mais altamente substituídos são mais estáveis (e, portanto, preferíveis) do que aqueles cátions com menos substituições de alquil? Para entender essa preferência, é preciso olhar a estrutura do carbocátion.

Sou positivo: Carbocátions

Carbocátions são espécies instáveis porque deixam o carbono catiônico com dois elétrons a menos do que o necessário para preencher o octeto de valência do átomo (e você sabe como os átomos odeiam isso). Além disso, o carbono catiônico carrega uma carga positiva completa (que é outra coisa de que os átomos não gostam). O carbono carbocátion é, portanto, altamente deficiente em elétrons.

Ajudando o vizinho: Hiperconjugação

Substituintes alquila, porém, podem doar alguns elétrons ao carbocátion, estabilizando-o. Para carbocátions substituídos pelos substituintes alquila, ao invés da molécula restringir a carga positiva completa apenas ao átomo de um carbono, alguma parte da carga positiva é compartilhada pelos substituintes alquila vizinhos. Esse compartilhamento de carga é energeticamente preferível a ter toda a carga restrita a um único átomo. A Figura 8-25 mostra a estabilidade relativa dos carbocátions primário, secundário e terciário.

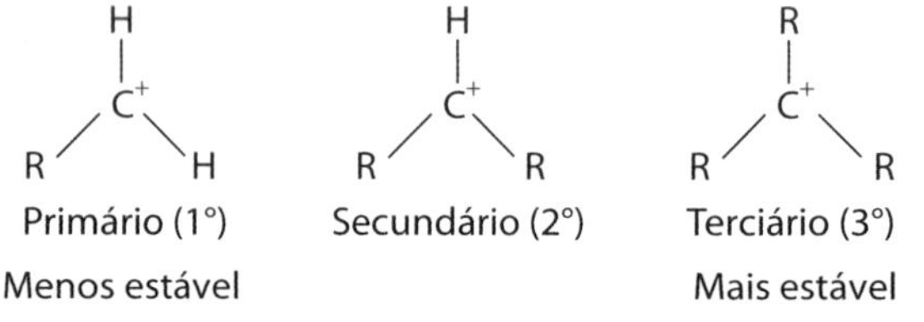

Figura 8-25: A estabilidade relativa dos carbocátions substituídos.

Os grupos alquil têm a capacidade de doar densidade eletrônica ao centro do carbocátion através da *hiperconjugação*. Hiperconjugação é fala orgânica para a sobreposição fraca que ocorre entre o orbital *p* vazio no carbocátion e a ligação σ de um alquil adjacente da ligação C-H (ou ligação C-C), como exibido na Figura 8-26 (volte ao Capítulo 2 para revisar orbitais e ligações). Quanto mais grupos alquil um centro de carbocátion tiver, maior hiperconjugação acontecerá e mais carga será compartilhada; quanto mais carga for compartilhada, mais estável será o grupo dos cátions.

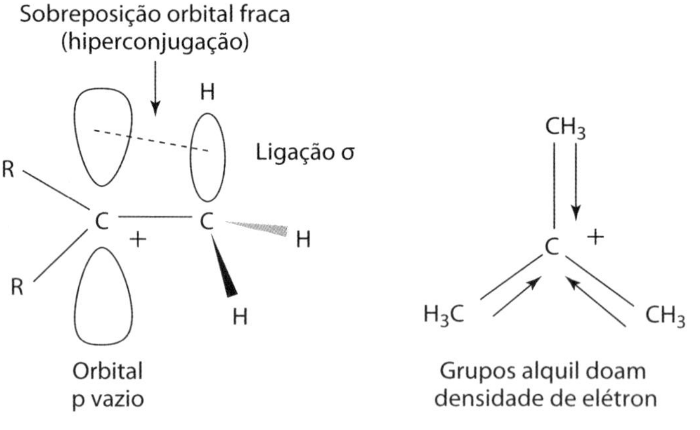

Figura 8-26: Hiperconjugação de grupos alquil vizinhos.

Estabilização por ressonância dos carbocátions

Os carbocátions também são estabilizados por ressonância (veja, no Capítulo 2, como desenhar estruturas de ressonância). Carbocátions com estruturas de ressonância são mais estáveis que carbocátions sem estruturas de ressonância, dentro das mesmas circunstâncias. Assim, cátions *benzílicos* (cátions próximos a um anel de benzeno) e cátions *alílicos* (cátions adjacentes a uma ligação dupla) são cátions estabilizados por causa do deslocamento da ressonância da carga positiva para outros átomos, como exibido na Figura 8-27.

LEMBRE-SE

As estruturas de ressonância estabilizam as moléculas.

Cátion alílico

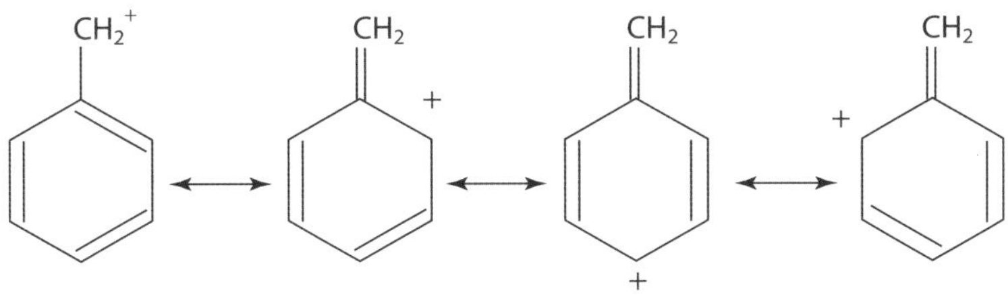

Cátion benzílico

Figura 8-27: A estabilização de ressonância dos cátions alílicos e benzílicos.

DICA

As estabilidades dos carbocátions podem ser aproximadas como segue (começando com o cátion menos estável e indo até o mais estável): cátions primários < cátions secundários ~ cátions alílicos < cátions terciários – cátions benzílicos.

Travessura de carbocátion: Rearranjos

Carbocátions, assim como crianças sem supervisão, têm a capacidade de criar uma enorme confusão. Pegue como exemplo a reação exibida na Figura 8-28. O alceno reagindo com o ácido clorídrico produz o produto esperado apenas em pequenas quantidades; o produto principal é um haloalcano rearranjado.

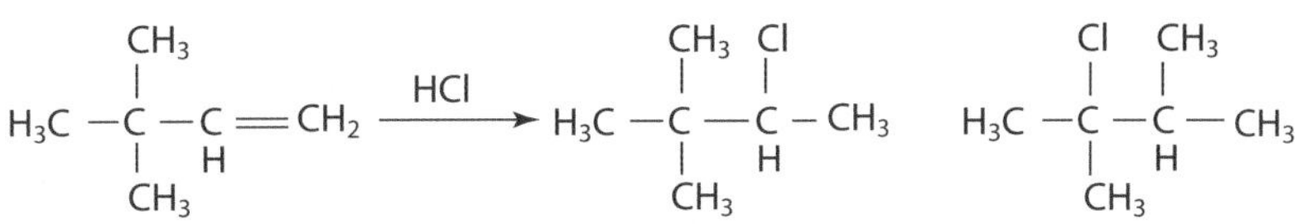

Produto secundário — Produto principal

Figura 8-28: Adição de HCl a um alceno.

Como essa reação ocorreu? Através de um rearranjo de carbocátion. Substituintes alquila ou hidrogênios podem (e irão) deslocar-se de um carbono vizinho para o centro do carbocátion sempre que isso gerar um carbocátion mais estável. Nesse exemplo, a protonação da ligação dupla como exibido na Figura 8-29 cria o carbocátion secundário (que é mais estável que o cátion primário, a alternativa nessa reação). O deslocamento de um grupo metila (junto com os dois elétrons da ligação) do carbono adjacente para o carbocátion secundário desloca o cátion para o carbono terciário mais estável. O haleto, então, ataca o cátion terciário para fazer o produto rearranjado.

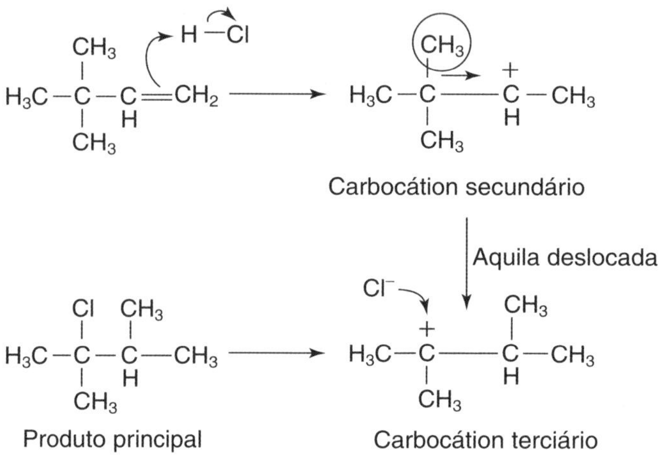

Figura 8-29: O mecanismo da transposição de carbocátion.

DICA Saber localizar quando esses rearranjos de carbocátion podem ocorrer requer prática. Quando os carbonos adjacentes ao centro do cátion forem altamente substituídos pelos grupos alquil, observe os rearranjos.

Os deslocamentos de alquila também podem alargar anéis, como exibido na reação da Figura 8-30. Anéis pequenos (de três e quatro membros) são menos estáveis que anéis de tamanho médio (aqueles que contêm de cinco a seis carbonos) por causa da tensão do anel dos ângulos de ligação constritos criados pelos anéis pequenos (lembre-se que os carbonos sp^3 preferem ter ligações em ângulos de 109,5° de distância uns dos outros).

DICA Numere todos os átomos ao trabalhar com problemas de expansão de anéis para poder manter registros de todos os átomos e manter as cargas nos átomos corretos no produto rearranjado.

LEMBRE-SE Os rearranjos de alquila ocorrem por dois motivos principais: 1) para fazer um carbocátion mais estável (por exemplo, para mudar um carbocátion secundário para um carbocátion terciário) e 2) aliviar a tensão do anel (para cátions próximos a anéis pequenos).

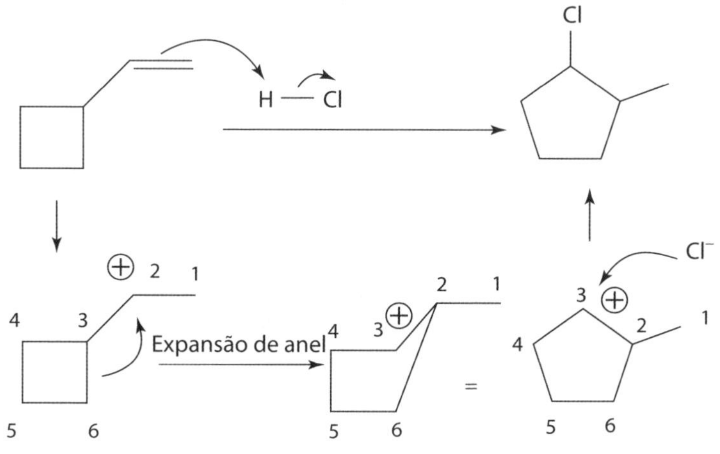

Figura 8-30: O rearranjo do carbocátion em um anel pequeno.

Adição de água através de ligações duplas

A *hidratação*, ou a adição de água através de uma ligação dupla para fazer um álcool, é uma reação semelhante à adição de um ácido halogenídrico a uma ligação dupla. Duas reações diferentes realizam a hidratação. A primeira reação acrescenta o álcool (grupo OH) ao carbono mais substituído na ligação dupla para fazer o produto Markovnikov, e a reação complementar coloca o álcool no carbono menos substituído na ligação dupla para fazer o produto anti-Markovnikov.

Adição Markovnikov: Oximercuração-desmercuração

Para fazer o produto Markovnikov onde o álcool se acrescenta ao carbono mais substituído, reage-se o alceno com acetato mercúrico ($Hg(Oac)_2$), seguido de uma adição de borohidreto de sódio ($NaBH_4$). Veja a Figura 8-31.

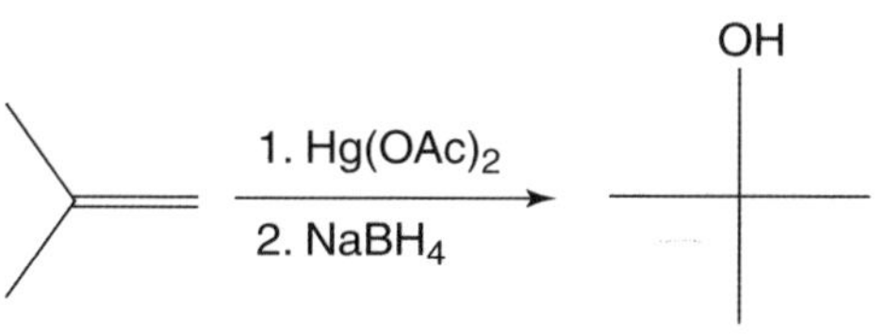

Figura 8-31: A oximercu-ração-desmercuração de um alceno.

DICA

Os números em cima (ou embaixo) da flecha de reação indicam passos separados. No caso da oximercuração-desmercuração, os números especificam que o acetato mercúrico é acrescido primeiro, seguido pelo borohidreto de sódio. Quando nenhum número está presente em cima (ou embaixo) da flecha, indica que todos os reagentes são acrescidos juntos no mesmo recipiente.

O mecanismo para a oximercuração-desmercuração envolve um ataque da ligação dupla no acetato mercúrico para fazer um anel de três membros intermediário (chamado de *íon mercurínio*), como exibido na Figura 8-32. Então, a água ataca o carbono mais altamente substituído para fazer o álcool mercurial (após a perda de um próton). No segundo passo (quando é acrescido o $NaBH_4$), o borohidreto de sódio substitui a porção de mercúrio por hidrogênio (por meio de um mecanismo que não é preciso conhecer).

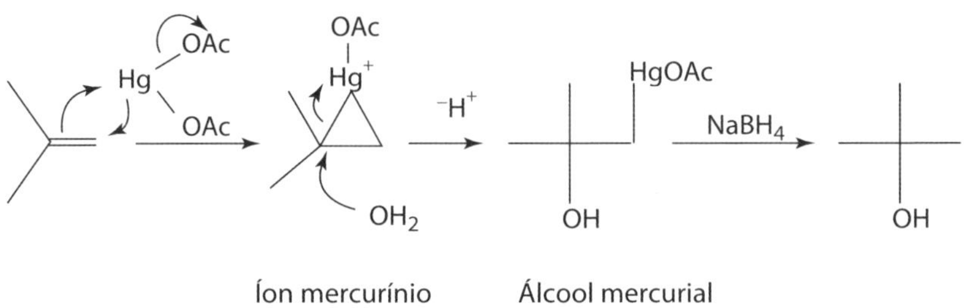

Figura 8-32: Oximercuração-desmercuração de um alceno.

Adição anti-Markovnikov: hidroboração

Com a oximercuração-desmercuração, tem-se uma reação que converte alcenos em álcoois produto Markovnikov. Para fazer o álcool no carbono menos substituído (chamado de produto anti-Markovnikov), usamos a hidroboração, como exibido na Figura 8-33. A adição do borano (BH_3) em solvente tetraidrofurano (THF) ao alceno, seguida da adição de peróxido de hidrogênio (H_2O_2) e soda cáustica (NaOH), criam o álcool anti-Markovnikov.

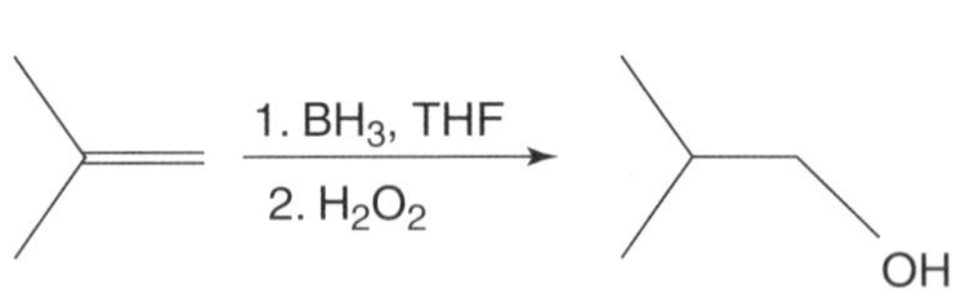

Figura 8-33: A hidroboração de um alceno.

O mecanismo de hidroboração envolve o estado de transição cíclica exibido na Figura 8-34. O borano acrescenta ao lado menos substituído da ligação dupla para formar o alquilborano. Como a adição é conjunta (tanto o hidrogênio quanto o BH_2 são acrescidos simultaneamente), o borano e o hidrogênio devem adicionar à mesma face da ligação carbono-carbono (dois grupos que se acrescentam à mesma face de uma ligação dupla chamam-se *adição sin*). No segundo passo, o peróxido de hidrogênio (H_2O_2) na presença da soda cáustica (NaOH) substitui um grupo hidroxil (OH) pela unidade de boril (BH_2) para fazer o álcool anti-Markovnikov (em um mecanismo que não precisa ser conhecido).

DICA

Lembre-se que *adição sin* é quando dois grupos se acrescentam à mesma face de uma ligação dupla e *adição anti* é quando dois grupos se acrescentam a faces opostas de uma ligação dupla. Portanto, a adição sin nos cicloalcenos resulta em dois grupos acrescidos sendo cis entre si, e a adição anti nos cicloalcenos resulta em dois grupos acrescidos que são trans entre si.

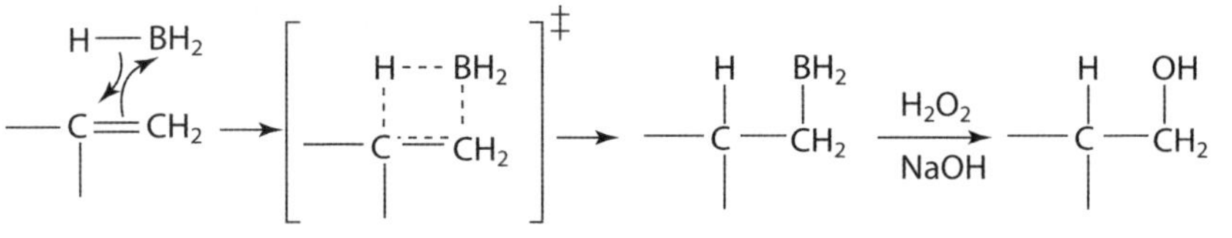

Figura 8-34: Hidroboração de um alceno.

Uma dose dupla: Diidroxilação

Embora seja possível acrescer um grupo hidroxil a uma ligação dupla usando oximercuração-desmercuração ou hidroboração, também é possível acrescer dois grupos hidroxi através de uma ligação dupla usando tetróxido de ósmio (OSO_4) na presença do peróxido de hidrogênio (H_2O_2), como exibido na Figura 8-35. Essa reação é chamada de diidroxilação.

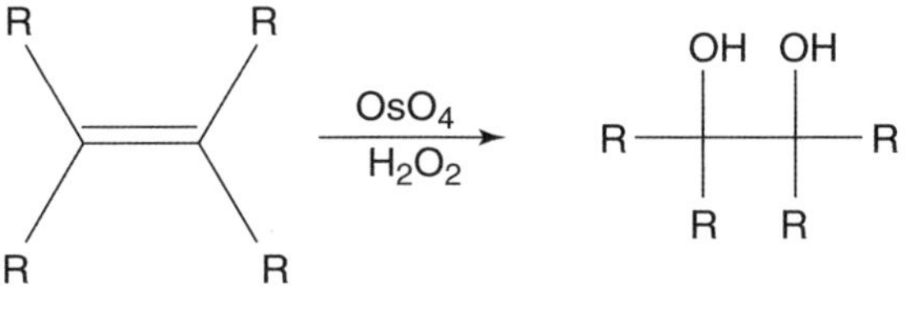

Figura 8-35: Diidroxilação de um alcano.

O mecanismo de diidroxilação envolve a reação do alceno e do tetróxido de ósmio para gerar um osmato de éster cíclico de cinco membros, como exibido na Figura 8-36. O peróxido de hidrogênio (H_2O_2) renova o catalisador do tetróxido de ósmio e cria o diol (um *diol* é uma molécula com dois grupos hidroxil [OH]) por um mecanismo que você, provavelmente, não precisa conhecer. Como ambos os oxigênios no tetróxido de ósmio são acrescidos à mesma face da ligação dupla, ambos os grupos hidroxil terminam do mesmo lado da ligação carbono-carbono (ou seja, são acrescidos por meio de adição sin).

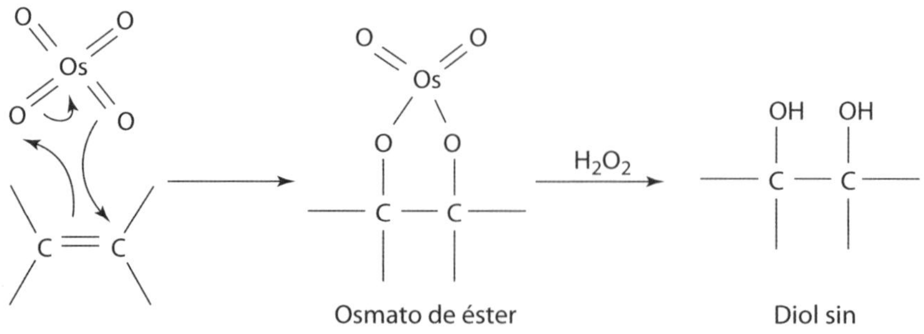

Figura 8-36: O mecanismo para a hidroxilação de um alceno.

Diversão em dose dupla: Bromação

Os alcenos reagem rapidamente com o bromo (Br_2) ou o cloro (Cl_2) no solvente de tetracloreto de carbono (CCl_4) para fazer um dihaleto, como exibido na Figura 8-37. Essa reação é, na verdade, usada como teste para ver se um composto desconhecido contém um alceno, porque o bromo cor de sangue (Br_2) torna-se branco ao reagir com alcenos.

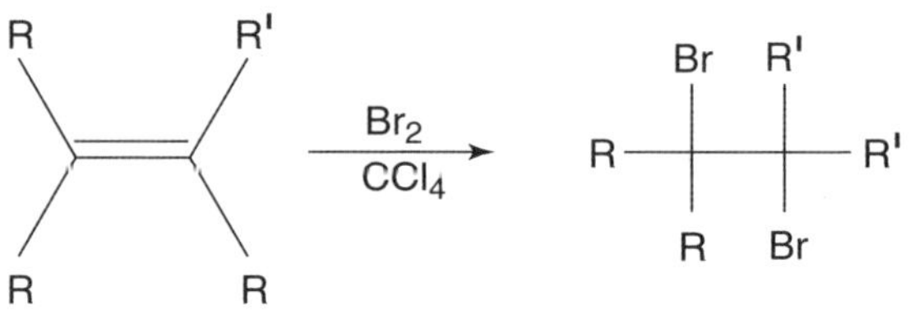

Figura 8-37: A bromação de um alceno.

O mecanismo para a bromação é, de certa forma, incomum. A reação do alceno e do bromo resulta em um intermediário cíclico de três membros chamado de íon bromônio (ou íon clorônio no caso do cloro), mais o haleto livre, como exibido na Figura 8-38. O haleto livre, então, ataca a parte de trás do íon bromônio para fazer o dibrometo com estereoquímica anti.

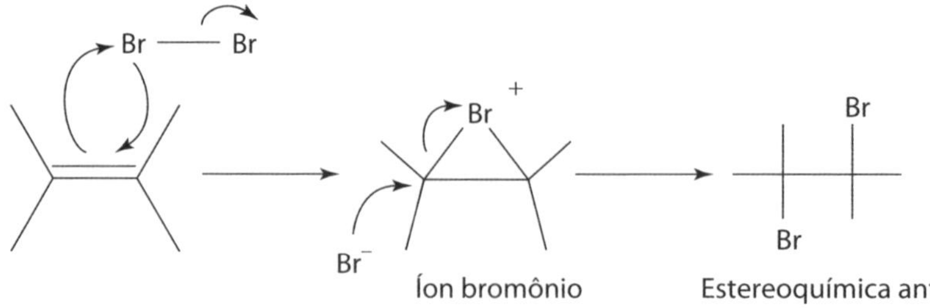

Figura 8-38: O mecanismo para a bromação de um alceno.

Picando ligações duplas: Ozonólise

Ozonólise é uma forma de cortar ligações duplas carbono-carbono em dois fragmentos usando o ozônio (O_3) como um reagente. Os fragmentos formados são aldeídos ou cetonas, dependendo da natureza dos grupos R anexados à ligação dupla (veja a Figura 8-39). Se os dois grupos R de um lado da ligação dupla forem grupos alquil, aquele lado da ligação dupla se tornará um fragmento de cetona; se apenas um grupo R for um grupo alquil e o outro R for um hidrogênio, aquele lado da ligação dupla se tornará um fragmento de aldeído.

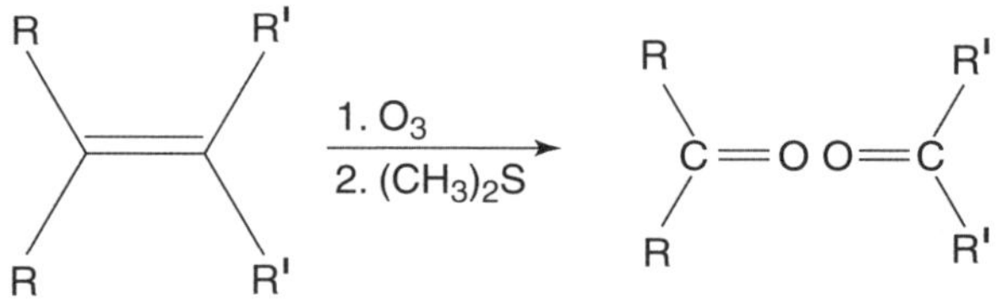

Figura 8-39: A ozonólise de um alceno.

Uma forma rápida de determinar os produtos da ozonólise é cortar visualmente a ligação dupla, como exibido na Figura 8-40, e, então, fechar os dois lados com oxigênios para fazer os compostos carbonílicos.

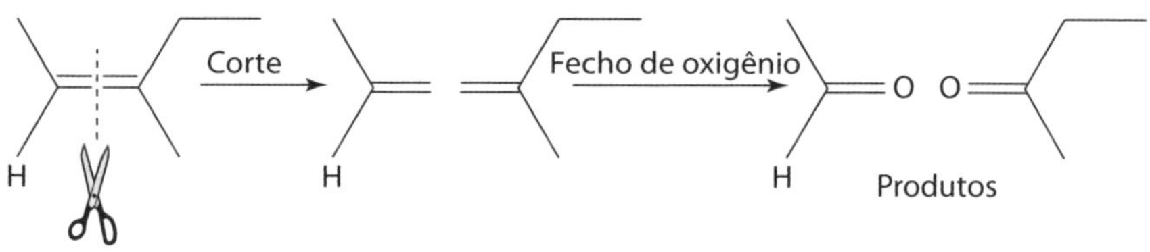

Figura 8-40: Determinação dos produtos da ozonólise.

DICA

Um problema comum em exames é um que pede que se determine a estrutura do alceno inicial dados os produtos da ozonólise. Se você se lembrar de como se determinam os produtos da ozonólise e fizer o caminho de volta a partir daquela reação (cortar os oxigênios e unir as duas partes), obterá o alceno inicial.

Corte de ligação dupla: Oxidação com permanganato

A oxidação com permanganato, exibida na Figura 8-41, realiza essencialmente a mesma reação que a ozonólise, exceto que o permanganato é um reagente oxidante de certo modo mais forte que o ozônio. Na oxidação com permanganato, todos os produtos que teriam se tornado aldeídos pelo uso da ozonólise são oxidados até ácidos carboxílicos com permanganato com potássio ($KMnO_4$); os fragmentos de cetona permanecem iguais.

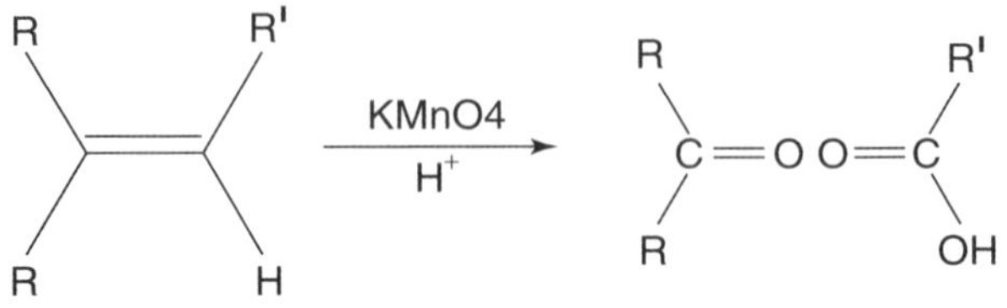

Figura 8-41: A oxidação com permanganato de um alceno.

Fazendo ciclopropanos com carbenos

Os alcenos podem ser convertidos em anéis de ciclopropano reagindo com uma espécie incomum chamada de carbeno, como exibido na Figura 8-42.

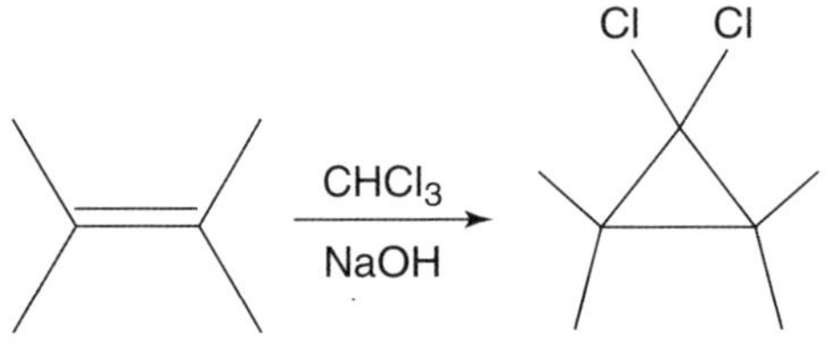

Figura 8-42: Fazendo um anel de ciclopropano a partir de um alceno.

Um carbeno é um átomo de carbono neutro com dois substituintes e um par solitário de elétrons. O diclorocarbeno (Cl_2C:) é feito pela reação do clorofórmio ($CHCl_3$) com uma base como a soda cáustica. A base desprotoniza o clorofórmio para fazer o ânion base conjugada, que elimina um íon cloreto para fazer o diclorocarbeno, como exibido na Figura 8-43.

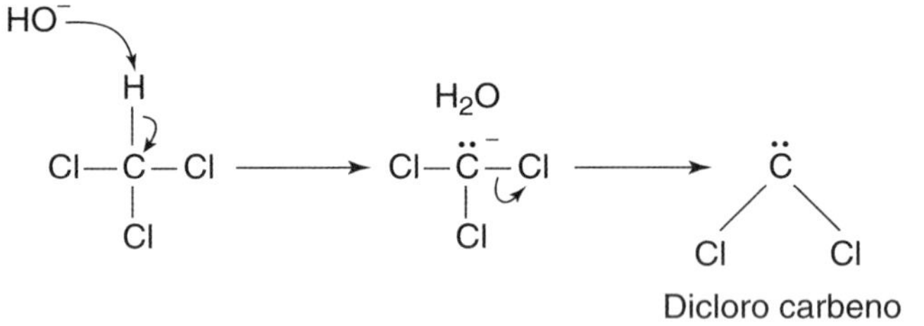

Figura 8-43: Criação do diclorometileno.

O diclorocarbeno, então, pode reagir com ligações duplas para fazer anéis de ciclopropano, pelo mecanismo exibido na Figura 8-44.

Figura 8-44: Adição de diclorocarbeno a um alceno.

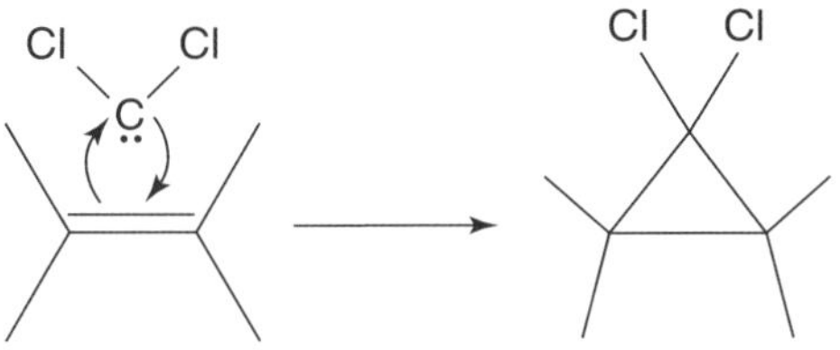

Fazendo ciclopropanos: A reação de Simmons-Smith

Uma boa maneira de fazer ciclopropanos não substituídos a partir de ligações duplas carbono-carbono é usando a reação Simmons-Smith, exibida na Figura 8-45. Embora o metileno (também conhecido como Caberno) (H_2C:) não seja realmente feito nessa reação, é usada uma espécie de zinco (ICH_2ZnI) que reage como se fosse o metileno. Como o reagente se comporta como um metileno sem ser, de fato, um, essa espécie de zinco é conhecida como carbenóide (tem características de metileno).

Figura 8-45: a reação de Simmons-Smith.

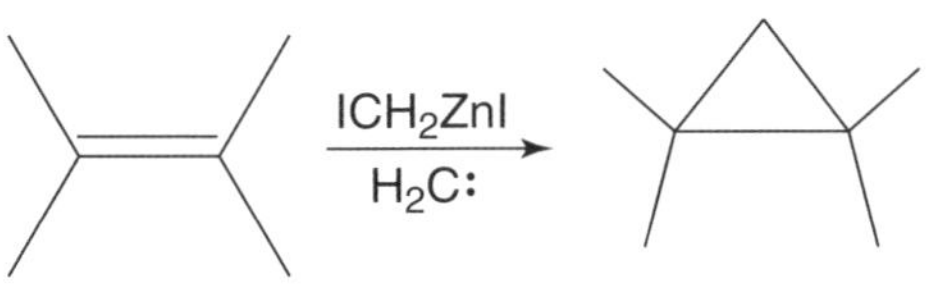

Fazendo epóxidos

Epóxidos são éteres em anéis de três membros. São reagentes sintéticos valiosos e são usados em poliepóxidos. Os epóxidos podem ser feitos reagindo um alceno com um ácido peróxido (um ácido carboxílico com um oxigênio extra), como exibido na Figura 8-46.

Figura 8-46: A epoxidação de um alceno.

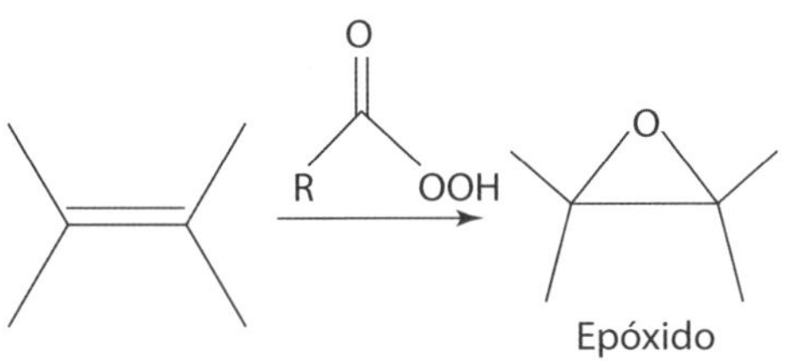

Adição de hidrogênio: Hidrogenação

Alcenos podem ser convertidos em alcanos por hidrogenação. Passando um gás hidrogênio por uma solução que contenha um catalisador – geralmente paládio/carbono (Pd/C) ou platina (Pt) – e o alceno faz com que o hidrogênio seja adicionado à ligação dupla em uma adição sin (veja a Figura 8-47).

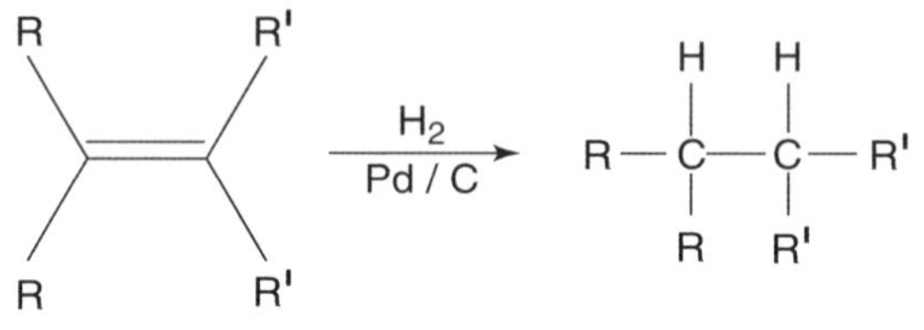

Figura 8-47: A hidrogenação de um alceno.

Capítulo 9

São Necessários Alcinos: A Ligação Tripla Carbono-Carbono

Neste Capítulo

- A ligação tripla carbono-carbono
- Nomeação de alcinos
- Reações da obtenção de alcinos
- Alcinos em reação

Enquanto grupo funcional, os alcinos são de, alguma forma, menos comuns (e, verdade seja dita, de alguma forma menos importantes) que os alcenos, mas eles ainda têm algumas características muito interessantes e reatividades únicas.

Alcinos são moléculas que contêm ligações triplas carbono-carbono. Como é de se esperar, as reatividades e propriedades dos alcinos são muito semelhantes às dos alcenos, embora algumas diferenças interessantes entre os dois tipos de moléculas também existam. Neste capítulo, discuto as propriedades dos alcinos, mostro como nomeá-los e abordo as reações fundamentais que formam os alcinos e os convertem em outros grupos funcionais.

Nomeação de Alcinos

Alcinos são nomeados pelo esquema de nomenclatura sistemática da mesma forma que os alcenos (veja o Capítulo 8), exceto pelo fato de que em vez do nome terminar com o sufixo *–eno*, os nomes dos alcinos terminam com o sufixo *–ino*. Assim como no caso dos alcenos, é usado um número no prefixo para indicar a posição do alcino na molécula, como demonstrado na Figura 9-1.

Figura 9-1: Nomes de dois alcinos.

but-1-ino but-2-ino

Os alcinos costumam ser conhecidos por seus nomes comuns; esses nomes comuns são derivados do alcino mais simples, o acetileno. Sob o sistema de nomes comuns, os dois grupos R são nomeados como substituintes de acetileno (veja na Figura 9-2 alguns exemplos). Um alcino com dois grupos metilo seria um dimetilacetileno, um alcino com dois grupos isopropil, diisopropilacetileno, e daí por diante.

Figura 9-2: Nomes comuns de alguns alcinos.

Alcino	HC≡CH	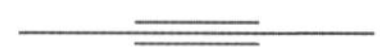	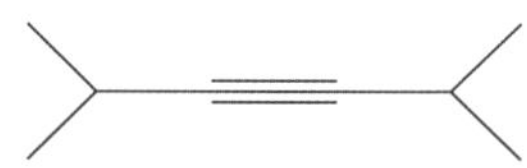
Nome IUPAC	Etileno	but-2-ino	2,5-dimetil-hex-3-ino
Nome comum	Acetylene	Dimetilacetileno	Diisopropilacetileno

Orbitais dos Alcinos

Os carbonos dos alcinos, tendo apenas dois substituintes, são hibridizados *sp* e, portanto, têm ligações lineares que são orientadas a 180° de distância uns dos outros (veja no Capítulo 2 mais sobre hibridização). A ligação tripla em um alcino é feita de uma ligação sigma e duas ligações pi. As duas ligações pi resultam da sobreposição lado a lado dos dois orbitais *p* em cada átomo de carbono (veja a Figura 9-3). Como no caso dos alcenos, as ligações pi são as ligações reativas nos alcinos.

Os orbitais *p* em sobreposição que formam as duas ligações pi mantêm o alcino em geometria linear. Como os alcinos têm geometrias lineares, são desenhados em linha reta, como exibido na Figura 9-4.

Figura 9-3: As ligações pi em um alcino.

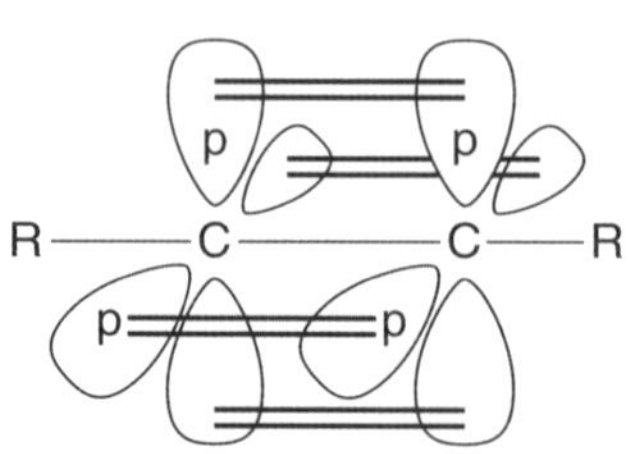

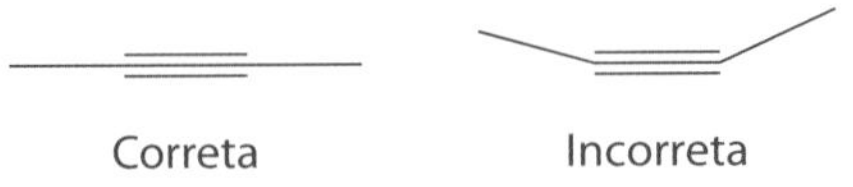

Figura 9-4: A forma correta de se desenhar um alcino.

Alcinos Cíclicos

Como os alcinos preferem geometrias lineares, os alcinos cíclicos pequenos são altamente instáveis. Os cicloalcinos de tamanho pequeno a médio têm ligações que devem se esticar saindo de suas formas preferidas, infligindo assim uma boa quantidade de tensão anelar aos átomos. Imagine-se agarrando sua perna (que, como um alcino, prefere ficar reta) e tocando seu dedão com o nariz, formando um anel com seu corpo. A tensão em seu corpo é semelhante à tensão sentida por um alcino. Assim como você, provavelmente, não se sentiria particularmente estável formando um anel ao tocar seu dedão com o nariz (por quanto tempo você conseguiria se manter nessa posição?), os alcinos cíclicos com menos de sete carbonos são muito instáveis para serem sintetizados ou isolados. O cicloheptino, menor cicloalcino isolado, foi descrito, mas é altamente reativo (veja a Figura 9-5). Os alcinos em anéis contendo mais de sete carbonos podem ser sintetizados e são compostos bastante estáveis.

Figura 9-5: As estabilidades relativas dos alcinos em anéis pequenos.

Fazendo Alcinos

Para fazer alcinos há duas reações prontamente disponíveis, uma esperada, com base nas reações que formam alcenos, e outra talvez inesperada, baseado no que você sabe sobre a química dos alcenos.

Perdendo dois: Desidrohalogenação

Para formar alcenos (veja o Capítulo 8), podemos reagir um equivalente (unidade) de base com um haloalcano para eliminar um equivalente de ácido e formar o alceno. É de se esperar que, para fazer um alcino, seja possível tratar um dibrometo com dois equivalentes de base, eliminando dois equivalentes de ácido para fazer o alcino. Esse é, de fato, o caso, como exibido na Figura 9-6. Geralmente, a base usada é a base forte amida de sódio ($NaNH_2$, às vezes chamada de sodamida), embora a soda cáustica (NaOH) também possa ser usada.

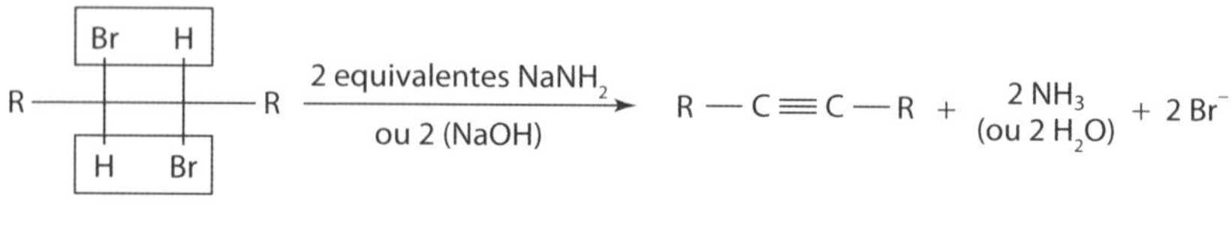

Figura 9-6: A desidrohalogenação dupla de um dialeto alquil.

DICA

Lembre-se que os dibrometos podem ser feitos pela reação de um alceno com bromo (Br_2). Essa é uma forma conveniente de converter alcenos em alcinos: Brome o alceno usando Br_2 para fazer o dibrometo, então trate o dibrometo com dois equivalentes de base para fazer o alcino.

União de alcinos: Química do acetileto

A principal diferença entre as reatividades dos alcenos e dos alcinos é resultado da acidez dos prótons ligados diretamente a alcinos verdadeiros (*alcinos verdadeiros* são alcinos nos quais a ligação tripla fica no fim de uma cadeia; *alcinos falsos* são alcinos cuja ligação tripla está no meio de uma cadeia). O pKa do próton de um alcino verdadeiro é grosseiramente 25, o que significa que a molécula não é terrivelmente ácida, mas que é suficientemente ácida para ser extraída por uma base muito forte (veja, no Capítulo 4, uma discussão sobre ácidos, bases e valores de pKa). A base que costuma ser usada para desprotonar alcinos verdadeiros é a amida de sódio ($NaNH_2$). A desprotonação do alcino cria o ânion acetileto, como exibido na Figura 9-7.

Figura 9-7: Criação do ânion acetileto.

Esse íon acetileto é um nucleófilo (ou "amante de núcleo") bastante útil e reagirá com haletos de alquila primários para formar um alcino novo falso, como exibido na Figura 9-8. Essa reação é altamente útil porque forma uma ligação carbono-carbono onde antes não havia uma. Note, porém, que apenas haletos de alquila primários podem ser usados nessa reação; ou seja, o haleto deve ser anexado a uma unidade de metileno (CH_2). Haloalcanos secundários e terciários não reagirão dessa forma.

Figura 9-8: Adição de acetileto.

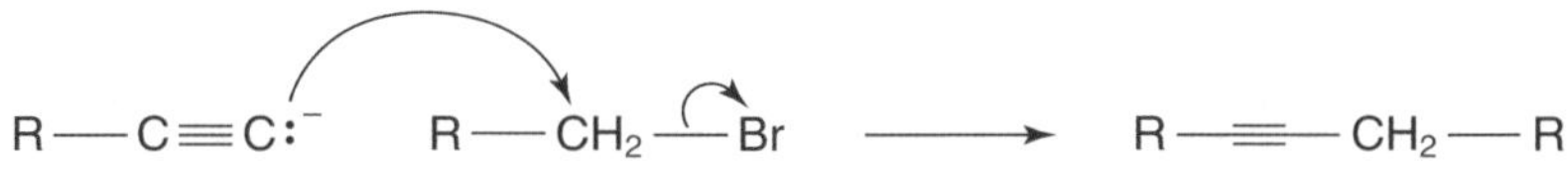

As reações dos alcinos são semelhantes às dos alcenos e, também, usam reagentes semelhantes aos usados nas reações de alceno. Os alcinos podem formar uma variedade de grupos funcionais, como exibido na Figura 9-9.

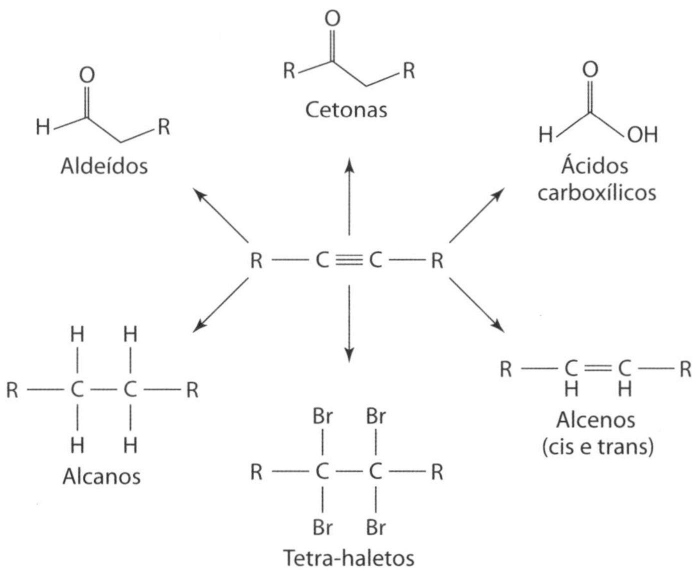

Figura 9-9: Alguns dos compostos que podem ser feitos a partir dos alcinos.

Bromação de alcinos: Diversão em dose dupla

O bromo reage com a ligação pi nos alcinos para fazer o dibrometo por meio do mesmo mecanismo de adição de bromo aos alcenos (você se lembra do mecanismo de reação do alceno? Pense em "íon bromônio" e veja o Capítulo 8, caso precise refrescar a memória). Como há duas ligações pi em um alcino, dois equivalentes (unidades) de bromo podem ser acrescidos para fazer um tetrabrometo, como exibido na Figura 9-10.

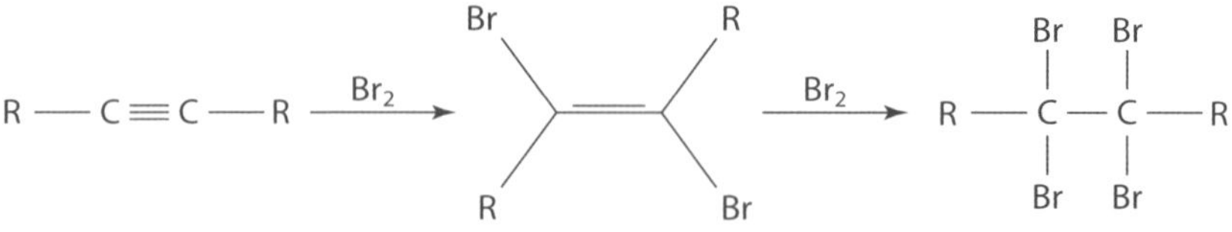

Figura 9-10: Bromação de um alcino.

Saturação de alcinos com hidrogênio

Os alcinos também podem ser reduzidos a alcanos borbulhando dois equivalentes de gás hidrogênio (H_2) sobre o alcino, na presença de um catalisador metálico, como exibido na Figura 9-11. Esse catalisador costuma ser um paládio/carbono (Pd/C), mas a platina (Pt) às vezes também é usada.

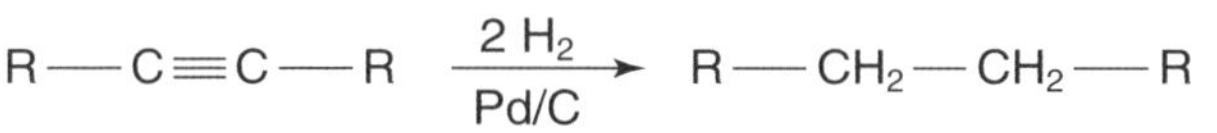

Figura 9-11: A saturação de um alcino com hidrogênio.

Adição de uma molécula de hidrogênio aos alcinos

É possível parar a reação de alcinos com hidrogênio no estágio de alceno porque os alcenos são, de certo modo, menos reativos que os alcinos, mas essa reação requer um catalisador especial. Para reduzir um alcino até o alceno cis (veja, no Capítulo 8, mais sobre os alcenos cis e trans), usa-se um catalisador de Lindlar, que é um coquetel de paládio em pó (Pd) tornado menos reativo com a adição de chumbo (Pb) e quinolina (C_9H_7N) (em diagramas de reação, em vez de escrever todos os componentes do catalisador, os químicos costumam escrever "catalisador de Lindlar" em cima ou embaixo da flecha). O catalisador de Lindlar não é tão reativo quanto o paládio/carbono (Pd/C) e gera o alceno cis, como exibido na Figura 9-12.

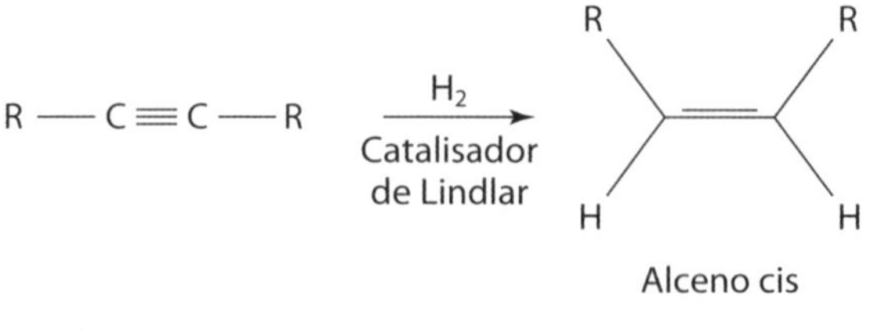

Figura 9-12: Uso do catalisador de Lindlar para fazer alceno cis.

Para converter um alcino em alceno trans, usa-se sódio metálico (Na) em amônia líquida (NH_3), como exibido na Figura 9-13.

Figura 9-13: Fazendo um alceno trans a partir de um alcino.

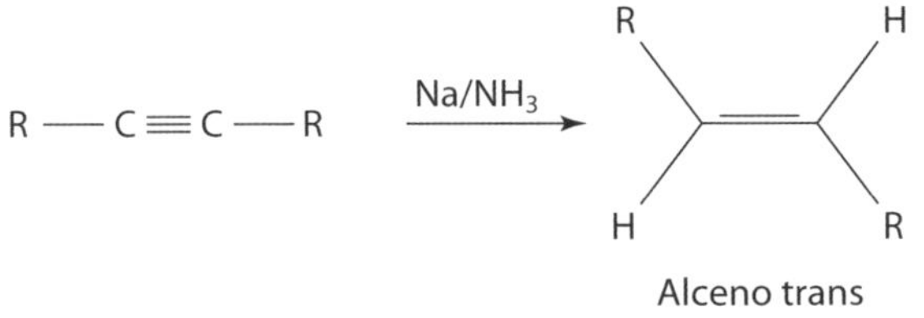

Oximercuração de alcinos

Ao reagir alcinos com mercúrio, água e ácido, podemos esperar que a reação crie o álcool na ligação dupla, assim como o acetato mercúrico reage com alcenos para criar o álcool Markovnikov (veja o Capítulo 8 para revisar os produtos Markovnikov e a oximercuração dos alcenos). De fato, o *enol* Markovnikov (um álcool em uma ligação dupla) é formado na qual o grupo álcool é colocado no carbono mais substituído. No entanto, enóis são instáveis e convertem-se rapidamente em cetonas, como exibido na Figura 9-14.

Figura 9-14: A oximercuração de um alcino.

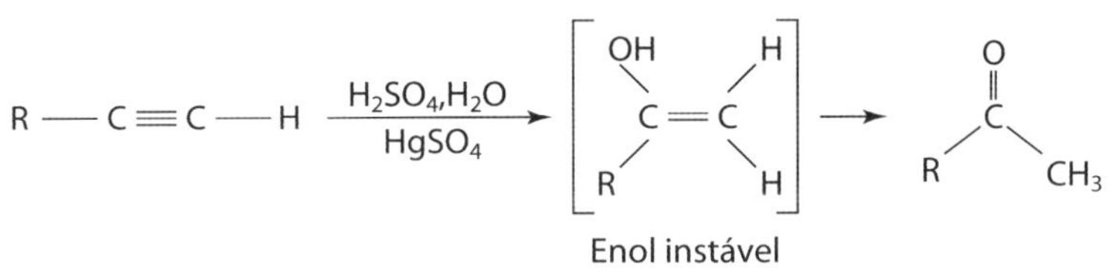

PAPO DE ESPECIALISTA

O termo enol é uma combinação dos sufixos –en (de alceno) e –ol (de álcool).

A reação que converte o enol em cetona é chamada de tautomerização, e tanto o enol quanto a cetona são considerados tautômeros um do outro. Tautômeros são moléculas que diferem apenas na colocação de uma ligação dupla e um hidrogênio.

Hidroboração de alcinos

A reação de hidroboração de alcinos funciona da mesma maneira que a reação de hidroboração de alcenos e forma o produto anti-Markovnikov. No caso da hidroboração dos alcinos, o produto é um enol com o grupo álcool no carbono menos substituído, como exibido na Figura 9-15. Assim como com a reação de oximercuração, esse enol é instável e tautomeriza-se no aldeído.

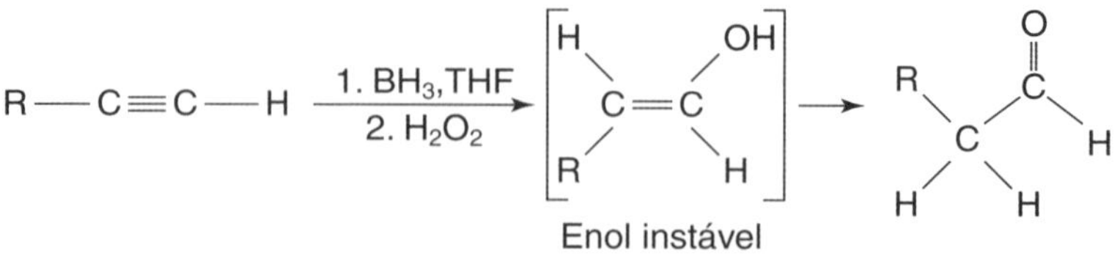

Figura 9-15: A hidroboração de um alcino.

DICA

A oximercuração e a hidroboração de ligações triplas carbono-carbono são úteis principalmente com alcinos verdadeiros, porque com esses alcinos obtém-se apenas um único produto (com a hidroboração, obtém-se o aldeído; com a oximercuração, obtém-se a cetona). Com alcinos falsos, ambos os lados do alcino são igualmente substituídos, então a água pode ser acrescida igualmente bem a qualquer lado da ligação tripla, de modo que essas reações produzam misturas de dois produtos.

Parte III

Grupos Funcionais

A 5ª Onda Por Rich Tennant

Nesta parte...

Você verá o que é fundamental em química orgânica: os grupos funcionais. Grupos funcionais são as interessantes porções reativas das moléculas orgânicas. Nestes capítulos, você verá os diferentes grupos funcionais (como álcoois, haletos e compostos aromáticos) e como eles reagem para formar outros compostos.

Capítulo 10

Substituindo e Removendo: Reações de Substituição e Eliminação

Neste Capítulo

- Substituição nucleofílica de segunda ordem
- Consideração dos nucleófilos e grupos de saída
- Substituição nucleofílica de primeira ordem
- Descoberta das reações de eliminação de primeira e segunda ordens
- Distinção das reações de substituição e eliminação

Embora vejamos incontáveis reações em química orgânica, não se costuma dedicar muito esforço a detalhes como que tipos de solventes são ideais para aquela reação, ou caminhos típicos que levam a subprodutos indesejáveis. As reações de substituição e eliminação são exceções, pois são algumas das reações mais largamente aplicáveis e versáteis vistas em química orgânica. Como tais, merecem um olhar mais detalhado. Neste capítulo, apresento as reações de substituição e eliminação e mostro como reconhecer esses tipos de reações. Com apenas esses dois tipos de reação, podemos sintetizar mais moléculas orgânicas do que se possa imaginar.

Troca de Grupo: Reações de Substituição

As reações de substituição seguem a forma exibida na Figura 10-1. A reação geral é bastante simples – um grupo simplesmente substitui outro na reação.

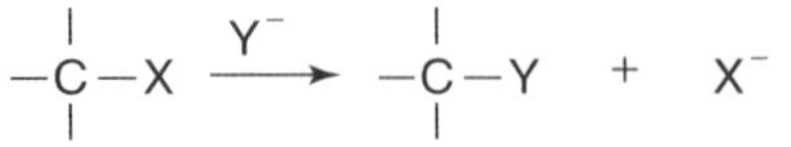

Figura 10-1: Uma reação de substituição.

São possíveis dois mecanismos de substituição, o mecanismo S_N1 e o mecanismo S_N2, que são exibidos na Figura 10-2. Então, como saber qual mecanismo ocorrerá para uma dada reação de substituição? A resposta, infelizmente, é "depende". Depende do solvente, da natureza do substrato e do grupo substituinte (chamado de *nucleófilo* ou amante de núcleo, às vezes abreviado como Nuc). Para descobrir qual mecanismo ocorrerá, é preciso ver os detalhes de cada mecanismo.

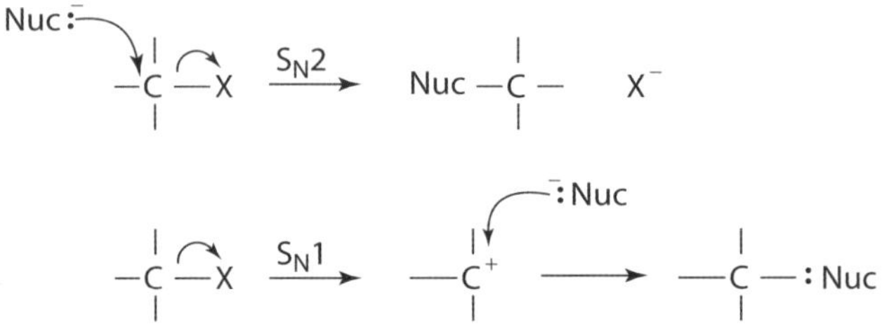

Figura 10-2: Dois mecanismos de substituição diferentes.

Substituição Nucleofílica de Segunda Ordem: O Mecanismo S_N2

O mecanismo da reação S_N2 é exibido na Figura 10-3. Essa reação é chamada de reação de Substituição Nucleofílica Bimolecular, que, felizmente, é conhecida pela abreviação S_N2. A reação S_N2 ocorre em uma única etapa: Um nucleófilo (base de Lewis) ataca um carbono que é anexado a um grupo de saída eletronegativo (rotulado como X) e dispensa o grupo de saída, ficando em seu lugar.

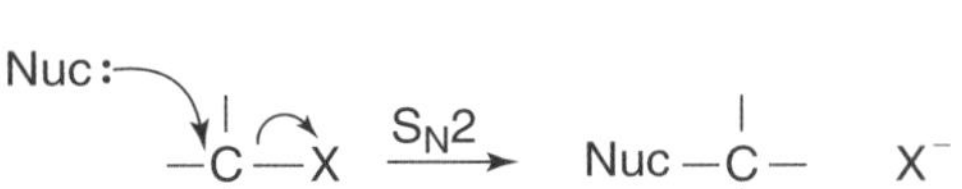

Figura 10-3: O mecanismo S_N2.

Por que o nucleófilo ataca o carbono? Uma maneira de pensar nessa reação é em termos da atração entre cargas opostas. A ligação do grupo de saída do carbono (C-X) é polarizada, ou seja, o grupo de saída eletronegativo puxa a densidade do elétron para longe do carbono ao qual está anexado, deixando o carbono com uma carga parcialmente positiva, como exibido na Figura 10-4 (veja mais sobre eletronegatividade, no Capítulo 2). Portanto, a molécula que contém o grupo de saída (chamada de *substrato*) age como um *eletrófilo* (amante de elétrons). Os nucleófilos (espécies ricas em elétrons que amam núcleos) atacam o carbono parcialmente positivo, da mesma maneira que dois ímãs de cargas opostas se atraem.

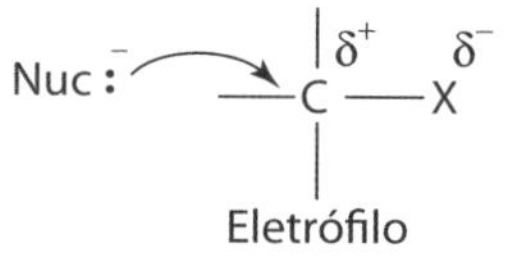

Figura 10-4: Atração nucleófilo--eletrófilo.

Se você compreender a atração nucleófilo-eletrófilo dessa forma, poderá entender muitas, muitas reações orgânicas. Os modelos básicos para essas reações são os mesmos: algum átomo rico em elétrons com um par solitário (um nucleófilo) ataca um átomo pobre em elétrons (um eletrófilo). Os detalhes mudam, mas essa é a essência da coisa.

A que velocidade? A equação de velocidade para a reação S_N2

A velocidade da reação S_N2 segue a equação de taxa:

$$\text{velocidade} = k\ [\text{substrato}]\,[\text{nucleófilo}]$$

Olhando essa equação de velocidade, vemos que a concentração tanto do substrato quanto do nucleófilo determinam a velocidade da reação S_N2, fazendo dela uma reação de segunda ordem (por isso o "2" em S_N2).

O diagrama da reação para o mecanismo S_N2 é exibido na Figura 10-5. Um *diagrama de reação* exibe a energia (chamada de E) como uma função de tempo. Cada reação tem, pelo menos, um "morro" de energia, que deve ser escalado para transformar os materiais iniciais em produtos; esse "morro" é uma barreira chamada de *energia de ativação*, ou Ea. A barreira de ativação é a quantidade mínima de energia que precisa ser fornecida para transformar o material inicial em produto.

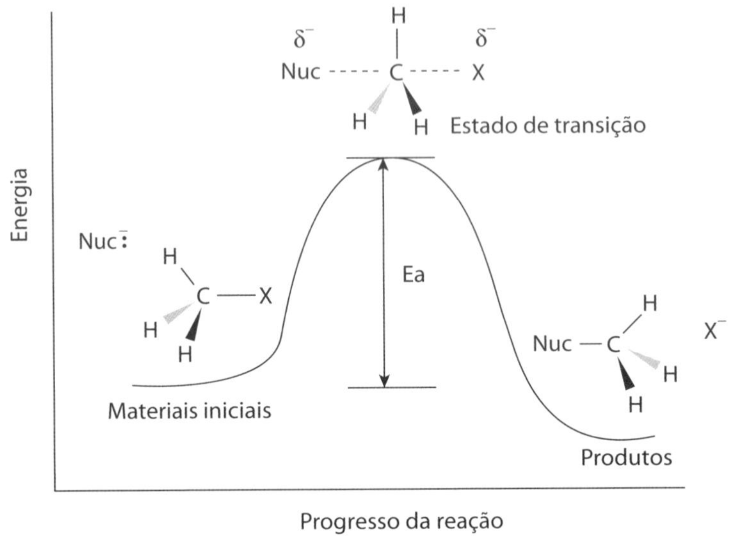

Figura 10-5: O diagrama da reação S_N2.

O tamanho da barreira de ativação determina a velocidade da reação. Se a reação precisar escalar apenas um morro bem pequeno de energia, ela procederá rapidamente. Se o morro de energia for alto, a reação irá ocorrer com muito menor velocidade, assim como um atleta corre mais rápido sobre um morro pequeno do que sobre uma montanha.

PAPO DE ESPECIALISTA

O topo do morro de energia é o estado de *transição da reação*. Esse é o ponto em que os materiais iniciais estão na metade do caminho da reação, quando os reagentes estão em seu nível mais alto de energia e quando as ligações nos reagentes estão parcialmente quebradas e parcialmente formadas. Um estado de transição não pode ser isolado; no entanto, não é um intermediário de vida longa, mas, simplesmente, uma transição entre os materiais iniciais e os produtos. É apenas um ponto na estrada que transforma um material em outro. Uma reação passa pelo estado de transição mais rapidamente do que um professor de química pode marcar um X em uma prova.

Efeitos do substrato na reação S_N2

Um nucleófilo aproximando-se de um substrato para passar por uma reação S_N2 é bastante parecido com um fã que se aproxima de uma celebridade para conseguir um autógrafo. Se a celebridade não tiver seguranças, o fã poderá se aproximar com facilidade e pedir o autógrafo. Com um segurança (chamarei tais seguranças de "grupos R"), o fã terá um pouco mais de dificuldade para passar por ele, mas ainda é possível conseguir o autógrafo. O fã talvez precise esperar até que o segurança baixe a guarda e permita-se ultrapassar. Com dois seguranças no grupo R, o fã teria ainda mais dificuldade (ou uma espera maior) antes de conseguir se aproximar da celebridade. Mas com três seguranças bloqueando todas as frentes de aproximação à celebridade, o fã poderá desistir daquele precioso autógrafo.

Os grupos R no carbono que contém o grupo de saída agem como seguranças e obstruem a aproximação do nucleófilo, como exibido na Figura 10-6. Portanto, as reações S_N2 funcionam melhor com substratos de metila e substratos primários, quando o carbono que contém o grupo de saída não tem os seguranças do grupo R anexados a si (no caso de um substrato de metila) ou apenas um (no caso de um substrato primário). As reações com substratos contendo dois seguranças no grupo R (substratos secundários) prosseguem, mas essas reações acontecem em velocidade mais lenta que as reações com substratos primários. Mas com substratos terciários (substratos nos quais o carbono que contém o grupo de saída tem três grupos R anexados a si), a reação S_N2 diz "de jeito nenhum", e não ocorre reação alguma. Por quê? Tudo volta para o mecanismo. No mecanismo S_N2, o nucleófilo ataca a parte de trás do substrato. Com três grupos R imensos bloqueando a aproximação por trás, o nucleófilo não consegue se aproximar o suficiente para atacar o carbono. Tal bloqueio dos grupos volumosos é chamado de efeito estérico, usando fala orgânica. Por causa de tal efeito estérico, não ocorrerá uma reação S_N2 em um substrato terciário.

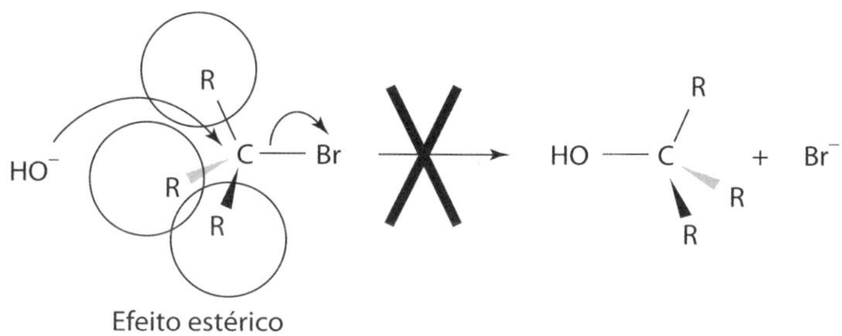

Figura 10-6: O efeito estérico pode evitar uma reação S_N2.

LEMBRE-SE

As reações S_N2 preferem a metila (CH_3X) aos substratos primários ($R\text{-}CH_2\text{-}X$), e esses aos substratos secundários (R_2CHX). As reações S_N2 não funcionam com substratos terciários (R_3CX).

É preciso núcleo: O papel do nucleófilo

Como a concentração do nucleófilo está inclusa na equação de velocidade da reação S_N2, é necessário um bom nucleófilo. Isso leva a uma questão um pouco embaraçosa: O que é um bom nucleófilo? Infelizmente essa questão não pode ser respondida de forma precisa, porque a força de um nucleófilo pode mudar com a variação das condições do solvente ou da reação. Ainda assim, podem-se aplicar algumas regras gerais sobre a força do nuclcófilo.

Qualquer molécula com um par solitário de elétrons a doar pode agir como nucleófilo. A força de um nucleófilo (ou a *nucleofilicidade*, usando fala orgânica) costuma andar de mãos dadas com a basicidade. Uma base forte costuma ser um nucleófilo forte e vice-versa. Mas basicidade e nucleofilicidade não são a mesma coisa. Basicidade refere-se à habilidade que uma molécula tem de arrancar um próton e é definida pela constante de equilíbrio da base; a nucleofilicidade refere-se à habilidade que um par solitário tem de atacar um carbono em um eletrófilo.

Em que caso a basicidade e a nucleofilicidade não coincidiriam? Geralmente, eles não coincidem quando temos bases/nucleófilos substituídos por grupos volumosos. Por exemplo, tanto o metóxido (CH_3O^-) quanto o tert-butóxido ($(CH_3)_3CO^-$), exibidos na Figura 10-7, são bases fortes, mas o metóxido é um bom nucleófilo, enquanto o tert-butóxido não o é. O motivo para essa diferença é que o tert-butóxido tem três grupos metila grandes que obstruem a aproximação do substrato (outro exemplo de efeito estérico). Portanto, embora o tert-butóxido seja uma base forte, trata-se de um nucleófilo pobre.

Metóxido
Base forte
Nucleófilo forte

tert-butóxido
Base forte
Nucleófilo pobre

Figura 10-7: Nucleofilicidade de duas bases fortes.

O efeito estérico diminui a nucleofilicidade.

Além da basicidade de uma molécula, dois outros fatores importantes podem ajudar a comparar as nucleofilicidades das moléculas:

- Nucleófilos de carga negativa são nucleófilos mais fortes que os nucleófilos neutros (assim como átomos de carga negativa são mais básicos que os átomos neutros). Assim, OH^- é um nucleófilo mais forte que H2O e HS^- é um nucleófilo mais forte que H2S.
- Normalmente, a nucleofilicidade aumenta conforme se desce na Tabela Periódica. Portanto, H_2S é um nucleófilo melhor que H_2O, porque o enxofre está uma linha abaixo do oxigênio na Tabela Periódica. Da mesma forma, o iodeto (I^-) é um nucleófilo melhor que o brometo (Br^-), porque o iodeto está uma linha abaixo do cloro na Tabela Periódica.

Visualização da reação S_N2 em 3D: Estereoquímica

Na reação S_N2, o nucleófilo aproxima-se do substrato pela parte de trás. Portanto, no produto, os três grupos do carbono inverteram-se, como um guarda-chuva virado do avesso pelo vento. Com a reação S_N2, então, obtém-se inversão de estereoquímica (veja mais sobre estereoquímica, no Capítulo 7). Por exemplo, com a reação do 2-bromobutano e do hidróxido (veja a Figura 10-8), o centro quiral tem uma configuração S no material inicial e uma configuração R no produto como resultado da inversão de configuração na reação S_N2.

LEMBRE-SE

A reação S_N2 leva a uma inversão da estereoquímica.

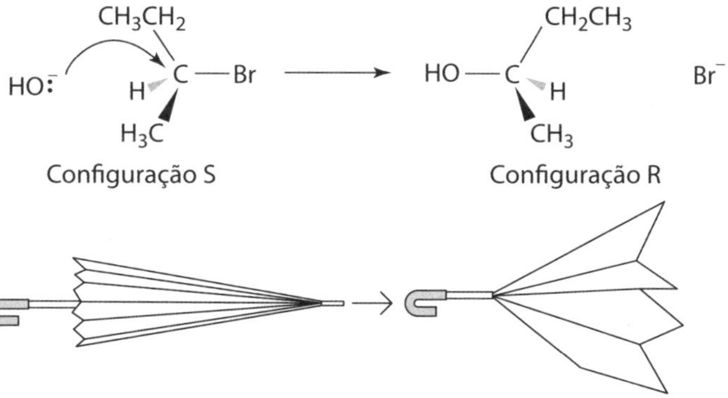

Figura 10-8: A reação S_N2 do 2-bromobutano.

Efeitos dos solventes

A escolha do solvente também afeta a reação de substituição S_N2. Nem todos os solventes são criados iguais; alguns solventes funcionam melhor que outros em uma dada reação. Na reação S_N2, os solventes preferidos são aqueles que são tanto polares (veja o Capítulo 2) quanto *apróticos*. Prótico é fala orgânica que indica os solventes que contêm ligações O-H ou N-H; dentre esses solventes estão os álcoois, a água e as aminas. Os solventes apróticos não têm ligações N-H ou O-H. Dentre os bons solventes polares apróticos para a reação S_N2 estão o DMSO (dimetilsulfóxido), CH_2Cl_2 (diclorometano) e os éteres (R-O-R).

Por que são necessários solventes apróticos em vez dos não apróticos para a reação S_N2? Solventes próticos tendem a formar uma "jaula" de solvente em torno do nucleófilo, como exibido no íon cloreto enjaulado pela água, na Figura 10-9. Essa jaula faz com que o nucleófilo fique menos nucleofílico. Um nucleófilo em um solvente prótico é como um estudante universitário rodeado por televisões – não se sente particularmente com vontade de sair e fazer o que precisa ser feito. Solventes polares que são apróticos ainda têm a habilidade de dissolver os reagentes polares (porque "semelhantes se dissolvem", como você descobriu em seu primeiro ano de química), mas esses solventes apróticos polares não enjaulam o nucleófilo e, assim, não fazem com que ele se torne menos nucleofílico.

LEMBRE-SE

Os solventes próticos diminuem a nucleofilicidade nas reações S_N2.

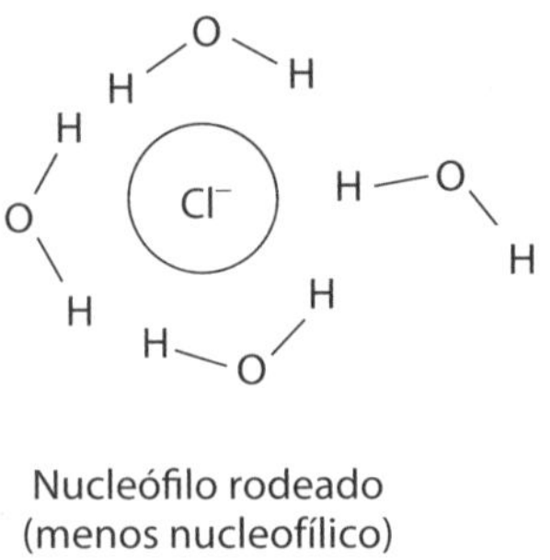

Figura 10-9: A jaula de solvente formada pelo solvente prótico (água).

Estou caindo fora: O grupo de saída

Outro requisito da reação S_N2 é que o substrato precisa ter um bom grupo de saída. O grupo de saída é a parte que é deslocada pelo nucleófilo (geralmente rotulado como X). Bons grupos de saída são, normalmente, bases fracas, e as bases fracas são as bases conjugadas dos ácidos fortes (veja, no Capítulo 5, mais sobre ácidos e bases). Portanto, se você puder encontrar um ácido forte e desprotonizá-lo, provavelmente terá encontrado um bom grupo de saída. Os ácidos halogenídricos (HBr, HCl e daí por diante) são ácidos fortes, então os haletos (como I^-, Br^-, Cl^-) são excelentes grupos de saída (o flúor, F^-, porém, é uma exceção, por ser um grupo de saída ruim). Os haletos, na verdade, são os grupos de saída mais comuns nas reações S_N2. Outro grupo de saída bom é o tosilato. Tosilato é a base conjugada do ácido forte p-toluenossulfônico e é um dos melhores grupos de saída disponíveis (melhor que todos os haletos). A Figura 10-10 mostra os grupos de saída mais comuns e os classifica do melhor para o pior.

LEMBRE-SE

O íon hidróxido (OH^-), os alcóxidos (RO^-) e o íon amida (N_H2^-) são grupos de saída terríveis porque são bases fortes. Mostre-os como grupos de saída colocava sua própria conta em risco. Por serem grupos de saída ruins, você não verá uma reação S_N2 em um éter (que é o motivo pelo qual você pode usar éteres como solventes nas reações S_N2), álcool, fluoreto de alquila ou uma amina.

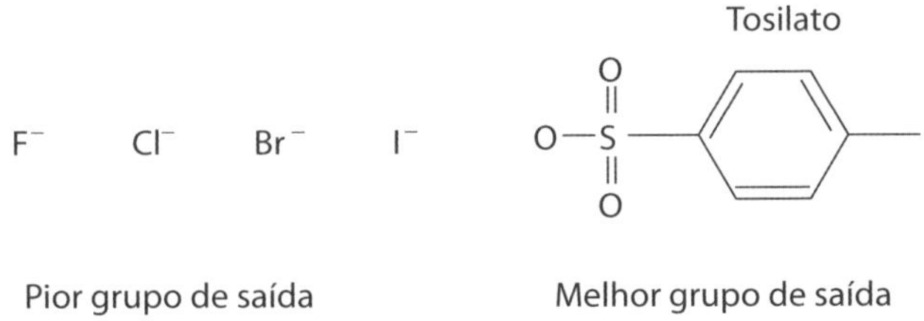

Figura 10-10: Grupos de saída para a reação S_N2.

Substituição Nucleofílica de Primeira Ordem: A Reação S_N1

O outro mecanismo de substituição é o mecanismo S_N1, exibido na Figura 10-11. A reação S_N1 se dá em dois passos. Na primeira etapa, o grupo de saída decide fazer suas malas e partir, deixando um carbocátion intermediário. Então, o nucleófilo ataca o carbocátion para criar o produto substituído.

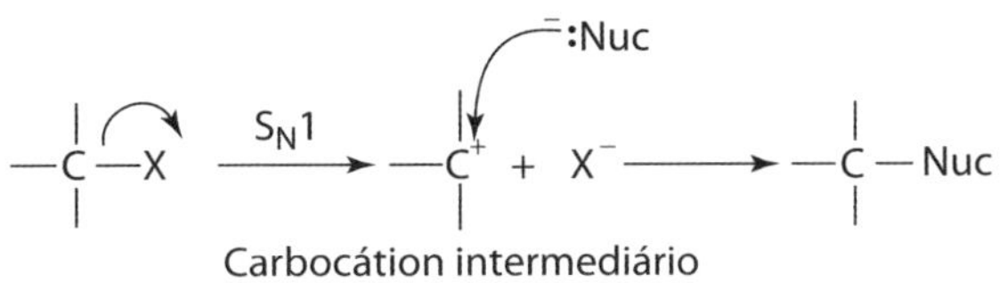

Figura 10-11: O mecanismo S_N1.

A que velocidade? A equação de velocidade para a reação S_N1

A velocidade da reação S_N1 segue a equação de velocidade: velocidade = k [substrato].

Você pode se surpreender ao ver que, ao contrário do caso da reação S_N2, a concentração do nucleófilo não se inclui na equação de velocidade para a reação S_N1. A equação de velocidade é de primeira ordem (por isso o "1" em S_N1) e depende apenas da concentração do substrato. Por que o nucleófilo não é incluso? Pode-se ver o porquê olhando o diagrama da reação, exibido na Figura 10-12.

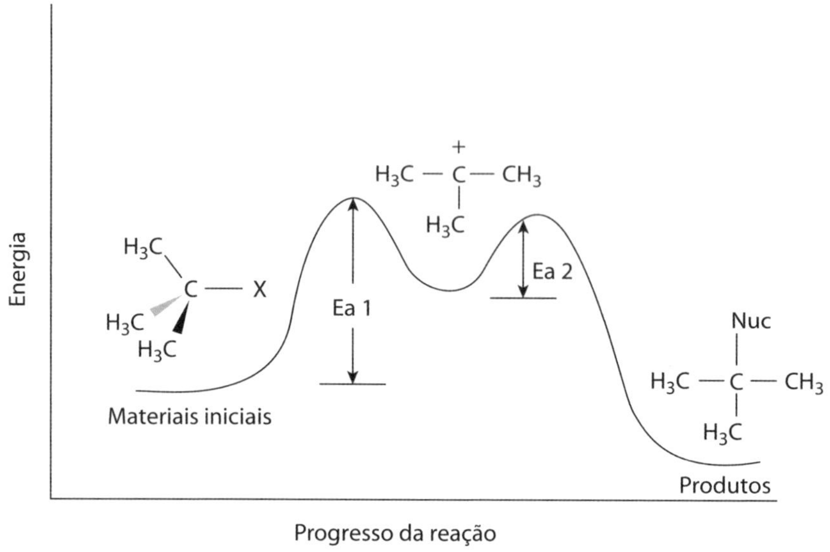

Figura 10-12: O diagrama da reação S_N1.

No diagrama de reação, vemos que dois morros precisam ser escalados para transformar os materiais iniciais no produto. O primeiro morro é o mais alto e é a barreira de energia para o passo no qual o grupo de saída toma o formato de uma árvore e cai fora, formando o carbocátion. O segundo passo, o ataque do nucleófilo no carbocátion, envolve um morro menor de energia. Como o primeiro passo tem a barreira de ativação mais alta, é chamado de *passo determinante* de velocidade.

Você provavelmente já ouviu a frase "a corda sempre arrebenta do lado mais fraco". De forma semelhante, uma reação só atinge a velocidade de seu passo mais lento, que é chamado de passo determinante de velocidade. Os passos que seguem o passo determinante de velocidade não têm efeito na velocidade de uma reação. Uma situação semelhante é quando temos uma máquina de lavar minúscula e uma secadora imensa e queremos saber com que rapidez poderemos lavar as roupas (veja a Figura 10-13). A proporção em que conseguimos roupas limpas aumentará se aumentarmos o tamanho da secadora, que já é enorme? Não, porque o passo determinante de velocidade é o passo de lavagem. Só o aumento do tamanho da lavadora aumentaria a velocidade em que conseguiríamos roupas limpas dentro desse sistema de lavagem de roupas.

Eis por que o nucleófilo não é incluído na equação de velocidade para a reação S_N1, porque o nucleófilo só se envolve no mecanismo depois do passo determinante de velocidade. Fortalecer o nucleófilo ou aumentar a concentração do nucleófilo é como aumentar a secadora – não tem efeito sobre a velocidade de formação do produto.

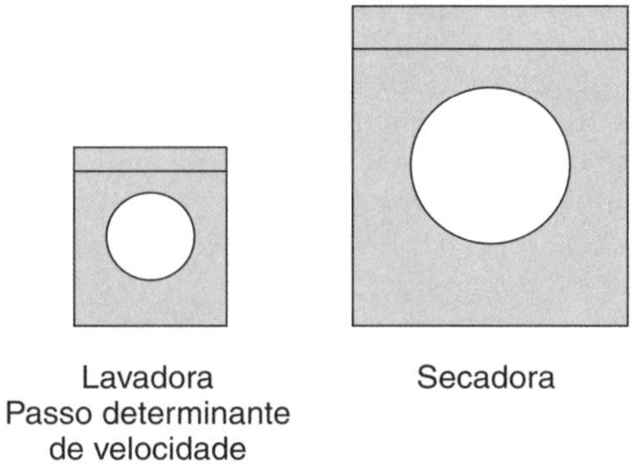

Figura 10-13: Com essa lavadora minúscula, a lavagem é o passo determinante de velocidade.

Substratos S_N1 bons

Os substratos bons para a reação S_N1 são diferentes daqueles que são bons para a reação S_N2. Os substratos bons para a reação S_N1 são os que formam um carbocátion estável com a liberação do grupo de saída. Ao diminuir a energia do cátion intermediário, diminuímos a energia de ativação e, assim, aceleramos a reação. Então, para encontrar bons substratos para a reação S_N1, devemos procurar aqueles que levarão a um carbocátion intermediário estável.

Lembre-se das características que contribuem para a estabilidade do carbocátion (veja o Capítulo 8, se precisar refrescar a memória sobre carbocátions). Os carbocátions são estabilizados pela presença dos grupos alquila ou por ressonância. Assim, os substratos terciários formam carbocátions mais estáveis que os substratos secundários ou os primários. Como resultado, os substratos terciários são substratos S_N1 melhores que os substratos secundários, que, por sua vez, são substratos S_N1 melhores que os substratos primários (veja a Figura 10-14). Os substratos com habilidade de estabilizar o cátion por ressonância também são substratos S_N1 bons; dentre esses substratos estão os substratos benzílico e alílico.

LEMBRE-SE

Substratos S_N1 bons são aqueles que podem fazer carbocátions intermediários bons.

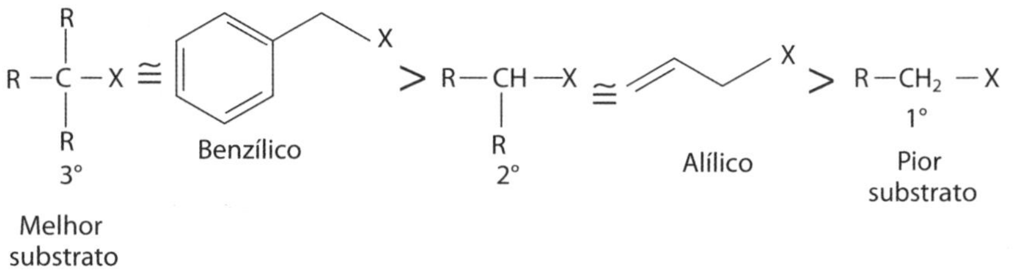

Figura 10-14: Substratos para a reação S_N1.

Efeitos do solvente na reação S_N1

Enquanto as reações S_N2 preferem solventes apróticos, as reações S_N1 preferem solventes próticos. Essa preferência vem da habilidade que os solventes próticos têm de estabilizar o carbocátion intermediário (como exibido na Figura 10-15), diminuindo o morro de energia para o passo determinante de taxa. Lembre-se que na reação S_N2 não se desejam solventes próticos porque eles diminuem a força do nucleófilo. Na reação S_N1, a força do nucleófilo não tem efeito sobre a velocidade, então os solventes próticos (como álcoois e água) são excelentes para reações S_N1. Geralmente não vemos reações S_N1 nos solventes apróticos.

Os solventes próticos estabilizam os carbocátions nas reações S_N1.

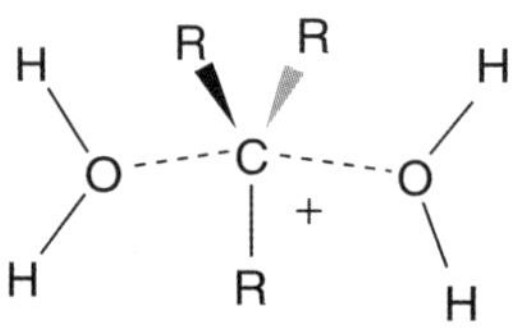

Figura 10-15: A interação de estabilização de um solvente prótico (água) com um cátion.

Estereoquímica da reação S_N1

A estereoquímica na reação S_N1 não é tão clara quanto na reação S_N2. O intermediário na reação S_N1 é um carbocátion, que é hibridizado *sp*^{2}. Como resultado, esses carbocátions são planares e têm um orbital *p* vazio. O orbital *p* vazio poderia ser igualmente bem atacado pelo par solitário do nucleófilo tanto pela parte de cima quanto pela de baixo do carbocátion, como exibido na Figura 10-16. Portanto, tem-se uma mistura 50:50 de enantiômeros da reação S_N1, que é chamada de *mistura racêmica* (veja o Capítulo 6).

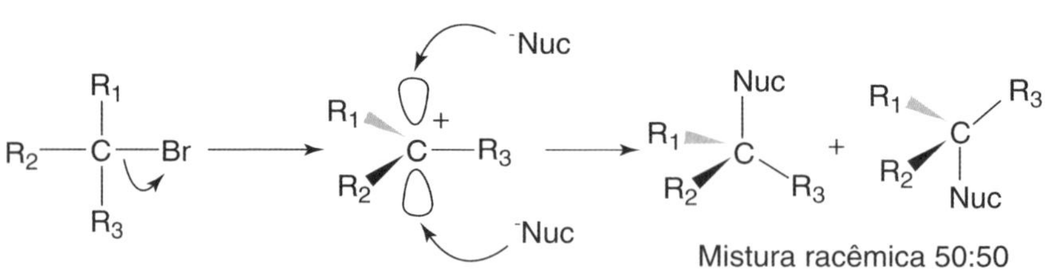

Figura 10-16: A reação S_N1 de um haloalcano terciário.

Reações S_N1 resultam em produtos racêmicos.

Outros fatos divertidos sobre a reação S_N1

Como a força do nucleófilo não tem importância, as reações S_N1 funcionam melhor com nucleófilos fracos. A reação S_N1 requer um bom grupo de saída (como um haleto ou tosilato), como acontece com a reação S_N2. Um detalhe importante a se lembrar sobre a reação S_N1 é a consequência da passagem por um carbocátion intermediário. Lembre-se que os carbocátions são travessos demoníacos e se rearranjarão se isso levar ao cátion estável (veja, no Capítulo 8, mais sobre os carbocátions). Como resultado, ocasionalmente vemos rearranjos de carbocátions na reação S_N1.

A Tabela 10-1 é uma ferramenta conveniente para comparar as reações S_N1 e S_N2. Para determinar se uma reação de substituição se dará pelo mecanismo S_N1 ou pelo S_N2, veja primeiro o substrato. Se o substrato for primário ou metila, a reação terá maior probabilidade de ser realizada pelo mecanismo S_N2. Se o substrato for terciário, a reação será realizada pelo mecanismo S_N1. Os substratos secundários são algo sem clareza; ambas as reações funcionarão com esses substratos, então é preciso observar outras características da reação (como o solvente) para ver qual mecanismo será favorecido em detrimento do outro. Com substratos alquila secundários, também é possível ter uma mistura dos dois mecanismos.

Tabela 10-1 Comparação das Reações S_N1 e S_N2

	S_N1	S_N2
Substrato	Prefere terciário a secundário	Prefere primário a secundário
Equação de velocidade	velocidade = k [substrato].	velocidade = k [substrato] [nucleófilo]
Nucleófilo	O nucleófilo não tem importância	Requer um bom nucleófilo
Estereoquímica da reação	Produtos racêmicos	Inversão de configuração
Grupos de saída	Requer um bom grupo de saída	Requer um bom grupo de saída
Solvente	Prefere solventes polares próticos (álcoois, água, e daí por diante)	Prefere solventes polares apróticos (éteres, solventes halogenados, e daí por diante)
Transposições	Possíveis	Impossíveis

Reações de Eliminação

As reações de eliminação costumam competir com as reações de substituição. A forma geral de uma reação de eliminação é exibida na Figura 10-17. Nesta reação, um substrato (normalmente um haleto de alquila) elimina um equivalente (unidade) de ácido para fazer um alceno. Assim como nas reações de substituição, dois mecanismos possíveis estão disponíveis para essa reação de eliminação – o mecanismo E1 e o mecanismo E2 – e ambas as reações de eliminação têm semelhanças com suas contrapartidas de substituição.

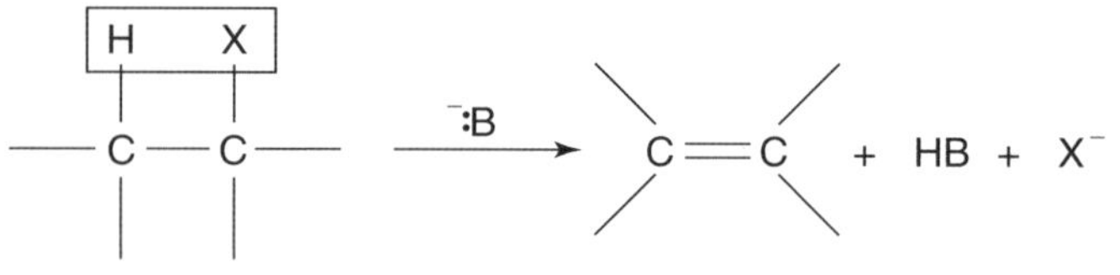

Figura 10-17: A reação de eliminação.

Eliminações de segunda ordem: A reação E2

A eliminação de segunda ordem é chamada de reação E2. Assim como o mecanismo S_N2, o mecanismo E2 ocorre em um só passo, como exibido na Figura 10-18. Uma base extrai um próton de um carbono adjacente para o grupo de saída, formando a ligação dupla e dispensando-o.

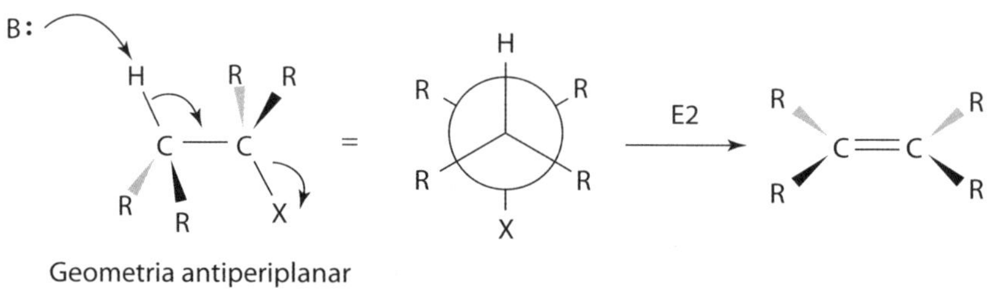

Figura 10-18: O mecanismo de eliminação E2.

Um requisito da reação E2 é que o hidrogênio a ser eliminado e o grupo de saída normalmente estejam em *geometria antiperiplanar*. Ser antiperiplanar significa que o hidrogênio e o grupo de saída (assim como os dois carbonos que formarão a ligação dupla) devem estar no mesmo plano e em faces opostas da ligação carbono-carbono, como exibido na Figura 10-18.

A equação de velocidade para uma reação E2 é como segue: velocidade = k [base] [substrato]. Como a base está incluída na equação de velocidade, a força da base afeta a velocidade da reação. A reação E2 requer uma base forte e é o caminho mais comum para reações de eliminação.

Eliminação de primeira ordem: A reação E1

A eliminação de primeira ordem, ou reação E1, é, de certo modo, menos comum que a eliminação de segunda ordem (E2). O mecanismo para a reação E1, como o mecanismo para a reação S_N1, tem dois passos e é exibido na Figura 10-19. Primeiro, o grupo de saída foge para fazer o carbocátion; esse é o mesmo passo da reação S_N1. Em seguida, a base extrai o hidrogênio e um carbono adjacente para formar a ligação dupla.

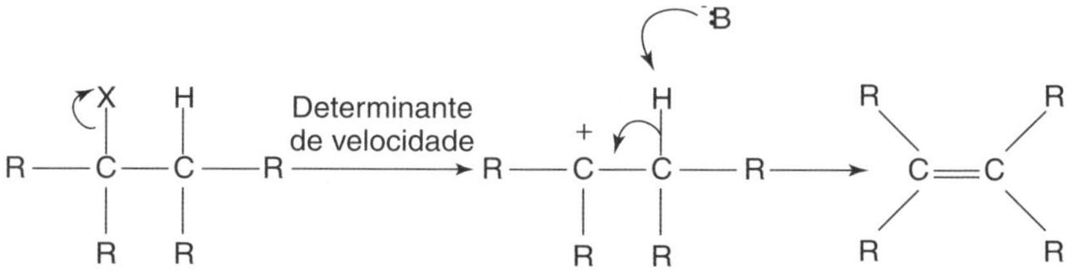

Figura 10-19: O mecanismo de eliminação E1.

Como o primeiro passo do mecanismo – a formação do carbocátion – é o passo determinante de velocidade, a velocidade segue a equação: velocidade = k [substrato]. Como a base não está incluída na equação de velocidade, a força da base não tem importância para a velocidade da reação. A eliminação E2 é preferida com bases fortes, então normalmente vemos a eliminação E1 apenas com bases fracas.

Socorro! Distinguindo Substituição de Eliminação

Infelizmente, os químicos vivem em um mundo imperfeito. As reações que são exclusivamente de substituição ou de eliminação são raras no laboratório. Ao contrário, os químicos costumam ter uma mistura dos produtos da reação tanto de substituição quanto de eliminação, porque nucleófilos bons geralmente também são boas bases e vice-versa. Aqui estão algumas generalizações, porém, que ajudarão a distinguir quais dessas reações predominarão:

- Bases fortes/nucleófilos forçam reações de segunda ordem. Assim, com bases/nucleófilos fortes (como OH^-), conseguem-se reações S_N2 ou E2, ou ambas. Com bases/nucleófilos fracos, conseguem-se com maior frequência produtos de primeira ordem (produzidos pelas reações S_N1 ou E1).
- As reações dos substratos primários costumam passar por reações S_N2 (os substratos de metila sempre passam por S_N2). Quando bases/nucleófilos fortes são usados com substratos primários, consegue-se uma mistura tanto das reações S_N2 quanto da E2.

- As reações dos substratos terciários produzem reações E1 e S_N1 com bases/nucleófilos fracos mais um solvente prótico; com bases fortes, as reações dos substratos terciários produzem reações de E2.

- As reações dos substratos secundários são as mais difíceis de prever. Sob as condições certas, os substratos secundários podem sofrer reações por todos os quatro mecanismos. Bases/nucleófilos fracos mais um solvente prótico normalmente resultará em uma mistura de produtos E1 e S_N1; bases fortes/nucleófilos fortes normalmente resultarão em uma mistura de produtos E2 e S_N2.

- A localização de nucleófilos que não são básicos ajudará a distinguir a substituição das reações de eliminação. Por exemplo, os haletos (I^-, Br^-, Cl^-) e os tióis (R-SH) são nucleofílicos, mas não são terrivelmente básicos. As reações dessas moléculas normalmente ocorrem exclusivamente por substituição. O t-butóxido ($(CH_3)_3CO^-$), por outro lado, é um nucleófilo pobre, mas uma base poderosa e quase exclusivamente força a reação a seguir a eliminação E2.

Capítulo 11

Embebedando-se com Moléculas Orgânicas: Os Álcoois

Neste Capítulo

- Visualização e classificação dos álcoois
- Nomeação de álcoois
- Comparação da acidez de moléculas orgânicas
- Reações que formam os álcoois
- Reações que convertem álcoois em outros grupos

Ao pensar em álcool, a maioria das pessoas pensa em álcool etílico, o álcool encontrado na cerveja e no vinho. Muitas pessoas, porém, não percebem que há muitos milhares de álcoois diferentes. O etileno glicol é um álcool encontrado nos anticongelantes, o metanol é um álcool de madeira que pode causar cegueira, se ingerido, o álcool isopropílico é um álcool usado para esterilizar cortes. Os álcoois, como os alcenos, são um grupo funcional extremamente importante, não apenas porque são encontrados em muitos produtos valiosos (e não apenas em cervejas e vinhos), mas também por serem muito versáteis: Eles são facilmente formados e convertidos em muitos outros grupos funcionais. Neste capítulo, apresento o grupo funcional dos álcoois, mostro como nomear e classificá-los e mostro as reações que tanto criam os álcoois quanto os convertem em outros grupos funcionais.

Classificação dos Álcoois

Álcoois são moléculas que contêm um grupo hidroxila (OH) e são normalmente classificadas pelo carbono, ao qual o grupo hidroxila está anexado. Se o carbono ligado ao OH estiver anexado ao outro grupo alquila, o álcool será classificado como primário (1º); se o carbono estiver anexado a dois outros grupos alquila, o álcool será classificado como secundário (2º); se o carbono estiver anexado a três grupos alquila, o álcool será classificado como terciário (3º, veja a Figura 11-1).

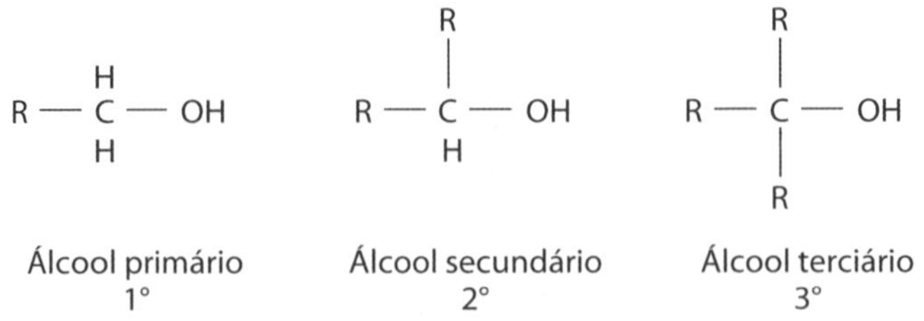

Figura 11-1: Classificação do álcool.

Um Álcool Conhecido por Qualquer Outro Nome: Nomenclatura dos Álcoois

Podemos nomear álcoois apenas estendendo as regras de nomenclatura usadas para os alcanos (veja o Capítulo 7 para refrescar a memória sobre os alcanos). Para nomear um álcool, seguem-se essas cinco etapas:

1. **Determine o nome da cadeia principal do álcool procurando a cadeia mais longa que inclua o grupo hidroxila.**

   Retire o *o* do sufixo do alcano e substitua-o pelo sufixo *–ol*, que significa álco*ol*. Por exemplo, um álcool de dois carbonos não seria o etano, mas sim o etanol.

2. **Numere a cadeia principal. Comece a numerar a partir do lado mais próximo do grupo hidroxila.**

3. **Identifique todos os substituintes saídos da cadeia principal e nomeie-os.**

4. **Ordene os substituintes alfabeticamente diante do nome principal.**

5. **Identifique a posição do grupo hidroxila colocando um número diante do nome principal.**

Agora tente nomear o álcool exibido na Figura 11-2.

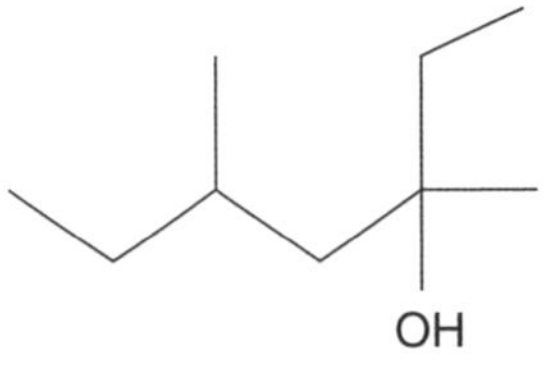

Figura 11-2: Um álcool.

Primeiro, encontre a cadeia principal, como exibido na Figura 11-3. A cadeia principal é a cadeia mais longa de carbonos que contém o grupo hidroxila. Nesse caso, a cadeia principal tem sete carbonos de comprimento, portanto é um heptanol.

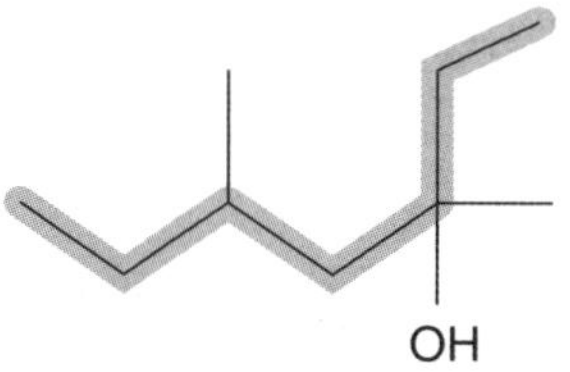

Figura 11-3: A cadeia principal.

Então, numere a cadeia principal, começando pela extremidade que chega primeiro ao grupo hidroxila. Nesse caso, é da direita para a esquerda (veja a Figura 11-4).

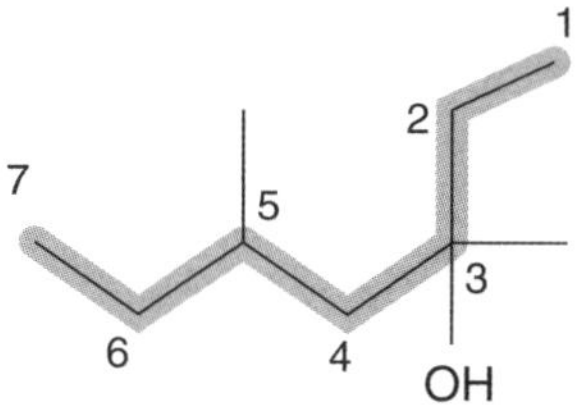

Figura 11-4: Numeração da cadeia.

Encontre e nomeie os substituintes. A molécula exibida na Figura 11-5 tem dois substituintes do grupo metila – um no carbono de número três e um no carbono de número cinco.

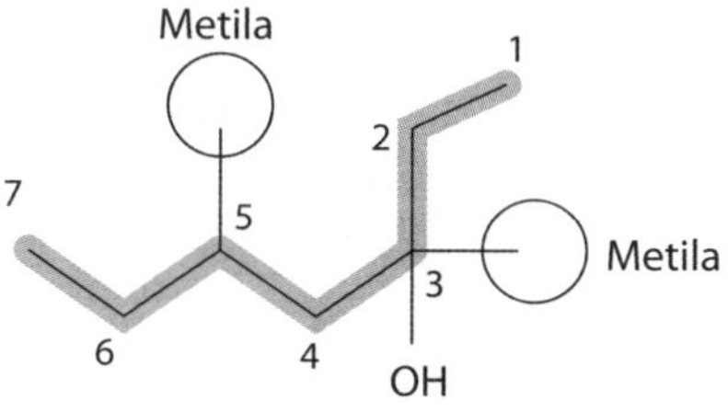

Figura 11-5: Identificação dos substituintes.

Em seguida, coloque os substituintes (em ordem alfabética) diante do nome da cadeia principal. Identifique a posição do grupo hidroxila colocando um número diante do nome da cadeia principal. Os dois grupos metila combinam-se para fazer o dimetil, e o nome desse álcool é, portanto, 3,5-dimetil-haptan-3-ol.

Reações que Criam Álcoois

Então, agora, veja como podemos criar álcoois.

Adição de água às ligações duplas

O Capítulo 8 mostra duas reações que produzem álcoois a partir de alcenos. A oximercuração dos alcenos faz o álcool Markovnikov (o álcool com o OH no carbono mais altamente substituído), enquanto a hidroboração faz o álcool anti-Markovnikov (o álcool com o OH no carbono menos substituído). Essa conversão é esboçada na Figura 11-6.

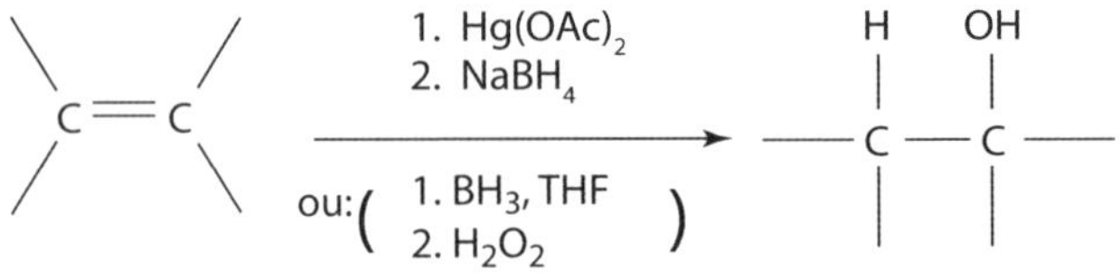

Figura 11-6: Adição de água a um alceno.

Redução de compostos carbonílicos

Os álcoois também podem ser formados pela redução dos compostos carbonílicos (C=O). Dois reagentes são amplamente usados para reduzir os compostos carbonílicos, o borohidreto de sódio ($NaBH_4$), um agente redutor mais fraco, e o hidreto de alumínio e lítio ($LiAlH_4$), um reagente redutor mais forte. Em termos metafóricos, o borohidreto de sódio age como uma arma de ar comprimido redutora, enquanto o hidreto de alumínio e lítio age como um canhão redutor, como ilustrado na Figura 11-7.

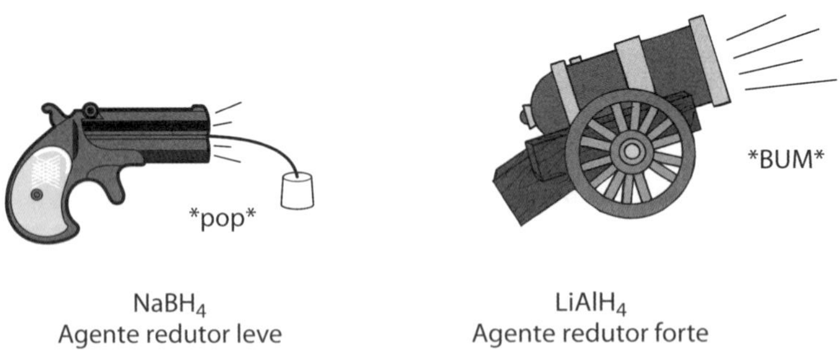

Figura 11-7: As forças relativas dos agentes redutores.

O que eu quero dizer com isso? Bem, o borohidreto de sódio pode reduzir os compostos carbonílicos que são fáceis de reduzir a álcoois, como aldeídos e cetonas. Mas esse reagente não é suficientemente forte para reduzir os compostos carbonílicos mais teimosos como os ésteres e os ácidos carboxílicos. Para esse serviço, usamos o reagente canhão (hidreto de alumínio e lítio), que é suficientemente forte para a tarefa.

A redução dos aldeídos com borohidreto de sódio (ou hidreto de alumínio e lítio) é uma forma bastante conveniente de fazer álcoois primários, como exibido na Figura 11-8. De forma semelhante, a redução das cetonas com borohidreto de sódio é uma forma conveniente de preparar álcoois secundários. Álcoois terciários não podem ser preparados por redução.

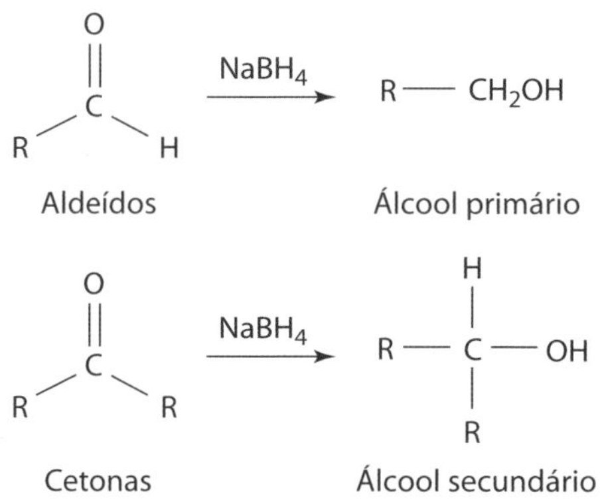

Figura 11-8: A formação de um álcool pela redução de um aldeído ou cetona.

O hidreto de alumínio e lítio é suficientemente forte para reduzir tanto os ácidos carboxílicos quanto os ésteres, como exibido na Figura 11-9. Tanto os ácidos carboxílicos quanto os ésteres são reduzidos a álcoois primários com esse reagente.

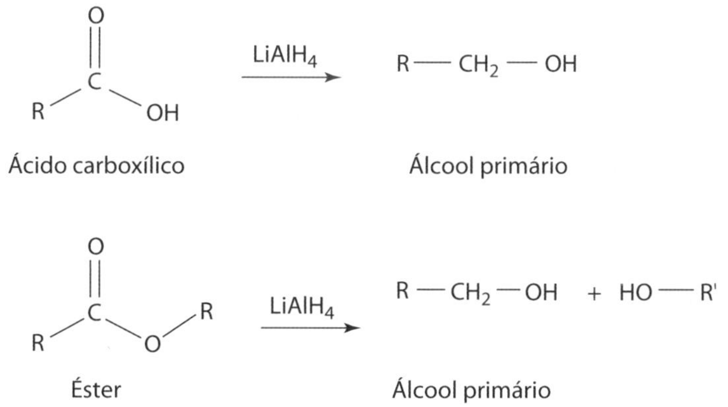

Figura 11-9: A formação de um álcool por meio da redução de hidreto de alumínio e lítio.

A reação de Grignard

Outra reação extremamente útil para fazer álcoois é a reação de Grignard (pronuncia-se GRING-guard). Para fazer álcoois usando a reação de Grignard, reagimos um "reagente de Grignard" com um composto carbonílico. É bastante simples fazer um reagente de Grignard: Basta adicionar magnésio a um haleto de alquilo, como exibido na Figura 11-10, que insere o magnésio na ligação C-X para fazer o reagente de Grignard.

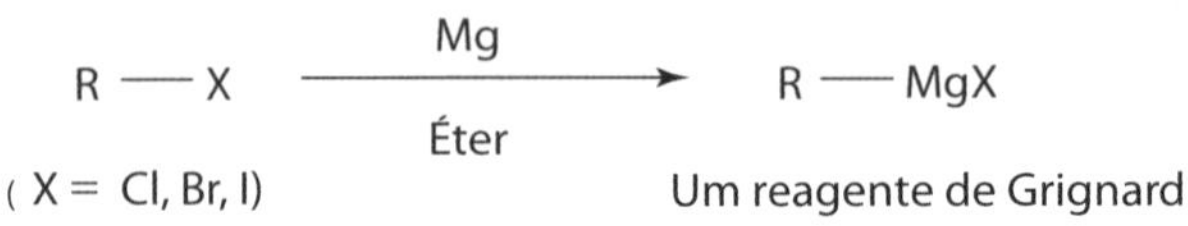

Figura 11-10: Fazendo um reagente de Grignard.

Um reagente de Grignard é um nucleófilo (amante de núcleos) extremamente poderoso e pode reagir com os eletrófilos como compostos carbonílicos. Para determinar os produtos feitos em uma reação de Grignard, podemos ignorar a porção do haleto de magnésio do reagente (porque essa porção não é envolvida na reação) e pensar no reagente de Grignard como algo que atua como um carbânion disfarçado. A Figura 11-11 ilustra essa ideia.

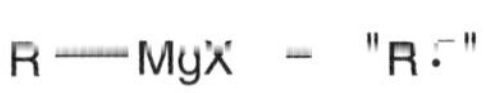

Figura 11-11: Um reagente de Grignard.

O mecanismo que adiciona um reagente de Grignard a um carbonilo é exibido na Figura 11-12.

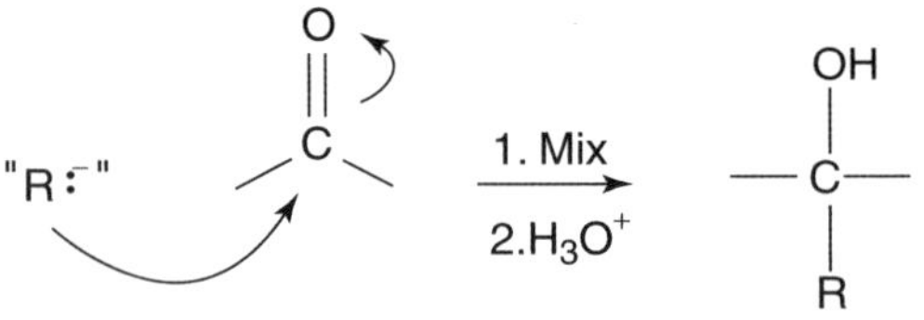

Figura 11-12: A reação de Grignard.

Embora, por redução seja possivel somente a obtenção de álcoois primários e secundários, podemos fazer todos os tipos de álcoois usando a reação de Grignard. Se reagirmos um reagente de Grignard com o formaldeído, como exibido na Figura 11-13, poderemos fazer álcoois primários. Se o reagirmos com o aldeído, obteremos álcoois secundários. Se o reagirmos com cetonas, obteremos álcoois terciários.

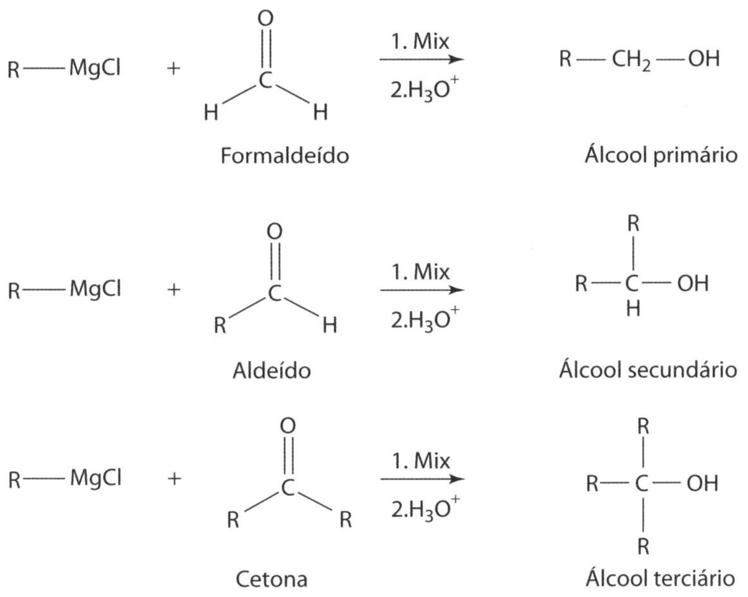

Figura 11-13: A formação dos álcoois por meio da adição dos reagentes de Grignard aos compostos carbonílicos.

Reações dos Álcoois

Então, o que podemos fazer com os álcoois? Agora que já vimos as reações que criam os álcoois, mostro as reações que convertem os álcoois em outros grupos funcionais.

Perda de água: Desidratação

Um dos melhores reagentes para converter álcoois em alcenos é o cloreto de fosforila ($POCl_3$). Esse reagente faz com que o álcool perca água para fazer o alceno, como exibido na Figura 11-14.

Figura 11-14: A desidratação de um álcool.

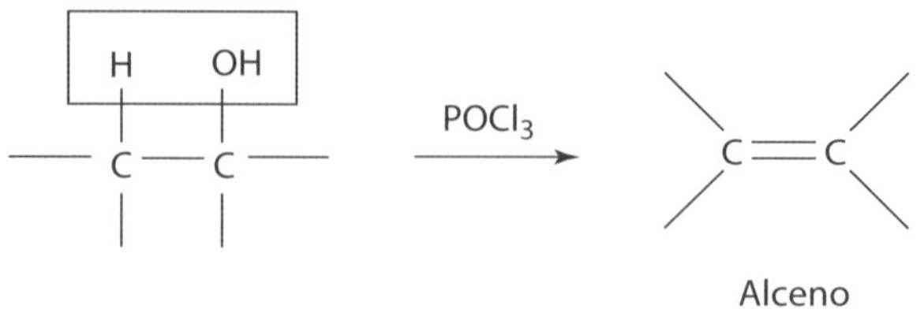

Fabricação de éteres: Síntese de éteres de Williamson

Os éteres também podem ser feitos a partir dos álcoois. A reação de um álcool com sódio metálico forma um alcóxido, a base conjugada do álcool, como exibido na Figura 11-15. Os alcóxidos são nucleófilos fortes que podem reagir com haletos primários para fazer éteres em uma reação S_N2 (veja o Capítulo 10).

Figura 11-15: A síntese de éteres de Williamson.

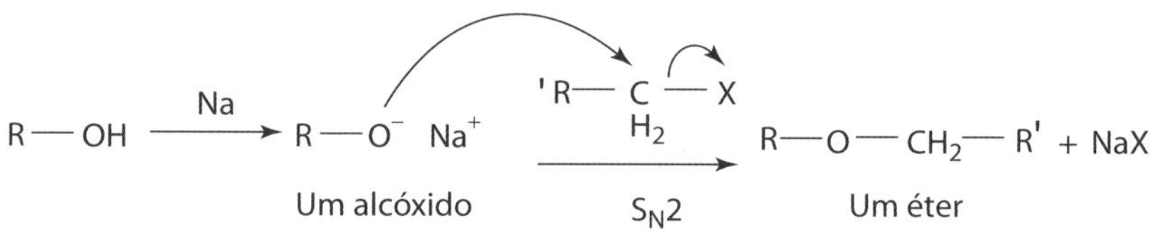

Oxidação de álcoois

Na seção anterior, mostrei como os álcoois podem ser feitos pela redução dos compostos carbonílicos. É possível realizar essa reação também de trás para frente, e a oxidação dos álcoois em compostos carbonílicos (cetonas e aldeídos) pode ser feita com um de dois reagentes – PCC e o reagente de Jones. O PCC (que significa clorocromato de piridínio) é um oxidante mais fraco que o reagente de Jones (uma mistura de cromato [CrO_4] e ácido). Por exemplo, o PCC oxida álcoois primários em aldeídos. O reagente de Jones, por outro lado, oxida o álcool primário até chegar ao ácido carboxílico (veja a Figura 11-16). Ambos os reagentes oxidam álcoois secundários em cetonas.

Não é possível oxidar um álcool terciário.

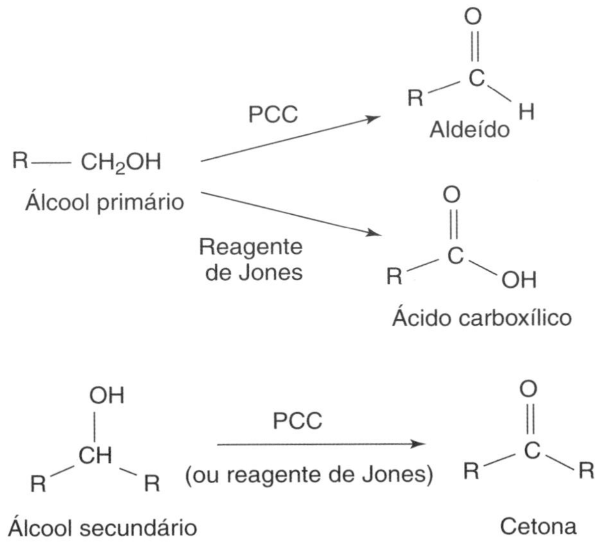

Figura 11-16: A oxidação dos álcoois.

Capítulo 12
Lado a Lado: Alcenos Conjugados e a Reação de Diels-Alder

Neste Capítulo

- Diferença entre alcenos conjugados e não conjugados
- Examinando as adições de 1,2 e 1,4 dos alcenos
- Distinção entre cinética e termodinâmica
- A reação de Diels-Alder dos dienos conjugados

Algumas das primeiras reações que você viu em química orgânica provavelmente foram as reações dos alcenos (discutidas no Capítulo 8), mas aquelas reações não encerram o livro sobre esse importante grupo funcional. As ligações duplas múltiplas que se alternam em uma cadeia de carbono, chamadas de *alcenos conjugados*, têm propriedades e reatividades diferentes das ligações duplas solitárias. Neste capítulo, exploro algumas dessas diferenças e uso a reação das ligações duplas conjugadas com ácidos para explicar a diferença entre cinética e termodinâmica. Mostro também a reação que, talvez, seja a mais interessante da química orgânica, a reação de Diels-Alder, que permite formar facilmente anéis e estruturas bicíclicas bizarras.

Ligações Duplas Conjugadas

Ligações duplas conjugadas estão em moléculas nas quais duas ou mais ligações duplas são separadas por uma ligação simples carbono-carbono, como exibido na Figura 12-1. As ligações duplas alteram-se, em outras palavras. Ligações duplas não conjugadas são aquelas separadas por mais que uma ligação simples carbono-carbono.

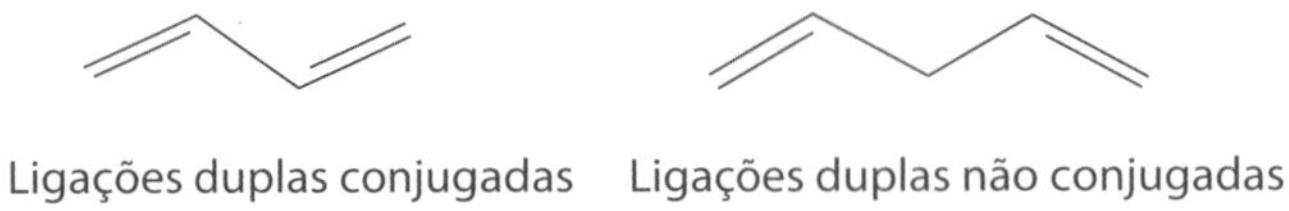

Figura 12-1: Alcenos conjugados *versus* não conjugados.

Uma característica dos alcenos conjugados é que eles são mais estáveis que os alcenos não conjugados. Podemos justificar essa estabilidade acrescida escrevendo as estruturas de ressonância de um alceno conjugado (veja mais sobre estruturas de ressonância, no Capítulo 3) e lembrando que ressonância é uma característica de estabilização das moléculas. A Figura 12-2 mostra as estruturas de ressonância para o dieno conjugado butadieno. Em contraste, as ligações duplas não conjugadas não têm estruturas de ressonância e, portanto, são menos estáveis.

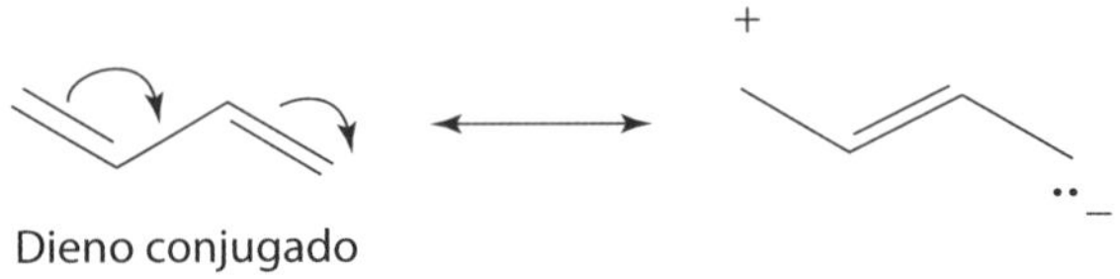

Figura 12-2: Uma estrutura de ressonância para o butadieno.

Adição de Hidrácidos a Alcenos Conjugados

Além de sua maior estabilidade, as ligações duplas conjugadas reagem de forma diferente das ligações duplas não conjugadas. A adição dos ácidos halogenídricos (como HBr, HCl e daí por diante) às ligações duplas é exibida em detalhes, no Capítulo 8. Mas os ácidos halogenídricos têm reações diferentes com ligações duplas conjugadas e com ligações duplas não conjugadas.

Podemos ver como acontece essa diferença de reatividade olhando o mecanismo da reação, exibido na Figura 12-3. O primeiro passo no mecanismo é a protonação de uma das ligações duplas para formar o carbocátion (note que, em geral, o cátion prefere ser secundário e não primário; veja, no Capítulo 8, mais sobre carbocátions). Esse cátion tem duas estruturas de ressonância, uma em que a carga positiva reside no carbono de número dois e outra na qual a carga positiva reside no carbono de número quatro. Assim, a estrutura real do cátion está em algum ponto entre essas duas estruturas de ressonância, com uma molécula que tem alguma carga positiva localizada no carbono de número dois e alguma carga positiva no carbono de número quatro. O haleto pode atacar qualquer um desses dois pontos de carga positiva.

O ataque ao carbono de número dois leva ao produto de adição 1,2 (porque o hidrogênio foi adicionado à posição um e o haleto à posição dois), enquanto o ataque ao carbono de número quatro leva ao produto de adição 1,4 (porque o hidrogênio foi adicionado à posição um e o haleto à posição quatro).

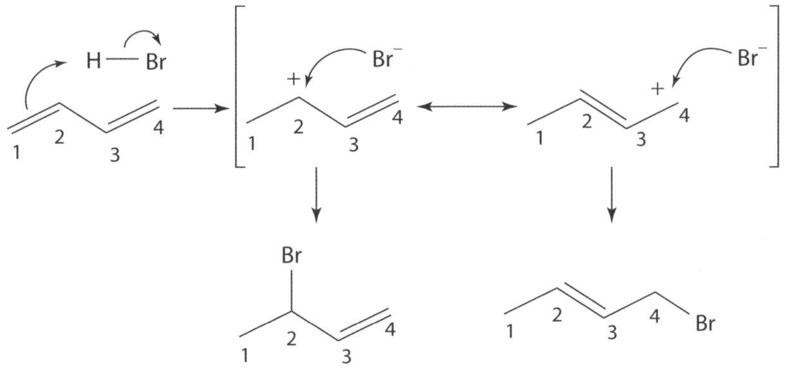

		Produto de adição 1,2	Produto de adição 1,4
Temperatura da reação:	0°C	70%	30%
	40°C	15%	85%

Figura 12-3: O mecanismo de adição 1,2 e 1,4.

Diagrama de reação da adição conjugada

Então, qual dos dois produtos de adição conjugada será favorecido? Curiosamente, a quantidade relativa de cada material produzido depende da temperatura da reação. Enquanto em temperaturas mais baixas obtêm-se maior adição de 1,2 (a 0°C), em temperaturas mais altas obtêm-se maior adição de 1,4 (a 40°C). Para ver por que isso acontece, é preciso olhar no diagrama da reação os dois caminhos diferentes exibidos na Figura 12-4. Note que um diagrama de reação exibe o progresso da reação *versus* a energia da reação (veja mais sobre diagramas de reação, no Capítulo 10).

Inicialmente, os dois caminhos são idênticos porque ambos passam pelo mesmo carbocátion. Depois, os dois caminhos divergem. Podemos ver pelo diagrama de reação que o produto de adição 1,2 tem energia de ativação mais baixa para o segundo passo (um morro menor a ser escalado), mas resulta em um produto de energia maior, enquanto o caminho da reação de adição 1,4 tem uma energia de ativação mais alta para o segundo passo, mas resulta em um produto mais estável, de energia mais baixa

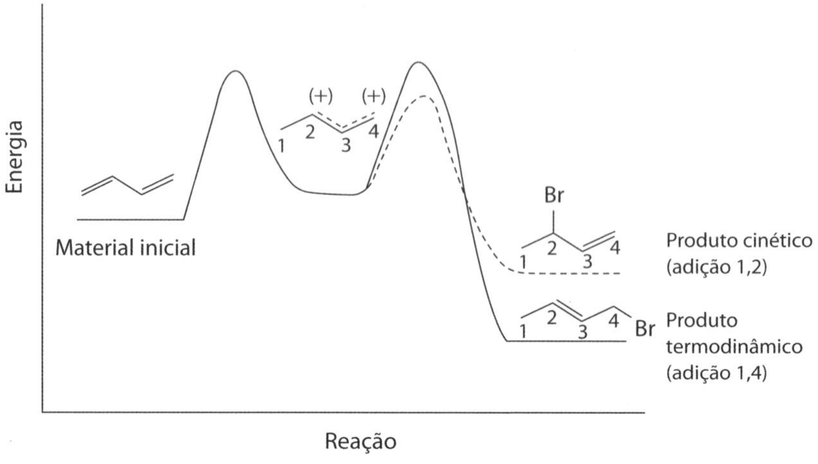

Figura 12-4: Diagrama de reação para adição conjugada.

Em temperaturas baixas, a reação fornece energia suficiente para atravessar a barreira menor e atingir o produto de adição 1,2, mas energia insuficiente para atravessar a barreira de energia mais alta e atingir o produto de adição 1,4. Como a reação é irreversível em baixas temperaturas – ou seja, depois que a reação tiver atravessado o morro de energia para gerar o produto, a reação não tem energia suficiente para escalar o morro de volta ao cátion intermediário –, depois que o material primário é convertido em produto, ele permanece como produto e não retorna ao carbocátion intermediário. Desse modo, as temperaturas baixas favorecem o produto de adição 1,2, que tem barreira de ativação mais baixa, embora resulte em um produto de maior energia. O produto formado com a barreira de ativação mais baixa é chamado de *produto cinético*, usando fala orgânica.

Em temperaturas mais altas (por volta de 40°C), a reação é reversível (tem energia suficiente para voltar ao cátion depois de feito o produto cinético) e pode atingir o equilíbrio. Qualquer sistema em equilíbrio irá favorecer o produto de energia menor, chamado de *produto termodinâmico*. A reação em temperatura alta tem energia suficiente para atravessar a barreira de ativação de energia mais alta e atingir o produto mais estável. Além disso, como há calor suficiente para fazer com que a reação de adição 1,2 seja reversível, eventualmente a maior parte do produto 1,2 voltará ao alto do morro, até o estado de carbocátion. Uma vez lá, a reação eventualmente levará à adição 1,4, porque essa reação resulta em produto de menor energia.

Comparação da cinética e termodinâmica da adição conjugada

A cinética e a termodinâmica são fáceis de confundir, mas é possível lembrar-se da diferença entre elas. A cinética refere-se às velocidades das reações. As velocidades de reação dependem das alturas das barreiras de energia em uma reação (as energias de ativação). A termodinâmica, por outro lado, refere-se às energias relativas do material inicial e do produto (a mudança na energia). Se quiser que uma reação esteja sob controle cinético, realize a reação em baixa temperatura de forma que apenas os morros de baixa energia sejam escalados pela reação, e o produto cinético será favorecido. Em temperaturas mais altas, quando uma reação está em equilíbrio, a reação está sob controle termodinâmico e o produto de energia mais baixa é favorecido, independentemente da altura da barreira de ativação.

Em geral, a adição 1,2 leva ao produto cinético, enquanto a adição 1,4 leva ao produto termodinâmico (veja na Figura 12-4 o caso específico da adição de HBr ao butadieno). Então, para conseguir o produto de adição 1,2 em um alceno conjugado, normalmente se realiza a reação em temperatura mais baixa, enquanto, para conseguir o produto de adição 1,4, realiza-se a reação em temperaturas mais altas.

A Reação de Diels-Alder

Uma das diferenças mais interessantes entre dienos conjugados e isolados é que os dienos conjugados podem sofrer a reação de Diels-Alder. A reação de Diels-Alder provavelmente é a reação mais esquisita encontrada na química orgânica. É, também, uma de suas reações mais valiosas, pois, em uma única etapa, essa reação produz duas valiosas ligações carbono-carbono (de tamanho valor para os químicos que seus descobridores, Otto Diels e Kurt Alder, dividiram o Prêmio Nobel de Química por terem-na descoberto). A reação é extremamente útil na construção de anéis de seis membros e moléculas bicíclicas.

A forma geral da reação de Diels-Alder é exibida na Figura 12-5. Nessa reação, um dieno conjugado reage com um alceno (chamado de dienófilo, ou amante de alcadieno) para formar um anel de seis membros. A reação ocorre em um único passo; não produz intermediários. Como exibido no desenho do mecanismo, as três ligações duplas nos dois materiais iniciais são usadas para fazer duas novas ligações únicas carbono-carbono e uma nova ligação dupla carbono-carbono no produto.

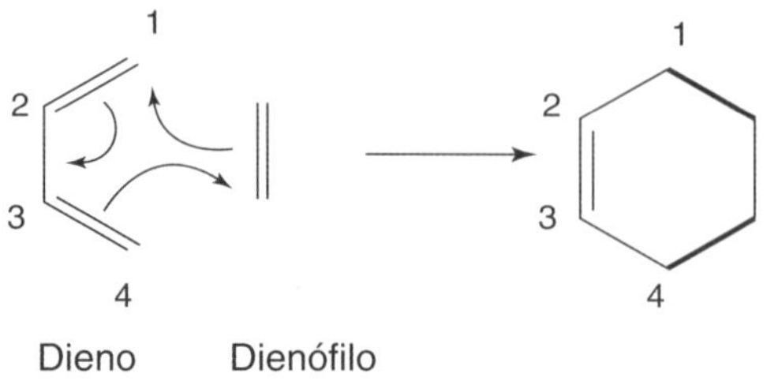

Figura 12-5: O mecanismo da reação de Diels-Alder.

Visualização do dieno e do dienófilo

A reação de Diels-Alder prefere certos dienos e dienófilos. Os dienos que são substituídos por grupos doadores de elétrons reagem mais rapidamente do que aqueles que não são substituídos. Inversamente, os dienófilos reagem com mais rapidez quando são substituídos por grupos retiradores de elétrons.

Dentre os bons grupos doadores de elétrons (abreviados como GDE) substituídos nos dienos para a reação de Diels-Alder estão os éteres (OR), álcoois (OH) e aminas (NR_2). Dentre os bons grupos retiradores de elétrons (abreviados como GRE) substituído no dienófilo estão os grupos ciano (CN), grupos nitro (NO_2) e todos os compostos carbonílicos (inclusive os ésteres, aldeídos, ácidos, cetonas, e daí por diante). Esses grupos são exibidos na Figura 12-6.

Figura 12-6: Algumas preferências dos alcadienos e dos dienófilos.

Outro requisito do dieno é que ele esteja em conformação s-cis de forma que as duas ligações duplas estejam em orientação adequada para passar pela reação. A *conformação s-cis* é aquela na qual ambas as ligações duplas estão do mesmo lado da ligação única carbono-carbono que as separa, como exibido na Figura 12-7. Dienos em anéis reagem muito rapidamente na reação de Diels-Alder porque estão bloqueadas na conformação s-cis.

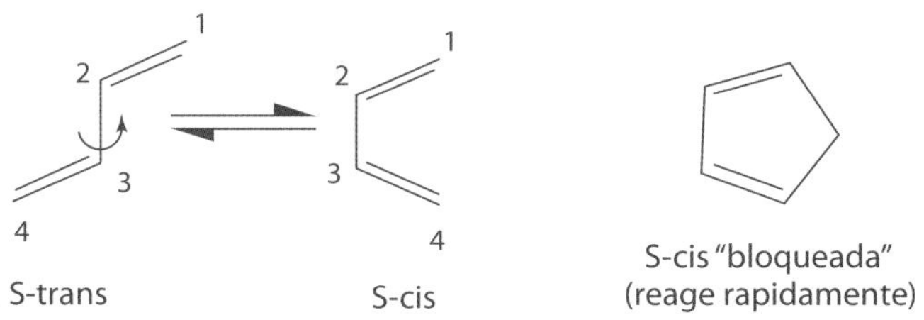

Figura 12-7: Conformações s-cis e s-trans.

Estereoquímica da adição

Uma das características mais valiosas da reação de Diels-Alder é que a reação é *estereosseletiva* – ou seja, forma preferencialmente um estereoisômero ao invés de outro (para uma discussão sobre estereoquímica, veja o Capítulo 6). Com um dienófilo substituído, se os dois substituintes no dienófilo começarem como *cis*, eles terminarão como cis no produto; se começarem como trans, terminarão como trans no produto, conforme mostra a Figura 12-8.

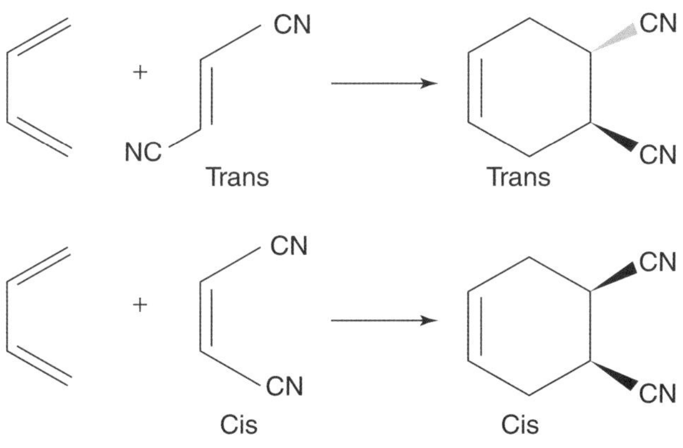

Figura 12-8: A estereoquímica da adição em uma reação de Diels-Alder.

Produtos bicíclicos

Se um dieno estiver em um anel, obtêm-se produtos bicíclicos da reação de Diels-Alder, como exibido na Figura 12-9. E se os dois substituintes no dienófilo forem cis, os dois estereoisômeros podem acabar descendo em relação à ponte de carbono no produto, o que chamamos de regra de adição endo, ou despontando em relação à ponte de carbono, que chamamos de adição exo. A reação de Diels-Alder preferencialmente forma o produto endo.

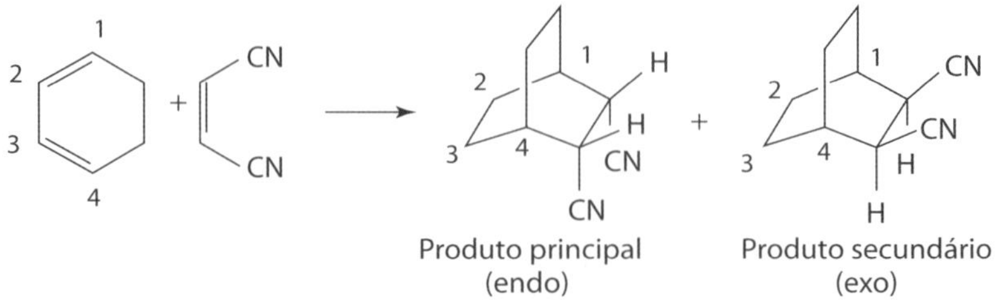

Figura 12-9: Os produtos endo e exo de uma reação Diels-Alder.

Solução de Problemas: Determinação de Produtos da Reação de Diels-Alder

As reações de Diels-Alder podem parecer confusas, mas quatro passos simples ajudarão a determinar os produtos dessas reações.

1. **Oriente o dieno e o dienófilo corretamente.**

   Nessa etapa, deve-se garantir que as ligações duplas estejam orientadas corretamente (ligações duplas de dieno apontando na direção do dienófilo) e que o alcadieno esteja na conformação s-cis (se não estiver, será necessário girá-lo).

2. **Numere os carbonos de dieno (1 a 4).**

   Pode-se começar a numeração em qualquer extremo do dieno. Essa numeração é apenas uma maneira de se manter um registro de onde as ligações deveriam ser formadas para fazer o produto.

3. **Realize a reação.**

   Faça uma ligação do carbono número um no dieno até um dos lados do dienófilo. Então, faça uma ligação do carbono de número quatro até o outro lado do dienófilo. Livre-se das duas ligações duplas do material inicial entre os carbonos 1 e 2 e 3 e 4 e coloque uma ligação dupla entre os carbonos 2 e 3 no produto.

4. **Certifique-se de ter a estereoquímica correta.**

   Se começar com um dienófilo cis dissubstituído, o produto deve ser cis substituído; se o dienófilo começar como trans, deve terminar trans. Com produtos bicíclicos, garanta que estereoquímica endo seja exibida no produto.

Agora, tente resolver o problema exibido na Figura 12-10 usando esses quatro passos.

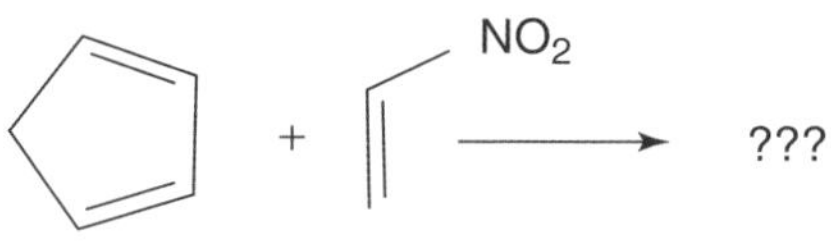

Figura 12-10: Uma reação Diels-Alder.

Primeiro passo: Orientação da molécula

Comece orientando o dieno de forma que as duas ligações duplas no dieno apontem na direção do dienófilo (com a ligação simples que conecta as ligações duplas orientadas na direção contrária ao dienófilo). Nesse caso, será preciso girar o dieno por 180°, como exibido na Figura 12-11. Como esse dieno está em um anel, não será preciso se preocupar com seu giro para a conformação s-cis porque os alcadienos em anéis ficam bloqueados na conformação s-cis.

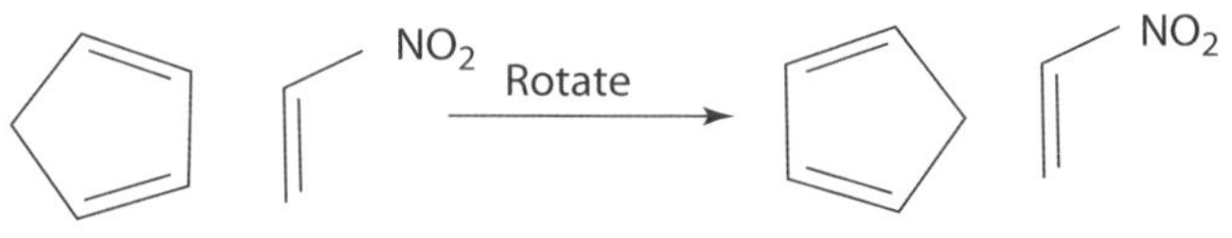

Figura 12-11: Orientação do dieno.

Segundo passo: Numeração do dieno

Em seguida, numere os carbonos no dieno (de 1 a 4). Comece a numerar em qualquer lado do dieno. Na Figura 12-12, a numeração começa na parte de cima.

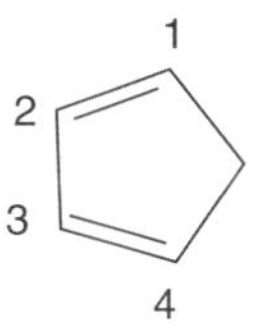

Figura 12-12: Numeração do dieno.

Terceiro passo: fazendo as ligações

Agora que tudo está alinhado, respire fundo e faça a reação. Fazem-se as ligações entre o carbono número um do dieno e o dienófilo e entre o carbono número quatro e o ienófilo. Termina-se com uma ligação dupla entre os carbonos dois e três. Note que na reação exibida na Figura 12-13, o quinto carbono no anel de alcadieno está virado para cima, formando uma "ponte" pontiaguda entre os carbonos um e quatro.

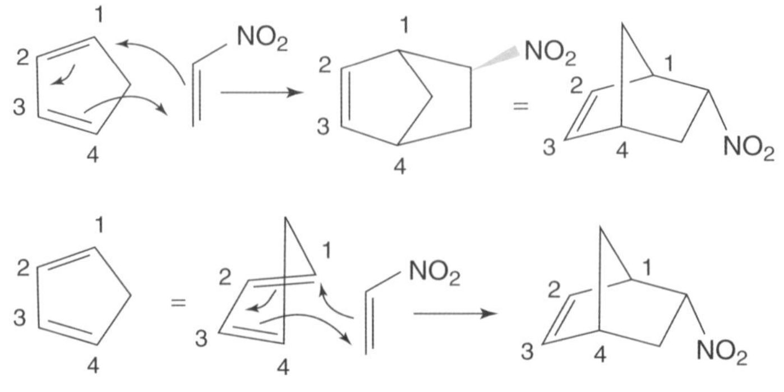

Figura 12-13: Duas formas diferentes de visualizar essa reação de Diels--Alder.

Quarto passo: Verificação da estereoquímica

Certifique-se de ter a estereoquímica correta. Como se tem um produto bicíclico, é preciso garantir que o substituinte nitro seja endo (que aponta para baixo a partir da ponte de carbono no alto da molécula). E isso é tudo!

Capítulo 13

O Senhor dos Anéis: Compostos Aromáticos

Neste Capítulo

- O que dá tanta estabilidade aos aromáticos
- Criação de diagramas de OM para sistemas de anéis
- Distinção de anéis aromáticos, antiaromáticos e não aromáticos
- Nomenclatura dos compostos aromáticos
- As reações do benzeno

De acordo com a lenda orgânica, a estrutura do principal sistema aromático, o benzeno, surgiu para o químico August Kekulé em um sonho. Por muito tempo, a estrutura do benzeno – líquido isolado de um resíduo alcatroado da queima do petróleo – fugiu dos químicos, e muitas estruturas para o composto foram propostas por grandes nomes da área. Kekulé afirmou que, em um sonho, viu uma cobra devorando seu próprio rabo, formando um círculo. O benzeno deve ser um anel, pensou ao acordar, e desenhou rapidamente a estrutura correta do composto (ou, pelo menos, isso é o que ele afirmou, de modo meio duvidoso, muitos anos depois). A intuição de Kekulé sobre a estrutura cíclica do benzeno estava correta, e logo levou à descoberta de outros anéis aromáticos além do benzeno.

O benzeno e outros *aromáticos* são uma classe altamente interessante de compostos anelados com excepcional estabilidade. Neste capítulo, mostro como nomear os aromáticos e discuto os compostos aromáticos que têm propriedades e reatividades semelhantes às do benzeno. Mostro como determinar se um sistema de anéis é aromático, mostro o que torna os compostos aromáticos tão estáveis e abordo as reações do benzeno.

Definição dos Compostos Aromáticos

Os aromáticos são uma classe de compostos cíclicos que contêm ligações duplas. O nome aromático vem do fato de que muitos dos primeiros compostos aromáticos a serem isolados tinham fragrância muito forte; os adoráveis odores de substâncias como a baunilha, as amêndoas e gaultéria devem-se à presença de compostos aromáticos nesses produtos. Mas muitos compostos aromáticos têm odor desagradável ou não têm odor algum. A maioria dos aromáticos simples, na verdade, é obtida comercialmente a partir do alcatrão. Os compostos aromáticos contêm ligações duplas, mas não reagem como os alcenos e, portanto, são classificados como um grupo funcional à parte. O benzeno, por exemplo, não se comporta como se fosse o 1,3,5-ciclohexatrieno. Embora o bromo reaja rapidamente com os alcenos para fazer os dibrometos (veja a Figura 13-1), ele é completamente inerte ao benzeno. Essa falta de reatividade resulta dos aromáticos serem muito mais estáveis que os alcenos.

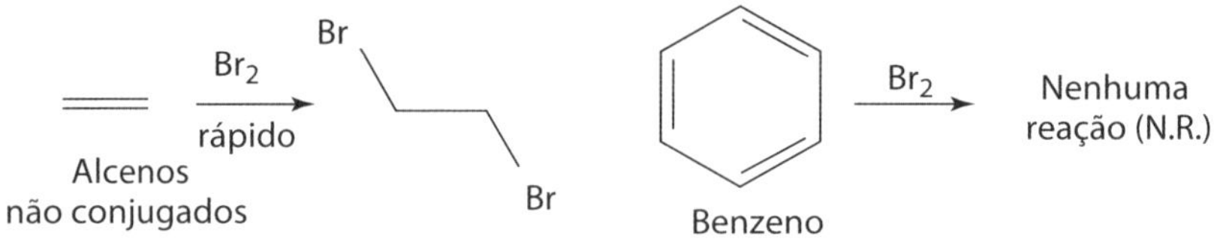

Figura 13-1: Estabilidade relativa de um alceno e do benzeno na presença do bromo.

Por causa dessa maior estabilidade, os compostos aromáticos requerem condições de reação significativamente mais vigorosas em comparação com as condições necessárias para a reação de alcenos simples. Os anéis aromáticos mofam quando expostos aos reagentes relativamente suaves que reagem com os alcenos (reagentes como aqueles usados na hidroboração, oximercuração e adição de HBr, exibidos no Capítulo 8). Tentar reagir os aromáticos com esses reagentes é como dar tiros com uma arma de ar comprimido contra um castelo bem defendido. Esses reagentes simplesmente se afastam dos anéis após tocá-los e permanecem impotentes no frasco de reação. É preciso liberar os reagentes canhões para conseguir a reação dos anéis aromáticos, e eu os mostrarei futuramente, neste capítulo.

Estrutura do benzeno

A estrutura real do benzeno é o híbrido de suas duas estruturas de ressonância exibidas na Figura 13-2 (para revisar as estruturas de ressonância, veja o Capítulo 2). Cada ligação do benzeno tem exatamente o mesmo comprimento – nem tão longa quanto uma ligação simples nem tão curta quanto uma ligação dupla – e sua qualidade de ligação pode ser melhor descrita como sendo 1.5, o comprimento entre uma ligação simples e uma dupla.

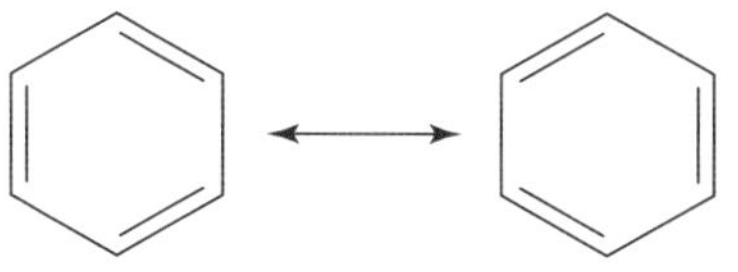

Figura 13-2: Estruturas de ressonância do benzeno.

Como o benzeno é um híbrido de duas estruturas de ressonância, para mostrar a posição dos elétrons pi com maior precisão em uma estrutura simples, todos os elétrons da ligação dupla costumam ser representados por um círculo (como exibido na Figura 13-3), e não por ligações duplas individuais. Esse desenho do círculo de benzeno representa com maior precisão a distribuição de elétrons do benzeno, porque mostra todos os átomos e ligações como iguais. Mas como o número de elétrons pi não é claro nesses desenhos (e como as reações são melhor exibidas a partir das estruturas que contêm ligações duplas), evito usar neste livro essa representação do benzeno em círculo. Basta ter em mente que quando são desenhadas as estruturas de benzeno que contêm as ligações duplas, essas estruturas híbridas são assumidas.

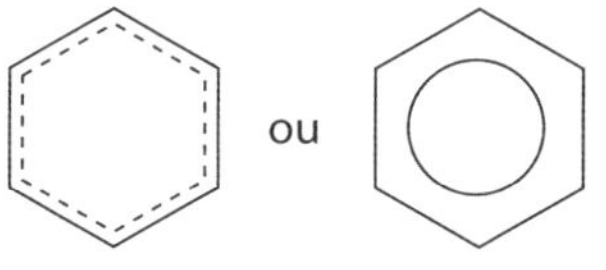

Figura 13-3: Benzeno.

Diversidade dos compostos aromáticos

Embora o benzeno seja o principal composto aromático, são conhecidos muitos outros compostos aromáticos com sua mesma estabilidade excepcional. Alguns desses aromáticos consistem de anéis de benzeno adjacentes que formam anéis fundidos, tais como o benzopireno (Figura 13-4). Descobriu-se que esses compostos aromáticos fundidos, encontrados no carvão, são tóxicos. Limpadores de chaminés e outros trabalhadores expostos a esses compostos por longos períodos correm risco de desenvolver cânceres por causa da exposição ao benzopireno e outros compostos aromáticos encontrados na fuligem da chaminé.

Os compostos aromáticos vêm em anéis de todos os tamanhos e heteroátomos como o oxigênio, nitrogênio e enxofre; dentre os aromáticos que contêm tais heteroátomos estão o furano e a piridina, exibidos na Figura 13-4. Todas as bases do DNA, entre elas a adenina, que também é exibida na Figura 13-4, têm características aromáticas. Por serem tão estáveis, os compostos aromáticos são onipresentes na natureza.

Figura 13-4: Alguns anéis aromáticos encontrados na natureza.

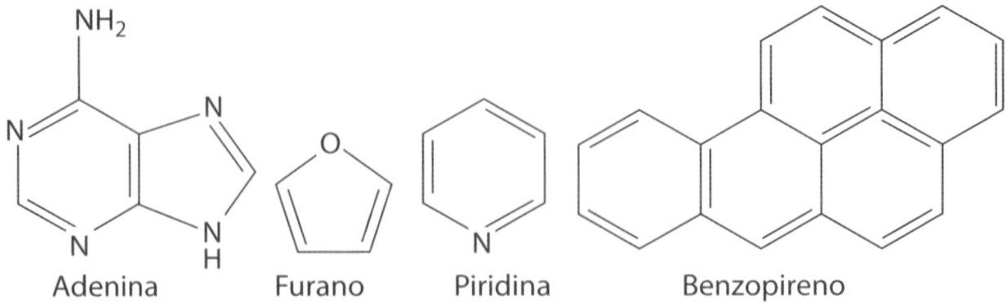

Então o que exatamente é responsável por uma molécula ser aromática?

A princípio, muitos químicos achavam que todos os anéis que continham ligações duplas alternadas por toda a volta de um anel teriam a mesma característica aromática do benzeno – e a mesma estabilidade excepcional dessa estrutura. Essa suposição, porém, não está correta. O ciclobutadieno, por exemplo, exibido na Figura 13-5, é um composto extremamente instável, e dimeriza-se rapidamente (reage com outra molécula de ciclobutadieno) na solução (por meio da reação de Diels-Alder do Capítulo 12; você ganhará uma estrela de bom aluno se conseguir desenhar o produto). Enquanto o benzeno, como resultado de sua aromaticidade, é mais estável que seu análogo de cadeia aberta, o 1,3,5-hexatrieno, o ciclobutadieno é, na verdade, menos estável que sua contrapartida de cadeia aberta, o 1,3-butadieno. Portanto, alguns anéis são estabilizados por esses anéis que contêm ligações duplas e tornam-se aromáticos, enquanto outros (como o ciclobutadieno) são desestabilizados e tornam-se o que chamamos de anéis *antiaromáticos*.

Regra $4n + 2$ de Hückel

Um químico chamado Erich Hückel explicou esse resultado meio confuso. Ele observou que sistemas de anéis planares que continham $4n + 2$ elétrons pi (onde n é um número inteiro), eram estáveis e aromáticos, enquanto sistemas de anéis com $4n$ elétrons pi eram instáveis e antiaromáticos. Assim, o benzeno, com seus seis elétrons pi (dois elétrons pi de cada ligação dupla), é aromático porque segue a regra $4n + 2$, onde $n = 1$. O ciclobutadieno, por outro lado, é antiaromático por causa de seus quatro elétrons pi; ele segue a equação $4n$, onde $n = 1$.

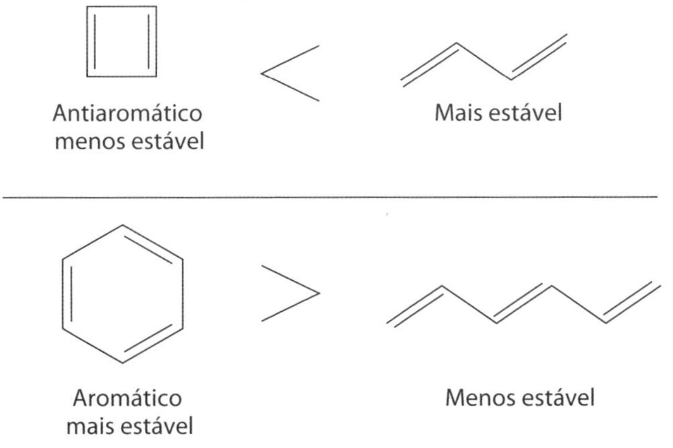

Figura 13-5: As estabilidades relativas de alguns alcenos anelados e de cadeia aberta.

A equação de Hückel, útil como é, não explica por que os anéis que contêm um *número* Hückel de *elétrons* pi ($4n + 2$) têm essa característica de estabilidade e aromaticidade, enquanto aqueles com *número não Hückel* ($4n$) são instáveis. Embora você saiba que o benzeno tem estruturas de ressonância e elas geralmente contribuem para a estabilidade de uma molécula, a melhor explicação para a estabilidade dos compostos aromáticos vem da teoria do orbital molecular, que é abordada na próxima seção.

Explicação da Aromaticidade: Teoria do Orbital Molecular

A teoria do orbital molecular (OM) oferece um modelo de ligação mais sofisticado do que o modelo de ligação de valência (que é representado pelas estruturas de Lewis). Claro, essa sofisticação maior tem um preço: A teoria do orbital molecular não é nem de perto tão simples de usar quanto o modelo de ligação de valência. Fofoca-se por aí (e não apenas entre os estudantes) que enquanto a teoria de ligação de valência é boa demais para ser verdade, a teoria OM é verdadeira demais para ser boa. Essa descrição é, de certo modo, injusta com ambos os modelos, mas é verdade que os químicos orgânicos têm-se privado de usar a teoria OM quando um modelo do OM resulta na descrição correta de uma molécula e o modelo de ligação de valência está errado. Por exemplo, os químicos orgânicos preferem usar as estruturas de ressonância para corrigir falhas na representação do modelo de valência de elétrons pi e não ligantes em vez de se voltarem para a teoria do OM, que é mais precisa (mas mais difícil de manejar).

Que raios é a teoria orbital molecular?

Na teoria de ligação de valência, os elétrons são posicionados em ligações entre os átomos ou como elétrons não ligantes em um átomo. Na teoria do orbital molecular, os elétrons não estão restritos à posição entre dois átomos ou em um átomo em si. Ao contrário, eles têm permissão para espalharem-se por toda a molécula. Se pensarmos nos orbitais enquanto apartamentos para elétrons, o elétron acaba de ganhar permissão para se mudar da clausura de um casebre pequeno da teoria de ligação de valência para a suíte muito mais espaçosa da teoria do orbital molecular. Como os elétrons podem trocar de posição por toda a molécula na teoria do OM, os orbitais em que esses elétrons residem são chamados de orbitais moleculares, abreviados como ψ (psi).

LEMBRE-SE

A teoria de ligação de valência e a teoria do orbital molecular são apenas modelos de representação da posição real dos elétrons em uma molécula. Embora a teoria de ligação de valência seja a mais simples de usar entre as duas, ela não é tão precisa quanto a teoria OM, porque não faz um trabalho tão bom modelando a forma como os elétrons podem se espalhar por toda uma molécula em certos casos (como nos anéis aromáticos).

Criação de diagramas de OM

Um esquema orbital bastante informativo é chamado de *diagrama de orbital molecular*. Um diagrama de orbital molecular exibe o número e as energias relativas dos diferentes orbitais moleculares e a ocupação dos elétrons em cada um desses orbitais. Esses diagramas são iguaizinhos às configurações eletrônicas dos átomos que você desenhava na introdução à química (que foi revisada, no Capítulo 2), exceto porque esses diagramas servem para moléculas em vez de átomos, e nesses diagramas preenchemos orbitais moleculares em vez de orbitais atômicos.

Para fazer um diagrama de OM, é preciso seguir essas diretrizes:

- Orbitais moleculares são feitos pela combinação dos orbitais atômicos (como os orbitais *s* e *p*). O número de orbitais atômicos combinados deve ser igual ao número de orbitais moleculares. Se você inserir seis orbitais atômicos, por exemplo, deverá obter seis orbitais moleculares.

- Os OMs que diminuem em energia são chamados de orbitais moleculares ligantes; aqueles que aumentam em energia são chamados de orbitais moleculares antiligantes.

- Os elétrons preenchem os orbitais moleculares da mesma forma que os elétrons preenchem os orbitais atômicos – ou seja, os orbitais de menor energia são preenchidos primeiro com um máximo de dois elétrons por orbital, seguindo a regra de Hund (veja, no Capítulo 2, uma revisão dos orbitais atômicos e da regra de Hund).

Cada átomo de carbono no benzeno é hibridizado sp^2. Portanto, cada átomo de carbono no benzeno tem um orbital *p* ortogonal (em ângulo reto) em relação ao plano do anel de benzeno, como exibido na Figura 13-6. Os orbitais pi no benzeno são feitos da sobreposição desses orbitais *p*. Ao fazermos esses diagramas de OM para o benzeno e outros aromáticos, geralmente só nos preocupamos com os orbitais pi (porque só os elétrons pi contribuem para a aromaticidade). Então, nesses diagramas de OM deixam-se fora todos os orbitais moleculares sigma e combinam-se apenas os orbitais *p* para fazer os orbitais moleculares pi (lembre-se que apenas os orbitais *p* fazem ligações pi).

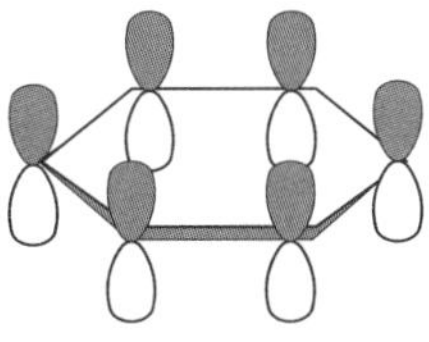

Figura 13-6: Orbitais p de benzeno.

Dois anéis divergiram em uma floresta: Círculos de Frost

Como o benzeno tem seis orbitais *p* (um de cada carbono), exatamente seis orbitais moleculares pi devem ser formados a partir desses seis orbitais seguindo a primeira diretriz. Um guia bastante útil para fazer os diagramas de orbitais moleculares para esses sistemas de anéis é um diagrama de *Frost*. Um diagrama hospedeiro permite posicionar rapidamente os seis orbitais no diagrama de orbital molecular e dá as energias relativas dos orbitais.

É fácil fazer um círculo de Frost: basta desenhar um círculo e, dentro dele, desenhamos o anel de carbono com uma de suas pontas viradas para baixo. Cada ponto em que o anel tocar o círculo será a posição de um dos orbitais moleculares. Após ter todos os orbitais situados no nível correto de energia, preenchemos os orbitais com o número de elétrons pi no anel, e – *voilá*! – temos o diagrama de orbital molecular.

Após desenharmos alguns desses diagramas de orbitais moleculares para os sistemas de anéis, notamos que em muitos diagramas dois orbitais estão no mesmo nível de energia. Tais orbitais são chamados de *orbitais degenerados*, usando fala orgânica.

Criação do diagrama de OM do benzeno

A construção do diagrama de orbital molecular do benzeno é exibida na Figura 13-7. Primeiro, desenhamos um círculo e, então, um anel de seis membros é lançado dentro do círculo com a ponta para baixo.

Um dos erros mais comuns na construção dos diagramas de MO usando um círculo de Frost é esquecer de colocar a ponta do anel para baixo no círculo.

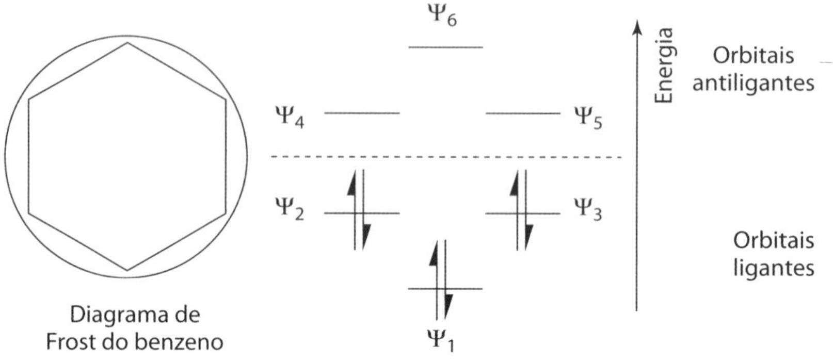

Figura 13-7: O círculo de Frost e o diagrama de orbital molecular do benzeno.

Cada ponto onde o anel de seis membros tocar o círculo representará a posição de um dos orbitais moleculares (que eu transpus para a direita do círculo na figura para maior clareza). Os orbitais abaixo do centro do círculo são chamados de *orbitais ligantes*, enquanto aqueles acima do centro do círculo são chamados de *orbitais antiligantes*. Os orbitais ligantes têm energia mais baixa do que os orbitais antiligantes. Como o benzeno tem seis elétrons pi, preenchemos o orbital de menor energia (ψ_1) mais os dois orbitais degenerados acima dele (ψ_2 e ψ_3). Note como a estrutura eletrônica do benzeno é adorável – todos esses três orbitais ligantes de baixa energia são completamente preenchidos com elétrons, enquanto cada um dos orbitais antiligantes de maior energia permanece vazio. Como cada um dos orbitais preenchidos no benzeno tem energia baixa, o benzeno é excepcionalmente estável.

Visualização dos OMs do benzeno

Claro, esses diagramas de OM não dizem qual a aparência dos orbitais moleculares individuais. Cada orbital molecular no benzeno é feito de uma combinação dos seis orbitais *p* atômicos. Lembre-se que os orbitais *p* têm um nó – uma região de densidade eletrônica zero no centro do orbital onde a função de onda que descreve o orbital muda de sinal (essa mudança do sinal aparece ao sombrearmos metade do orbital *p*). Para que uma interação ligante ocorra entre dois orbitais *p*, os orbitais devem se alinhar de forma que cada lóbulo que se sobreponha a outro orbital p tenha o mesmo sinal. Quando os orbitais se alinham com um sinal oposto, isso cria uma interação antiligante (alta energia) e um nó (uma região de densidade eletrônica zero) entre os orbitais. Um exemplo da sobreposição dos orbitais *p* é exibido na Figura 13-8.

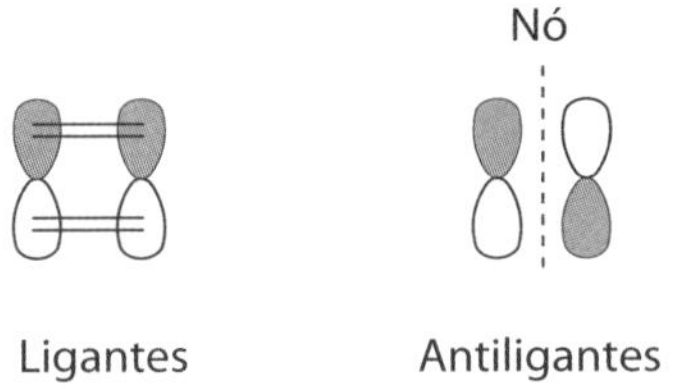

Figura 13-8: Orbitais p ligantes e antiligantes.

Os OMs benzeno são exibidos na Figura 13-9. Quando todos os orbitais p circulam o benzeno de forma que todos os sinais combinem, cada orbital único sobrepõe-se a outro na interação ligante que cria o orbital molecular (ψ_1) de menor energia possível. Quando um lado do anel tem orbitais que se alinham de uma maneira e o outro lado tem orbitais que se alinham de maneira oposta, é criado um orbital molecular de modo que tenha um nó através do anel de benzeno. Cada um dos orbitais moleculares ψ_2 e ψ_3 tem um nó. Uma característica geral dos orbitais moleculares pi é que os orbitais de menor nível de energia têm zero nós, o segundo nível de energia tem um nó, o terceiro tem dois nós, e daí por diante. Quanto mais nós um orbital molecular tiver, maior será sua energia. No orbital molecular de maior energia do benzeno (ψ_6), cada orbital *p* é antiligante com seu orbital vizinho.

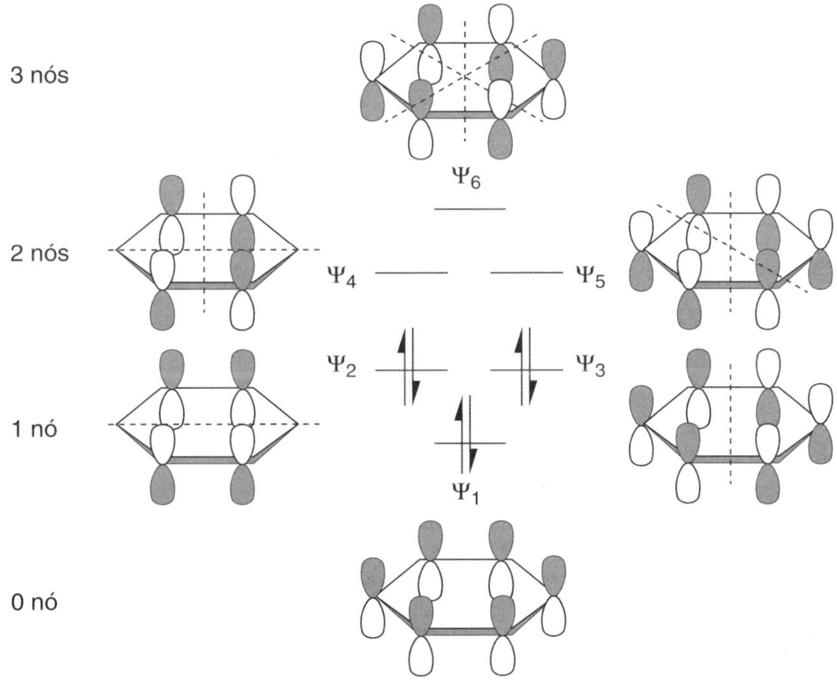

Figura 13-9: Os orbitais moleculares do benzeno.

Você deve estar se perguntando como um elétron é capaz de saltar pelos nós, aquelas regiões de densidade eletrônica zero nas quais os elétrons não são permitidos. Continuando com a analogia do apartamento, esses nós são cômodos em um apartamento sem portas. Como se passa de um cômodo para o outro? A confusão surge quando pensamos nos elétrons apenas como partículas, como pequenos planetas orbitando o sol nuclear e ignorando as propriedades de onda dos elétrons. Aqui, cabe uma analogia com ondas. Quando dedilhamos uma corda sobre os trastes do violão e então a puxamos repentinamente, vemos a vibração propagando-se pelo dedão, um lugar onde não há vibração. Da mesma forma, um elétron, por poder se comportar como uma onda, pode saltar pelos nós em um orbital molecular. Ao pensar no salto sobre os nós, imagine o elétron como uma onda, não como uma partícula.

Criação do diagrama de OM do ciclobutadieno

Agora, tente fazer o diagrama de OM do ciclobutadieno, que é instável e antiaromático (veja a Figura 13-10). Fazemos com o círculo de Frost o mesmo que foi feito com o benzeno, exceto porque jogamos uma ponta do anel de quatro membros para baixo no círculo para que se consigam os níveis de OM (note que são obtidos os quatro orbitais moleculares porque se começa com quatro orbitais atômicos p). Como o ciclobutadieno tem quatro elétrons pi (novamente, dois de cada ligação dupla), preenche-se completamente o primeiro orbital molecular (ψ_1). Os dois elétrons seguintes são posicionados nos orbitais ψ_2 e ψ_3, que são degenerados. De acordo com a regra de Hund (veja o Capítulo 2), deve-se posicionar um elétron em cada orbital degenerado em vez de formar par com eles no mesmo orbital. Assim, ao contrário do benzeno, no qual todos os orbitais ligantes são preenchidos com elétrons, dois orbitais no ciclobutadieno são preenchidos apenas parcialmente. O ciclobutadieno, portanto, é essencialmente um *birradical* (uma espécie que contém dois elétrons desemparelhados)! Certamente, você não teria adivinhado olhando a enganadora estrutura de Lewis.

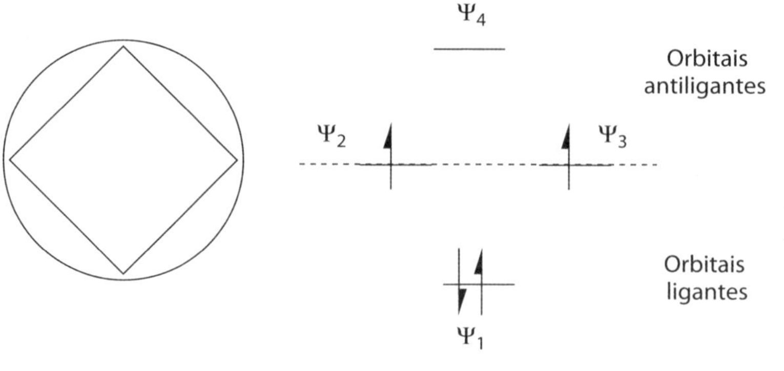

Figura 13-10: O círculo de Frost e o diagrama orbital molecular do ciclobutadieno.

Na verdade, vê-se que essa tendência é seguida para todos os anéis aromáticos e antiaromáticos. Anéis aromáticos são preenchidos apenas com orbitais ligantes, enquanto anéis antiaromáticos têm dois orbitais não preenchidos, o que os torna extremamente instáveis e rabugentos.

Solução de Problemas: Determinação da Aromaticidade

Agora que já mostrei por que os anéis aromáticos são tão estáveis e os antiaromáticos tão instáveis, mostro como determinar se um sistema de anéis é aromático, antiaromático ou não aromático.

Para que uma molécula seja aromática, ela deve atender às quatro seguintes condições:

- Deve ser um anel.
- Deve ser plana (planar).
- Deve ter em cada átomo do anel um orbital p que seja ortogonal ao plano do anel. Em outras palavras, nenhum átomo do anel pode ser hibridizado sp^3.
- Deve ter um número de Hückel de elétrons pi, seguindo a regra $4n + 2$.

Se a molécula atender às três primeiras condições, mas tiver apenas $4n\pi$ elétrons, a mesma será *antiaromática*. Se a molécula fracassar em atender a qualquer uma das três primeiras condições ou a todas elas, será *não aromática*. Agora dou alguns detalhes sobre cada um desses pontos.

A primeira condição é que apenas anéis podem ser aromáticos. Sistemas acílicos não podem ser aromáticos.

A segunda condição envolve o formato do anel. Sistemas anelados podem ser planos ou tridimensionais. A maioria dos sistemas de anéis conjugados é plana para maximizar a sobreposição entre os orbitais *p*. Mas existem algumas exceções. O ciclodecapentaeno, por exemplo, exibido na Figura 13-11, é franzido porque dois hidrogênios do anel são empurrados um para o espaço do outro, e o anel é forçado para fora da planaridade de forma que os hidrogênios possam ocupar espaços separados. Por causa de sua estrutura não planar, o ciclodecapentaeno é não aromático. A remoção dos dois hidrogênios e sua substituição por uma ligação de carbono para fazer o naftaleno elimina esse problema; o naftaleno é planar (e aromático).

O ciclooctatetraeno (Figura 13-12) é outro exemplo de molécula com ligações duplas alternadas em torno do anel, mas não é planar. Ao contrário, esse sistema de anéis adota uma conformação franzida em formato de banheira. Por quê? Porque se permanecesse plano, se tornaria antiaromático como resultado de não ter um número de Hückel de elétrons pi (8)! Como os sistemas antiaromáticos são muito instáveis, esse composto se dobra e sacrifica a sobreposição do orbital *p* de forma que não terá que suportar a dor de ser antiaromático.

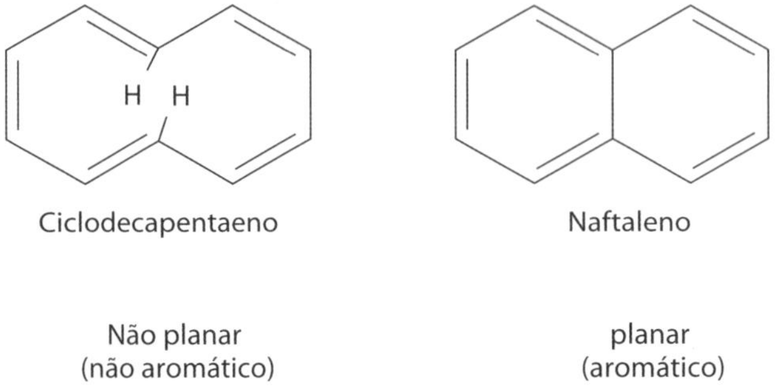

Figura 13-11: Os anéis não planar e planar do ciclodecapentaeno e do naftaleno.

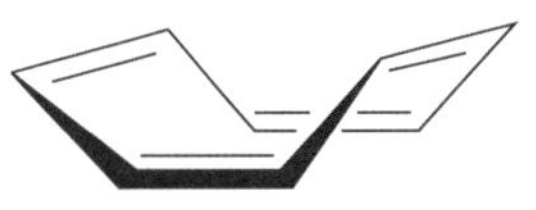

Figura 13-12: Ciclooctatetraeno.

A terceira condição envolve os orbitais. Os sistemas aromáticos devem ter um anel não quebrado de orbitais *p*, então qualquer anel que contenha um carbono hibridizado sp^3 não será aromático. O cicloheptatrieno, exibido na Figura 13-13, não é aromático porque um dos carbonos do anel é hibridizado sp^3. No entanto, os carbocátions (carbonos de carga positiva) são hibridizados sp^2 (e têm um orbital *p* vazio), então o cátion cicloheptatrieno tem um anel não quebrado de orbitais *p* e é um composto aromático.

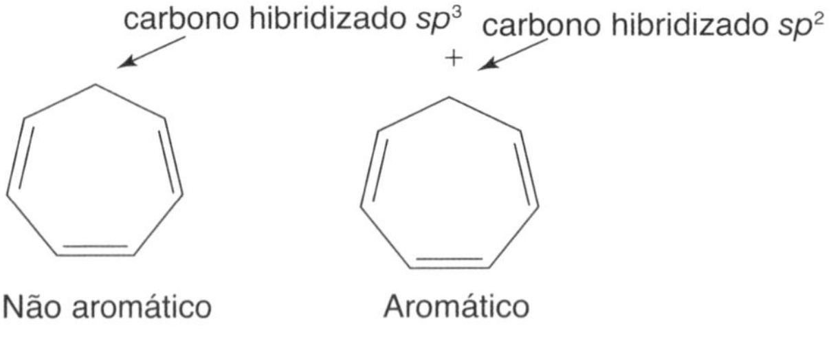

Figura 13-13: A molécula não aromática do cicloheptatrieno e o cátion aromático cicloheptatrieno.

Finalmente, para ser aromático um anel deve ter um número de Hückel de elétrons pi ($4n + 2$). A Tabela 13-1 dá soluções para essas equações para os valores baixos de *n*.

Tabela 13-1 Contagens de Elétrons Pi

Inteiro (n)	Números Aromáticos (4n + 2)	Números Antiaromáticos (4n)
0	2	—
1	6	4
2	10	8
3	14	12
4	18	16

Um aspecto confuso ao contar o número de elétrons no sistema pi é quando o anel contém heteroátomos (como O, S, N). Como saber quais pares solitários contar como parte do sistema pi e quais ignorar (veja a Figura 13-14)?

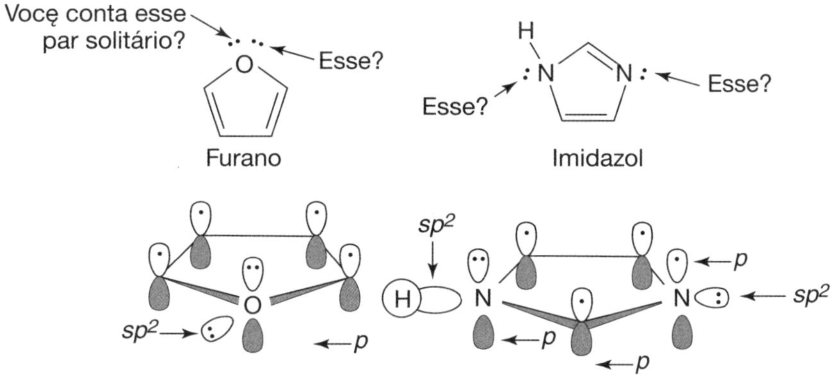

Figura 13-14: Contagem de elétrons pi nos heteroátomos.

A resposta completa é que é preciso tirar os orbitais para ver quais pares solitários de elétrons entrariam no sistema pi e quais não entrariam. Para o furano, um par solitário do oxigênio entraria no orbital *p* (sistema pi) e outro entraria no orbital hibridizado sp^2 ortogonal ao anel. Então, o oxigênio do furano contribuiria com dois elétrons para o sistema pi.

Mas espere um minuto! O oxigênio do furano não deve ser hibridizado sp^3 porque o oxigênio tem quatro substituintes (e pares solitários contam como substituinte, veja o Capítulo 2)? Não necessariamente. Embora a regra geral de contagem de substituintes para determinar a hibridização seja verdadeira na maioria dos casos, ela fracassará quando um átomo com um par solitário for adjacente a uma ligação dupla (ou seja, quando conjugada).

Nesses casos, o átomo com um par solitário rehibridizará de sp^3 para sp^2 de forma que possa conjugar o par solitário de elétrons com a ligação dupla.

Tanto o furano quanto o imidazol têm seis elétrons pi e são aromáticos (dê uma olhada nos diagramas de orbital, na Figura 13-14, e veja que esse é o caso).

Aqui está uma dica para economizar tempo de forma que você não precise extrair os orbitais dos anéis que contêm heteroátomos todas as vezes. Os heteroátomos (O, S, N) em ligação dupla com outros átomos em um anel não podem contribuir com seus pares solitários para o sistema pi, porque seu orbital p já está sendo usado para fazer a ligação dupla (veja a Figura 13-14 e perceba os orbitais do nitrogênio duplamente ligado no imidazol). Os heteroátomos que têm apenas ligações simples com outros átomos em um anel podem contribuir com um par solitário para o sistema pi, mas não com dois porque apenas um par solitário pode estar no sistema pi; o outro par solitário estará em um orbital hibridizado sp^2 ortogonal ao sistema pi (veja a Figura 13-14 e perceba os orbitais do oxigênio em ligação simples no furano).

Solução de Problemas: Previsão de Acidez e Basicidade

Dois dos tipos de problemas mais comuns, ao lidar com compostos aromáticos, são as previsões da acidez e da basicidade dos anéis que contêm ligações duplas, inclusive anéis aromáticos. Esses problemas são projetados para ver se você consegue aplicar a aromaticidade sozinho e compreender que a aromaticidade é uma característica de estabilização das moléculas.

Comparação de acidez

Uma questão comum é qual dos dois anéis que contêm ligações duplas é mais ácido, tais como os das moléculas da Figura 13-15. Assim como com qualquer reação ácido/base na qual seja preciso comparar a acidez, deve-se verificar qual ácido tem a base conjugada mais estável.

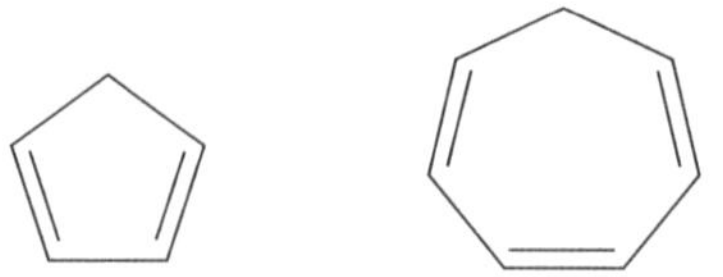

Ciclopentadieno Cicloheptatrieno

Figura 13-15: Ciclopentadieno e cicloheptatrieno.

LEMBRE-SE

Ácidos mais fortes têm bases conjugadas mais estáveis.

Olhando as bases conjugadas das duas moléculas (Figura 13-16), vemos que ambos os compostos têm anéis completamente conjugados, mas um tem seis elétrons pi (ânion ciclopentadienil), enquanto o outro tem oito elétrons pi (ânion ciclohepatrienil). Assim, a base conjugada com seis elétrons pi é aromática e deveria ser mais estável que o anel com oito elétrons pi, que não pode ser aromático. Com base nessa análise, o ciclopentadieno deve ser mais ácido que o cicloheptatrieno. Uma característica geral desses problemas é que a base conjugada de uma das moléculas será aromática, enquanto a outra não será. O composto mais ácido é aquele que se torna aromático (e, portanto, mais estável) na desprotonação.

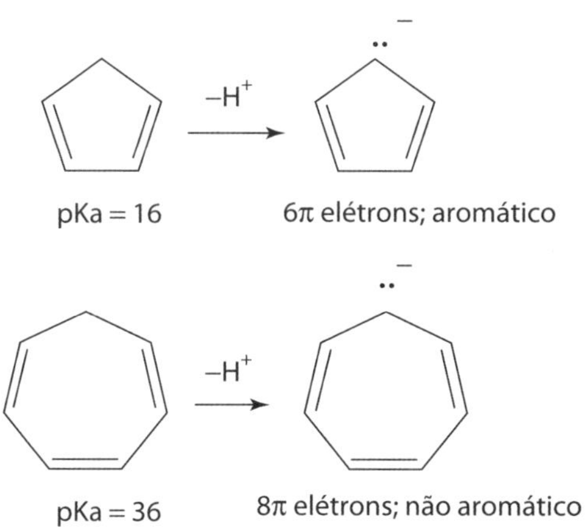

Figura 13-16: Comparação da acidez dos anéis.

Comparação de basicidade

Outro tipo comum de tarefa é comparar ou prever a basicidade dos átomos de nitrogênio nos compostos aromáticos. Por exemplo, você consegue prever qual nitrogênio é mais básico na molécula aromática imidazol, exibida na Figura 13-17?

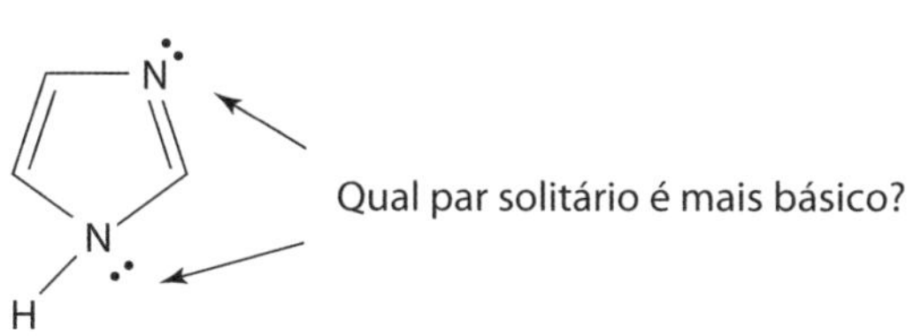

Figura 13-17: Comparação das basicidades dos nitrogênios no imidazol.

Para determinarmos a força de uma base, olhamos a estabilidade do ácido conjugado. A protonação do nitrogênio inferior do imidazol, na Figura 13-17, rompe a aromaticidade do anel, porque aquele par solitário do nitrogênio é parte do sistema pi (em situação de protonação, o par solitário é conectado em uma ligação ao hidrogênio e não pode mais contribuir para a aromaticidade). A protonação do nitrogênio superior não rompe o sistema pi (ou a aromaticidade) do imidazol porque o par solitário está situado em um orbital hibridizado sp^2 e não faz parte do sistema pi (veja, na Figura 13-14, os desenhos do orbital de imidazol). Portanto, o nitrogênio superior é muito mais básico que o nitrogênio inferior, porque o superior é muito mais feliz com um hidrogênio anexado do que o nitrogênio inferior. A característica geral desses problemas é que os nitrogênios cujos pares solitários não estão envolvidos no sistema pi, são mais básicos que os nitrogênios com pares solitários no sistema pi.

Nomeação de Benzenos e Aromáticos

Benzenos substituídos recebem o nome principal de – *surpresa*! – benzeno. Assim, o benzeno com um grupo etila é chamado de etilbenzeno, como exibido na Figura 13-18. Quando se tem uma cadeia de alquila com mais carbonos que o anel aromático, a porção de alquila torna-se o grupo principal. Quando o benzeno é nomeado como um substituinte, ele é chamado de *grupo fenil* (geralmente abreviado como Ph), como no 3-fenil-heptano. Um termo geral para um anel aromático como substituinte é a palavra *aril*. Um benzeno com uma porção de metileno (CH_2) é conhecido como *grupo benzil*, como exibido na Figura 13-19.

LEMBRE-SE

Não confunda um anel fenil com um grupo benzil.

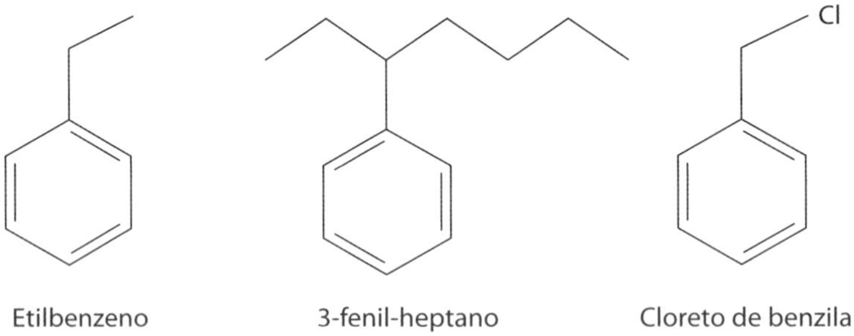

Figura 13-18: Nomes de alguns benzenos substituídos.

Figura 13-19: O anel fenil e o grupo benzil.

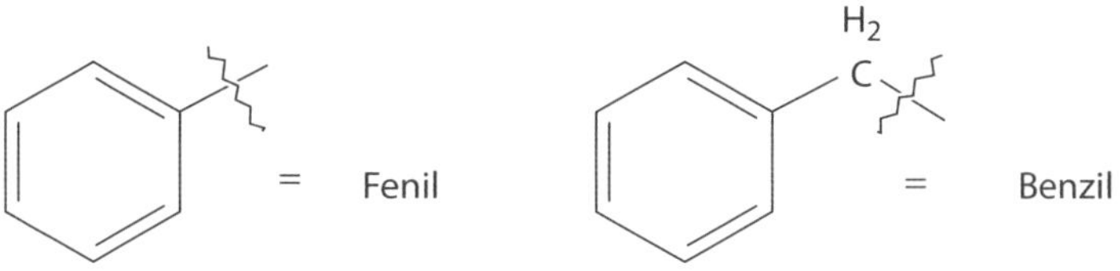

Nomes comuns dos benzenos substituídos

Uma coisa que você pode achar frustrante com relação aos compostos aromáticos é que os benzenos substituídos são conhecidos por muitos nomes comuns. O metil benzeno, por exemplo, é quase sempre chamado de tolueno. Esses nomes devem simplesmente ser memorizados. Alguns dos benzenos substituídos mais comuns são exibidos na Figura 13-20.

Figura 13-20: Nomes comuns de alguns benzenos substituídos.

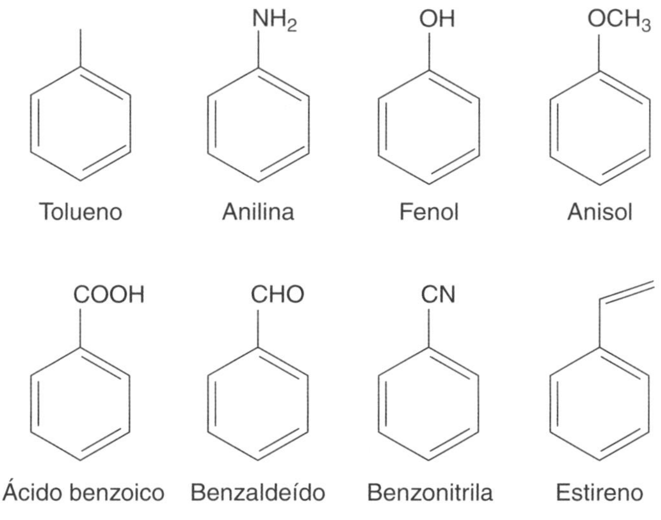

DICA

Muitos professores universitários gostam de testar sua capacidade para lembrar-se dos nomes comuns dos compostos dando problemas de síntese nos exames usando os nomes comuns dos materiais iniciais. Por exemplo, você pode receber um problema que diga "começando com o tolueno, proponha uma síntese para fazer o composto X". Se você não conhecer a estrutura do tolueno, ficará sem ter o que fazer mesmo que fosse capaz de ter feito a síntese caso conhecesse a estrutura.

Nomes de aromáticos comuns

Os nomes dos outros aromáticos além do benzeno estão na Figura 13-21. Para praticar, você pode querer ver se consegue determinar quantos elétrons pi cada um desses anéis contém (todos eles têm seis elétrons pi, mas de onde vêm esses elétrons?)

Figura 13-21: Nomes de alguns aromáticos comuns.

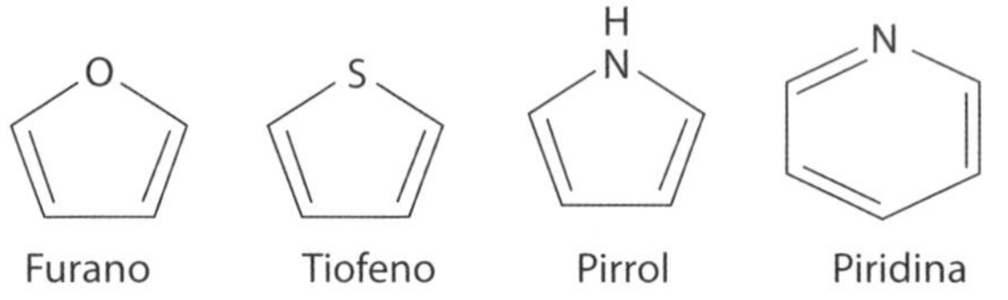

Tragam os Obuses: Substituição Eletrofílica Aromática do Benzeno

Ao contrário das ligações duplas dos alcenos, as ligações duplas do benzeno são apenas fracamente *nucleofílicas* (amantes de núcleos), então é preciso *eletrófilos* (amantes de elétrons) poderosos para fazer com que o benzeno reaja. Geralmente é preciso jogar uma carga positiva no eletrófilo que o deixe suficientemente forte para reagir com o benzeno. Por exemplo, o Br_2 reage com os alcenos, mas não reage com o benzeno. Porém, o bromo de carga positiva, Br^+, reage com o benzeno, porque as espécies de carga positiva são muito mais eletrofílicas que as espécies neutras. Ao contrário da reação do bromo com os alcenos (na qual se consegue uma reação de adição através da ligação dupla), quando o benzeno reage com o íon bromo (Br^+), têm-se reações de substituição (nas quais o eletrófilo substitui o hidrogênio).

A reação do benzeno com eletrófilos é chamada de *substituição eletrofílica aromática*, e o mecanismo geral para essa reação é exibido na Figura 13-22. Na primeira etapa do mecanismo, uma das ligações duplas no benzeno ataca o eletrófilo de carga positiva (E^+) para fazer um cátion. Esse cátion intermediário é estabilizado por ressonância (você consegue extrair as outras duas estruturas de ressonância?), mas não é aromático (porque o anel tem um carbono hibridizado sp^3). Na segunda etapa, quando uma base (abreviada $B:^-$) extrai um próton adjacente ao carbocátion, o anel aromático é novamente formado para fazer o benzeno substituído.

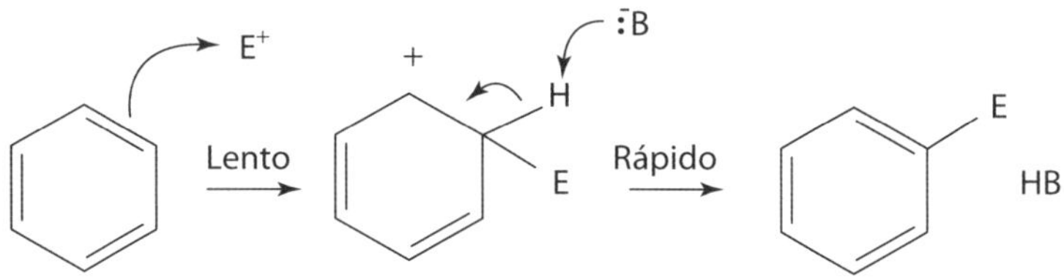

Figura 13-22: O mecanismo da substituição eletrofílica aromática.

A Figura 13-23 mostra os reagentes usados para fazer diferentes tipos de eletrófilos de carga positiva. Esses reagentes podem ser usados para nitrar, bromar, clorar ou sulfonar anéis de benzeno. Todos esses elétrofilos adicionam-se ao benzeno do modo exibido na Figura 13-22. As reações de alquilação e acilação são discutidas em maiores detalhes abaixo.

	Reagentes		Eletrófilo (E^+)	Subproduto
Nitração	$HNO_3 + H_2SO_4$	⟶	$O{=}\overset{+}{N}{=}O$	H_2O / HSO_4^-
Bromação	$Br_2 + FeBr_3$	⟶	Br^+	$FeBr_4^-$
Cloração	$Cl_2 + FeCl_3$	⟶	Cl^+	$FeCl_4^-$
Sulfonação	$SO_3 + H_2SO_4$	⟶	$O{=}\overset{+}{S}(OH){=}O$	HSO_4^-
Alquilação	$R{-}Cl + AlCl_3$	⟶	R^+	$AlCl_4^-$
Acilação	$R{-}C({=}O){-}Cl$ + $AlCl_3$	⟶	$R{-}C{=}O^+$	$AlCl_4^-$

Figura 13-23: Geração de eletrófilos para reações de substituição eletrofílica aromática.

Adição de substituintes alquila: Alquilação de Friedel-Crafts

Uma forma de alquilar anéis de benzeno foi proposta por Charles Friedel e James Crafts. Eles descobriram que a reação dos cloretos de alquila na presença do ácido de Lewis cloreto de alumínio faz carbocátions, como exibido na Figura 13-24. Os carbocátions são suficientemente eletrofílicos para reagir com o benzeno e formar alquilbenzenos pelo mesmo mecanismo esboçado na Figura 13-22.

Figura 13-24: Fazendo carbocátions.

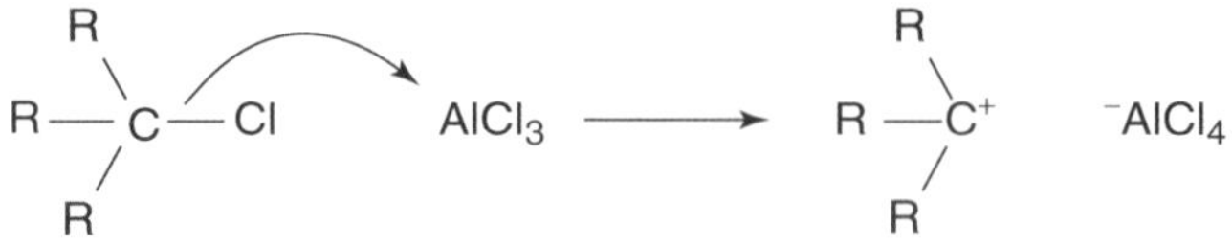

Os carbocátions, porém, são como criancinhas malcriadas. Como ilustrado no Capítulo 8 com a adição do HCl aos alcenos, os carbocátions podem – e irão – se rearranjar se isso fizer um carbocátion mais estável.

LEMBRE-SE

Os cátions terciários são mais estáveis que os cátions secundários, que, por sua vez, são mais estáveis que os cátions primários.

Por exemplo, a reação do benzeno com o cloreto de propila em presença de cloreto de alumínio faz o isopropilbenzeno como produto principal, sendo o produto esperado, propilbenzeno, o produto secundário. Veja, na Figura 13-25, os produtos dessa reação.

Figura 13-25: A alquilação de Friedel-Crafts

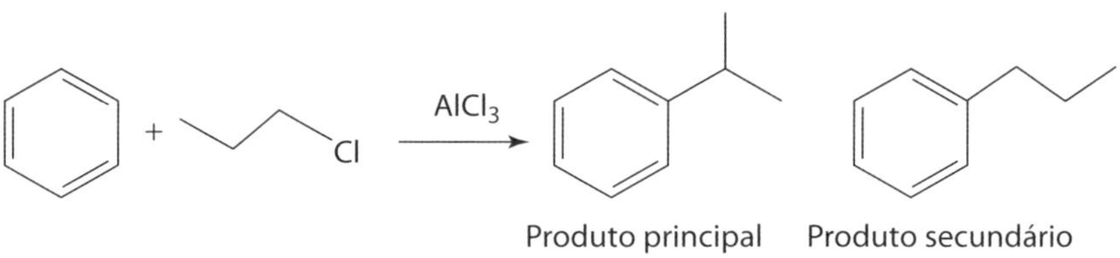

O motivo dessa reação não resultar no produto esperado é que o cátion primário pode se rearranjar para o carbocátion secundário mais estável por um deslocamento de hidreto, como exibido na Figura 13-26. A adição desse cátion secundário ao benzeno produz o isopropilbenzeno como produto principal. Por causa desses rearranjos, é difícil acrescentar os grupos alquila da cadeia linear ao benzeno usando a reação de alquilação de Friedel-Crafts.

Figura 13-26: A transposição de carbocátions na reação de Friedel-Crafts.

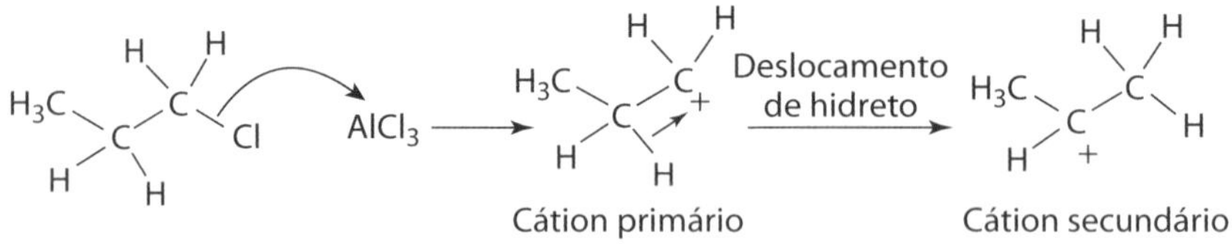

Superando adversidades: Acilação de Friedel-Crafts

Para parar com esses rearranjos irritantes que levam a produtos indesejados, Friedel e Crafts pensaram em uma reação de acilação. A retirada de um cloreto de acila (RCOCl) e a adição do cloreto de alumínio faz um cátion acílio, como exibido na Figura 13-27. Íons acílio são estabilizados por ressonância e não se rearranjam.

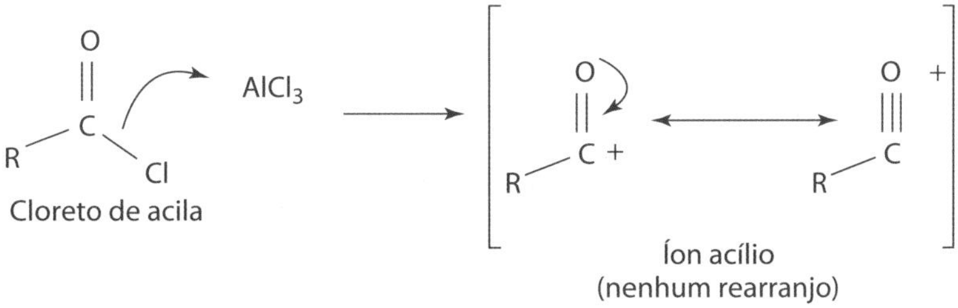

Figura 13-27: Fazendo cátions acílio.

Esses íons acílio, então, adicionam-se ao benzeno para fazer aril cetonas, como exibido na Figura 13-28. Aril cetonas podem ser reduzidas convenientemente com hidrogênio e paládio/carbono (Pd/C) até aromáticos de alquila (as cetonas regulares não próximas a anéis de benzeno, porém, não são tocadas por esses reagentes). Embora um passo a mais seja necessário, essa sequência de reação – a acilação seguida pela redução – é uma forma útil de fazer alquilbenzenos sem se preocupar com rearranjos de carbocátion que resultem em produtos indesejados.

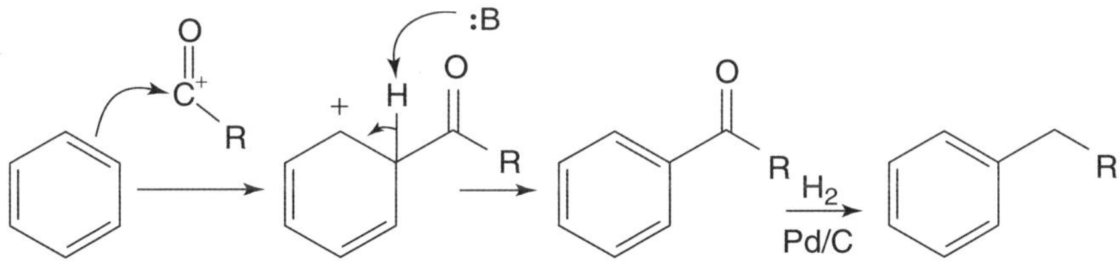

Figura 13-28: A acilação de Friedel-Crafts seguida pela redução.

Redução de grupos nitro

Uma forma conveniente de fazer arilaminas é pela redução dos grupos nitro. Esses grupos podem ser reduzidos facilmente pela adição de cloreto de estanho ($SnCl_2$) em meio ácido, como exibido na Figura 13-29.

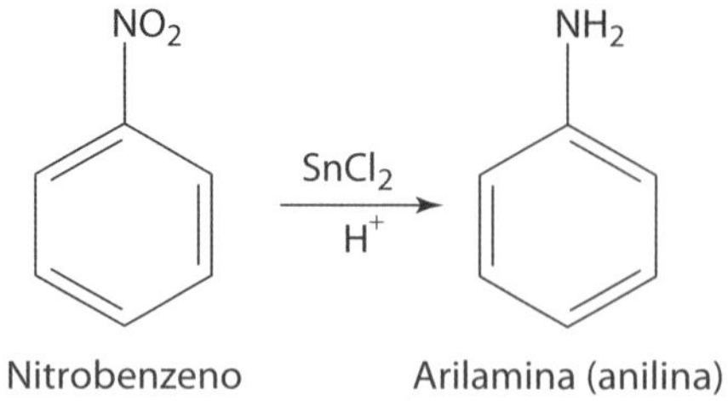

Figura 13-29: Redução nitro e formação de uma arilamina.

Oxidação de benzenos alquilados

O permanganato de potássio é um poderoso reagente de oxidante. Na presença do ácido, esse reagente pega alquilbenzenos, os masca e cospe ácidos aril carboxílicos (ácidos benzoicos, veja a Figura 13-20), como exibido na Figura 13-30. Um substituinte alquila que tem um hidrogênio adjacente ao anel fenil será oxidado em um ácido carboxílico (um grupo COOH). Se o substituinte alquila não tiver hidrogênios adjacentes ao anel, ele não será tocado.

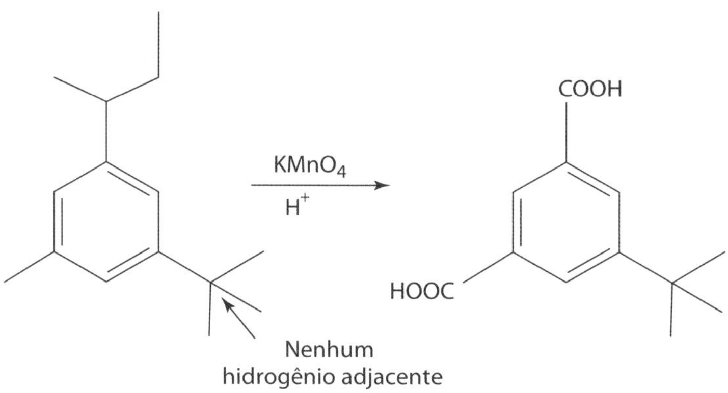

Figura 13-30: Oxidação pelo permanganato.

Adição de Dois: Síntese dos Benzenos Dissubstituídos

Agora você conhece os reagentes que adicionam grupos diferentes ao benzeno. Mas e se você quiser sintetizar benzenos dissubstituídos? Após adicionar-se ao primeiro grupo, três posições são possíveis para que o próximo grupo se adicione, como exibido na Figura 13-31. Uma possibilidade é que o próximo grupo se adicione na posição *orto* – fala orgânica para adição ao carbono adjacente ao substituinte. O grupo também poderia se adicionar na posição *meta* (a dois carbonos de distância do primeiro grupo) ou poderia se adicionar na posição *para* (no lado oposto do anel do grupo original).

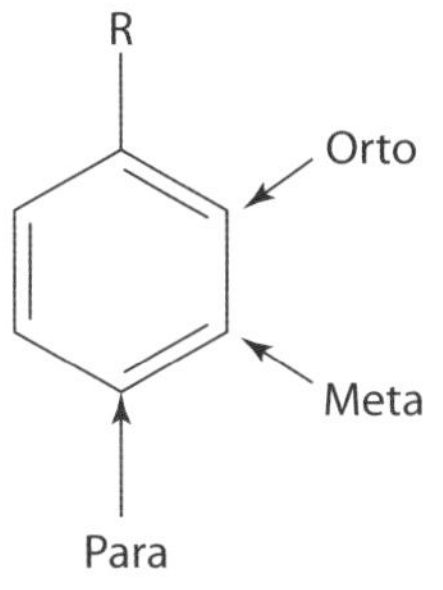

Figura 13-31: As posições orto, meta e para.

A posição em que o segundo substituinte se adiciona – orto, meta ou para em relação ao primeiro substituinte – depende da natureza do grupo já anexado ao anel de benzeno. Pense nos substituintes que já estão no anel como controladores de tráfego de um aeroporto, direcionando o eletrófilo para aterrissar em determinadas pistas de pouso (orto, meta ou para, nesse caso). Os substituintes doadores de elétrons ativam o anel (ou seja, fazem com que o anel reaja com maior rapidez do que um benzeno não substituído), e eles mandam o eletrófilo que está chegando aterrissar na posição orto ou na posição para. Com substituintes doadores de elétrons, geralmente obtemos uma mistura dos produtos orto e para. Os grupos retiradores de elétrons do anel, por outro lado, desativam o anel de benzeno quanto ao ataque eletrofílico (deixando a reação mais lenta do que acontece com o benzeno não substituído), e esses grupos retiradores de elétrons mandam o eletrófilo que está chegando aterrissar na posição meta.

Por que obtemos diferentes produtos de substituição dependendo do anel ser substituído por doadores ou por receptores de elétrons? A resposta é que os eletrófilos são adicionados ao anel de benzeno no átomo que gera o cátion intermediário mais estável. Com doadores de elétrons no anel, o carbocátion intermediário resultante da adição orto ou da adição para é mais estável que o cátion derivado da adição meta. Com um substituinte retirador de elétrons no anel, o carbocátion intermediário da adição meta é mais estável do que o carbocátion resultante da adição orto ou da adição para.

Nas próximas seções, mostro por que o cátion resultante da adição orto-para com doadores de elétrons é mais estável que o cátion derivado da adição meta. Discuto também por que o cátion resultante da adição meta com receptores de elétrons é mais estável que os cátions resultantes da adição orto ou para.

Doadores de elétrons: Ativadores orto-para

Se você bromar anisol, por exemplo, como exibido na Figura 13-32, você obterá adição do bromo às posições orto e para, mas não à posição meta. Isso acontece porque os grupos metoxila (OCH_3) são doadores de elétrons pi, direcionando todo o tráfego dos eletrófilos que estão chegando para as posições orto e para.

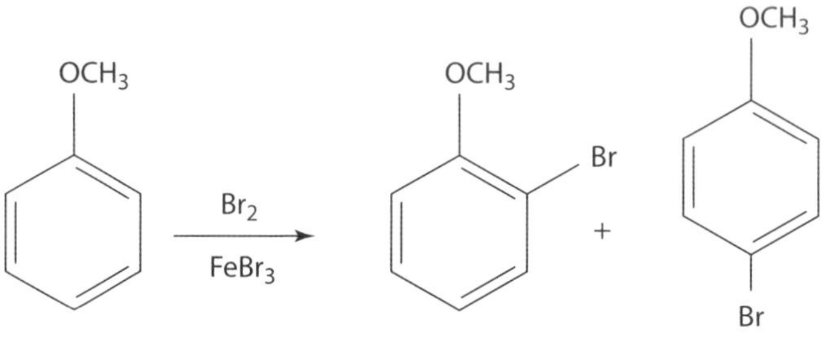

Figura 13-32: Adição de bromo ao anisol.

É possível ver por que o grupo metoxila direciona para as posições orto e para observando o carbocátion intermediário tanto na adição para quanto na adição meta. Com a adição para (e com a adição orto), é formado um carbocátion intermediário muito mais estável em comparação ao cátion formado quando o substituinte se adiciona à posição meta. O carbocátion intermediário resultante da adição para tem quatro estruturas de ressonância, exibidas na Figura 13-33, com uma dessas estruturas de ressonância sendo particularmente boa porque todos os octetos de valência em todos os átomos estão preenchidos (essa estrutura de ressonância boa está dentro do retângulo na figura). O carbocátion resultante da adição meta, por outro lado, tem apenas três estruturas de ressonância, nenhuma delas com todos os átomos contendo octetos de valência preenchidos. Lembre-se da regra geral: a estabilidade aumenta conforme o aumento do número de estruturas de ressonância. Assim, com doadores de elétrons no anel aromático, produtos orto-para são formados seletivamente.

Grupos retiradores de elétrons: Meta dirigentes

Claro, a situação reverte-se quando o anel aromático é substituído pelos substituintes retiradores de elétrons em vez dos substituintes doadores de elétrons. Os substituintes retiradores de elétrons dirigem para a posição meta todos os elétrofilos que estão chegando. Pegue a reação de bromação do nitrobenzeno, por exemplo, exibida na Figura 13-34. Os grupos nitro são grupos retiradores de elétrons e, assim, o bromo adiciona-se à posição meta.

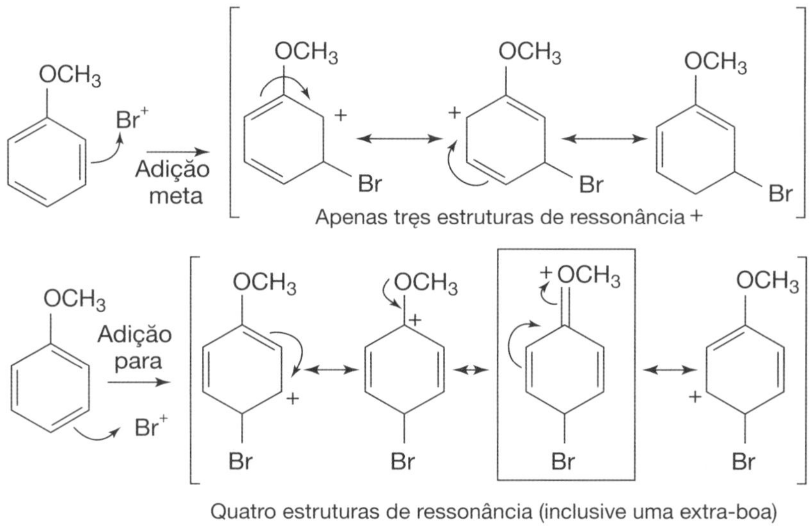

Figura 13-33: As estabilidades relativas dos carbocátions intermediários resultantes da adição meta e para ao anisol.

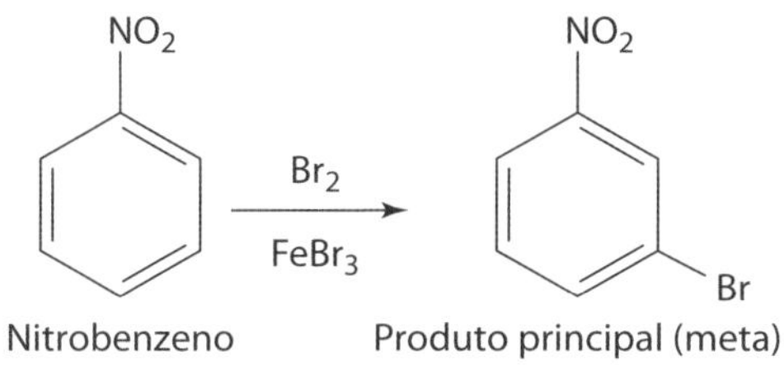

Figura 13-34: Adição de bromo ao nitrobenzeno.

Para ver por que o produto meta é formado em vez dos produtos orto e para, compare o cátion intermediário formado como resultado da adição de bromo para e o cátion gerado pela adição meta (veja a Figura 13-35). O carbocátion intermediário resultante da adição para (ou orto) tem três estruturas de ressonância, mas uma delas é uma estrutura de ressonância particularmente ruim por ter duas cargas positivas adjacentes (e cargas semelhantes repelem-se). Assim, essa estrutura de ressonância ruim não contribui muito para o híbrido de ressonância geral. O cátion resultante da adição meta também tem três estruturas de ressonância, mas nenhuma delas é ruim. Assim, para benzenos substituídos por grupos retiradores de elétrons, o cátion resultante da adição meta é mais estável que o cátion resultante da adição orto ou para.

LEMBRE-SE

O principal ponto a lembrar aqui é que os grupos doadores de elétrons direcionam a substituição para as posições orto e para, enquanto os grupos retiradores de elétrons pi direcionam a substituição para a posição meta.

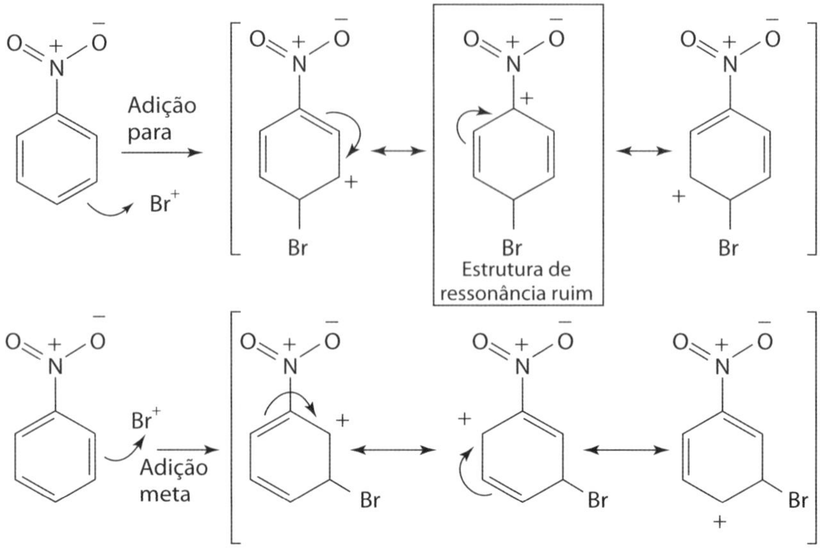

Figura 13-35: As estabilidades relativas dos carbocátions intermediários resultantes da adição meta e para ao nitrobenzeno.

Até aqui, falei sobre substituintes doadores e retiradores de elétrons, sem falar, de fato, o que eu quero dizer. Qualquer substituinte cujo primeiro átomo (aquele anexado ao anel de benzeno) tenha um par solitário será um doador de elétrons pi ao anel fenil, como exibido na estrutura de ressonância da Figura 13-36. Note que as estruturas de ressonância mostram que os substituintes doadores de pi adicionam densidade eletrônica às posições orto e para do anel. Assim, os doadores de pi ativam o anel de benzeno quanto ao *ataque eletrofílico* (ataque de eletrófilos que estão chegando) nas posições orto e para. A adição de densidade eletrônica ao anel de benzeno deixa o anel mais *nucleofílico* (ou seja, mais amante de núcleo) e ativa o anel. Portanto, doadores de pi são considerados ativadores do anel.

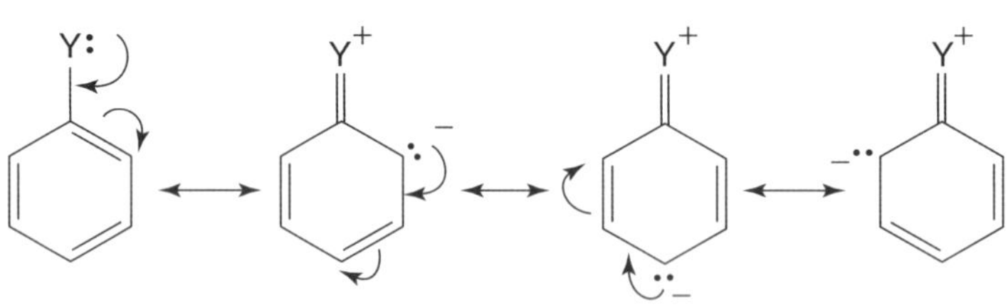

Figura 13-36: Doadores de elétrons pi ao anel fenil.

As únicas exceções são os halogênios, que não são doadores de pi terrivelmente bons. Eles desativam o anel como resultado de serem grupos altamente eletronegativos, afastando os elétrons do anel de benzeno em sua própria direção, deixando o anel menos nucleofílico. Mas, embora os halogênios sejam desativadores de anéis, eles continuam sendo orto-para dirigentes.

Os grupos retiradores de elétrons pi (tais como grupos NO_2, grupos carbonílicos, CN e daí em diante) afastam os elétrons do anel e os desativam, deixando o anel menos nucleofílico. Os retiradores de elétrons pi são, assim, desativadores de anéis. Um desativador significa que a reação dos benzenos substituídos por esses substituintes será mais lenta que a reação do benzeno não substituído. Os substituintes retiradores de elétrons pi são meta dirigentes. A Tabela 13-2 esboça a natureza de diversos substituintes.

Tabela 13-2 A Natureza dos Substituintes Aromáticos

Orientadores Orto-Para			Orientadores Meta
Forte Ativação	Fraca Ativação	Desativação	Desativação
OH	Alquila	Halogênios (F, Cl, Br, I)	NO_2
OCH_3	Fenil		—COR (COOH, COOR, CHO e daí em diante)
NH_2			CN
NR_2			SO_3H

Aqui vai uma dica para lembrar-se da Tabela 13-2: qualquer substituinte cujo primeiro átomo (aquele anexado ao benzeno) contiver um par solitário de elétrons será um orto-para dirigente (embora não necessariamente um ativador de anel). Aqueles substituintes sem um par solitário no primeiro átomo provavelmente serão meta dirigentes (com a exceção dos grupos alquila e dos anéis aromáticos, que são orto-para dirigentes).

Para realizar a síntese em várias etapas, a redução de um grupo nitro para fazer uma arilamina é uma forma de converter um meta dirigente em um ativador orto-para. A oxidação de um benzeno alquilado (para fazer um ácido aril carboxílico) é uma forma de converter um ativador orto-para em um meta dirigente.

Solução de Problemas: Síntese de Benzenos Substituídos

Ao pensar na síntese de *benzenos polissubstituídos* (benzenos com mais de um substituinte), lembre-se que a ordem da adição do substituinte é crucial. É preciso pôr os substituintes na ordem certa de forma que eles direcionem o próximo substituinte para o lugar certo.

Por exemplo, como você sintetizaria o 3-bromo-1-etilbenzeno, exibido na Figura 13-37? Primeiro, deve-se notar que os substituintes são meta entre si. Isso significa que o primeiro substituinte a ser adicionado deveria ser o meta dirigente, para termos o próximo substituinte na posição meta. Mas os substituintes – o grupo etila e o bromo – são ambos orto-para dirigentes! Como você fará com que sejam meta entre si? Em algum ponto, um deles deve ter sido um meta dirigente que foi convertido em substituinte orto-para.

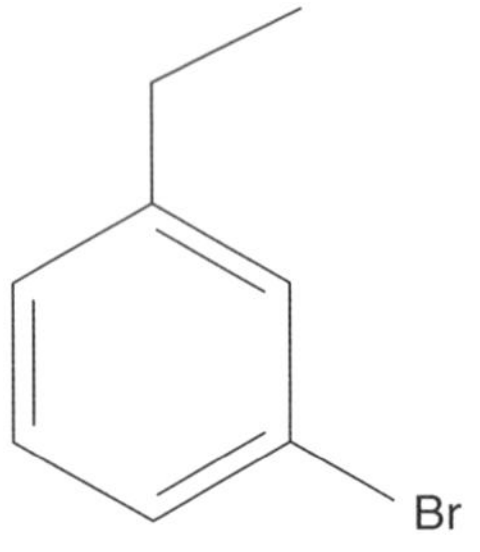

Figura 13-37: 3-bromo-1--etilbenzeno.

No caso do 3-bromo-1-etilbenzeno, o grupo etila poderia ser adicionado por uma acilação de Friedel-Crafts, como exibido na Figura 13-38. Os grupos acila são meta dirigentes. O bromo, então, poderia ser adicionado e seria meta para o grupo acila. Então, o grupo acila poderia ser reduzido a uma porção alquila, como exibido no último passo da Figura 13-38. A chave para essa síntese é a ordem – a troca de qualquer um dos passos levaria ao produto errado.

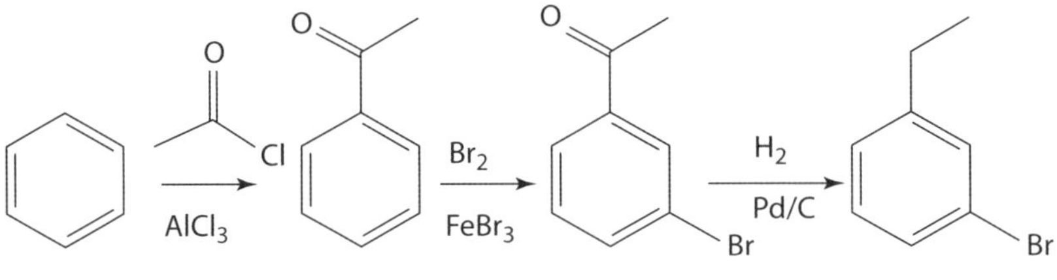

Figura 13-38: A síntese de um benzeno dissubstituído.

LEMBRE-SE

A chave para dominar os problemas de síntese dos aromáticos é a adição dos substituintes na ordem correta.

Ataque de Nucleófilos! Substituição Nucleofílica Aromática

Mostrei como o benzeno pode agir como um nucleófilo (amante de núcleo), reagindo com eletrófilos poderosos na reação de substituição eletrofílica aromática. O benzeno também pode agir como um eletrófilo quando o anel está suficientemente ativado em relação ao ataque nucleofílico. Quando o benzeno é ativado em relação ao ataque nucleofílico, nucleófilos fortes podem deslocar os grupos de saída substituídos no anel (geralmente um haleto).

Dentre os anéis de benzeno ativados em relação ao ataque nucleofílico há aqueles substituídos com fortes grupos retiradores de elétrons nas posições orto e para (grupos como NO_2, CN, COR e daí em diante). Os benzenos substituídos que não são ativados com poderosos grupos retiradores de elétrons não sofrerão a substituição nucleofílica aromática. Por exemplo, o 1-bromo-2,4-dinitrobenzeno, exibido na Figura 13-39, é ativado em relação ao ataque nucleofílico porque tem dois poderosos grupos retiradores de elétrons (NO_2) orto e para, em relação ao grupo de saída (Br). A adição do íon hidróxido (HO^-) desloca o brometo.

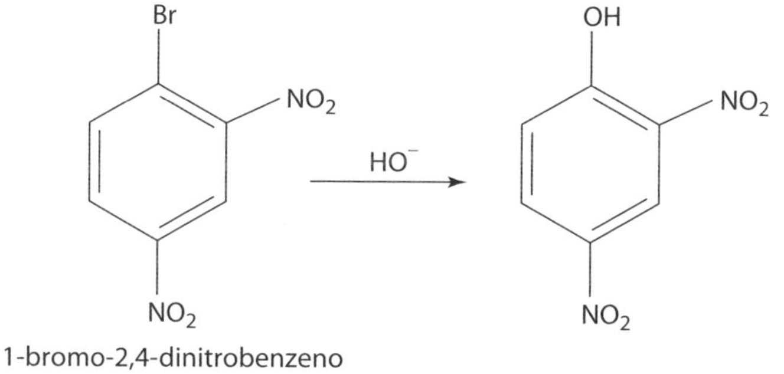

Figura 13-39: Substituição nucleofílica aromática.

O mecanismo da adição é exibido na Figura 13-40. Primeiro, o nucleófilo (HO^-) ataca o anel de benzeno no carbono, mantendo o grupo de saída, gerando um carbânion (um carbono de carga negativa). Esse carbânion é estabilizado pelos grupos retiradores de elétrons (NO_2) no anel (e por estruturas de ressonância adicionais que não são exibidas). O ânion, então, pode deslocar o grupo de saída do bromo para regenerar o anel aromático substituído.

LEMBRE-SE

A substituição nucleofílica aromática só ocorre com anéis de benzeno ativados por fortes grupos retiradores de elétrons.

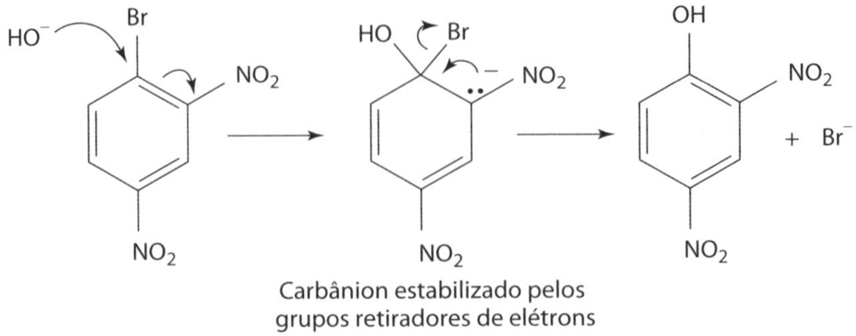

Figura 13-40: O mecanismo da substituição nucleofílica aromática.

Uma reação de certo modo menos útil, mas ainda altamente interessante do benzeno é a reação de um halobenzeno (como bromobenzeno ou clorobenzeno) com uma base forte (como o hidróxido) a alta temperatura e pressão. Como o anel aromático não é ativado pelo ataque nucleofílico pelos substituintes retiradores de elétrons, não se pode ter substituição nucleofílica aromática. Ao contrário, tem-se eliminação, como exibida na Figura 13-41, para fazer um intermediário esquisito chamado de benzino. O *benzino* é um intermediário altamente instável, que consiste de um anel de benzeno com uma ligação tripla. Nucleófilos (abreviados como ⁻:Nuc, na Figura 13-41) rapidamente se adicionam ao benzino para fazer benzenos substituídos.

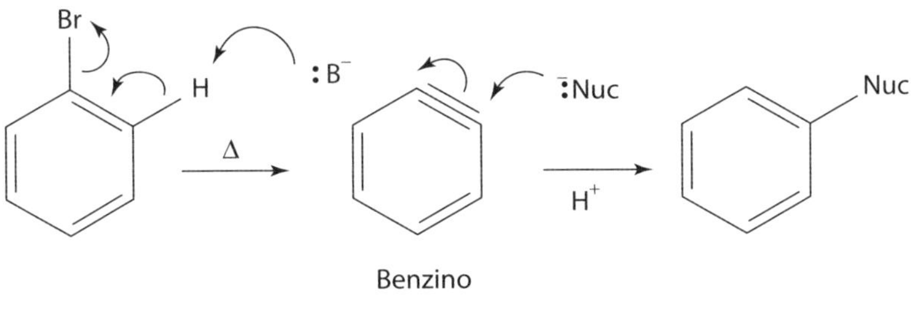

Figura 13-41: Reações do benzino.

Um exemplo de adição de benzino é exibido na Figura 13-42. Neste caso, a base usada para fazer o benzino e o nucleófilo que reage com ele é o hidróxido (⁻OH). Note que como o nucleófilo pode se adicionar a qualquer lado do benzino, obtém-se uma mistura de produtos. Como, frequentemente, obtêm-se misturas de produtos com benzenos substituídos, e por necessitar de alta temperatura e pressão, essa reação geralmente não é muito útil como eletrofílica ou substituição nucleofílica aromática.

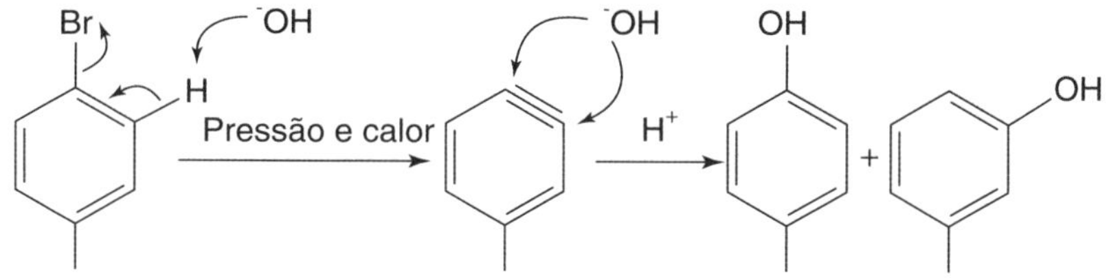

Figura 13-42: Um exemplo de adição de benzino.

Parte IV

Espectroscopia e Determinação de Estrutura

A 5ª Onda Por Rich Tennant

"Guarde essa jarra velha para o seu projeto de ciências, aqui está o meu velho acelerador de partículas..."

Nesta parte...

Faça de conta que você é um químico orgânico. Um bioquímico com quem você colabora acabou de isolar uma neurotoxina mortal de um marisco que matou várias pessoas que o ingeriram. Ele dá a você um pote com uma pequena amostra do pó branco e puro e pede que você determine sua estrutura química. Com vidas em jogo, como fazer? Com a espectroscopia.

Com o uso da espectroscopia IV e RMN, além da espectroscopia de massas, podemos determinar as estruturas de compostos desconhecidos. Usando todas as três técnicas em conjunto, muitas estruturas podem ser determinadas sem qualquer outra informação. Nesta parte, abordo as ferramentas que os químicos orgânicos usam para identificar estruturas, e mostro como decifrar os dados para descobrir as estruturas de compostos desconhecidos.

Capítulo 14

Hora de Fragmentar: Espectrometria de Massas

Neste Capítulo

- Funcionamento da espectrometria de massas
- Análise de um espectro de massa
- Previsão dos fragmentos formados na espectrometria de massas
- Exame dos efeitos do isótopo
- Resolução de problemas com espectrometria de massas

Imagine tentar determinar a montagem de um relógio quebrando-o com uma marreta e examinando todas as pecinhas. CABLAM! Uma mola aqui, uma engrenagem ali. Esse processo pode não ser o exame mais elegante – e, provavelmente, não agradará ao amigo cujo relógio você tomou "emprestado" – mas dará algumas informações sobre as diferentes partes que formavam o relógio. Tal exame provavelmente não daria informações suficientes para determinar exatamente como o relógio é montado, mas você certamente teria maiores informações sobre o que havia dentro do relógio após seu experimento.

Além disso, certas marcas de relógios provavelmente se despedaçariam de modos diferentes. Se você quebrasse uma marca específica de relógio, digamos um Relógio da Marca A, você descobriria que, na maioria dos casos, quebra-se o fecho ao bater nele com a marreta; no caso do Relógio da Marca B, pode-se descobrir que se quebra primeiro a caixa, mas o fecho permanece intacto.

É mais ou menos assim que funciona a espectrometria de massas – com uma molécula, claro, em vez de um relógio. Um espectrômetro de massa trabalha fragmentando uma molécula em pedaços. Em vez de visualizar todos os pedaços destroçados, porém, um espectrômetro de massa os pesa. Os pesos desses fragmentos dão dicas sobre a estrutura da molécula em si. E, assim como diferentes tipos de relógios, tipos diferentes de moléculas separam-se de formas distintas em um espectrômetro de massa.

Neste capítulo, falo sobre como funciona a espectrometria de massas, como interpretar um espectro de massa e como descobrir quais fragmentos terão maior probabilidade de serem formados a partir de uma dada estrutura.

Definição de Espectrometria de Massas

A espectrometria de massas é bastante diferente da espectroscopia. Frequentemente se ouvem ou se leem as palavras "espectroscopia de massas". Mas, por definição, espectroscopia envolve luz e a espectrometria de massas não envolve luz alguma. Ainda assim, da mesma forma que a espectroscopia (veja nos Capítulo 15 e 16), a espectrometria de massas fornece informações valiosas sobre a estrutura de um composto. Na verdade, químicos orgânicos modernos usam a espectrometria de massas quase tanto quanto a RMN (veja o Capítulo 16) para determinar as estruturas dos compostos. Talvez isso aconteça porque, além de dar dicas sobre as estruturas de moléculas desconhecidas, a espectrometria de massas tem apelo aos desejos infantis que os químicos têm de quebrar coisas – apesar de ser em escalas bastante minúsculas.

Desmontando um Espectrômetro de Massa

Aqui está um resumo bastante geral de como funciona o espectrômetro de massa, por enquanto livre de nomes técnicos e jargão (veja a Figura 14-1). Primeiro, a amostra que contém o composto desconhecido é injetada no espectrômetro por uma entrada e, então, é vaporizada por aquecimento sob vácuo. A amostra vaporizada, então, é empurrada por um gás inerte até o "fragmentador", onde a amostra é batida e dividida em pequenos pedaços. Algumas partículas saem do "fragmentador" com uma carga elétrica e algumas sem nenhuma carga. Todos os pedaços com carga (chamados de íons) movem-se para o classificador, que os separa de acordo com seu peso. Todos os pedaços sem carga são descartados. As partículas com carga que restarem atingem um detector, que determina quantos pedaços há de cada peso e exibe os dados no espectro de massa. Esse espectro mostra o peso molecular de cada fragmento *versus* o número de fragmentos com aquele peso que atingiram o detector.

Figura 14-1: As partes básicas de um espectrômetro de massa.

Falarei agora sobre as especificidades de cada uma dessas partes.

A entrada

A espectrometria de massas é realizada no estado gasoso. Portanto, a primeira coisa que acontece após a amostra ser injetada no espectrômetro é sua vaporização por aquecimento sob baixa pressão. Depois que a amostra atinge o estado gasoso, ela é empurrada para o fragmentador pelo fluxo de um gás inerte (geralmente o hélio).

Ionização de elétrons: O fragmentador

Um espectrômetro de massa pode usar muitas "marretas" diferentes para ionizar moléculas. Ionizar é fala orgânica para a quebra das moléculas neutras em fragmentos com carga. A marreta mais comum é aquela que incorpora elétrons de alta energia (há outros tipos, mas esse é o mais famoso). A espectrometria de massas que usa esse tipo de fragmentador é chamada de espectrometria de massas por *ionização de elétrons* (EMIE) (em um exame, lembre-se de usar esse termo, e não "fragmentador"). Em um espectrômetro de massa por ionização de elétrons, as moléculas são empurradas por um fluxo de elétrons de energia muito alta que as ioniza. Quando um desses elétrons de alta energia tromba com a molécula, um elétron é ejetado dela, como exibido na Figura 14-2.

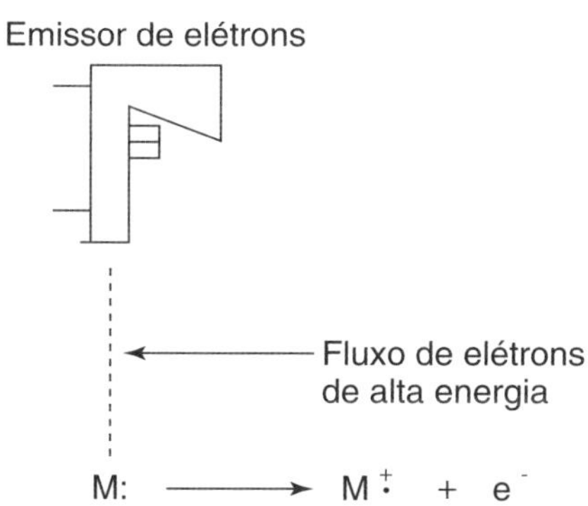

Figura 14-2: A ionização das moléculas no fragmentador de um espectrômetro de massa por ionização de elétrons.

Tanto o elétron fragmentador da fonte de elétrons (diagramado na figura como um emissor de elétrons) e o elétron que é chutado para fora da molécula não têm maior participação no processo e são, simplesmente, descartados. Mas cada molécula que tenha tido um elétron chutado para fora torna-se uma espécie chamada de *radical-íon* (abrevia-se +). A porção "íon" do nome resulta do fato que a molécula perdeu um elétron e, agora, tem carga positiva, e a porção "radical" do nome acontece porque um de seus elétrons não tem par. Para saber mais sobre radicais, veja o Capítulo 7. Esses radicais-íons podem permanecer em uma única peça ou fragmentam-se espontaneamente em vários pedaços menores (falarei sobre isso mais adiante). Qualquer que seja o caso, todos os fragmentos movem-se em direção ao classificador e ao pesador.

O classificador e o pesador

O que acontece depois que as moléculas são fragmentadas e tornam-se radicais-íons? Algumas delas permanecem como são e movem-se pelo espectrômetro até o pesador. Os pedaços que permanecem inteiros resultam em um pico no espectro de massa chamado de *pico do íon molecular*, ou pico M+. Esse pico do íon molecular diz o peso molecular da molécula, porque a perda de um elétron não muda, de fato, o peso da molécula (é como um caminhão reboque perdendo uma porca da roda). O pico do íon molecular é a parte mais importante pesada pelo espectrômetro de massa, porque o peso molecular de uma molécula desconhecida é uma informação muito valiosa quando se está tentando determinar sua estrutura.

Enquanto alguns dos radicais-íons permanecem intactos e levam ao pico do íon molecular, outros se partem espontaneamente em pedaços menores. Mais comumente, os radicais-íons se partem em dois pedaços: um, que é um radical neutro, e outro que é um cátion de carga positiva (veja a Figura 14-3). Por motivos sobre os quais falarei depois, apenas as espécies catiônicas com carga são "vistas" e pesadas pelo espectrômetro de massa. Os radicais neutros são descartados e passam sem ser detectados.

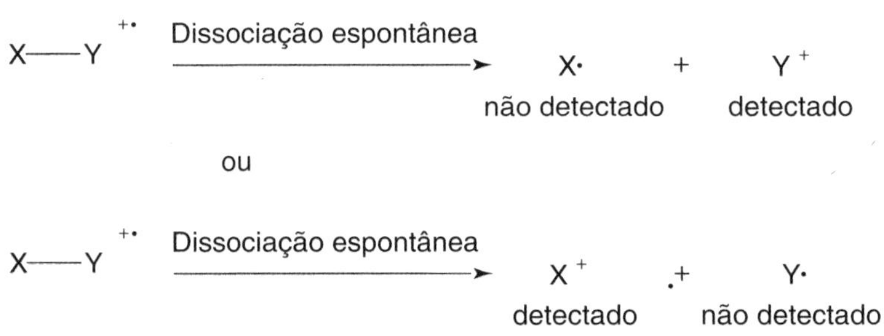

Figura 14-3: A dissociação de cátions radicais.

Depois que as partes se tornam carregadas pelo fragmentador, elas passam pelo pesador. Esse pesador, porém, não é como a balança que junta pó no seu banheiro. Ao contrário, como os fragmentos estão carregados, eles podem ser pesados por sua aceleração através dos polos de um ímã. Quando partículas carregadas se movem através de um campo magnético, elas são *desviadas* (retiradas do caminho) pelo campo magnético; todos os fragmentos não carregados não são desviados pelo ímã e, simplesmente, chocam-se contra as paredes do espectrômetro e queimam, nunca voltando a ser vistos. Portanto, apenas as partículas carregadas podem atingir o detector.

O peso de um fragmento determina o quanto ele será desviado pelo ímã. Fragmentos leves são muito desviados pelo ímã enquanto fragmentos mais pesados são menos desviados. Com uma força de campo magnético baixa, pequenas partículas serão desviadas na quantidade certa pelo espectrômetro para atingir o detector, enquanto todos os outros fragmentos se chocarão contra as paredes do espectrômetro e queimarão. Com uma força maior no campo magnético, partículas maiores vão se desviar na medida certa para atingir o detector. Variando a força do campo magnético (que é proporcional ao peso do fragmento), os pesos desses fragmentos podem ser determinados.

Detector e espectro

Quantas partículas se desviarem na medida certa na força específica de um campo magnético serão medidas pelo detector. Em um espectro de massa, o peso molecular do fragmento é exibido no eixo x e o número relativo de fragmentos que atingem o detector no eixo y (a intensidade). O pico mais intenso no espectro de massa recebe arbitrariamente um valor de intensidade 100. O espectrômetro de massa completo é exibido na Figura 14-4.

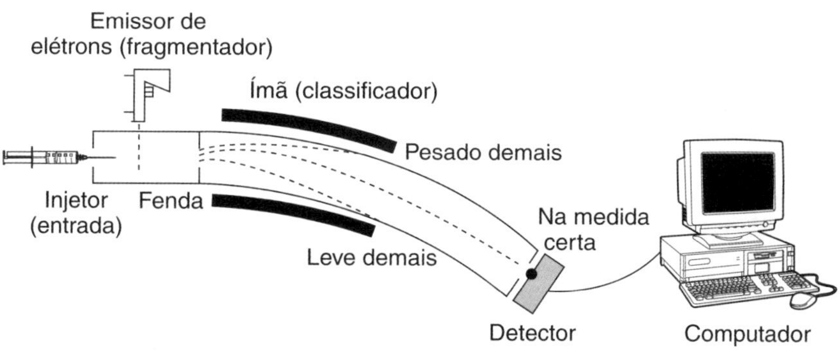

Figura 14-4: A parte interna de um espectrômetro de massa.

Na verdade, não é o peso do fragmento que se mede no eixo x do espectro de massa, e sim a relação massa (*m*) - carga (*z*) (chamada de *valor m/z*). Um fragmento com carga +2 precisará de um campo magnético menor para desviá-lo na direção do detector do que um fragmento com carga +1 e, portanto, aparecerá no espectro de massa na metade do valor *m/z*. No entanto, uma vez que a maioria dos fragmentos simplesmente tem cargas de +1 (e uma vez que a vasta maioria dos estudantes universitários não discutirá fragmentos com mais de uma carga), o eixo *m/z* frequentemente é dito ser apenas representante do peso molecular do fragmento.

O Espectro de Massa

A Figura 14-5 mostra o espectro de massa da molécula pentano (C_5H_{12}). Esse espectro contém vários picos que valem a pena apontar. O pico do íon molecular, ou pico M+, é o pico em *m/z* 72, que representa o peso molecular da molécula (72 g/mol). O pico mais alto do espectro, que sempre recebe o valor 100 no eixo y, é chamado de *pico base*. O pico base representa o fragmento mais abundante a atingir o detector. Em alguns espectros, o pico base é, também, o pico M+, embora, nesse caso, não o seja.

O espectro de massa para o pentano é bastante simples, mas ainda contém muitos picos, cada um deles representando um fragmento diferente formado por ionização por elétrons. Posteriormente, nesse capítulo, mostrarei como determinar a estrutura por alguns dos fragmentos mais importantes no espectro de massa. Geralmente, porém, não é possível esperar conseguir identificar todos os picos em um espectro de massa (ou mesmo na maioria deles).

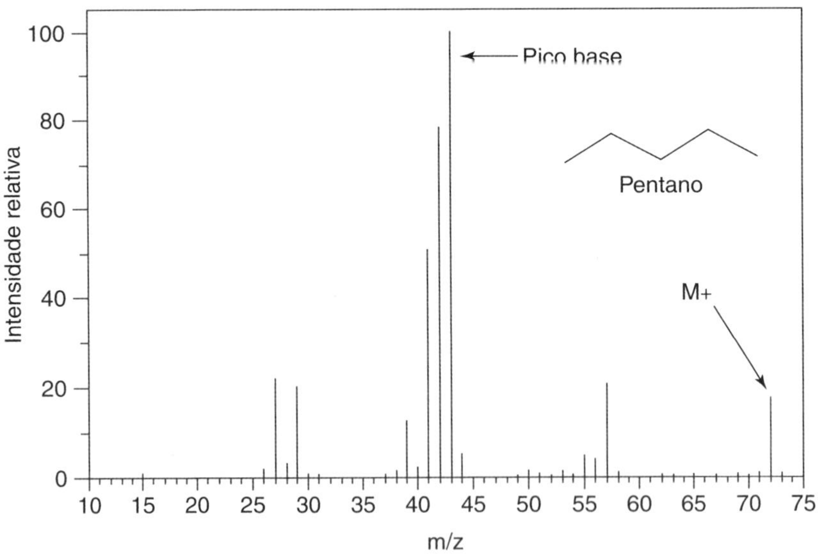

Figura 14-5: O espectro de massa para o pentano (C_5H_{12}).

Gentil e Carinhoso: Sensibilidade do Espectro de Massa

Uma das características mais valiosas da espectrometria de massas é sua sensibilidade. Enquanto a espectroscopia RMN e a IV geralmente requerem miligramas de material para fazer uma análise, a espectrometria de massa requer apenas nanogramas (10^{-9} gramas) de material. Essa sensibilidade é particularmente útil para caracterizar compostos isolados de sistemas biológicos em que muitas substâncias são produzidas e isoladas em quantidades minúsculas (a estrutura da cetona chiloglottone, discutida no Capítulo 5, foi determinada apenas com o uso da espectrometria de massas, porque foi isolada em quantidades muito pequenas). Ao contrário da espectroscopia RMN e IV, porém, a amostra usada para fazer um espectro de massa é irrecuperável, então as minúsculas quantidades necessárias para que se obtenha um espectro são destruídas e não podem ser recolhidas novamente para estudos posteriores.

Resolvendo o Problema: Resolução

Além dessa habilidade de detectar minúsculas quantidades de material, a espectrometria de massas também pode pesar coisas com precisão incrível. Em outras palavras, os espectrômetros de massa de alta resolução (EMAR) podem determinar o peso exato de um composto, o suficiente para identificar de forma definitiva a fórmula molecular de um composto, o que é uma informação bastante valiosa. Por exemplo, os compostos com fórmulas moleculares C_3H_6 e C_2H_2O têm, cada um, peso molecular de cerca de 42 g/mol. Então, como um espectrômetro de massa pode distinguir entre eles? A resposta está no fato de que o espectrômetro de massa determina o peso do fragmento do íon molecular (M+) com precisão de vários dígitos após o ponto decimal. Tanto C_3H_6 quanto C_2H_2O têm pesos moleculares de aproximadamente – mas não exatamente – 42 g/mol. O sistema de massa molecular é configurado de forma que ^{12}C tenha uma massa de exatamente 12,0000 g/mol, e os pesos de todos os demais átomos são calibrados contra esse número. Portanto, elementos diferentes do carbono não têm massas que sejam exatamente números inteiros. Por esse sistema, a massa exata de C_3H_6 é 42,0469 g/mol e a massa exata de C_2H_2O é 42,0105 g/mol.

Nesse exemplo, as massas desses dois compostos diferem em cerca de 0,036 g/mol; essa diferença é muito pequena, na verdade, mas é suficientemente grande para ser distinguida por um bom espectrômetro de massas. Um espectrômetro de massas com resolução suficientemente alta pode detectar essas diferenças e a fórmula molecular correta pode, portanto, ser deduzida (geralmente com o uso de um programa de computador). Neste caso, um espectrômetro de massas que seja preciso até a segunda posição decimal será capaz de distinguir entre os dois compostos. A maioria dos espectrômetros de massas de alta resolução, porém, é muito mais precisa que isso, e muitos são precisos até a quarta posição decimal.

Mudança do Peso: Isótopos

Como a espectrometria de massas determina os pesos dos fragmentos, os átomos que, naturalmente, têm isótopos pesados tornam-se importantes.

Isótopos são átomos que têm o mesmo número de prótons e elétrons, mas números diferentes de nêutrons.

Os efeitos dos isótopos são, em sua maioria, prontamente observados em compostos que contêm os halogênios cloro (Cl) e bromo (Br). Na natureza, o cloro consiste de cerca de 75% do isótopo ^{35}Cl e cerca de 25% do isótopo mais pesado ^{37}Cl, no qual o cloro tem dois nêutrons adicionais. Isso significa que se 100 moléculas contendo cloro fossem escolhidas aleatoriamente, 75 delas conteriam o isótopo ^{35}Cl e 25 delas pesariam duas unidades de massa a mais por conterem o isótopo ^{37}Cl mais pesado. Como a espectrometria de massas pesa moléculas, esses isótopos de massa mais pesada serão observados no espectro de massa.

Na verdade, ambos os isótopos serão vistos no espectro de massa. Mas como uma amostra de uma molécula contendo cloro tem três vezes mais isótopos ^{35}Cl do que isótopos ^{37}Cl, o pico do íon molecular (que corresponde às moléculas que contêm o isótopo ^{35}Cl), ela será três vezes mais intensa que as duas unidades de massa mais pesadas do pico, que corresponde às moléculas contendo o isótopo mais pesado. Como esse pico de isótopo pesado é duas unidades de massa mais pesado que o isótopo ^{35}Cl, ele é chamado de íon M+2 (se o isótopo pesado for um nêutron mais pesado, ele será chamado de pico do isótopo M+1; dois nêutrons, pico M+2; três nêutrons, M+3, e daí por diante).

Esses efeitos do isótopo permitem localizar moléculas que contêm cloro, porque os espectros de uma molécula que contém cloro conterão um pico que é duas unidades de massa mais pesado que o íon molecular (M+) e que tem um terço da intensidade do pico M+ (veja a Figura 14-6).

O bromo natural consiste em uma mistura de isótopos que é aproximadamente 50% de ^{79}Br e 50% de ^{81}Br. Portanto, o bromo é facilmente localizado no espectro de massa, observando um pico de igual intensidade aproximadamente, duas unidades de massa maior que o pico do íon molecular (veja a Figura 14-7).

O iodo natural é, virtualmente, 100% de ^{129}I, então, ao contrário dos espectros de moléculas que contêm cloro – e bromo –, as moléculas que contêm iodo não exibem picos do isótopo. No entanto, compostos podem ser frequentemente localizados pela observação do pico do iodônio (I+) no espectro de massa, em m/z 129.

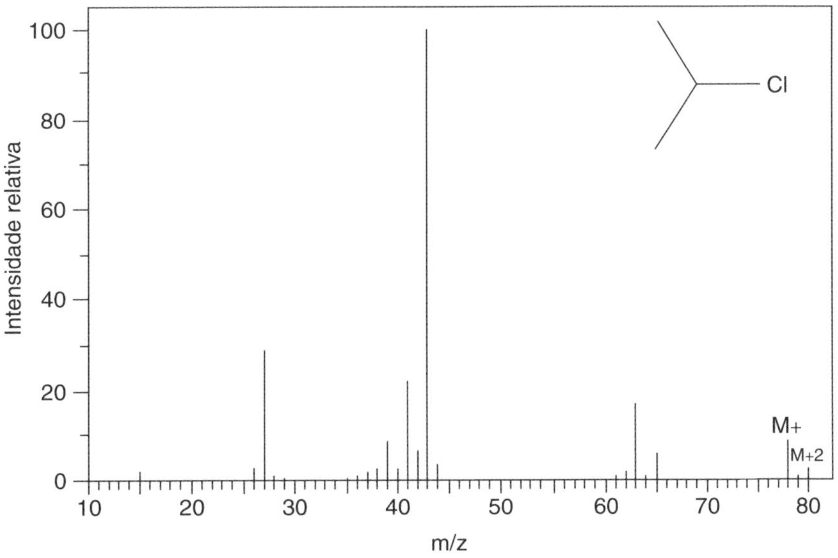

Figura 14-6: O espectro de massa para o 2-cloropropano (C_3H_7Cl).

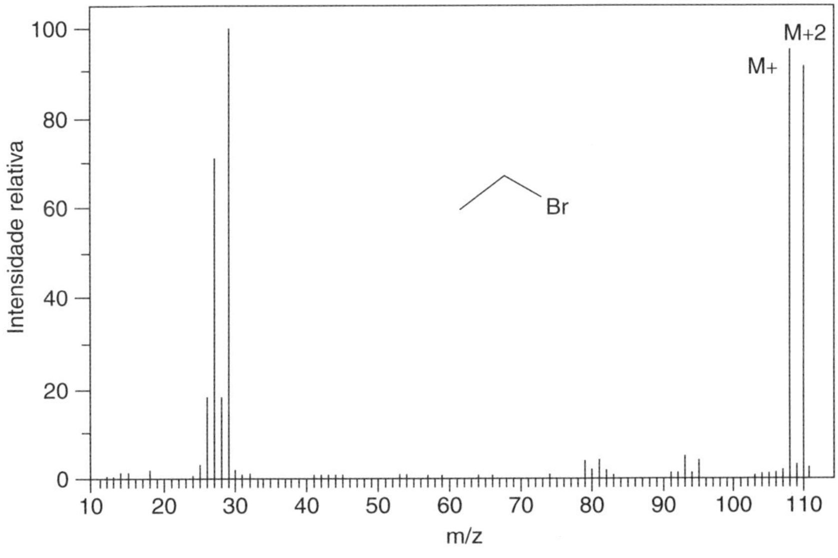

Figura 14-7: O espectro de massa para brometo de etila (C_2H_5Br).

Outros átomos têm isótopos menos abundantes. O carbono natural contém cerca de 1% do isótopo ^{13}C. Como uma molécula que consiste de muitos carbonos terá uma chance maior de ter um átomo ^{13}C, as moléculas com muitos átomos de carbono terão um pico do isótopo ^{13}C no espectro de massa maior do que as moléculas que contêm menos átomos de carbono (como ^{13}C é uma unidade de massa mais pesada do que ^{12}C, o pico do isótopo é chamado de pico M+1). Esse, na verdade, é um modo grosseiro de determinar o número de carbonos da molécula, porque o tamanho do pico do isótopo M+1 relativo ao pico do íon molecular (M+) depende do número de carbonos na molécula.

A Regra do Nitrogênio

Qualquer molécula contendo apenas carbono, hidrogênio, oxigênio ou os halogênios (F, Cl, Br, I) terá um peso molecular de valor par. No entanto, moléculas contendo um número ímpar de nitrogênios terão pesos moleculares de valor ímpar. Sabendo disso, você pode localizar certas moléculas que contêm nitrogênio, porque se seu pico do íon molecular (M+) ocorrer em um valor m/z de número ímpar, a molécula deverá conter um número ímpar de nitrogênios. Isso porque o nitrogênio tem três ligações e um par solitário de elétrons, em vez de quatro ligações como o carbono (assim, para cada nitrogênio substituído pelo carbono, perde-se um hidrogênio). Um número ímpar de nitrogênios levará a um peso molecular de número ímpar (Figura 14-8).

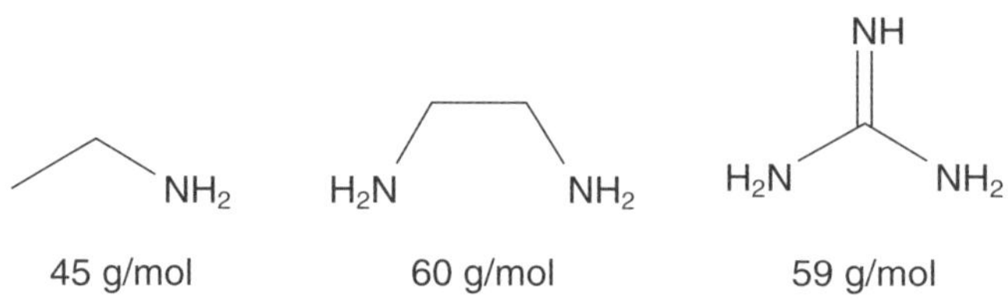

Figura 14-8: Visualização da regra do nitrogênio.

Identificação de Padrões Comuns de Fragmentação

Geralmente, é possível prever quais picos serão observados no espectro de massa apenas olhando uma estrutura e vendo quais partes seriam facilmente quebradas para fazer cátions estáveis. Na próxima seção, passo por algumas características estruturais que fazem cátions estáveis.

LEMBRE-SE

O ionizador transforma as moléculas em radicais-íons, que então se separam em um pedaço catiônico (que é visto pelo detector) mais um pedaço radical neutro (não visto pelo detector).

Fragmentação de alcanos

Os alcanos geralmente se quebram para formar o cátion mais altamente substituído. Cátions terciários (cátions substituídos por três carbonos) são mais estáveis do que os cátions secundários (cátions substituídos por dois carbonos) que, por sua vez, são mais estáveis do que os cátions primários (cátions substituídos por apenas um carbono). Portanto, quebras em uma molécula que fazem cátions terciários provavelmente resultarão em fragmentos que correspondem a grandes picos no espectro de massa, porque os fragmentos mais estáveis produzem os picos maiores. Veja a Figura 14-9.

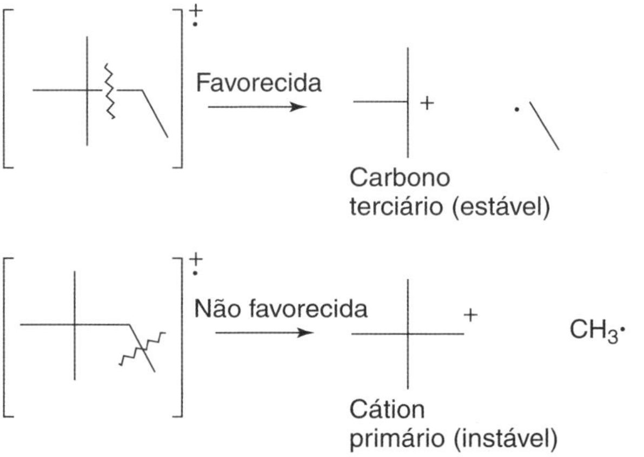

Figura 14-9: Clivagem de ligação favorecida e não favorecida

Quebra próxima a um heteroátomo: Clivagem alfa

Quando uma molécula contém heteroátomos (elementos como o oxigênio, enxofre e nitrogênio), a quebra próxima a esses átomos faz cátions estabilizados por ressonância. Por exemplo, a quebra da ligação C-C próxima a um grupo álcool cria um carbocátion estabilizado por ressonância. Esse tipo de quebra é chamado de *clivagem alfa* e costuma ser vista nos álcoois (como exibido na Figura 14-10).

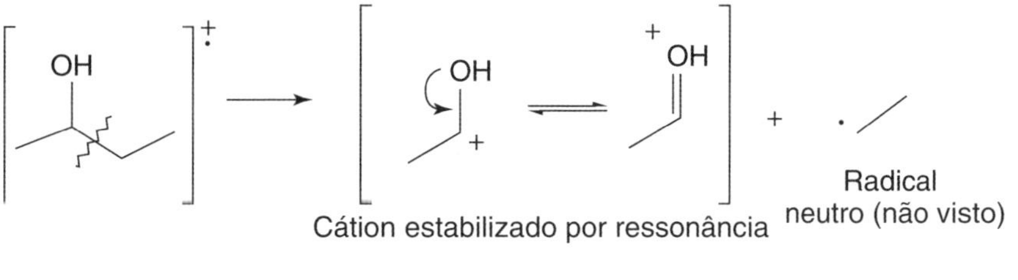

Figura 14-10: Clivagem alfa dc álcool.

Esse mesmo padrão de clivagem alfa é observado entre as aminas, como exibido na Figura 14-11.

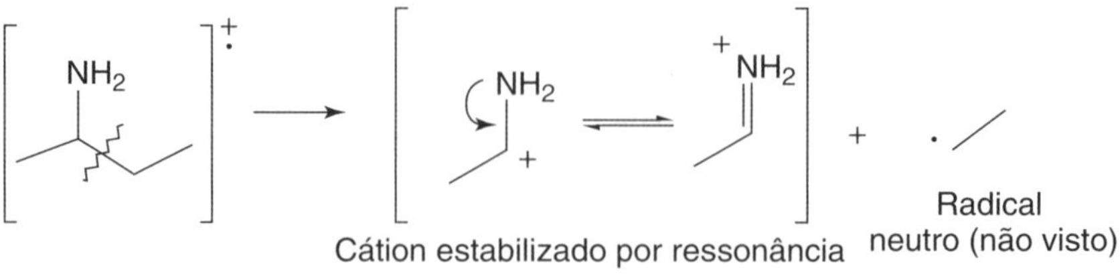

Figura 14-11: Clivagem alfa de amina.

A clivagem alfa também costuma ser vista entre os éteres, onde há quebra da ligação adjacente ao oxigênio. Veja a Figura 14-12.

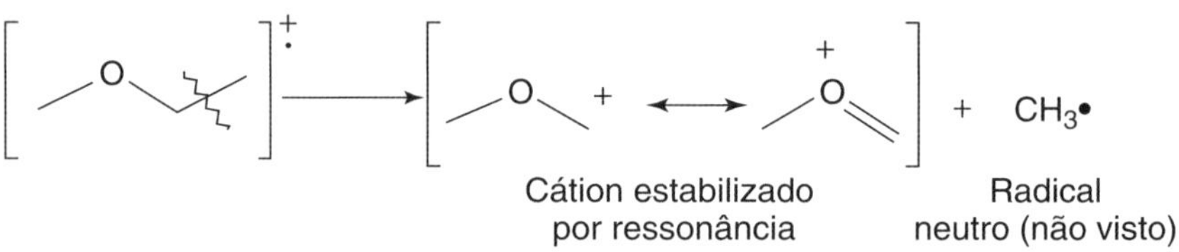

Figura 14-12: Clivagem alfa de éter.

As quebras costumam ser vistas próximas aos grupos carbonílicos (grupos C=O), porque isso cria o cátion estabilizado por ressonância (espero estar sendo repetitivo). Veja a Figura 14-13.

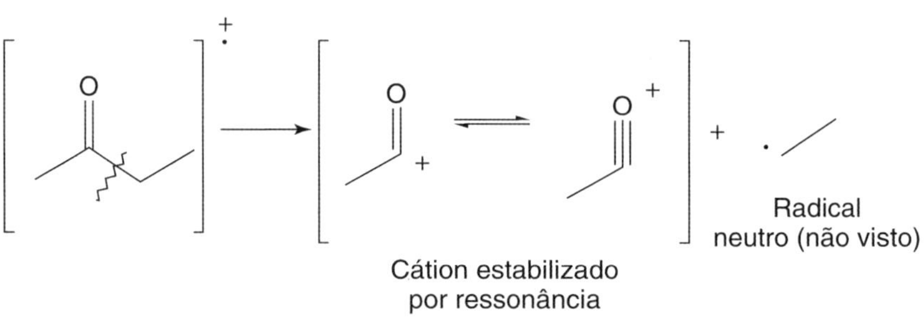

Figura 14-13: Clivagem alfa da carbonila.

Perda de água: Álcoois

Além da clivagem alfa, os álcoois perdem prontamente uma molécula de água para formar um alceno (uma ligação dupla carbono-carbono). Esse é o motivo pelo qual o espectro de massa de um álcool costuma ter um pico correspondente à perda de dezoito unidades de massa (o peso da água). Veja a Figura 14-14.

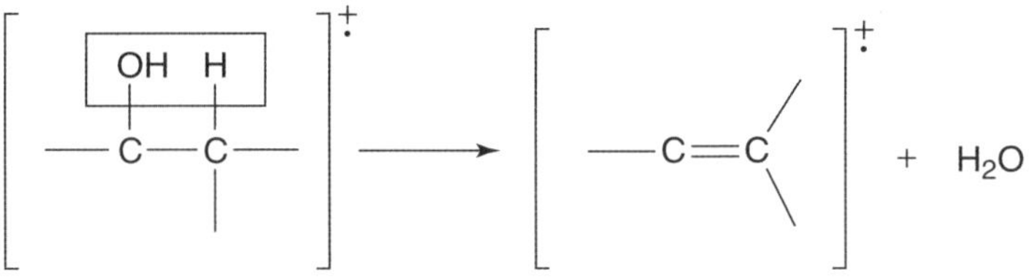

Figura 14-14: Desidratação do álcool.

Rearranjo de carbonilas: Rearranjo de McLafferty

Alguns radicais-íons também podem ser rearranjados. O rearranjo mais famoso é chamado de *Rearranjo de McLafferty*, que pode ocorrer em compostos carbonilícos (como cetonas e aldeídos; veja mais sobre os grupos funcionais carbonila, no Capítulo 5) que têm um hidrogênio em um carbono que está a três carbonos de distância do grupo carbonílico. Essa terceira posição do carbono é chamada de posição gamma, ou γ. O rearranjo envolve um estado de transição do anel de seis membros no qual o grupo carbonila afasta o próton γ, quebrando a molécula em duas partes. Essas partes consistem de um radical-íon enol (lembre-se que um enol é uma combinação de um *alceno* e um *álcool*) e um fragmento de alceno neutro (um fragmento com uma ligação dupla de carbono). O radical-íon enol é observado no espectro de massa, enquanto o fragmento de alceno neutro não é observado. Qualquer composto carbonílico que tenha um hidrogênio na posição γ tem probabilidade de ter um pico no espectro de massa que corresponda ao radical-íon enol formado pelo Rearranjo de McLafferty do composto carbonílico. Um exemplo do Rearranjo de McLafferty é exibido na Figura 14-15.

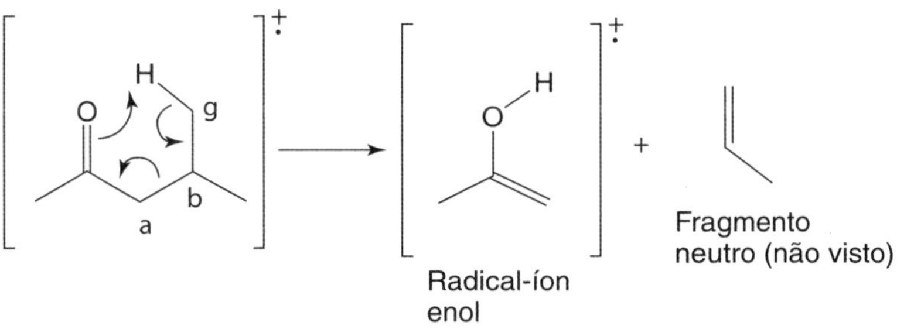

Figura 14-15: Rearranjo de McLafferty.

Quebra de benzenos e ligações duplas

A separação de um carbono de um anel aromático resulta no cátion benzílico estável, como exibido na Figura 14-16. Esse anel de benzeno estabiliza o cátion por meio de ressonância (veja o Capítulo 3).

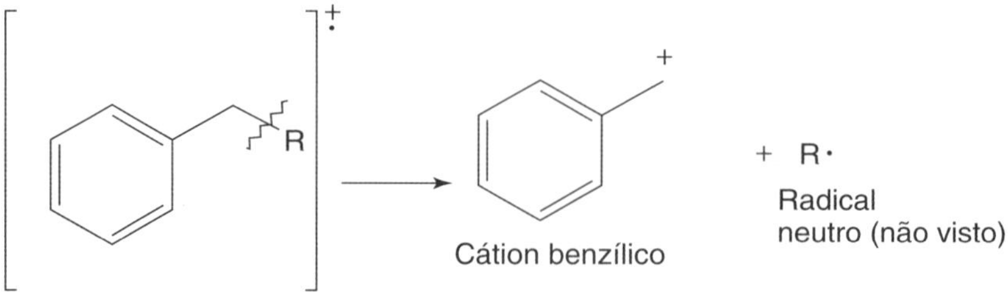

Figura 14-16: Clivagem benzílica.

De forma semelhante, a separação de um carbono de uma ligação dupla leva a um cátion alílico que é estabilizado por ressonância. Note que a quebra adjacente à ligação dupla leva ao cátion vinílico instável, como exibido na Figura 14-17.

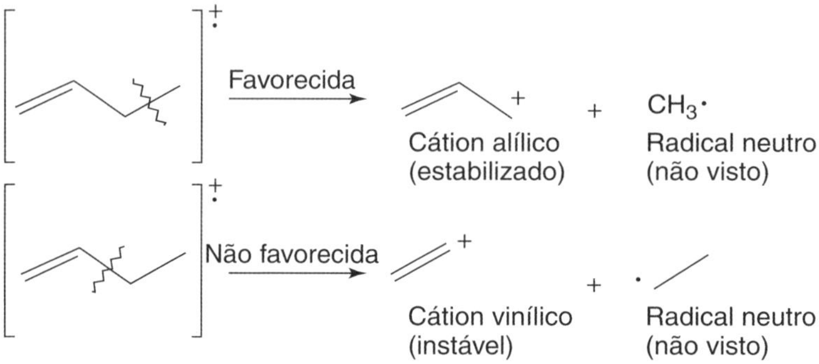

Figura 14-17: Fragmentação próxima aos alcenos.

DICA

A perda de 15 unidades de massa do íon molecular geralmente indica uma perda de um grupo metilo (CH_3). A perda de 29 unidades de massa costuma indicar a perda de um grupo etila (CH_2CH_3).

Autoavaliação: Solucionando o problema

Aqui vai uma amostra do tipo de questão que você poderá encontrar em um exame: O espectro de massa para 2-pentanona é exibido na Figura 14-18. Desenhe os fragmentos responsáveis pelos picos no espectro de massa em *m/z* 86, 71, 58, 43.

A informação principal a ser lembrada ao responder esse tipo de questão é que cada uma das estruturas que você desenhar *deverá ter carga positiva*. Fragmentos neutros são descartados e não atingem o detector.

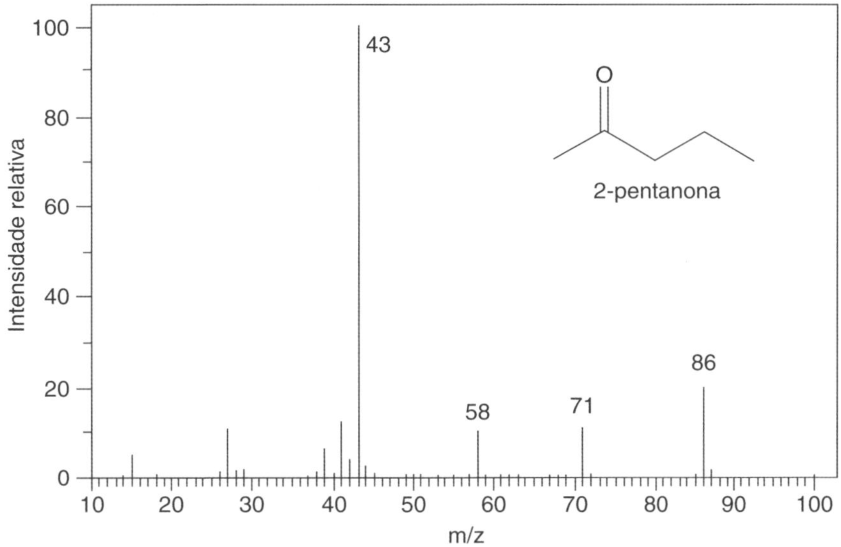

Figura 14-18: O espectro de massa para a 2-pentanona ($C_5H_{10}O$).

Geralmente, a melhor maneira de começar é procurando prováveis quebras na molécula. Você encontra uma clivagem alfa (uma quebra próxima a um heteroátomo, como O ou N?). A molécula pode se quebrar para formar um fragmento benzílico ou um fragmento alílico? Um cátion terciário pode ser feito? Se for um composto carbonílico, ele tem um hidrogênio gama que possa ser envolvido em um Rearranjo de McLafferty?

Esse exemplo não tem um anel de benzeno nem uma ligação dupla carbono-carbono. Tampouco tem a capacidade de formar um cátion terciário. Mas tem um heteroátomo (oxigênio). Então, a clivagem alfa definitivamente seria uma possibilidade. Além disso, por ser um composto carbonílico e ter um hidrogênio na posição gama, você provavelmente verá um pico para o Rearranjo de McLafferty.

Comece com a clivagem alfa. A molécula pode se quebrar na esquerda do grupo carbonílico para fazer um cátion estabilizado por ressonância com peso molecular de 71 g/mol. Você pode ter notado que esse pico com *m/z* de 71 está quinze unidades de massa abaixo do pico do íon molecular; sugerindo uma perda de um grupo metila. Essa clivagem é exibida na Figura 14-19.

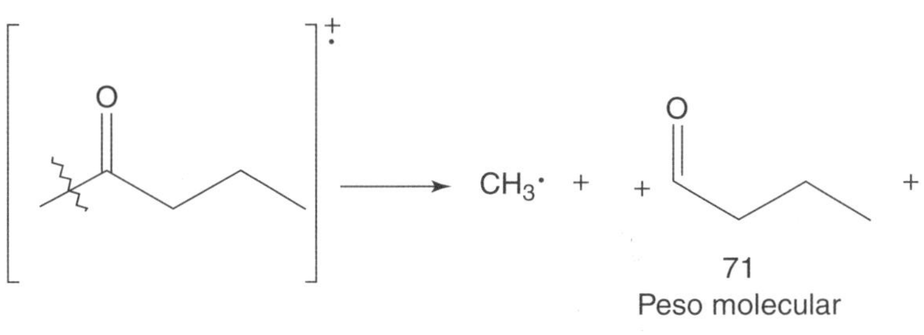

Figura 14-19: Clivagem alfa.

Ou a molécula poderia se separar por meio de uma clivagem alfa no lado direito do carbonilo, para fazer um fragmento catiônico que pese 43 g/mol, como exibido na Figura 14-20.

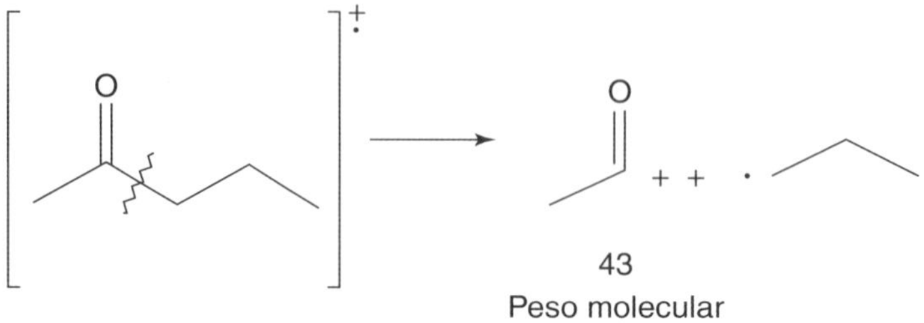

Figura 14-20: Outra clivagem alfa possível.

Agora, experimente o Rearranjo de McLafferty. Redesenhei a molécula para facilitar a visualização das ligações que são feitas e das que são quebradas. O Rearranjo de McLafferty resulta no pedaço que pesa 58 g/mol, como exibido na Figura 14-21.

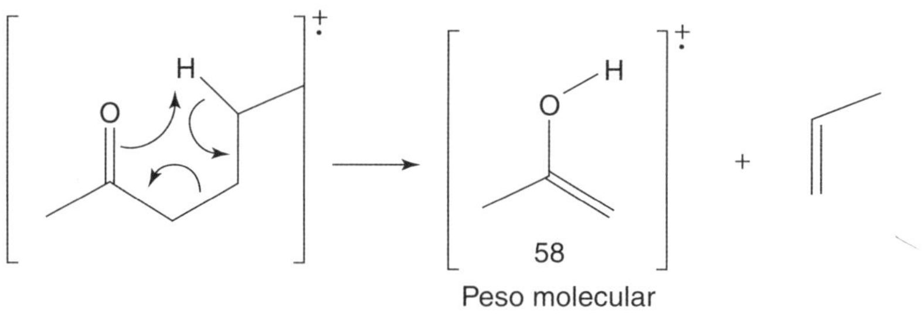

Figura 14-21: Rearranjo de McLafferty.

Lista de Verificação de Ideias Principais

Para espectrometria de massas, há muitos detalhes que precisam ser tidos em mente, então é fácil se perder a ideia geral. Mas aqui está uma lista das ideias e usos principais da espectrometria de massas.

- A espectrometria de massas é muito sensível. Bastam minúsculas quantidades de material para fazer uma análise.
- Apenas fragmentos de carga positiva são observados em um espectro de massa.
- Os pesos dos fragmentos são exibidos contra a intensidade (ou número relativo de fragmentos) no espectro. O mais alto pico de intensidade recebe arbitrariamente intensidade 100.

- Átomos com abundantes isótopos pesados costumam ser localizados em um espectro de massa (particularmente Cl e Br).
- Fragmentos estáveis (cátions) têm picos mais intensos no espectro de massas do que fragmentos instáveis.
- A fórmula molecular de um desconhecido costuma poder ser determinada por uso dos espectrômetros de massa de alta resolução.

Capítulo 15

Visualizando Boas Vibrações: Espectroscopia IV

Neste Capítulo

- Entendendo o funcionamento da espectroscopia IV
- O espectro IV
- Identificação dos grupos funcionais a partir de espectros IV

Hoje, espectroscopistas especialistas em infravermelho (IV) são como caubóis. Não que esses químicos sejam incríveis como caubóis, ou que eles consigam segurar sua bebida como caubóis, ou que eles possam bater num bando de peões em um *saloon* como fazem os caubóis, ou mesmo que eles pareçam tão atraentes para o sexo oposto quanto os caubóis. Pensando bem, na maioria dos casos os espectroscopistas especialistas em IV são o completo oposto dos caubóis. Mas, assim como os caubóis, os espectroscopistas especialistas em IV são meio que uma raça em extinção (insira um tema *country/western* melancólico e sentimental).

Ao longo dos últimos 30 anos, a arte de obter informações estruturais a partir de um espectro IV está seguindo lentamente o caminho dos gravadores e dos LPs – o que significa dizer que essa arte é relembrada pelos antigos sobre copos de conhaque quando pensam em como a vida era antes de equipamentos modernos tão incríveis quanto água encanada, a vacina contra a pólio e a espectroscopia RMN. Porque antes de a espectroscopia RMN ser difundida, os químicos orgânicos costumavam ter suficiente experiência na arte da espectroscopia IV para espremer características estruturais detalhadas sobre um composto desconhecido da polpa de um espectro IV.

Hoje, porém, a maioria dos químicos orgânicos apenas extrai os pedaços suculentos de um espectro IV e (quando ninguém está olhando) abandona os restos da polpa em um cesto de lixo. Atualmente, os químicos orgânicos usam um espectro IV principalmente para ver quais grupos funcionais estão presentes em uma molécula em particular e, então, usam a espectroscopia RMN (veja os Capítulos 21 e 22) para determinar os detalhes estruturais da molécula (para revisar os principais grupos funcionais, volte ao Capítulo 6).

Mas embora a espectroscopia IV seja de certa forma menos poderosa que a RMN, a IV ainda é bastante útil como ferramenta de análise de estruturas e é amplamente usada pelos químicos orgânicos modernos. Como o espectro IV de uma molécula diz quais grupos funcionais estão presentes naquela molécula, e como obter um espectro IV é uma moleza (os espectros costumam ser obtidos em menos de um minuto), a espectroscopia IV é satisfação garantida (quero dizer, em termos de tempo; os espectrômetros IV ainda são um pouco caros).

Neste capítulo, discuto como funciona a espectroscopia IV. Mostro como se obtém um espectro IV e discuto como é possível analisar um espectro IV para determinar quais dos principais grupos funcionais estão presentes em um composto.

Calistenia de Ligações: Absorção de Infravermelho

É fácil ser enganado por estruturas químicas fixas e por tabelas de comprimentos de ligação precisos e pensar que as ligações das moléculas são fixas. Mas ligações são coisas dinâmicas. As ligações não têm comprimento fixo, ao contrário, estão constantemente se estendendo, dobrando, flexionando, girando e balançando (e se a ligação estiver balançando, não seja indiscreto). Então, ao referir-se ao comprimento de uma ligação como tendo x angstroms de comprimento, está-se falando sobre um comprimento médio, não uma distância fixa. Na verdade, as ligações comportam-se meio como molas em movimento constante (veja a Figura 15-1). Se você esticar demais uma ligação, ela aplicará uma força de restauração, voltando, de repente, na direção oposta, como uma mola.

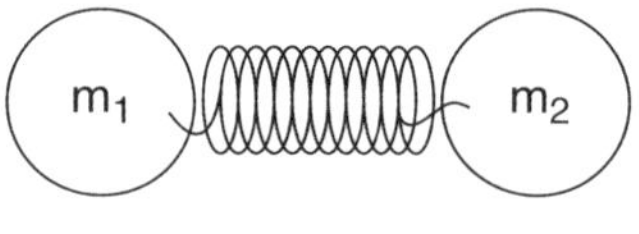

Figura 15-1: As ligações se comportam como molas.

Aplicação da Lei de Hooke às moléculas

Como as ligações se comportam como molas, é possível aplicar a lei de Hooke para determinar a frequência das vibrações de uma mola (a lei de Hooke é usada pelos físicos para descrever as vibrações das molas). Essa frequência é descrita pelas seguintes equações, onde v é a frequência, c é a velocidade da luz e k é uma constante que indica a tenacidade da mola. O termo μ é a chamada massa reduzida e é uma função das massas dos dois átomos envolvidos na ligação (indicados por m_1 e m_2).

$$\upsilon = \frac{\pi c \sqrt{\frac{k}{\mu}}}{2} \qquad \mu = \frac{m_1 m_2}{m_1 + m_2}$$

A essência dessas equações é que dois componentes principais determinam a frequência de movimento de uma ligação. Esses componentes são:

- As massas dos átomos na ligação (que determinam μ nas equações)
- A força da ligação (ou a constante da mola, k)

Olhando essa equação de perto, vê-se que uma mola anexada a um objeto leve vibrará com frequência maior (υ maior) que uma mola anexada a um objeto mais pesado (porque μ será maior). Assim, uma ligação anexada a um átomo menor (digamos, como o hidrogênio), vibrará com maior frequência do que uma ligação anexada a um átomo mais pesado (como o carbono). Além disso, molas mais fortes (as que têm valores mais altos de *k*) vibram mais rápido (ou seja, as frequências mais altas) do que as molas mais fracas, assim como a mola mais forte da suspensão de um carro vibra mais rápido do que uma mola que é esticada e solta em seguida. Traduzindo essa característica em moléculas, as ligações triplas vibram em frequências mais altas do que as ligações duplas, porque as ligações triplas são mais fortes que as duplas. Pelo mesmo motivo, as ligações duplas vibram em frequências maiores que as ligações simples, porque as ligações duplas são mais fortes.

Vibração da ligação e absorção de luz IV

Muitos movimentos diferentes estão presentes nas moléculas – movimentos de estiramento, movimentos de contração, movimentos de rotação e movimentos de balanço. Os movimentos mais importantes para a espectroscopia IV são os de estiramento, como exibido na Figura 15-2.

Figura 15-2: Movimento de estiramento.

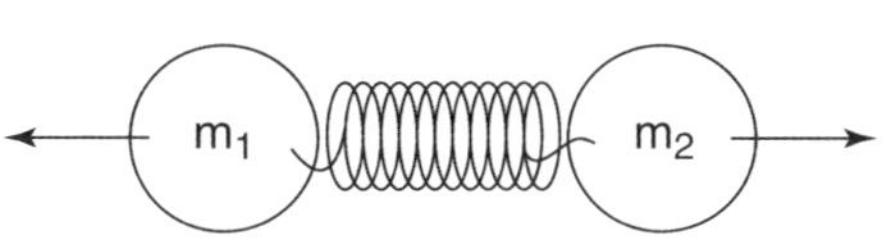

Quando uma ligação vibra a uma frequência particular (lembre-se que essa frequência é ditada pelo peso dos dois átomos e pela força da ligação), e uma luz de mesma frequência atinge aquela ligação, a luz é absorvida pela molécula. A absorção da luz pela molécula pode ser detectada. Como? Se você jogar luz de uma frequência particular pela amostra e mais luz entrar do que sair, a frequência da luz estará sendo absorvida pelas moléculas e, assim, uma das ligações da molécula deverá vibrar naquela frequência.

Na prática, essa medição é realizada jogando-se um feixe de luz através de uma célula de referência vazia (normalmente, a célula de referência é um recipiente, vazio se a amostra for sólida ou líquida, ou um container com solvente se a amostra estiver dissolvida) e um feixe através da amostra e, então, compara-se a diferença de intensidade no feixe de luz que sai da célula de amostra com aquela que sai do espaço em branco, como exibido na Figura 15-3. Um monocromador é um equipamento usado em um espectrômetro IV que pode filtrar tudo, exceto o comprimento de onda desejado. Para gerar um espectro IV, esquadrinha-se o monocromador por todas as frequências IV (o qual corre pelo eixo X) exibindo simultaneamente a transmissão de luz no eixo Y. Embora, por convenção, a transmissão da luz (e não a absorção da luz) seja exibida no eixo y, os picos costumam ser chamados de absorções, e não de transmissões!

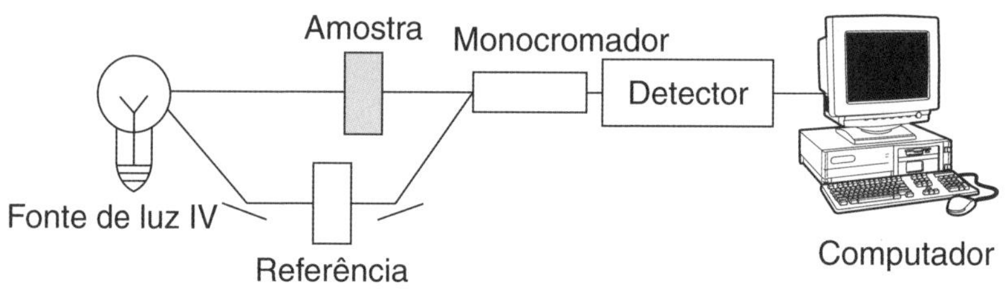

Figura 15-3: Como funciona um espectrômetro IV.

As frequências necessárias de luz para animar as vibrações de ligações caem na – *surpresa*! – região infravermelha do espectro eletromagnético (frequência levemente mais baixa que a luz visível). Daí o nome “espectroscopia infravermelha”.

Intensidade de absorção

Agora você sabe que uma ligação absorverá a luz quando atingida por luz com mesma frequência de vibração da ligação. Mas o que dizer da intensidade de absorção? A intensidade de absorção da luz depende da mudança do momento do dipolo (veja o Capítulo 2) em uma vibração em particular (essa intensidade de absorção relaciona-se ao modo como a radiação eletromagnética – ou seja, luz – interage com as moléculas). As ligações com grandes mudanças no momento do dipolo para uma vibração em particular têm absorções intensas de luz.

Por exemplo, considere as vibrações de estiramento para ligações C-H, N-H e O-H. O estiramento de uma ligação O-H produz uma grande mudança no momento de dipolo, porque o oxigênio é muito mais eletronegativo que o hidrogênio (veja, no Capítulo 2, uma explicação sobre eletronegatividade). O nitrogênio é um átomo menos eletronegativo que o oxigênio e, portanto, as ligações N-H têm menor mudança no momento do dipolo quando estiradas do que as ligações O-H. Um alongamento C-H tem até uma mudança menor no momento de dipolo porque o carbono não é muito eletronegativo. Assim, os estiramentos de O-H têm absorções intensas de luz, as ligações N-H têm absorções mais fracas e os estiramentos de C-H são ainda mais fracos, como resumido na Figura 15-4.

C—H N—H O—H

Menor momento do dipolo absorção fraca → Maior momento do dipolo absorção intensa

Figura 15-4: Intensidade de absorção das ligações.

Estiramentos proibidos do IV

Se um movimento de ligação não produzir mudanças no momento de dipolo da ligação, a vibração não absorverá luz alguma. As vibrações que não produzem mudança alguma no momento de dipolo são chamadas de vibrações inativas no IV, porque não aparecerão em um espectro IV. Normalmente, essas *vibrações inativas no IV* ocorrem em moléculas simétricas, porque o estiramento dessas moléculas não muda o momento do dipolo da ligação. Por exemplo, o estiramento da ligação Cl-Cl no cloro, ou o estiramento da ligação tripla carbono-carbono no dimetilacetileno (exibido na Figura 15-5), não muda o momento de dipolo. Essas modalidades de estiramento são, portanto, inativas no IV, e não aparecem no espectro IV.

$Cl—Cl$ $H_3C—C\equiv C—CH_3$

Figura 15-5: Ligações inativas no IV.

Dissecação de um Espectro IV

O espectro IV é configurado de modo esquisito. Em vez de exibir a absorbância, por convenção o espectro IV exibe a transmissão da luz. Um valor zero de transmissão indica que nenhuma luz passa pela amostra àquele comprimento de onda (e, assim, toda a luz é absorvida) e 100% de transmissão indica que toda a luz passa pela amostra àquele comprimento de onda. Para gerar o espectro IV, frequências diferentes da luz infravermelha são passadas pela amostra e é medida a transmissão da luz de cada frequência. A transmissão, então, é exibida contra a frequência da luz (que é apresentada nas incomuns unidades de cm^{-1}).

Tipos semelhantes de ligações aparecem nos mesmos lugares no espectro IV, como mostra a Figura 15-6. Por exemplo, os estiramentos associados a um álcool (uma molécula contendo um grupo funcional OH) geralmente aparecem na mesma região do espectro, independentemente da aparência do resto da molécula.

Note como a Figura 15-6 faz sentido em termos dos dois fatores que contribuem para a frequência da vibração – o tamanho do átomo e a força da ligação. As absorções em alta frequência (como as produzidas pelo OH, NH e CH) aparecem a uma frequência mais alta do que as absorções produzidas pelas ligações C-C (inclusive ligações simples, duplas e triplas carbono-carbono) porque o hidrogênio é um átomo menor do que o carbono. Além disso, as ligações triplas absorvem a uma frequência mais alta do que as ligações duplas, porque ligações triplas são mais fortes do que ligações duplas.

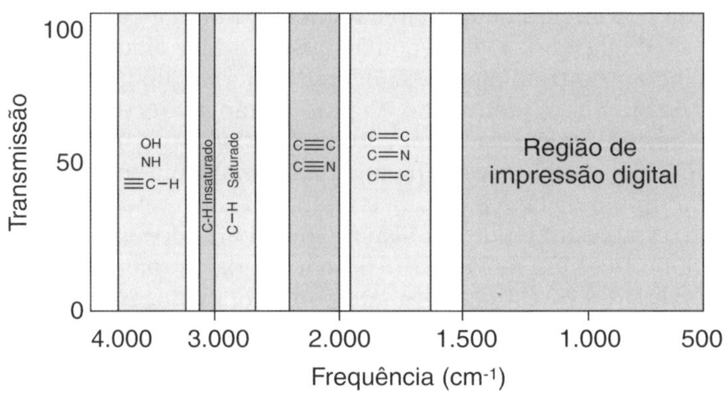

Figura 15-6: Posições típicas de absorção de ligação.

A região do espectro entre 500 cm^{-1} e 1.500 cm^{-1} é chamada de região de impressão digital (veja a Figura 15-6). Cada molécula tem um conjunto único de absorções na região de impressão digital do espectro. Infelizmente, essa região do espectro é, geralmente, uma bagunça complicada e difícil de interpretar. Por esse motivo, os iniciantes na arte de interpretar espectros IV normalmente ignoram essa região do espectro. No entanto, a região de impressão digital ainda pode ser útil para identificar compostos desconhecidos, porque duas moléculas com regiões de impressão digital idênticas no espectro IV são quase certamente moléculas idênticas. Assim, descobrir que a região de impressão digital do espectro IV de seu composto desconhecido e aquela de uma referência conhecida são idênticas é uma boa evidência de que uma estrutura do desconhecido é igual à referência.

Identificação de Grupos Funcionais

A Tabela 15-1 lista as posições e intensidades das absorções produzidas pelos grupos funcionais típicos. Reconhecer onde ocorrem as absorções geradas pelos grupos funcionais comuns ajudará a interpretar espectros IV.

Tabela 15-1 Absorções de IV dos Grupos Funcionais Comuns

Grupos Funcionais	Posição da Absorção (cm-1)	Intensidade de Absorção
Alcano	2.850–2.975	Média a forte
Álcool	3.400–3.700	Forte, ampla
Alceno	1.640–1.680	Fraca a média
(C=C–H)	3.020–3.100	Média
Alcino		
(C≡C)	2.100–2.250	Média
(C≡C–H)	3.300	Forte
Nitrila (C≡N)	2.200–2.250	Média
Aromáticos	1.650–2.000	Fraca
Aminas (N–H)	3.300–3.350	Média
Carbonilas (C=O):		Forte
aldeído (CHO)	1.720–1.740	
cetona (RCOR)	1.715	
éster (RCOOR)	1.735–1.750	
ácido (RCOOH)	1.700–1.725	

Medição do espectro IV

O espectro IV do hexano (C_6H_{14}) é exibido na Figura 15-7. Como o hexano só tem ligações C-H e C-C (e nenhum grupo funcional), esse espectro pode ajudar a orientá-lo para regiões importantes em um espectro IV.

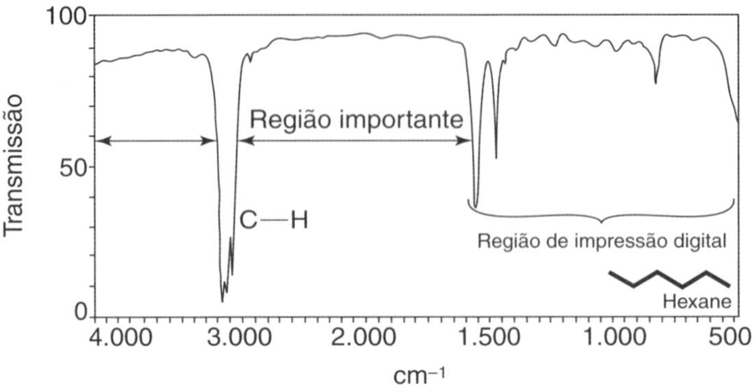

Figura 15-7: O espectro IV do hexano.

Note as duas características do espectro – as absorções de C-H entre 2.800 cm^{-1} e 3.000 cm^{-1}, e a região de impressão digital abaixo de 1.500 cm^{-1}. Deve-se pensar no espectro como um espaço em branco; mentalmente, subtraem-se as duas regiões exibidas nesse espectro para procurar as absorções importantes em compostos desconhecidos. O uso desses estiramentos de C-H como uma estrutura de referência também é conveniente, porque quase todos os compostos orgânicos contêm ligações C-H (note que embora os estiramentos de C-H individuais sejam fracos por causa das pequenas mudanças no momento de dipolo, uma molécula típica geralmente tem muitas dessas ligações, que faz com que essas absorções apareçam bastante intensas). Quaisquer absorções à esquerda desses estiramentos de C-H são, tipicamente, N-H, O-H ou estiramentos de alcino (ligação tripla) C-H. Os outros grupos funcionais comuns têm bandas de absorção entre a região de impressão digital e as absorções de estiramento de C-H.

DICA

Não se distraia com a bagunça na região de impressão digital. Ao contrário, observe principalmente os locais importantes (entre 1.500 e 2.800 cm^{-1}, e acima de 3.000 cm^{-1}).

Reconhecimento dos grupos funcionais

Memorizar onde os grupos funcionais aparecem no espectro geralmente não basta. Você precisa ser capaz de reconhecer e entender a aparência das absorções dos grupos funcionais comuns. São gordas e redondas como a barriga de um lutador de sumô (como em um estiramento de O-H) ou são pequenas e magras (como um estiramento de ligação dupla carbono-carbono)? Na Figura 15-8, mostro a aparência dos grupos funcionais comuns.

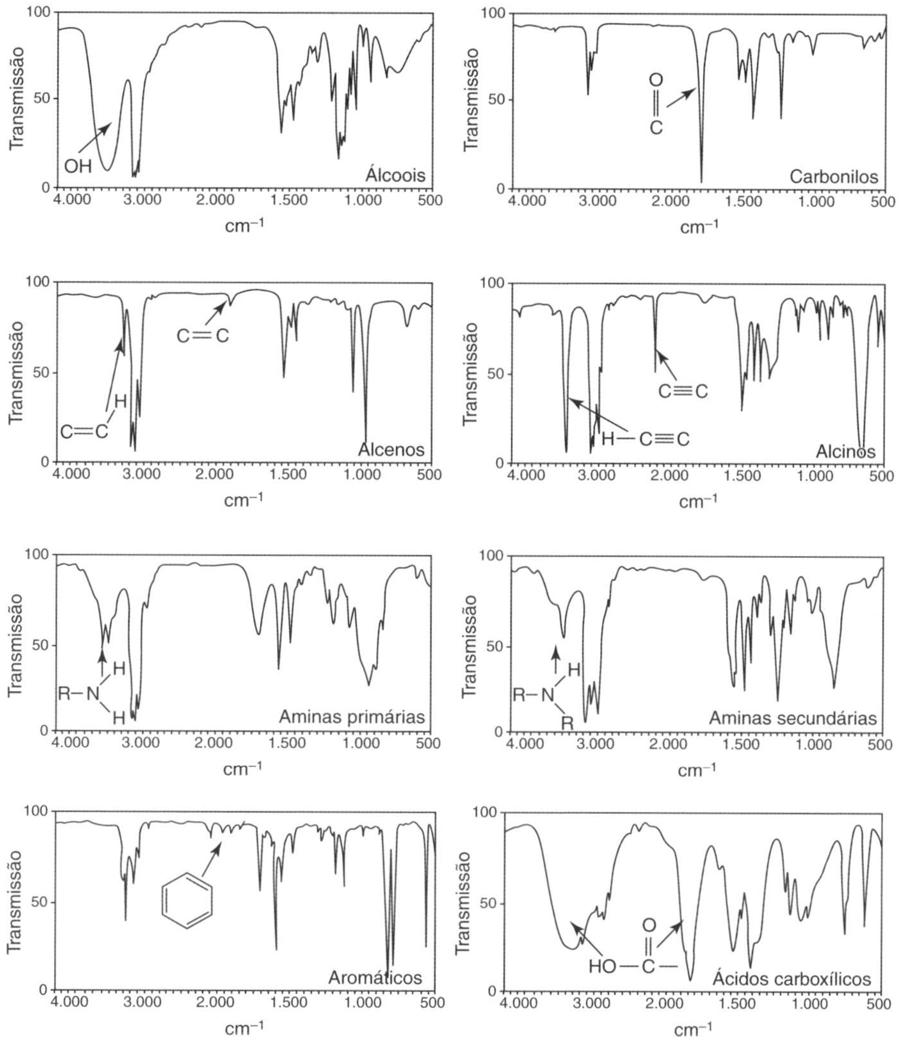

Figura 15-8: Absorções de diferentes grupos funcionais.

Vendo à Esquerda das Absorções de C-H

Olhe para a esquerda e, depois, para a direita. Nesta seção, abordo as características dos grupos funcionais que aparecem à esquerda das absorções de C-H no espectro IV. Veja, na Figura 15-8, exemplos desses grupos funcionais.

Grandes e gordos: Os álcoois

Os álcoois são absorções muito largas e gordas que vêm à esquerda das absorções de C-H. Por causa de sua largura são fáceis de ser localizados.

Ordenhando o espectro: Aminas

As aminas primárias (aminas substituídas apenas por um grupo R e abreviadas como RNH_2) são muito fáceis de se localizar. Eles aparecem à esquerda das absorções de C-H no espectro por volta da mesma região em que aparecem as absorções do álcool. As aminas primárias consistem de dois pequenos picos, e o efeito geral é fazer com que as absorções de uma amina primária pareçam-se com estalactites (veja a Figura 15-8). As aminas secundárias (aminas substituídas por dois grupos R e abreviadas como R_2NH) consistem de apenas uma absorção simples naquela região. Um erro comum é confundir a absorção de amina secundária com absorções de álcool, porque ambas ocorrem na mesma região do espectro. Geralmente, as absorções de aminas secundárias são, de certo modo, mais finas e mais afiadas que as absorções arredondadas e largas produzidas pelo álcool. Apenas a prática com problemas que lidem com espectros IV o tornarão confiante para encontrar a diferença entre absorções de amina e de álcool.

Vendo à Direita das Absorções de C-H

Abordo agora as características dos grupos funcionais que aparecem à direita das absorções de C-H no espectro IV, mas à esquerda da região de impressão digital.

Grandes e altos: Grupos carbonila

Grupos carbonila são localizáveis com muita facilidade em um espectro IV. Eles consistem de uma absorção fina e intensa de cerca de 1.700 cm^{-1} que parece um dedo (não um dedo médio, espero). As carbonilas conjugadas (grupos carbonila adjacentes às ligações duplas) têm uma frequência de vibração de certo modo mais baixa que a das cetonas (essas carbonilas conjugadas geralmente têm absorções abaixo de 1.700 cm^{-1}). Ésteres carbonílicos têm uma certa frequência mais alta de vibração do que as cetonas. Um ácido carboxílico tem um estiramento muito gordo de carbonila e uma absorção de álcool ainda mais gorda que um estiramento típico de álcool; esse estiramento de álcool do ácido carbonílico frequentemente se expande para a região dos estiramentos de C-H.

Estiramentos de hidrocarboneto: Alcenos, alcinos e aromáticos

Os estiramentos de alceno (C=C) aparecem em torno de 2.250 cm^{-1} e são de intensidade fraca ou média. Se você não tiver certeza se uma pequena interrupção na região do espectro representa um alceno, pode procurar os estiramentos de hidrogênio insaturado (C=C-H) acima de 3.000 cm^{-1}. Normalmente, eles são de intensidade média. Desenhar uma linha descendo o espectro em 3.000 cm^{-1} costuma ser uma boa ideia. Quaisquer estiramentos levemente mais altos que a frequência são uma boa indicação de ter um alceno (ou um anel aromático). Os alcinos (ligações triplas carbono-carbono) têm absorções entre 2.100 e 2.250 cm^{-1} e são de intensidade média. Um alcino verdadeiro (na extremidade de uma cadeia) é fácil de localizar por causa do trecho de alcino C-H de alta intensidade que vem a cerca de 3.300 cm-1. Absorções de anéis aromáticos, por outro lado, às vezes podem ser difíceis de localizar. Consistem de uma pequena série de lombadas entre 1.650 cm^{-1} e 2.000 cm^{-1}. O número de lombadas (absorções) muda, dependendo de como o anel de benzeno é substituído.

Capítulo 16

Espectroscopia de RMN: Segurem Seus Chapéus, Vocês se Tornarão Nucleares!

Neste Capítulo

- Descobrindo o poder da espectroscopia RMN
- Compreensão da equivalência e simetria química
- Exame de um espectro RMN
- RMN de ^{13}C
- Combinação de integração e acoplamento

Imaginar a química orgânica moderna sem a ajuda da espectroscopia de Ressonância Magnética Nuclear (RMN) é como imaginar a vida moderna sem a ajuda de carros ou de papel higiênico: praticamente impensável. Isso porque se um dos propósitos principais da química orgânica for descobrir formas de fazer coisas que contêm carbono, então esse processo se torna muito mais fácil se pudermos determinar o que é que criamos. E é para isso que serve a RMN – ela pode ajudá-lo a determinar a estrutura molecular de qualquer coisa orgânica que você esteja interessado em ver. Essa coisa pode ser os produtos das reações, um interessante metabólito que você tenha acabado de isolar do músculo de um coelho, uma neurotoxina mortal que você tenha extraído de uma água viva marinha ou qualquer outra coisa.

Neste capítulo, explico o valor da RMN, discuto como ela funciona e explico como são realizados experimentos em RMN. Disseco também as diversas partes de um espectro RMN, mostro como todas as diferentes partes podem dar dicas sobre a estrutura de um composto e discuto o que cada parte significa. No Capítulo 17, mostro como determinar a estrutura de uma molécula desconhecida, usando a espectroscopia RMN.

Por que RMN?

De volta ao passado, quando a espectroscopia RMN ainda estava em sua infância (e as pessoas tinham que andar dois quilômetros até a escola, com ladeiras na ida e na volta), os químicos tinham que trabalhar por semanas, às vezes, até descobrirem estruturas de compostos orgânicos simples, usando métodos tediosos, que consomem tempo e são tão confiáveis quanto uma raposa cuidando de um galinheiro. Por exemplo, um químico comparava as propriedades físicas de um composto – seu ponto de ebulição, ponto de fusão, índice de refração e daí por diante – com compostos de estrutura semelhante previamente relatados na literatura para ver se algum dos compostos conhecidos era compatível. Mas, por causa dos milhões de estruturas possíveis, geralmente a literatura publicada não continha compostos de estrutura semelhante, então a molécula precisava ser convertida em um derivado conhecido, e eram testadas as propriedades desses derivados.

Basta dizer que esse método de determinação da estrutura era chato, não confiável e tão divertido quanto um tratamento de canal. Mas, para o encanto dos químicos de hoje (e, talvez, para vergonha do batalhador estudante de química orgânica), a espectroscopia de RMN agora é exibido em cena. A RMN de hidrogênio costuma ser usada para determinar a estrutura de compostos desconhecidos simples em minutos, eliminando a maior parte do cansativo incômodo de descobrir as estruturas das moléculas. Basta colocar sua amostra no espectrômetro de RMN, realizar o experimento rapidamente e imprimir os dados. Assim – um, dois, três – e você já está indo para a análise, com a mesma rapidez de um político prometendo um corte nos impostos.

Acople a velocidade da RMN com sua habilidade de determinar a estrutura e terá uma ferramenta impressionantemente poderosa, uma ferramenta que pode determinar a estrutura de quase qualquer molécula orgânica, das relativamente pequenas e simples, como as encontradas no curso de química orgânica, até as grandes e incrivelmente complexas, como as sólidas enzimas que catalisam reações químicas na célula. Por causa do poder e da versatilidade da RMN, quando os químicos orgânicos querem descobrir exatamente o que é aquele produto fedido de sua reação, eles se voltam à RMN para terem uma resposta definitiva.

Então, embora a espectrometria de massas (veja o Capítulo 14) possa dar informações sobre o peso molecular de um composto (e se você for bom, talvez algo sobre sua estrutura) e a espectroscopia IV (veja o Capítulo 15) possa dar uma ideia sobre quais tipos de grupos funcionais uma molécula pode conter, apenas a RMN pode mostrar de forma confiável como uma molécula é agrupada. Não entenda mal: A espectrometria de massas e a espectrometria IV costumam ser peças integrais da determinação de estrutura, e ambas fornecem dicas de primeira categoria. Mas a RMN é quem manda em matéria de identificação de moléculas. Se a descoberta de uma estrutura puder ser imaginada como um jogo de xadrez, então a espectroscopia RMN tem os movimentos da rainha: é a peça mais poderosa do tabuleiro.

Como funciona a RMN

A RMN funciona permitindo que você "veja" os núcleos em uma molécula e a vizinhança química de tais núcleos. Conhecer o ambiente químico e o número de diferentes tipos de núcleos presentes permite que você agrupe a estrutura de um composto na maioria das circunstâncias. Alguns núcleos, porém, são *ativos em RMN* e alguns são *inativos em RMN*: os experimentos de RMN só veem núcleos ativos em RMN e são cegos para os núcleos que são inativos em RMN. Felizmente, tanto o núcleo de carbono quanto o de hidrogênio são ativos em RMN. Por motivos que discuto neste capítulo, a RMN de hidrogênio (geralmente chamada de RMN de próton ou RMN de ^{1}H) é, geralmente, o tipo de RMN mais útil para os químicos orgânicos; portanto, todas as discussões vão se referir à RMN de hidrogênio. Depois de abordar a RMN de hidrogênio, cobrirei os principais pontos da RMN de ^{13}C (que é muito parecida com a RMN de hidrogênio, apenas mais simples).

Ímãs e moléculas gigantes: Teoria de RMN

A teoria por trás da espectroscopia RMN pode ser complicada – e os detalhes geralmente estão fora do escopo de uma aula clássica de química orgânica – então a próxima discussão é uma versão simplificada de como funciona a RMN. Mesmo simplificada, ela é complicada, então aperte os cintos e prepare-se para pensar.

Todos os núcleos com números atômicos e de massa ímpares têm propriedade de spin, assim como os elétrons, e qualquer núcleo que tenha spin é observável pela RMN. *Spin* é um conceito meio abstrato que não tem na verdade qualquer contrapartida fora do mundo subatômico, mas pensar nesses spins como vindos dos prótons que giram rapidamente dentro do núcleo, ou o equivalente a uma carga positiva dançando *break*, pode ajudar. Esse movimento é o movimento de uma carga positiva; de acordo com as leis da física, o giro das partículas carregadas cria um campo magnético com um *momento magnético*. Dentre os núcleos que têm tais movimentos estão ^{1}H, ^{13}C, ^{15}N, ^{19}F, porque todos esses elementos têm números de massa. Núcleos com números de massa, como ^{16}O, ^{12}C e ^{14}N, são inativos em RMN e não aparecerão em um experimento de RMN.

Os momentos magnéticos que vêm dos movimentos nucleares têm direção. Se você simplesmente pegasse um béquer cheio de núcleos e o colocasse em cima de uma mesa em sua cozinha, as direções dos momentos magnéticos dos núcleos seriam aleatórias, apontando em todas as direções possíveis. Mas quando os núcleos são colocados entre os polos de um ímã – criando o que é chamado de *campo magnético externo* –, a mecânica quântica dita que a direção dos momentos magnéticos desses núcleos deve se alinhar ao campo magnético externo (chamado de spin α) ou alinhar-se contra ele (chamado de spin β). Voce pode imaginar o ímã gritando uma espécie de *slogan* político para o núcleo "todos assumam suas posições; ou você está comigo ou está contra mim". Assim, núcleos em um mesmo béquer podem se alinhar a ou contra o ímã (veja a Figura 16-1).

Figura 16-1: O efeito de um campo magnético externo na direção dos momentos magnéticos de núcleos individuais.

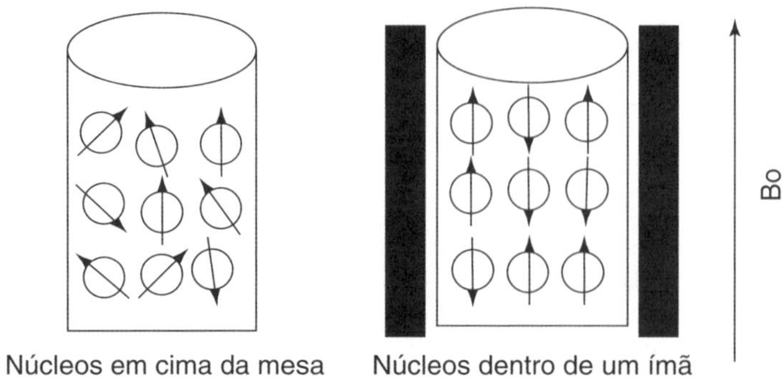

Esses núcleos que se alinham ao campo magnético têm energia levemente menor que aqueles que se alinham contra o campo magnético. A diminuição de energia desses núcleos depende do tamanho do ímã colocado próximo a eles (o tamanho desse ímã – ou força do campo magnético externo – costuma ser rotulado como Bo). Conforme aumenta o tamanho do ímã, a diferença da energia (ΔE) entre os movimentos que se alinham ao campo magnético (α) e os que vão contra o campo magnético (β) também aumenta (veja a Figura 16-2). Essa diferença de energia entre os dois tipos de movimento é o que mede um experimento de RMN. O tamanho da diferença de energia fala a respeito da vizinhança química de núcleos em particular.

Figura 16-2: O efeito do aumento da força externa do campo magnético (Bo) na diferença de energia entre os spins α e β.

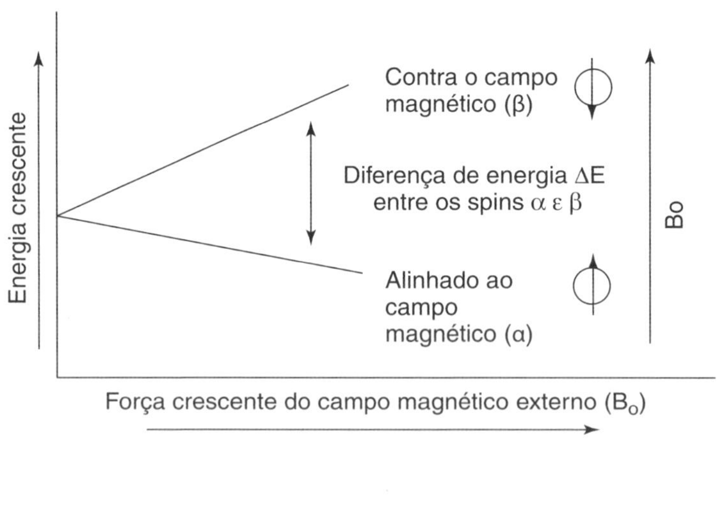

Mas antes de falar sobre como o intervalo da diferença de energia entre os movimentos α e β dão informações sobre o ambiente químico dos núcleos, preciso dizer como a diferença de energia é medida por um espectrômetro de RMN.

Como a maioria dos tipos de espectroscopia, a RMN usa a luz para efetuar uma transição entre níveis de energia (para a espectroscopia IV, a luz infravermelha é usada para a transição entre os níveis de energia vibracional e rotacional. Veja, no Capítulo 15, mais detalhes sobre espectroscopia IV). Em um experimento de RMN, uma onda de rádio (que indica luz de frequências de rádio) efetua uma transição entre os níveis de energia dos movimentos α e β. Quando a frequência da onda de rádio que atinge a amostra tem a energia exata da diferença de energia entre os movimentos α e β (ΔE), a luz é absorvida pelos núcleos.

A energia da absorção de luz é usada como um tipo de espátula nuclear para transformar os movimentos α em movimentos β, processo chamado de *inversão de movimento*. Quando um núcleo absorve a luz e inverte seu spin, diz-se que o núcleo está em *ressonância* (que é de onde vem o termo Ressonância Magnética Nuclear; essa ressonância não deve ser confundida com as estruturas de ressonância). Um detector pode medir a frequência dessa absorção e exibi-la em um espectro (que é a exibição de um experimento de RMN, que mostra a intensidade da absorção *versus* a frequência). Veja, na Figura 16-3, um diagrama de como isso funciona. Uma absorção de luz de alta frequência indica grande diferença de energia entre os estados α e β; uma absorção de luz de frequência baixa indica pequena diferença de energia.

Para resumir, o ΔE em um experimento de RMN é determinado da seguinte maneira:

- A amostra é colocada dentro de um ímã imenso (chamado de campo magnético externo, ou Bo).
- A direção dos momentos magnéticos dos núcleos se alinha ao campo magnético externo (um spin α) ou contra ele (um spin β). A diferença de energia entre um spin α e um spin β é o ΔE.
- Sob a absorção de luz que tem energia igual à diferença de energia (ΔE), os núcleos entram em ressonância e os spins α são invertidos para spins β.
- Um detector mede a frequência da luz absorvida (que é proporcional à diferença de energia entre os spins α e β) e, então, exibe a frequência da luz absorvida no espectro RMN *versus* a intensidade da absorção de luz.

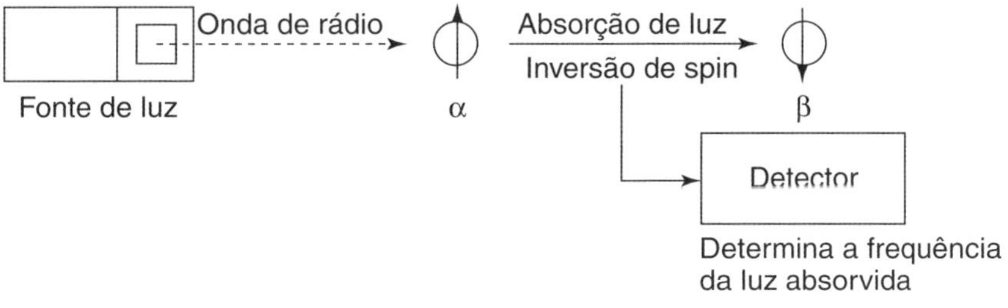

Figura 16-3: Diagrama dos passos envolvidos na medida de ΔE em um experimento de RMN.

Então, é assim que um espectrômetro de RMN determina a diferença de energia. Mas se a RMN medisse apenas as diferenças de energia, ela seria tão útil para os químicos orgânicos quanto a química orgânica é para um estudante de economia. Nesse cenário simples, todos os núcleos de hidrogênio teriam a mesma diferença de energia entre α e β e o espectro de RMN mostraria apenas um único pico (ou única absorção de luz), representando todos os hidrogênios da molécula. E isso não seria particularmente útil. Mas minha discussão até aqui omitiu um ingrediente-chave – os elétrons! Até agora, essa discussão limitou-se aos núcleos nus, que não têm nenhum elétron em torno deles.

Peguem suas jaquetas: Blindagem de elétrons

Por serem cargas em movimento, os elétrons têm seus próprios campos magnéticos, que se envolvem. O campo magnético de um elétron se opõe ao campo magnético externo (feito pelo grande ímã em que você colocou a amostra) e blinda o núcleo, evitando que ele sinta o impacto total do campo magnético externo. Em outras palavras, um núcleo nu sente mais do campo magnético externo do que um núcleo com elétrons em torno de si, só um nudista sentirá mais frio do que uma pessoa usando uma jaqueta isolante.

Consequentemente, um núcleo que use uma jaqueta com densidade eletrônica blindante quanto ao campo magnético externo necessitará de uma onda de rádio de frequência menor (energia menor) para inverter seu movimento do que um núcleo com menor densidade eletrônica em torno de si. Isso porque o campo magnético real que um núcleo rodeado de elétrons sente é menor do que o campo magnético sentido por um núcleo nu, então a diferença entre os spins α e β é menor (veja a Figura 16-2). Como essa diferença é menor, é necessário menos energia (luz de menor frequência) para inverter o spin.

Dessa forma, o ambiente químico dos núcleos do hidrogênio é revelado. Um hidrogênio próximo a um elemento altamente eletronegativo (veja, no Capítulo 2, uma discussão sobre eletronegatividade) terá menos elétrons em torno de si e, portanto, irá entrar em ressonância – ou inverterá seu spin – em uma frequência de luz maior. Um hidrogênio próximo a um elemento doador de elétrons terá muitos elétrons em torno de si e entrará em ressonância a uma frequência mais baixa.

O Espectro RMN

Um espectro RMN, então, é o gráfico da frequência de ressonância *versus* a intensidade da absorção da luz. Uma forma de se obter um espectro RMN é mantendo a constante do campo magnético externo (o campo magnético criado pelo ímã grande) e variando a frequência das ondas de rádio iluminadas na amostra. Em quaisquer frequências que a luz seja absorvida, os picos são exibidos no espectro. Isso é, na verdade, como os espectrômetros de RMN antigos exibiam um espectro RMN e é uma forma conceitualmente útil de pensar a respeito da geração de um espectro RMN. Os trabalhos de um espectrômetro de RMN moderno são um pouco mais complicados, mas o princípio geral permanece o mesmo.

Padronização de deslocamentos químicos

Um problema potencial para a RMN é que se os núcleos forem colocados em um ímã grande, sua frequência de ressonância será maior do que quando eles forem colocados em um ímã pequeno, porque a diferença de energia aumenta conforme o campo magnético externo aumenta (veja a Figura 16-2). Isso significa que um próton aparecerá para o pobre que só puder pagar por um ímã pequeno em uma frequência diferente da que ele aparecerá para um rico que possa pagar por um ímã grande. Para que o espectro RMN seja o mesmo para uma dada molécula independentemente do tamanho do ímã, a frequência de ressonância é exibida em relação a um composto de referência, geralmente o tetrametilsilano (TMS), exibido na Figura 16-4. Dessa maneira, independentemente de quão grande seja o campo magnético externo, os picos no espectro RMN sempre ocorrerão na mesma posição relativa ao TMS.

Figura 16-4: Tetrametilsilano (TMS).

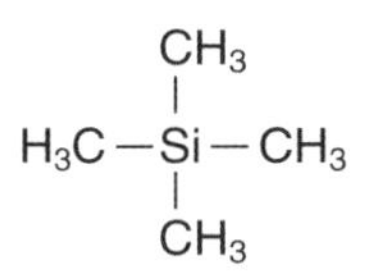

Tetrametilsilano (TMS).

O TMS é usado como referência porque os hidrogênios da molécula são altamente blindados por causa do átomo de silício doador de elétrons, e esses hidrogênios aparecem em uma frequência menor do que a vasta maioria dos hidrogênios das moléculas orgânicas. Essa frequência de absorção de TMS recebe arbitrariamente o valor de zero no espectro. A frequência da absorção de um núcleo relativa ao TMS é dada em unidades de partes por milhão (ppm), de forma que a frequência será dada em números manuseáveis pequenos (entre 0 e 15) ao invés de números grandes (0 – 15 milhões). Para um espectro RMN de hidrogênio, os picos geralmente caem entre 0 e 15 ppm, com o pico próximo a 0 ppm indicando um hidrogênio altamente *blindado* (rico em elétrons) e o pico próximo a 15 ppm indicando um hidrogênio altamente sem *blindagem* (pobre em elétrons). A Figura 16-5 mostra um espectro RMN hipotético.

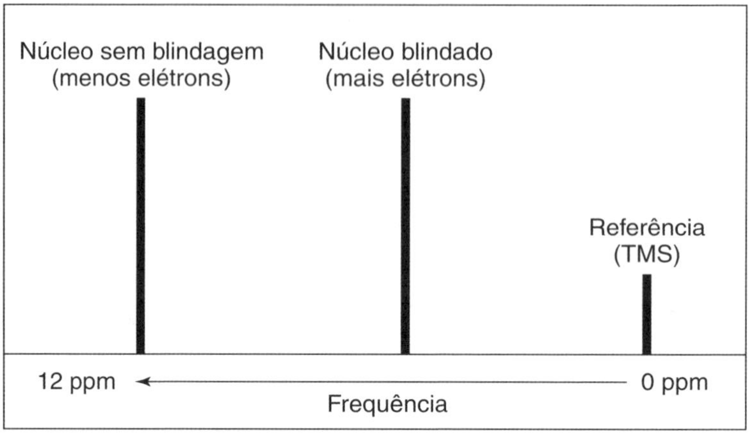

Figura 16-5: O espectro RMN.

Simetria e equivalência química

Cada hidrogênio em uma molécula que esteja em uma vizinhança química única aparecerá como um pico em um espectro RMN. Dois (ou mais) hidrogênios que tenham vizinhanças *químicas equivalentes*, porém, serão representados por um único pico. Dizemos que os hidrogênios que se encontram em ambientes químicos idênticos são quimicamente equivalentes. Por exemplo, o metanol (Figura 16-6) tem quatro hidrogênios; então, pode-se esperar que ele mostre quatro picos no espectro RMN ^1H, um para cada hidrogênio. Mas ele mostra apenas dois picos. Isso porque há apenas dois tipos diferentes de hidrogênios no metanol. Cada um dos hidrogênios do grupo metilo (CH_3) está em ambientes químicos idênticos – todos os três estão anexados a um carbono que se liga a dois outros hidrogênios e a um grupo álcool – e, portanto, cada um desses hidrogênios vê a mesma vizinhança química. Portanto, todos os três hidrogênios têm a mesma frequência de ressonância e aparecem como um único pico. O segundo pico vem do H no grupo álcool (OH), que está em um ambiente químico diferente.

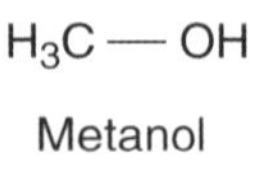

Figura 16-6: Metanol.

O butano (Figura 16-7) é outro exemplo de uma molécula que tem tal equivalência química. Dez hidrogênios estão na molécula, mas lembrando da equivalência química do metanol, pode-se esperar ver quatro picos, um para cada conjunto de hidrogênio anexado aos carbonos. Mas o espectro RMN do butano tem apenas dois picos. Isso se explica pelo elemento extra de equivalência que vem da simetria da molécula. Como o lado direito da molécula é exatamente igual ao lado esquerdo, os dois grupos CH_3 das extremidades estão em ambientes químicos idênticos, assim como os dois grupos CH_2 do meio. Como os dois grupos CH_3 e os grupos CH_2 estão em ambientes químicos idênticos, vemos apenas dois picos no espectro RMN.

$CH_3 — CH_2 — CH_2 — CH_3$

Butano

Figura 16-7: Butano.

É extremamente importante saber reconhecer quais hidrogênios são quimicamente equivalentes. Geralmente, hidrogênios anexados ao mesmo carbono são quimicamente equivalentes. Além disso, a simetria na molécula pode contribuir para a equivalência química. Você deve praticar a procura de equivalência química nas moléculas orgânicas para determinar quantos picos sua RMN ^1H terá. Veja detalhes na seção "Deslocamento químico".

Geralmente, a extração de todos os hidrogênios da molécula pode ajudar a ver diferentes ambientes químicos experimentados por cada hidrogênio. Tente isso com as moléculas exibidas, na Figura 16-8.

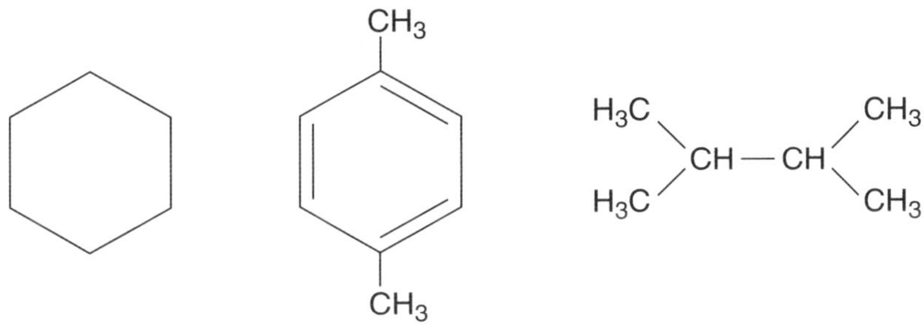

1 pico — 2 picos — 2 picos

Figura 16-8: Visualização de simetria.

O Manual do Espectro de RMN: Dissecação de Partes

Essa seção disseca cada uma das partes do espectro de RMN ^1H e discute como cada parte de um espectro pode dar dicas que ajudem a determinar a estrutura de uma molécula.

Deslocamento químico

O ponto em que se localiza um pico em relação à referência TMS é chamado de *deslocamento químico* (ou seu *valor* δ, onde δ indica a frequência de absorção, e não "parcial", como usado no Capítulo 2 para indicar cargas parciais). O deslocamento químico é dado em unidades de partes por milhão (ppm). Os dois fatores mais importantes que efetuam o deslocamento químico de um núcleo dado são a densidade eletrônica em torno de um hidrogênio e a anisotropia diamagnética (que frase assustadora, hein?).

Um hidrogênio vizinho de átomos altamente eletronegativos – como o flúor (F), o cloro (Cl), o bromo (Br), o nitrogênio (N) e o oxigênio (O) – terão um deslocamento químico maior que o de um hidrogênio vizinho de elementos mais eletropositivos (como o silício [Si] ou o carbono [C]). Os derivados do metano exibidos na Figura 16-9 ilustram esse ponto. Conforme a eletronegatividade do substituinte aumenta (lembre-se que a eletronegatividade aumenta conforme se vai do Br ao Cl e ao F), o deslocamento químico também aumenta. Isso porque conforme a eletronegatividade do substituinte aumenta, a gula do substituinte por elétrons também aumenta, e o substituinte rouba maior densidade eletrônica dos hidrogênios. Os núcleos sem blindagem de elétrons, como aqueles próximos a elementos eletronegativos, têm maior deslocamento químico do que aqueles próximos a elementos eletropositivos.

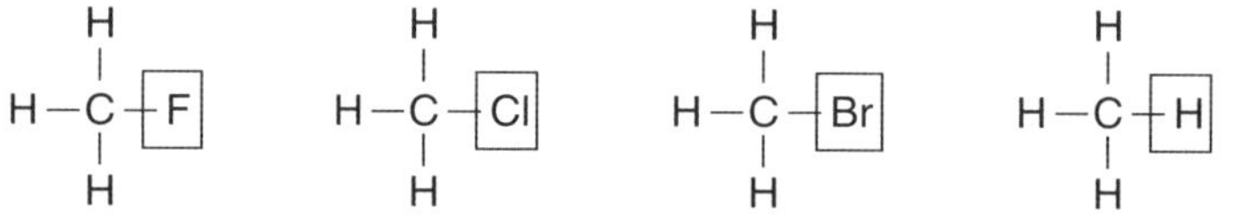

4.1 ppm 3.1 ppm 2.7 ppm 0.2 ppm

Figura 16-9: Os deslocamentos químicos dos hidrogênios (prótons) causados pelos substituintes eletronegativos vizinhos.

O segundo efeito no deslocamento químico são efeitos de campo locais causados pelos elétrons pi; esse efeito é chamado de *anisotropia diamagnética* em fala orgânica.

Quando colocados em um campo magnético, os elétrons pi do benzeno (ou de outros anéis aromáticos) são induzidos a circular (para mais informações sobre anéis aromáticos, veja o Capítulo 13. Para informações sobre as ligações pi, veja o Capítulo 2). Essa circulação dos elétrons pi cria um campo magnético local a partir do anel aromático (veja a Figura 16-10). Bem no alto ou embaixo do anel aromático, o campo magnético induzido do benzeno opõe-se ao campo magnético externo, enfraquecendo-o. Adjacente ao plano do anel, porém, o campo magnético do anel de benzeno reforça o campo magnético externo, fortalecendo o campo magnético.

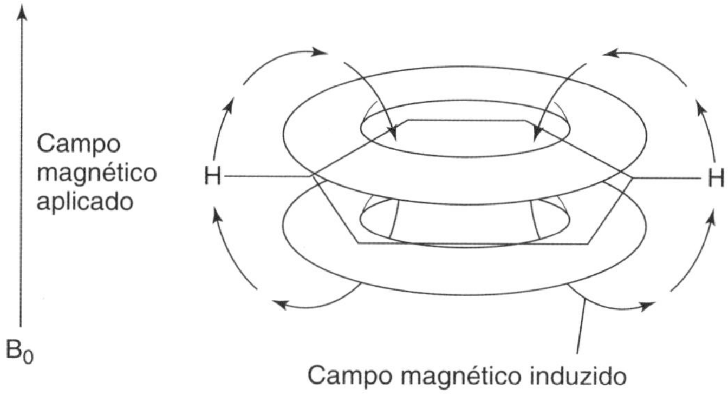

Figura 16-10: O campo magnético induzido do benzeno em um campo magnético externo.

Isso significa que qualquer hidrogênio diretamente acima ou abaixo de um anel aromático estará blindado pelo campo magnético do anel aromático e terá um deslocamento químico mais baixo, enquanto aqueles hidrogênios adjacentes ao anel ficarão sem blindagem e terão um deslocamento químico mais alto. Portanto, os hidrogênios anexados aos anéis aromáticos (aos quais, às vezes, referimo-nos como hidrogênios aromáticos, embora os hidrogênios em si não sejam aromáticos) têm um deslocamento químico muito maior do que o esperado com base nas considerações de eletronegatividade do anel aromático. A Figura 16-11 ilustra esse efeito com uma molécula aromática complexa.

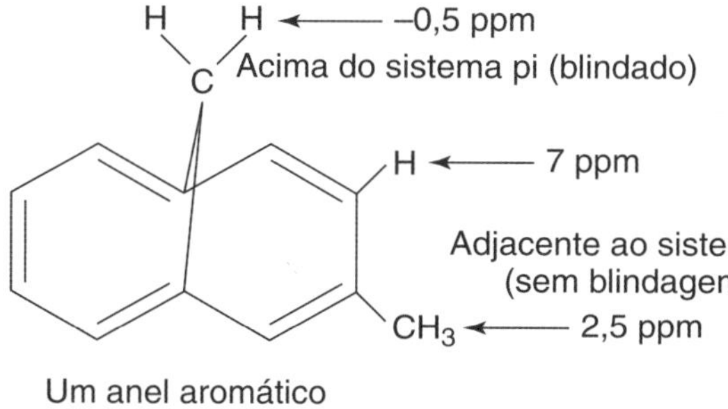

Figura 16-11: O efeito da anisotropia diamagnética em uma molécula aromática.

O mesmo efeito de campo local causado pelos elétrons pi no benzeno afeta as ligações duplas e triplas de forma semelhante. Os hidrogênios anexados às ligações duplas ou triplas, portanto, têm deslocamentos químicos maiores do que o esperado com base em considerações simples sobre a eletronegatividade.

A Figura 16-12 mostra alguns dos deslocamentos químicos aproximados dos hidrogênios adjacentes aos grupos funcionais comuns. Tenha em mente, porém, que esses números são apenas escalas típicas e não são absolutos; os valores podem se estender para dentro ou para fora das escalas, dependendo do resto da estrutura de uma molécula dada. Tenha em mente também que a adição de elementos eletronegativos é cumulativa. Um hidrogênio adjacente ao grupo carbonila mais um haleto teria um deslocamento químico maior do que o de um hidrogênio vizinho a apenas um desses grupos.

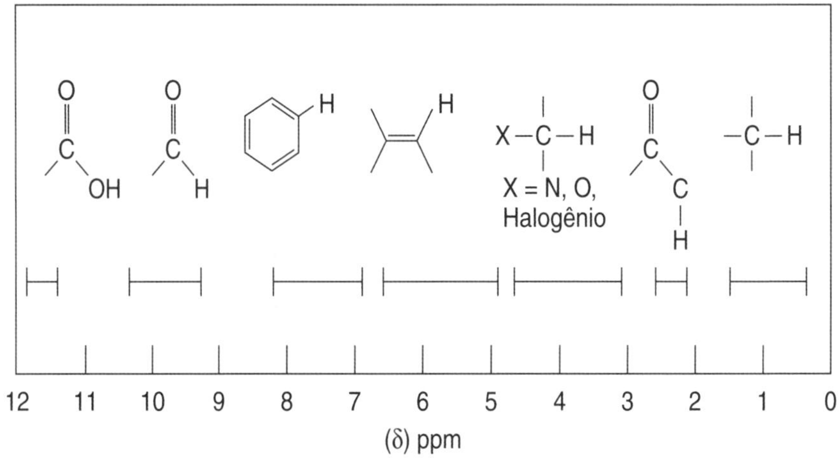

Figura 16-12: Deslocamentos químicos aproximados dos hidrogênios (prótons) adjacentes aos grupos funcionais comuns.

Incorporando a integração

A intensidade do pico – ou a área abaixo de um pico em um espectro – está relacionada com o número de hidrogênios representados pelo pico. Um computador usa o processo matemático de integração para encontrar as áreas inferiores a cada pico. A integração é exibida no espectro pela adição de uma curva de integração (veja a Figura 16-13). A *altura* dessa curva de integração é proporcional à área inferior a um pico e, assim, essa altura é proporcional ao número de hidrogênios representados pelo pico (a largura da curva não tem importância).

Para medir a altura de uma integração, começamos na parte de baixo da curva de integração onde ela é plana e medimos até onde a curva se torna plana novamente. Infelizmente, a integração não pode dizer quantos hidrogênios são representados por cada pico, apenas as taxas relativas dos hidrogênios em um tipo de ambiente químico em comparação aos de outro ambiente. Isso torna a integração útil apenas para moléculas orgânicas que contenham mais de um tipo de hidrogênio (que, felizmente, é a maioria).

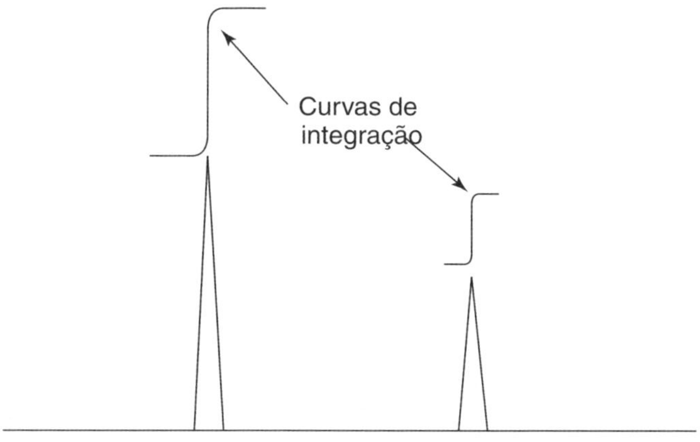

Figura 16-13: Curvas de integração e picos de hidrogênio em um espectro RMN ^1H.

Por exemplo, se houver dois picos, um com curva de integração de 2 centímetros de altura e outro com curva de integração de 1 centímetro de altura, há uma indicação de que o pico mais alto representa duas vezes a quantidade de hidrogênios do menor (veja a Figura 16-14). Isso não significa que o maior represente 2 hidrogênios e o menor represente 1 hidrogênio, necessariamente – embora esse possa ser o caso. Isso simplesmente indica que a taxa de hidrogênios nos dois ambientes químicos é de 2:1. Na Figura 16-14, mostro como medir uma integração com uma régua.

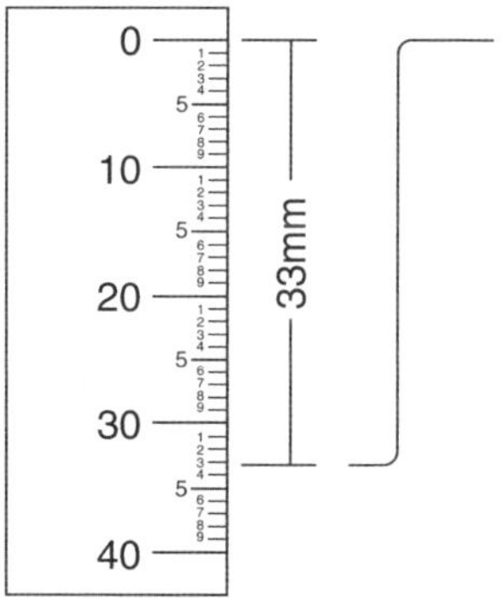

Figura 16-14: Como medir a altura de curvas de integração.

Compreensão do acoplamento

O etanol, álcool encontrado nas bebidas, é um composto orgânico comum. O espectro de RMN do etanol é exibido na Figura 16-15.

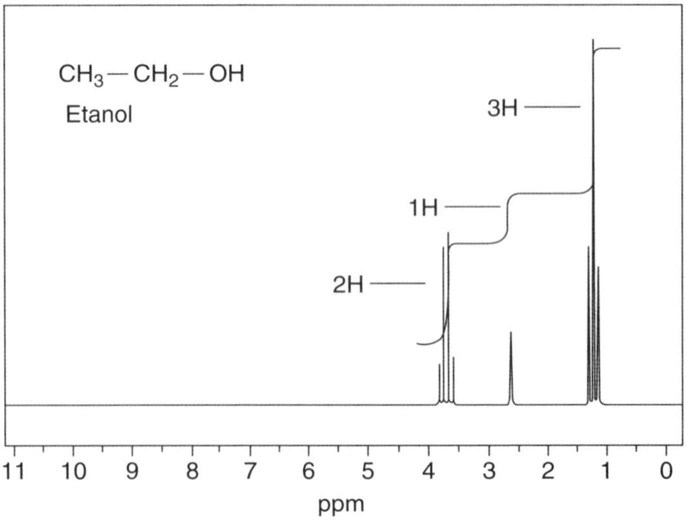

Figura 16-15: Espectro de RMN do etanol, com as razões dos hidrogênios ao lado das curvas de integração.

O etanol tem três tipos de hidrogênios que são ambientes químicos únicos – os três hidrogênios do grupo metilo (CH_3), os dois hidrogênios do grupo metileno (CH_2) e o hidrogênio do grupo álcool (OH). É por isso que vemos três picos no espectro RMN e é por isso que a integração tem taxa de 2:1:3, representando os hidrogênios do grupo metileno, do grupo álcool e do grupo metilo, respectivamente. Perceba, porém, que cada uma das absorções individuais é dividida em picos menores. Isso se chama acoplamento. O *acoplamento* é um fenômeno útil para determinar como cada pedaço da molécula está conectado aos demais. Se a integração indica o número de hidrogênios que um pico representa, o acoplamento indica quantos hidrogênios vivem ao lado daquele hidrogênio. O acoplamento vem da interação dos momentos magnéticos dos hidrogênios com os momentos magnéticos dos hidrogênios vizinhos. Na maioria dos casos, os hidrogênios só se acoplam aos hidrogênios que estão nos carbonos adjacentes. Hidrogênios quimicamente equivalentes não se acoplam, o que explica por que os hidrogênios do mesmo carbono não se acoplam na maioria das vezes e por que os seis hidrogênios do benzeno não se acoplam.

A "regra n + 1" e a constante de acoplamento

O acoplamento segue o que é chamado de regra n+1. Essa regra diz que um pico será dividido $n + 1$ vezes, sendo n o número de hidrogênios equivalentes vizinhos. No espectro do etanol (veja a Figura 16-15), por exemplo, o grupo metilo (CH_3) tem como seu vizinho um carbono com dois hidrogênios equivalentes, então o sinal do grupo metilo é dividido em três picos seguindo a regra $n + 1$ (observada pelo sinal em δ1,2 ppm). O grupo metileno (CH_2) está próximo a três hidrogênios equivalentes no grupo metilo adjacente, então seu sinal é dividido em quatro picos seguindo a regra $n + 1$ (veja a Figura 16-16).O hidrogênio do grupo álcool não se acopla, por motivos que exponho na próxima seção sobre a troca de prótons.

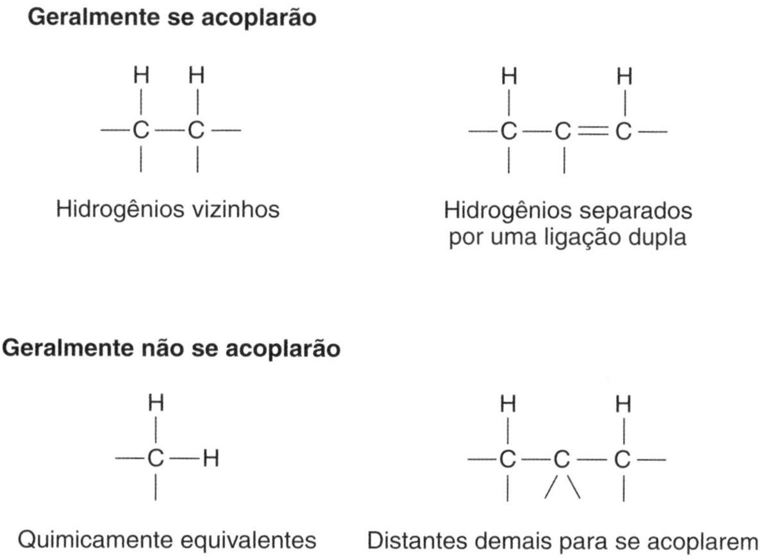

Figura 16-16: Os tipos de hidrogênios que se acoplarão e os que não se acoplarão.

Um pico que não se acopla e mostra apenas uma linha única é chamado de singleto. O hidrogênio de álcool no etanol não se acopla, resultando em um singleto. Um pico dividido em dois é chamado de dubleto, três um tripleto, quatro um quarteto, e daí por diante. Você pode ver a imagem geral desses tipos de divisão de picos na Figura 16-17. A *constante de acoplamento*, ou *valor de J*, é a distância entre as linhas (ou o topo dos picos) em um sinal. Esse valor é dado em unidades de frequência (hertz, ou Hz), em vez de em ppm, para tornar a constante de acoplamento independente do tamanho do campo magnético externo. O ponto principal a se lembrar sobre constantes de acoplamento é que os hidrogênios que se acoplam têm picos separados pela mesma constante de acoplamento. Essa informação pode ser útil para determinar quais hidrogênios estão próximos entre si, especialmente quando só o número de picos for insuficiente. Voltando ao exemplo do etanol (veja a Figura 16-15), como as unidades de CH_3 e de CH_2 se acoplam, os três picos por volta de 1,2 ppm estão separados à mesma distância que os quatro picos em torno de 3,7 ppm, e ambos os conjuntos de picos têm a mesma constante de acoplamento.

Determinação do acoplamento entre hidrogênios não equivalentes

Muitas moléculas orgânicas – particularmente as moléculas maiores – contêm hidrogênios que são adjacentes e dois ou mais hidrogênios não equivalentes. Nesse cenário, a soma de todos os hidrogênios vizinhos e a aplicação da regra $n + 1$ não vai funcionar. Em vez disso, será preciso aplicar a regra $n + 1$ separadamente a cada conjunto não equivalente de hidrogênios.

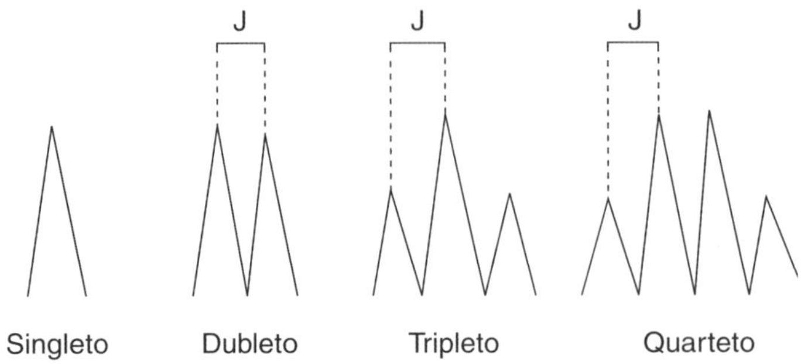

Figura 16-17: A constante de acoplamento, ou valor de J, para vários picos.

Pegue o caso exibido na Figura 16-18. Para determinar o número de picos que você verá para o hidrogênio dentro do retângulo – que está rodeado por dois conjuntos não equivalentes de hidrogênios – deve-se aplicar separadamente a regra $n + 1$ a cada um dos hidrogênios não equivalentes. Para a unidade de CH_2 à direita, a regra $n + 1$ diz que isso dividirá o sinal em três picos; para o hidrogênio solitário à esquerda, a regra $n + 1$ diz que esse hidrogênio dividirá o sinal em dois picos. Para conseguir o número total de picos que poderiam ser vistos, multiplicam-se os dois resultados juntos. A multiplicação de três por dois resulta em um total de seis picos para o sinal do hidrogênio dentro do retângulo.

Na prática, porém, geralmente não se veem todos os picos possíveis em um espectro de um hidrogênio que esteja rodeado por hidrogênios não equivalentes, porque as constantes de acoplamento para os hidrogênios não equivalentes geralmente têm quase o mesmo valor. Quando as constantes de acoplamento têm quase o mesmo valor, os sinais se sobrepõem e observamos menos picos do que o número máximo possível.

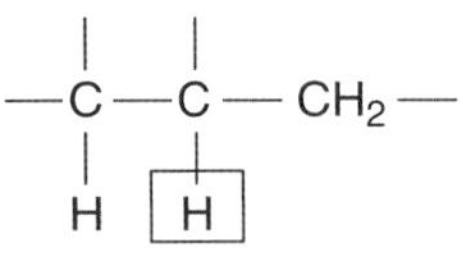

Figura 16-18: Um hidrogênio (próton) rodeado por hidrogênios não equivalentes (prótons).

DICA

Na prática, frequentemente é possível aproximar o número de sinais esperados para um hidrogênio (próton) rodeado por hidrogênios não equivalentes. Para fazê-lo, finja que os hidrogênios não equivalentes *são* quimicamente equivalentes. Finja que o CH_2 e o hidrogênio solitário são quimicamente equivalentes. Isso resulta em um total geral de três hidrogênios, então a regra $n + 1$ sugeriria que se a constante de acoplamento fosse a mesma (ou quase a mesma), o sinal seria dividido em aproximadamente quatro picos. Embora em teoria pudéssemos observar até seis picos para esse hidrogênio, há grandes chances de que se observem apenas quatro.

Madeira! Desenho de diagramas de árvores

Dadas as constantes de acoplamento dos hidrogênios vizinhos, pode-se prever a tendência de divisão de um hidrogênio usando o que é conhecido como diagrama de árvore. Suponha, por exemplo, que foi solicitada a previsão da tendência de divisão do hidrogênio da Figura 16-19, e você recebeu a constante de acoplamento entre H_a e H_b (J_{ab}) e a constante de acoplamento entre H_a e H_c (J_{ac}).

Figura 16-19: Previsão de padrões de acoplamento.

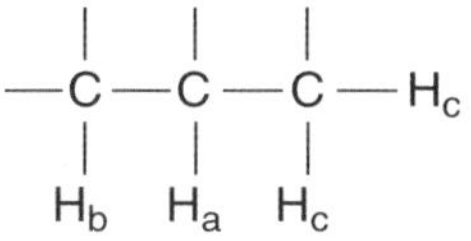

J_{ab} = 3 Hz
J_{ac} = 6 Hz

Para desenhar o diagrama de árvore, comece com um dos hidrogênios vizinhos e determine quantas vezes esse hidrogênio dividirá o sinal. Você terá o mesmo resultado, não importando com qual hidrogênio vizinho houver começado (nesse caso, se começar com o H_b ou o H_c), mas, geralmente, é mais fácil começar com o hidrogênio que resulta no maior valor de J. Então, nesse caso, comece com os prótons H_c, porque a constante de acoplamento entre H_a e H_c é maior que a constante de acoplamento entre H_a e H_b. Como há dois hidrogênios H_c, eles dividem o sinal H_a em três picos, seguindo a regra $n + 1$.

Após determinar que os hidrogênios H_c dividirão o sinal em três picos, comece o diagrama de árvore fazendo três linhas, uma indo direto para baixo, uma indo para a direita e uma indo para a esquerda. Dê uma olhada na Figura 16-20 para ver como isso funciona. A distância entre os picos é de 6 Hz, então, ao fazer seu diagrama de árvore, talvez você queira usar uma régua para medir 6 cm, 6 mm ou 6 vezes a pontinha do seu dedo mindinho para representar a separação entre as linhas a uma distância proporcionalmente correta.

DICA

Em vez de medir a distância no diagrama de árvore, pode-se desenhar a árvore em papel quadriculado, usando um ou mais quadrados para representar 1 Hz.

Depois de diagramar o valor de J para H_a e H_c, faça o mesmo com H_a e H_b. Como só há um hidrogênio H_b, o sinal será dividido em dois, seguindo a regra $n + 1$. Então, em seu desenho, divida cada uma das três linhas em duas linhas adicionais, mantendo uma separação de 3 Hz (que pode ser de 3 cm, 3 mm ou 3 vezes a ponta de seu mindinho) entre as linhas. Ao término de cada linha, será encontrado um pico no espectro. Nesse caso, espera-se que o sinal daquele hidrogênio seja dividido em seis picos no espectro de RMN ^1H.

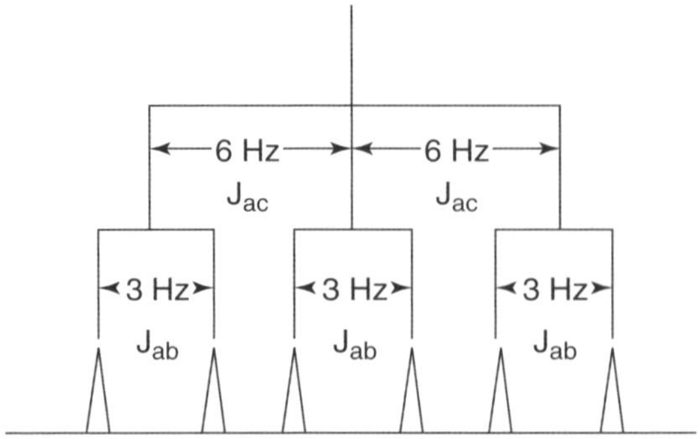

Figura 16-20: O diagrama de árvore da molécula da Figura 16-15, exibindo a origem dos seis picos de H_a.

Troca de prótons: Intercâmbio

Hidrogênios anexados ao oxigênio ou ao nitrogênio geralmente não mostram nenhum tipo de acoplamento. Esses picos são encontrados nos espectros RMN ^1H como singletos gordos. Essa falta de acoplamento é causada pela troca química.

Pequenas impurezas de base ou de ácido em uma amostra (que costumam ser de remoção muito difícil) podem catalisar a troca dos hidrogênios anexados tanto aos nitrogênios quanto aos oxigênios – em outras palavras, os hidrogênios dos álcoois ou aminas (veja mais sobre esses grupos funcionais, no Capítulo 5). Nas soluções que contenham um traço de base, por exemplo, os hidrogênios anexados aos nitrogênios e oxigênios são desprotonados pela base e, em seguida, reprotonados muito rapidamente. Como o experimento de RMN leva muito tempo em comparação à rapidez da troca de prótons, o acoplamento não é observado nesses prótons, exceto em amostras meticulosamente purificadas, ou em temperaturas muito baixas, em que essa troca química é mais lenta.

PAPO DE ESPECIALISTA

Como essa troca é muito rápida, para determinar se um pico é um álcool ou uma amina, os químicos costumam adicionar uma gota de D_2O (ou água pesada) à amostra. Como os *dêuterons* (núcleo do deutério) não são observados em uma RMN de próton, quando o *deutério* (átomo de hidrogênio com um nêutron adicional) substitui um hidrogênio através desse processo de troca, o pico encolhe ou desaparece completamente. Isso confirma que o pico era um álcool ou uma amina.

Consideração da RMN de Carbono

A RMN de ^{13}C é, de muitas formas, semelhante à RMN de ^1H, apenas mais simples (isso aí!). A RMN de carbono, porém, é menos sensível que a RMN de próton, porque só os núcleos de ^{13}C são ativos em RMN; os núcleos de ^{12}C são inativos. Como o isótopo tem apenas uma abundância natural de 1,1% (^{12}C forma a maior parte do resto da abundância natural), e como o núcleo do carbono é menos sensível que um núcleo de hidrogênio, geralmente é preciso mais amostras RMN de ^{13}C do que o necessário para RMN de ^{1}H. Por esses dois motivos, os experimentos de RMN de carbono também levam um pouco mais de tempo (horas ou dias em vez de minutos).

Geralmente não se verá integração nem acoplamento em um espectro de ^{13}C (embora eles surjam ocasionalmente). Não se vê o acoplamento carbono-carbono porque a abundância natural de ^{13}C é muito baixa – a chance de dois núcleos de ^{13}C serem vizinhos é tão pequena que chega a ser insignificante. Você poderia ver o acoplamento ^{13}C-^{1}H, mas a maioria dos experimentos de RMN desacopla essas interações (isso aumenta a intensidade dos sinais, por motivos um pouco complicados). Por causa desse desacoplamento, os picos da RMN de ^{13}C costumam ser apenas singletos, assim como podem ser vistos no espectro de ^{13}C do ácido butanóico (Figura 16-21).

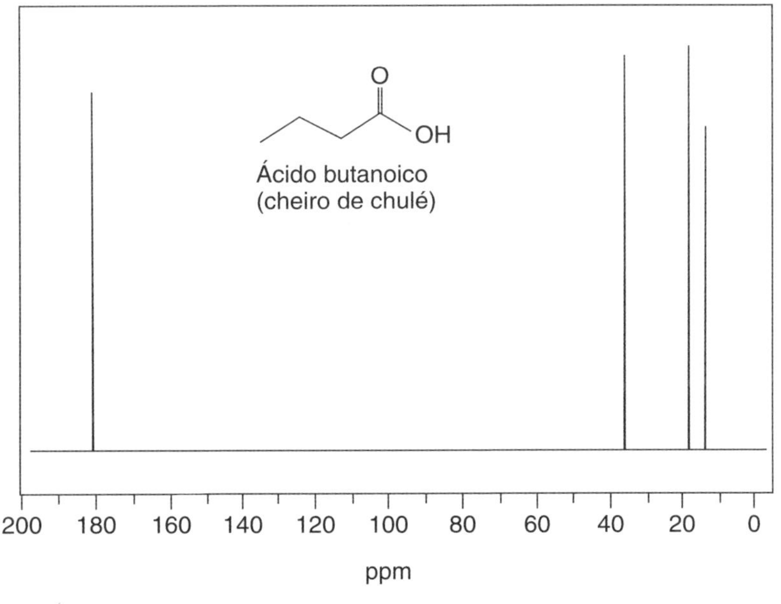

Figura 16-21: O espectro de ^{13}C do ácido butanoico.

Portanto, a RMN de ^{13}C é útil principalmente para distinguir o número de tipos diferentes de carbonos em uma molécula do número de picos no espectro, enquanto o deslocamento químico dá uma ideia do ambiente químico desses carbonos. O alcance dos valores do deslocamento químico em um espectro de carbono é bem maior do que o deslocamento em uma RMN de próton – o alcance é de 0-220 ppm, com o pico de 200 ppm representando um núcleo altamente sem blindagem. Tenha em mente que os picos de hidrogênio não aparecem em uma RMN de ^{1}H, assim como picos de ^{13}C não aparecem em um espectro de RMN de ^{1}H; os espectros de RMN de ^{13}C e de RMN de ^{1}H devem ser obtidos separadamente (embora você possa usar normalmente o mesmo espectrômetro de RMN para obter ambos os espectros). A Figura 16-22 dá algumas das extensões dos valores de deslocamento químico para tipos específicos de carbono.

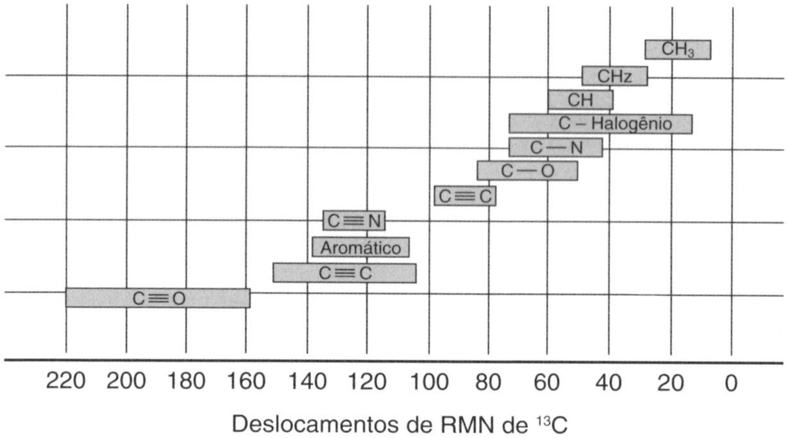

Figura 16-22: O alcance dos valores para espectros de RMN de ^{13}C.

Lista de Verificação: Reunindo as Peças

Use as seguintes definições para ajudá-lo a organizar este capítulo.

- **Deslocamento químico:** Refere-se a onde um pico aparece no espectro, em relação à molécula TMS de referência (também chamado de *valor* δ). O deslocamento químico é dado em unidades de partes por milhão (ppm). Dá uma ideia dos tipos de grupos funcionais pelos quais um hidrogênio ou carbono é rodeado.
- **Integração:** Mostra a área abaixo de um pico, que, por sua vez, dá informações sobre quantos hidrogênios são representados por um pico, em relação aos demais picos do espectro. A RMN do carbono geralmente não tem integração nos picos.
- **Acoplamento:** Diz quantos hidrogênios vizinhos são vistos por um hidrogênio, seguindo a regra $n + 1$. A regra $n + 1$ pode ser aplicada de uma só vez se um hidrogênio estiver rodeado apenas por hidrogênios quimicamente equivalentes. Deve ser feita individualmente quando ele for rodeado por dois ou mais hidrogênios não equivalentes quimicamente. Os diagramas de árvore de RMN são usados para prever

quantos picos serão encontrados no espectro de um dado hidrogênio rodeado por dois ou mais hidrogênios não equivalentes. Os hidrogênios em um nitrogênio ou oxigênio geralmente não se acoplam por causa dos rápidos processos de troca – esses hidrogênios geralmente aparecem como singletos gordos (que vão embora quando a amostra é chacoalhada com D_2O).

- **Constante de acoplamento:** Diz a distância entre os topos dos picos em um multipleto. A constante de acoplamento é conhecida como valor de j (dado em unidades de Hz). Esse valor pode dizer quais hidrogênios são acoplados uns aos outros porque os hidrogênios acoplados têm a mesma constante de acoplamento.

Transformando RMN em RM

A RMN tem sido usada amplamente não apenas na química, mas também na medicina. Para fazer uma imagem de seu interior, os médicos costumam fazer raios x. Mas os raios x têm suas limitações, particularmente ao verem um tecido macio. Uma técnica mais poderosa é o que é chamado de RM, que significa Ressonância Magnética. As máquinas de RM são espectrômetros de RMN imensos e especialmente projetados que podem mapear a aparência de seu interior em três dimensões e podem detectar quaisquer anormalidades, tais como o crescimento de um tumor ou uma fratura em um osso. Em vez de inserir um pequeno tubo no espectrômetro, como faríamos com um típico espectrômetro de RMN, em uma máquina de RM você é a amostra e é amarrado em um ímã muito grande em formato de rosquinha, no qual se faz uma leitura.

O nome foi mudado de RMN para RM porque os pacientes resistiam ao ouvir o nome Ressonância Magnética Nuclear – ninguém queria entrar em uma máquina nuclear! Claro, não se sabia que o *nuclear* referia-se aos núcleos do átomo, não a uma reação nuclear. Ainda assim, o nome foi modificado para Ressonância Magnética, para fazer com que as pessoas se sentissem mais confortáveis com relação ao procedimento. Essas máquinas de RM são projetadas para procurarem a quantidade de átomos de hidrogênio em uma dada seção do corpo. Como os diversos tipos de tecidos têm números de átomos de hidrogênio diferentes uns dos outros (o tecido cerebral normal terá uma quantidade diferente de hidrogênios de um tecido de tumor, por exemplo), os médicos mapeiam as densidades usando um computador e, então, tentam detectar quaisquer anormalidades. A RM é tão valorizada na medicina moderna que, em 2003, o Prêmio Nobel de Medicina foi para Paul Lauterbur e Peter Mansfield pelo desenvolvimento dessa técnica.

Capítulo 17

Seguindo as Dicas: Solução de Problemas em RMN

Neste Capítulo

- Enfrentando problemas de RMN
- Uso de dicas para determinar a estrutura
- Evitando erros comuns na solução de problemas de RMN

Percebo que os problemas de espectroscopia intimidam, particularmente quando abordados pela primeira vez. Um espectro apresenta tantas informações, tantos picos e linhas e rabiscos que tentar interpretar um pela primeira vez pode fazer com que você se sinta como uma criança tentando ler *Moby Dick*. A quantidade de informações a serem absorvidas dificulta até que se saiba por onde começar.

O truque é não se intimidar nem desencorajar. Você pode resmungar agora ao ouvir isso, mas depois de ter trabalhado com problemas suficientes até ter-se tornado bom, a solução de problemas de espectroscopia poderá ser bastante divertida. Pense nesses problemas como quebra-cabeças cujas regras são ditadas pela natureza.

Neste capítulo, apresento um guia geral para descobrir as estruturas das moléculas usando RMN (para uma descrição do funcionamento da RMN, veja o Capítulo 16). Infelizmente, o que apresento não é um guia definitivo, porque os químicos não têm uma "maneira correta" indiscutível para resolver todos os problemas de RMN. Por isso, muitos livros didáticos não dão uma estratégia específica para a solução de problemas. Ao invés disso, eles instruem a "solucionar muitos problemas" e garantem que após certo tempo e muito trabalho árduo, você saberá lidar com eles. Solucionar muitos problemas é, de fato, um conselho excelente, mas lhe coloca na estranha posição de não saber por onde começar. Como resultado, os estudantes costumam começar pelos lugares errados (falo sobre erros comuns em breve, nesse capítulo) e, frequentemente, nunca compreendem como solucionar esses tipos de problemas. Quando chega a hora do exame, eles geralmente estão prontos para se internarem no hospital psiquiátrico local.

Por causa da dificuldade que muitos estudantes têm com a solução de problemas de espectroscopia de RMN, apresento a estratégia de solução de estruturas que funciona para mim e que já funcionou para outros. Suponho que deva funcionar também para você, pelo menos enquanto fundamento até que você tenha confiança suficiente para alterá-la e adequá-la ao seu próprio estilo de aprendizagem e adaptá-la ao problema específico que se tenha. Os problemas de espectroscopia podem ser particularmente intimidadores porque podem ser resolvidos de várias maneiras diferentes. Mas a maneira como gosto de determinar a estrutura de um composto usando a RMN é sistematicamente seguindo as dicas.

Siga as Dicas

Gosto de pensar na solução de problemas de espectroscopia com a analogia de um detetive no escuro com uma lanterna, buscando o "mistério". A coleta metódica de dicas é a melhor forma de determinar o culpado, em vez de ficar cegamente mexendo a lanterna (ou o lápis) sem direção, esperando por alguma espécie de epifania do acaso (o que nunca acontece durante um exame, mas só depois que nós o entregamos).

Você provavelmente encontrará muitos tipos diferentes de problemas de RMN. Muitos problemas trarão, pelo menos, a fórmula molecular e a RMN de ^{1}H. Alguns problemas também fornecerão o espectro IV, o espectro de massa e o espectro de RMN de ^{13}C. Essa técnica de coleta de dicas pode ser adaptada para que se encaixe em qualquer um desses tipos de problemas: basta ignorar quaisquer dicas que não se apliquem ao problema com que se esteja lidando. Depois de dizer como coletar todas as dicas, uso dois exemplos para mostrar como aplicar esse guia aos problemas reais.

Aqui está um sumário de como funciona a coleta de dicas. Começamos determinando os graus de insaturação da fórmula molecular. Isso indica rapidamente se o composto contém anéis, ligações duplas ou triplas, ou se a molécula é saturada. Uma indicação mais definitiva de com que tipo de molécula se está lidando pode ser encontrada olhando o espectro IV (se você tiver recebido um no problema) e, também, com uma rápida olhada na RMN de ^{1}H procurando picos que acusem um grupo funcional em particular (especificamente ácidos carboxílicos, aldeídos e anéis aromáticos). Em seguida, usamos a integração (além das dicas dos graus de insaturação e do IV) para determinar todos os fragmentos da molécula. Com os fragmentos em mãos, unimos as peças de forma que fiquem consistentes com o deslocamento químico e com a divisão dos picos. Finalmente, verificamos e reverificamos a estrutura proposta para garantir que tudo esteja consistente com todas as dicas. Resumindo, primeiro determinamos todas as partes da molécula e, então, tentamos uni-las da forma correta.

Essa é a visão geral de como se resolve uma estrutura com essa técnica. Em seguida, abordo os detalhes práticos de cada um desses passos. Então, ligue sua lanterna, detetive – aqui está como se coletam essas dicas!

Primeira Dica: Determine os graus de insaturação da fórmula molecular

Para revisar os graus de insaturação, dê um passeio pelo Capítulo 8.

Se você receber a fórmula molecular, basta inseri-la na equação:

$$\text{graus de insaturação} = \frac{[(\text{número de carbonos} \times 2) + 2] - \text{número de hidrogênios}}{2}$$

Se tivermos uma fórmula com mais do que apenas carbonos e hidrogênios, precisaremos também das seguintes conversões:

- **Halogênios (F, Cl, Br, I):** Adicione um hidrogênio à fórmula molecular para cada halogênio presente
- **Nitrogênio:** Subtraia um hidrogênio para cada nitrogênio presente
- **Oxigênio ou enxofre:** Ignore

O grau de insaturação é uma dica valiosa porque diz quantas ligações duplas, triplas ou anéis devem estar presentes no composto desconhecido (embora não diga quais desses elementos da insaturação estão presentes).

As ligações duplas e os anéis contam como um grau de insaturação cada, e as ligações triplas contam como dois graus cada. Se a molécula tiver zero grau de insaturação, saberemos que não há ligações duplas, triplas ou anéis na molécula.

Segunda Dica: Veja o espectro IV para determinar os principais grupos funcionais presentes no composto desconhecido

Para revisar a espectroscopia IV, veja o Capítulo 15. Se possível, confirme a presença dos principais grupos funcionais no espectro RMN. Dentre os de fácil confirmação estão os aldeídos, os ácidos carboxílicos e os anéis de benzeno.

Terceira Dica: Determine as taxas de pico medindo as alturas das curvas de integração

Determine quantos hidrogênios são representados por cada pico comparando as taxas com a fórmula molecular. Especialmente se você acabou de começar a aprender como solucionar problemas de RMN de ^{1}H, o uso de uma régua pode ser indispensável para descobrir as taxas de integração relativas. O que é preciso medir com a régua é a *altura* da curva de integração sobre um dado pico (a curva de integração é o rabisco acima de um pico que parece um S maiúsculo). Essas alturas estão relacionadas com as áreas abaixo de um pico, que, por sua vez, estão relacionadas. com o número de hidrogênios representados por aquele pico em particular. E é isso que se quer descobrir com essa dica. Determinar quantos hidrogênios são representados por cada pico ajudará a encontrar os fragmentos da molécula na Quarta Dica.

Aqui está um exemplo de como determinar a integração usando uma régua (veja a Figura 17-1; para maior clareza, os picos abaixo das integrações não são exibidos). Primeiro, se quer estabelecer a taxa relativa entre as integrações. Para fazer isso, use uma régua para medir a diferença entre o topo e a parte inferior de cada uma das curvas de integração. Depois de medir a altura de cada pico no espectro, divida cada uma das alturas pela menor altura. Isso resultará nas taxas.

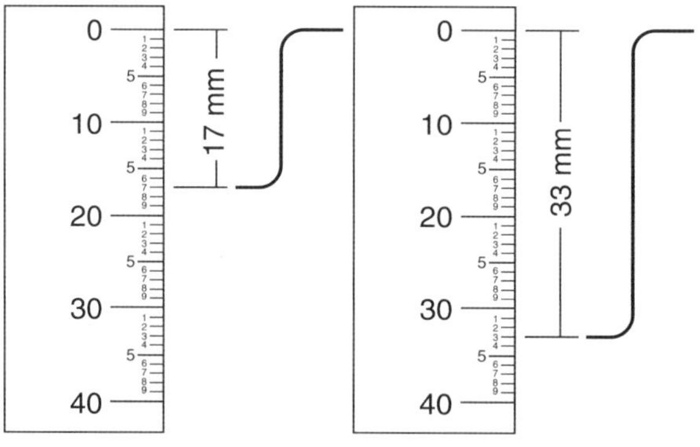

Figura 17-1: Uso de uma régua para medir picos de integração.

Nesse exemplo, a menor altura é 17 mm, então ambas as alturas são divididas por 17 mm. Nesse caso, resulta em uma taxa de integração de 1:1.94. Como nunca é possível ter uma fração de um átomo de hidrogênio, é preciso converter as taxas relativas em números inteiros.

Como no caso do exemplo, aos poucos descobriremos que as integrações não resultam em números inteiros perfeitos. Se os números estiverem muito próximos de números inteiros, as integrações provavelmente estarão só um pouco erradas e bastará arredondá-las para o número inteiro mais próximo. Como 1,94 é muito próximo de 2,0, nesse caso diríamos que a integração é 1:2.

Essas integrações imperfeitas podem ser atribuídas aos ruídos na referência, a uma integral mal calibrada, as impurezas na amostra e a erros cometidos durante a medida das alturas das curvas com a régua.

Para taxas que não estejam próximas a números inteiros é preciso multiplicar a taxa pelo menor número que transforme ambos os números da taxa em números inteiros. Se a taxa fosse 1.0:1.5, por exemplo, multiplicaríamos ambas as partes da taxa por dois para resultar em uma taxa com número inteiro igual a 2:3. Se a taxa fosse 1.0:1.33, multiplicaríamos ambas por três para resultar em uma taxa com número inteiro igual a 3:4, e daí por diante.

Então, para esse exemplo, podemos dizer que a taxa relativa de hidrogênios é de 1:2. De forma alternativa, usando fala orgânica, podemos dizer que o pico à esquerda integra para um e que o pico à direita integra para dois.

Mas isso significa que o pico à esquerda representa um hidrogênio e o pico à direita representa dois hidrogênios? Não necessariamente. Lembre-se que essa é a taxa relativa de hidrogênios, não a taxa absoluta, o que significa que sabemos apenas que o pico maior tem duas vezes o número de hidrogênios do pico menor; não sabemos o número real de hidrogênios. Para encontrar o número absoluto de hidrogênios é preciso comparar sua taxa à fórmula molecular.

Se a soma de todos os números na taxa relativa combinar com o número de hidrogênios na fórmula molecular – nesse exemplo, se houvesse apenas três hidrogênios na fórmula molecular – então, poderíamos dizer que o pico à esquerda representa um hidrogênio e o pico à direita representa dois hidrogênios, porque, então, todos os hidrogênios na molécula seriam contados. Mas se a fórmula molecular tivesse seis hidrogênios, teríamos que multiplicar a taxa relativa por dois para fazer com que o número do espectro combinasse com o número da fórmula molecular – então, nesse caso, o pico que integra para um representaria dois hidrogênios e o pico que integra para dois representaria quatro hidrogênios. Se houvesse nove hidrogênios, multiplicaríamos as integrações relativas por três, e daí em diante.

Lembre-se que a soma de todos os hidrogênios (números absolutos) derivados das integrações deve combinar exatamente com o número de hidrogênios da fórmula molecular. Do contrário, será preciso reconsiderar os valores das integrais.

Aqui está um resumo dos passos para determinar o número de hidrogênios representado por cada pico:

- Meça as alturas de cada pico usando uma régua.
- Divida cada uma das alturas pela menor altura medida.
- Se um ou mais números não forem números inteiros, arredonde-os para números inteiros (se todos estiverem muitos próximos a um número inteiro) ou multiplique todos os números da taxa por um número inteiro. Isso resulta na taxa relativa de hidrogênios nos picos.
- Para determinar o número real de hidrogênios representados por cada pico, acrescente cada um dos números em sua taxa relativa e compare esse número ao número de hidrogênios da fórmula molecular. Se esses números não forem iguais, determine por quanto é preciso multiplicar a taxa relativa para fazer com que o número de hidrogênios do espectro seja igual ao número de hidrogênios da fórmula molecular. Se forem iguais, nenhuma multiplicação será necessária.

Quarta Dica: Quebre os picos da RMN em fragmentos usando a integração da Terceira Dica

Após determinar o número de átomos de hidrogênio que cada pico representa, podemos atribuir cada pico a um fragmento da molécula. A Tabela 17-1 mostra alguns fragmentos comuns.

Tabela 17-1 Fragmentos Comuns

Números de Hs	Provável Fragmento	Observações
1H	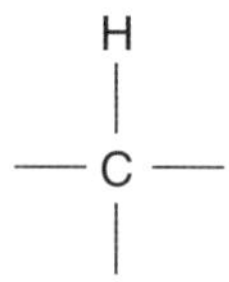	Verifique o espectro IV para certificar-se de que não é um álcool (OH), uma amina secundária (NH), um aldeído (CHO) ou um ácido protônico (COOH)
2H	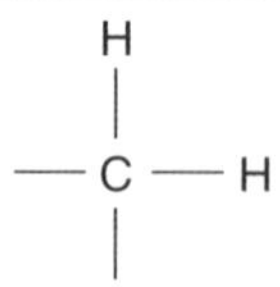	Raramente: são dois grupos CH simétricos.

Números de Hs	Provável Fragmento	Observações
3H	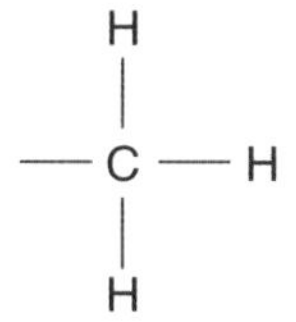	Raramente: são três grupos CH simétricos.
4H	2 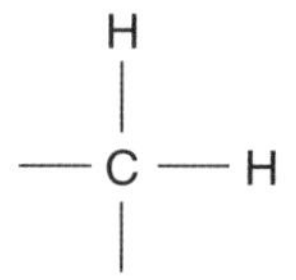	Geralmente dois grupos metileno simétricos (CH_2)
6H	2 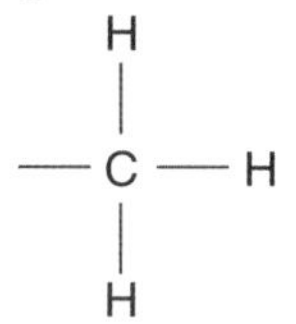	Raramente: são três grupos CH_2 simétricos. Geralmente indica um grupo isopropil.
9H	3 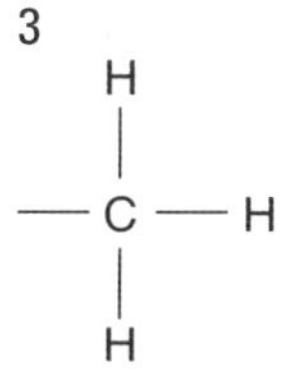	Geralmente indica um grupo butil terciário.

Ao determinar os fragmentos da molécula, escreva-os em uma folha de rascunho para tê-los diante de si quando estiver pronto para resolver a estrutura. Por exemplo, se houver três picos – um que integre por 1H, um que integre por 2H e um que integre por 3H, você escreverá em seu rascunho CH, CH_2 e CH_3. Após determinar todos os fragmentos (inclusive fragmentos determinados pelo IV, se você o houver recebido), fórmula molecular, some todos os átomos de seus fragmentos para garantir que o total de átomos seja igual ao da fórmula molecular e para ter certeza de que não se está perdendo nenhum átomo.

Quinta Dica: Combine os fragmentos de forma que se adequem à divisão do pico de RMN, ao deslocamento químico e aos graus de insaturação

Geralmente, no início, a melhor maneira de passar dos fragmentos para uma possível estrutura é, simplesmente, fazendo *brainstorm* de todas as moléculas possíveis que poderiam incluir os fragmentos listados, porque, em muitos casos, haverá mais de uma maneira de reunir todos os fragmentos. Após o *brainstorm* de todas as estruturas possíveis, eliminamos sistematicamente todas as estruturas incorretas. Podemos eliminar as estruturas incorretas com base em diferentes fatores. Muito frequentemente, as estruturas incorretas não produzirão a divisão do pico que vemos no espectro da RMN, ou teremos simetria quando o espectro da RMN sugerir que a molécula não é simétrica. Mas, às vezes, poderemos precisar usar o deslocamento químico para eliminar estruturas incorretas. Esse procedimento pode parecer tedioso, mas após solucionar alguns problemas, você desenvolverá uma intuição sobre quais estruturas provavelmente estão corretas e reunir os fragmentos que formam a estrutura correta não levará muito tempo.

DICA

Após solucionar vários problemas, você perceberá alguns padrões comuns. Um quarteto que integre para 2H e um tripleto que integre para 3H em um espectro costumam indicar um grupo etila (CH_2CH_3). De forma semelhante, um multipleto que integre para 1H e um dubleto que integre para 6H costumam sugerir um grupo isopropil (-$CH(CH_3)_2$).

Sexta Dica: Verifique novamente sua estrutura com a RMN e o IV para garantir que se trate de uma combinação perfeita

Para essa dica, observe apenas o composto proposto, então preveja como seria a aparência dos espectros, indo de átomo de carbono em átomo de carbono. Então, compare esse espectro esperado do composto que você propôs aos espectros reais para ver se eles combinam. É aqui que se verifica se o deslocamento químico de cada próton (H) faz sentido. Lembre-se, prótons próximos aos átomos eletronegativos (como N, O, Br, F, Cl e daí por diante) terão um deslocamento químico maior que os dos prótons que não estão próximos a átomos eletronegativos.

E se você chegar à Quinta e à Sexta Dica e perceber "Ah, não! Minha estrutura está errada!"?

Nesse caso, há duas verificações para localizar o problema.

Primeira verificação

A primeira coisa a se verificar é se os fragmentos foram combinados da forma correta. Geralmente, há mais de uma maneira para formar a estrutura a partir dos fragmentos. Se você tiver tentado todas as maneiras e nenhuma delas bater, então o problema provavelmente está nos próprios fragmentos (veja a Segunda verificação).

Segunda verificação

Uma possibilidade menos provável é que os próprios fragmentos estejam incorretos. O provável fragmento da Tabela 17-1 estará correto na maioria dos casos – então, esse é, certamente, um bom lugar para se começar. Infelizmente, esse procedimento não é 100% à prova de erro. Quando falha, é, geralmente, com moléculas que têm um alto grau de simetria. Se o procedimento falhar, você chegará à Quinta Dica sem conseguir descobrir como reunir razoavelmente os fragmentos novamente, de modo que faça sentido com a divisão e o deslocamento químico. Nesse caso, volte à tabela e repense suas escolhas de fragmentos, observando as possíveis alternativas na coluna de observações.

Um exemplo ilustrando como o fragmento mais provável da tabela estaria incorreto é exibido na Figura 17-2. Por causa da simetria da molécula – ou seja, o lado esquerdo da molécula é idêntico ao lado direito da molécula –, os dois grupos CH_3 são idênticos e mostrarão um único pico (com uma integração de 6H), e os dois CHs também exibirão um único pico (com uma integração de 2H).

Figura 17-2: Dimetilaleno

$$CH_3-CH=C=CH-CH_3$$

Da linha 6H da Tabela 17-1, os dois fragmentos simétricos de CH_3 são previstos corretamente, na coluna "Provável Fragmento"; a integração 2H, porém, é prevista como sendo um fragmento de CH_2 em vez de dois fragmentos CH idênticos. Aqui, escolhendo o provável fragmento (e não o caso raro) da tabela, você chegaria à Quinta Dica e seria incapaz de formar uma estrutura sensata. Voltando à coluna "Observações", na Tabela 17-1, e olhando a integração para 2H, vemos que em casos raros essa integração também poderia representar dois fragmentos simétricos de CH. Fazer essa substituição, então, nos levará até a resposta correta.

Solução de Problemas

Aqui está um exemplo de um problema básico – um em que só é dada a fórmula molecular e a RMN de ^1H e solicita-se a solução da estrutura. Ao resolver problemas sozinho, escreva todas as dicas que você encontrar em uma folha de rascunho, assim como um detetive escreveria todas as dicas em um bloco de notas, de forma que elas estejam todas diante de si quando estiver pronto para desvendar o assassinato, era estrutura.

Primeiro Exemplo: Uso da fórmula molecular, do IV e da RMN para deduzir a estrutura de uma molécula

Determine a estrutura de um composto cuja fórmula molecular seja $C_8H_8O_2$, usando seu espectro RMN de ^1H, na Figura 17-3.

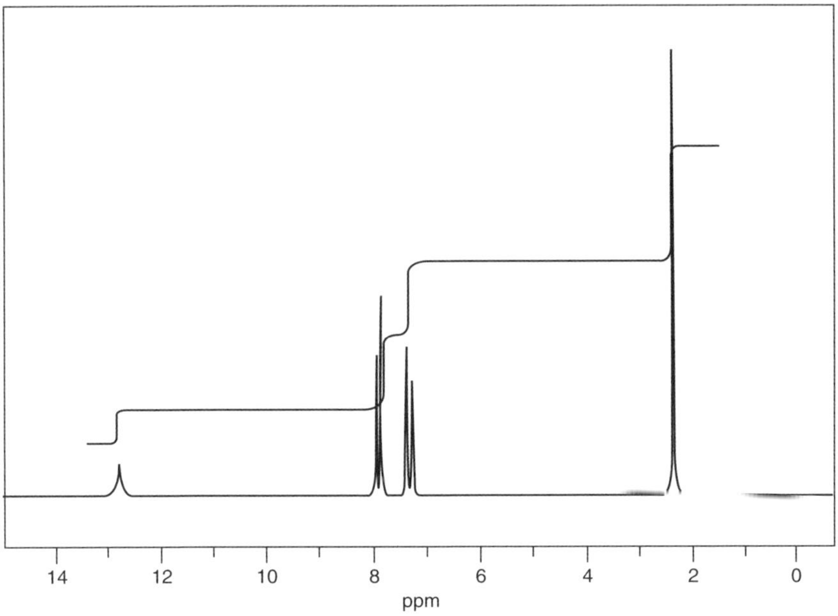

Figura 17-3: O espectro RMN de um composto com fórmula molecular $C_8H_8O_2$.

A maneira de enfrentar um problema como esse é lidando com ele sistematicamente, dica a dica.

Primeira Dica: Determine os graus de insaturação

A inserção da fórmula molecular, $C_8H_8O_2$, na equação resulta em cinco graus de insaturação.

DICA

Sempre que forem vistos quatro ou mais graus de insaturação em uma molécula, a molécula provavelmente contém um anel de benzeno. Para confirmar, procure picos em torno de 86,5-8,5 ppm na RMN de ^1H. Anéis de benzeno contam quatro graus de insaturação (três para as três ligações duplas e um para o anel).

Segunda Dica: Determine os principais grupos funcionais

Nesse problema, não recebemos um espectro IV para determinar os grupos funcionais. No entanto, ainda podemos olhar a RMN, para ver se há algum pico indicativo de grupos funcionais presente. Os três grandões a procurar na RMN de ^{1}H são:

- Prótons de ácido carboxílico por volta de δ12 ppm (picos curtos e gordos)
- Prótons de aldeído em torno de δ10 ppm
- Prótons aromáticos entre δ6,5 e δ8,5 ppm

Raramente (raramente em problemas vistos em uma sala de aula de graduação), alguns outros tipos de prótons absorvem nessas regiões.

No exemplo da Figura 17-3, temos tanto um ácido carboxílico (o pico curto e gordo por volta de δ13 ppm) e um anel de benzeno (os dois conjuntos de picos entre δ7 ppm e δ8 ppm), que teríamos suspeitado anteriormente pelo número de graus de insaturação (para ver uma lista de deslocamentos químicos em RMN produzidos por grupos funcionais comuns, veja o Capítulo 16). Escreva essas duas porções da molécula em seu rascunho, como exibido na Figura 17-4.

Figura 17-4: Ácido carboxílico e um anel de benzeno.

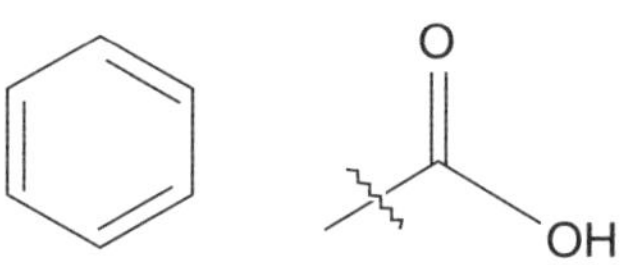

Depois de identificar os picos que pertencem a um grupo funcional particular pelo espectro RMN, coloque um sinal de verificação próximo a esses picos no espectro, para que você não os reatribua aos fragmentos na Quarta Dica. Nesse exemplo, você colocaria uma marca de verificação próxima aos prótons de benzeno e ao próton do ácido carboxílico, já que eles já foram atribuídos aos fragmentos.

Terceira Dica: Determine as taxas de pico

Para esse passo, primeiro devemos descobrir as taxas de altura para os quatro picos do espectro. Cruzando o espectro da direita para a esquerda, a taxa é 1:2:2:3. Se você não conseguir vir isso apenas olhando o espectro, pegue uma régua e meça fisicamente o tamanho das linhas de integração, como fiz no exemplo anterior, e prove a si mesmo que essa taxa está correta.

Agora que você tem a taxa relativa (1:2:2:3), será preciso converter tal taxa para o número absoluto de hidrogênios que cada pico representa. Nesse caso, a fórmula molecular ($C_8H_8O_2$) diz que há 8 hidrogênios na molécula. Como a taxa relativa soma 8 (1+2+2+3), não é preciso multiplicar a taxa por nada. a taxa relativa é também a taxa absoluta. Agora, você sabe que o primeiro pico representa 1H, o segundo e o terceiro picos representam 2H, já o quarto pico representa 3H.

Quarta Dica: Encontrando os fragmentos

Você já determinou pela Segunda Dica que o pico em torno de δ12 ppm é de um próton de ácido carboxílico e que os dois picos entre δ7 ppm e δ8 ppm são de um anel de benzeno. Então, você já explicou todos os picos na RMN exceto pelo pico em δ2,3 ppm, que integra para 3H. Da Tabela 17-1, descobrimos que 3H representa um fragmento $-CH_3$. Anote isso em seu rascunho.

Agora, observe os picos do anel de benzeno mais de perto. Pela integração, sabemos que o benzeno tem quatro hidrogênios. Isso diz que o anel deve ser substituído exatamente duas vezes: ou seja, que dois grupos diferentes do hidrogênio estão anexados a ele.

DICA

Se a região aromática tiver cinco prótons, teremos um anel de benzeno substituído uma vez. Se tiver quatro prótons, ele é substituído duas vezes (dissubstituído). Se tiver três prótons, ele é substituído três vezes (trissubstituído). Se for preciso, desenhe as estruturas para comprovar.

Se tivermos um benzeno dissubstituído, como nesse caso, devemos determinar a orientação dos substituintes em relação uns aos outros. Um anel de benzeno dissubstituído pode ter três orientações diferentes. Os substituintes podem ser orto, meta ou para entre si (veja a Figura 17-5; para revisar os padrões de substituição aromática, veja o Capítulo 13).

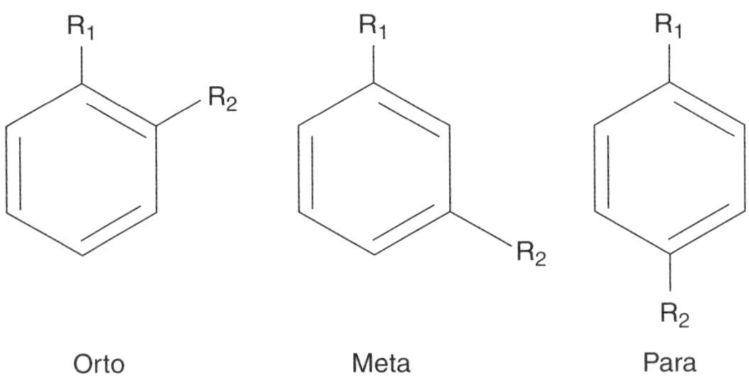

Figura 17-5: As três orientações possíveis para um anel de benzeno dissubstituído.

Como o benzeno contém quatro hidrogênios, podemos esperar ver quatro picos, um para cada hidrogênio. No entanto, no espectro podemos ver apenas dois picos na região aromática. Isso sugere um plano de simetria na molécula. Olhando novamente a Figura 17-4, apenas um benzeno para-substituído tem tal plano de simetria – nesse caso, o lado esquerdo do anel é idêntico ao lado direito.

Por causa dessa simetria (veja a Figura 17-6), os dois hidrogênios vizinhos a R_1 (rotulados como Ha) estão em ambientes químicos idênticos (ambos estão a um carbono de distância de R_1 e a dois carbonos de R_2), e os dois hidrogênios vizinhos a R_2 (rotulado Hb) estão em ambientes químicos idênticos. Por causa dessa simetria, veríamos apenas dois na RMN de ^1H que integram para 2H cada. Esse padrão é típico para anéis de benzeno para-substituído.

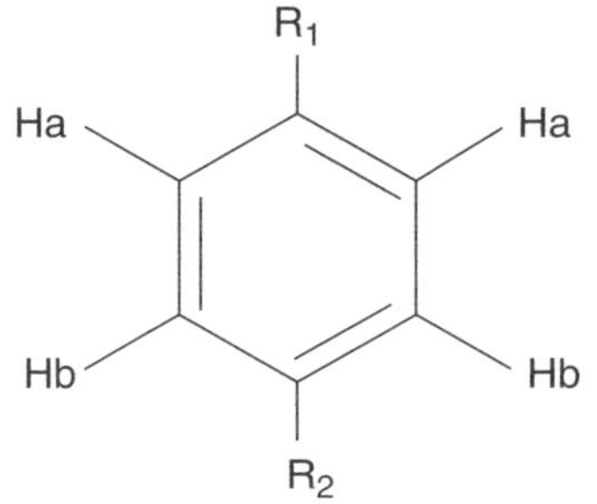

Figura 17-6: Visualização da simetria.

DICA

Se não conseguirmos ver ambientes químicos idênticos pelo desenho, podemos tentar construir a molécula usando um modelo para que o possamos virar nas mãos e comprovar que os dois átomos H_a são idênticos, e que os dois átomos H_a são idênticos.

Agora que sabemos que o anel de benzeno tem dois substituintes entre si, podemos escrever todos os fragmentos (após verificarmos duplamente que o número de átomos nos fragmentos combina exatamente com o número da fórmula molecular). Veja a Figura 17-7.

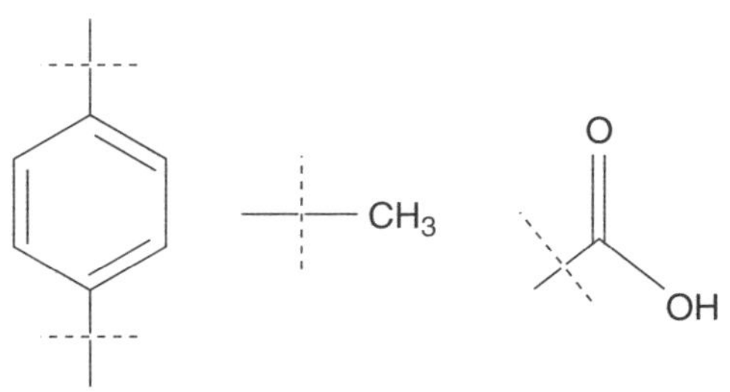

Figura 17-7: Fragmentos da estrutura.

Quinta Dica: Todos os cavalos do rei: Reunindo as peças

Nesse caso, há apenas uma forma possível de juntar os fragmentos. A estrutura proposta é o ácido p-toluico, exibido na Figura 17-8.

Sexta Dica: Confirme a estrutura proposta

É sempre uma boa ideia verificar duplamente para garantir que a estrutura proposta é a correta. Verifica-se a estrutura prevendo como seria a aparência da RMN e, então, comparando-a aos espectros reais para garantir que combinam. Verifique, então, essa estrutura (veja a Figura 17-9):

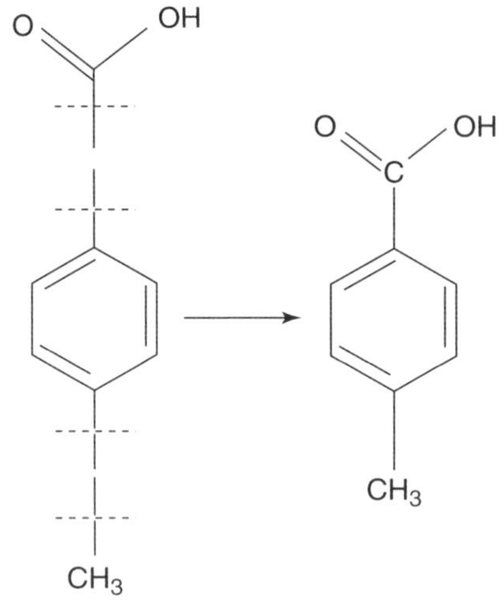

Figura 17-8: ácido p--toluico.

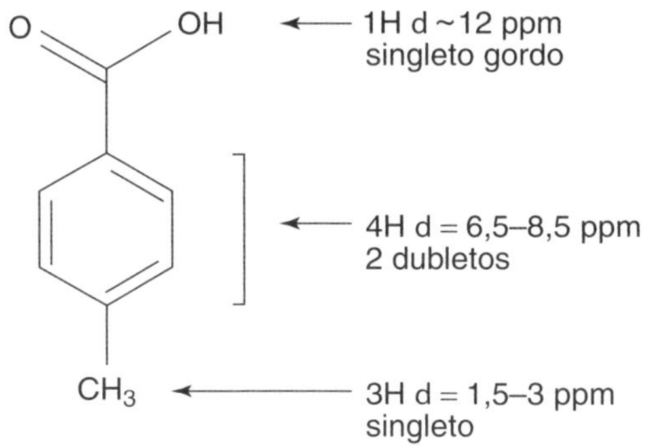

Figura 17-9: Verificação da estrutura proposta.

- O grupo metilo deve corresponder a um pico que integre para 3H e seja um singleto. Ele estaria em um deslocamento químico levemente mais alto porque está próximo a um anel aromático. Em δ2,3 ppm há um singleto que integra para 3H. Verificado!
- Os prótons do anel aromático deveriam mostrar dois dubletos com uma integração combinada de 4H entre δ6,5 e δ8,5 ppm. Verificado!
- O ácido carboxílico deve ter um pico por volta de δ12 ppm que integre por 1H e seja um singleto. Verificado!

Parece que já podemos encerrar!

Segundo Exemplo: Uso da fórmula molecular, do IV e da RMN para deduzir a estrutura de uma molécula

Resolva a estrutura do composto $C_5H_{10}O$, que tem os espectros da RMN de ^1H e do IV exibidos na Figura 17-10.

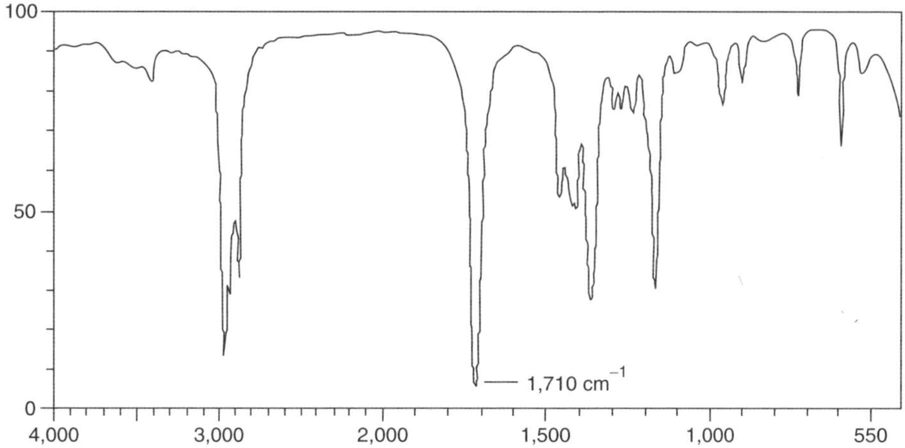

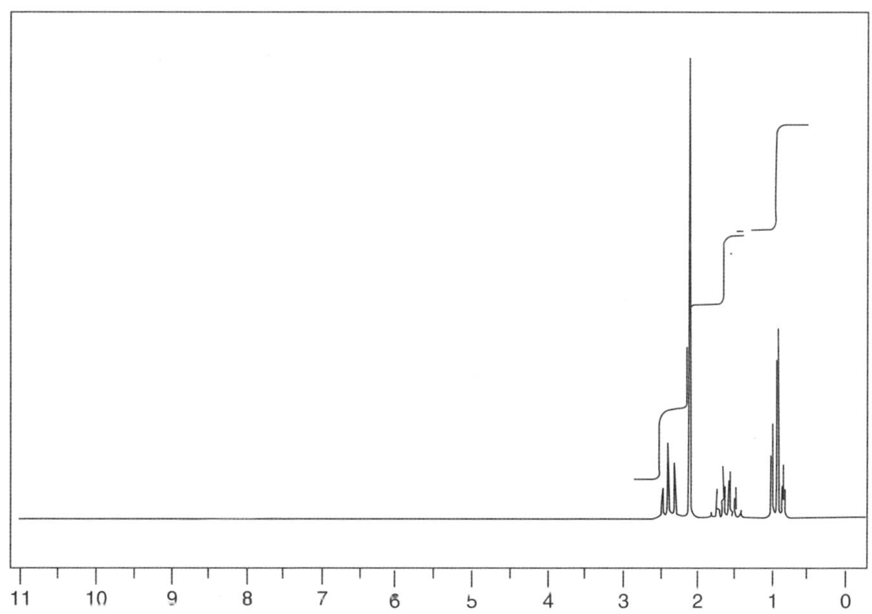

Figura 17-10: Os espectros RMN e IV para um composto com fórmula molecular $C_5H_{10}O$.

Primeira Dica: Determine os graus de insaturação

Conectando a fórmula molecular, $C_5H_{10}O$, à equação de graus de insatu-ração, vemos que essa molécula tem um grau de insaturação. Isso indica que a molécula tem uma ligação dupla ou um anel.

Segunda Dica: Determine os principais grupos funcionais

O espectro IV mostra um pico intenso a 1.710 cm-1, que é característico de um grupo carbonila (veja, Capítulo 5, uma lista dos grupos funcionais que contêm um grupo carbonila). Os pequenos picos entre 3.400 e 3.700 cm-1 não podem ser estiramentos de amina, porque, de acordo com a fórmula molecular, o composto não contém nitrogênio e o pico não é suficientemente largo e intenso para ser causado por um álcool (além disso, o oxigênio já é justificado pelo grupo carbonila). Esse é, provavelmente, apenas um estiramento harmônico de carbonila. Nenhum outro pico do IV é muito útil (para ver uma lista de picos IV produzidos por grupos funcionais comuns, veja o Capítulo 15). Procurar picos distintos acima de δ6,5 ppm na RMN de ^1H dá em nada; o espectro RMN não mostra nenhum pico atribuível aos grupos funcionais aldeídos, aromáticos ou ácidos (para ver uma lista de deslocamentos químicos em RMN produzidos por grupos funcionais comuns, veja o Capítulo 16).

Terceira Dica: Determine as taxas de pico

Os picos de RMN integram-se com uma taxa relativa de 1,0:1,5:1,0:1,5 da esquerda para a direita (use uma régua se não acreditar). A multiplicação de toda essa taxa por dois resulta em uma taxa relativa com números inteiros de 2:3:2:3. A soma de 2+3+2+3 resulta em 8, combinando com o número de hidrogênios da fórmula molecular. Então, não é preciso multiplicar a taxa relativa por nada para que se chegue ao número real de hidrogênios. Portanto, as integrações para os três picos da esquerda para a direita são 2H, 3H, 2H e 3H.

Quarta Dica: Encontre os fragmentos

A partir da Tabela 17-1, os fragmentos mais prováveis para 2H, 3H, 2H e 3H são CH_2, CH_3, CH_2 e CH_3, respectivamente. A soma de todos os átomos desses fragmentos para ver se o número de átomos combina com a fórmula molecular mostra que estão faltando um carbono e um átomo de oxigênio. Além disso, pela Primeira Dica sabemos que essa molécula tem um grau de insaturação, que poderia ser explicada pela ligação dupla no carbonilo visto no espectro IV (veja a Segunda Dica). Grupos carbonila são encontrados nos aldeídos, nas cetonas, nos ésteres e nos ácidos carboxílicos. Aqui, porém, os ésteres e os ácidos carboxílicos podem ser eliminados porque a fórmula molecular mostra apenas um único oxigênio. Como o espectro de RMN não contém um pico de aldeído (prótons de aldeído são vistos por volta de δ10 ppm) e o espectro IV não mostra um estiramento de aldeído C-H em 2.700 cm-1 (veja o Capítulo 15), o grupo carbonila é uma cetona.

Quinta Dica: E todos os homens do rei: Reunindo as peças

Como o carbonilo é uma cetona, os fragmentos só podem ser reunidos de duas maneiras, conforme exibido na Figura 17-11. Note que uma dessas maneiras resulta em uma molécula simétrica (possível composto A, onde o grupo carbonila está no centro da molécula) enquanto a outra maneira resulta em uma molécula que não é simétrica (possível composto B, onde o grupo carbonila está de um lado da molécula).

Figura 17-11: As duas estruturas possíveis.

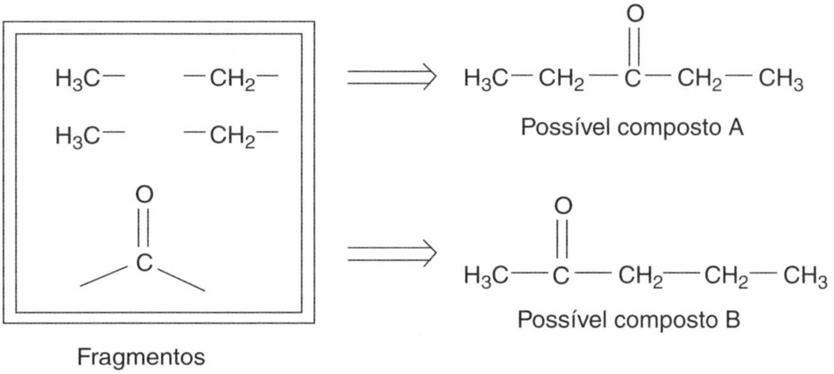

Agora que diminuímos as opções para duas, devemos verificar qual é a mais consistente com a divisão do pico e com o deslocamento químico. Tente primeiro o possível composto A.

Podemos excluir esse composto logo porque ele tem um centro de simetria – ou seja, o lado esquerdo da molécula é idêntico ao lado direito. Portanto, esperam-se ver apenas dois picos na RMN de ^1H para esse composto em vez dos quatro vistos, porque os dois grupos metila (CH_3) estariam em ambientes químicos idênticos e os dois grupos metileno (CH_2) também estariam em ambientes químicos idênticos.

Sexta Dica: Confirme a estrutura proposta

Agora, verifique o possível composto B (Figura 17-12).

Esse composto não tem simetria, então verificamos a estrutura de átomo de carbono em átomo de carbono.

- O grupo metila da extrema esquerda não tem hidrogênios adjacentes. Portanto, seria um singleto e integraria para 3H. Por estar próximo ao grupo carbonilo retirador de elétrons, esperamos que seja deslocado para a parte de baixo (ppm mais alto). É claro, a RMN mostra um singleto em δ2,1 ppm que integra para 3H. Verificado!

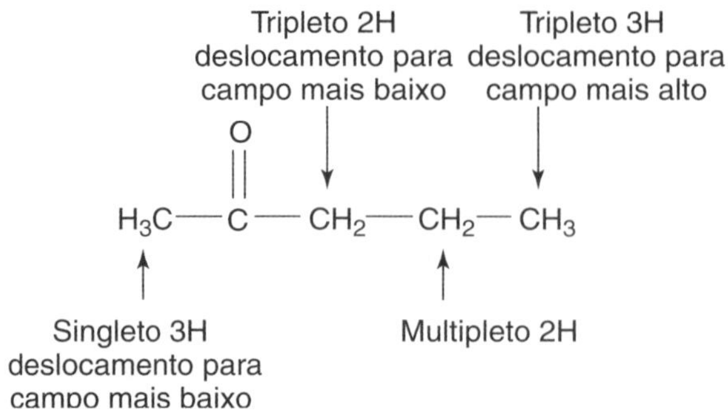

Figura 17-12: Confirmação da estrutura.

- Esperamos que o metileno (CH_2) imediatamente à direita do grupo carbonilo seja um tripleto, porque é adjacente a dois hidrogênios. Esse tripleto integraria para 2H e esperamos que esteja em um deslocamento químico mais alto por estar próximo ao grupo carbonila retirador de elétrons. É claro, em δ2,5 ppm há um tripleto que integra para 2H. Verificado!
- O grupo metileno mais à direita seria um multipleto porque é adjacente aos cinco hidrogênios (seria, aproximadamente, um sexteto, embora possa se dividir em até 12 picos – veja o Capítulo 16) e integraria para 2H. É claro, em δ1,5 ppm o espectro de RMN mostra um multipleto (que parece ser um sexteto), que integra para 2H. Verificado!
- A metila à extrema direita seria um tripleto porque é adjacente a dois hidrogênios e integraria para 3H. Esse tripleto estaria em maior deslocamento para campo mais alto (ppm menor) do que os outros picos porque é mais distante do grupo carbonila retirador de elétrons. É claro, em δ0,9 ppm o espectro de RMN mostra um tripleto que integra para 3H. Verificado!

Tudo combina, então podemos encerrar.

Três Erros Comuns na Solução de Problemas de RMN

Nos problemas de RMN há tantas informações a serem consideradas que é fácil cometer um erro. Mas há três erros comuns que podemos tentar evitar ao resolvermos problemas de espectroscopia RMN.

Primeiro Erro: Tentar determinar uma estrutura a partir do deslocamento químico

As regiões do deslocamento químico sobrepõem-se, então, tentar determinar todos os fragmentos de uma molécula apenas na base do deslocamento químico é quase sempre um erro. Alguns fragmentos podem ser determinados em alguns casos – aldeídos, ácidos carboxílicos e fragmentos de anel aromático costumam ser descobertos pelo deslocamento químico – mas a maioria dos fragmentos não pode. Um próton em δ2,5 ppm poderia ser um próton adjacente a um grupo carbonila; poderia ser também um próton vizinho a um anel de benzeno ou até um próton em uma ligação dupla. Seria impossível dizer a diferença entre essas três possibilidades considerando apenas o deslocamento químico.

Sim, há tabelas de deslocamento químico suficientemente grandes para engasgar uma pequena baleia beluga, mas seu tempo seria muito melhor gasto compreendendo as ideias gerais por trás do deslocamento químico do que memorizando todos os valores para cada próton concebível que você possa encontrar. De todo modo, tal memorização sem pensar é uma tarefa infrutífera. Sabemos que um próton próximo a um cloro terá um deslocamento químico de δ3-δ4 ppm, mas o que dizer de um próton próximo a dois cloros? E o que dizer de um próton próximo a dois cloros em um grupo carbonila? Existem muitas possibilidades para memorizar simplesmente todas elas.

Um método melhor é aprender os alcances dos deslocamentos químicos para os prótons próximos aos grupos funcionais comuns (tais como aqueles encontrados no Capítulo 16; muitos professores são bastante gentis e dão uma tabela que eles queiram que você aprenda) e entender a ideia por trás do deslocamento químico. Se entendermos que os prótons próximos aos grupos que têm um campo magnético local (como ligações duplas, triplas e anéis aromáticos) terão um deslocamento químico maior que os dos prótons isolados e que os prótons próximos a elementos eletronegativos terão um deslocamento químico maior do que os daqueles que estão distantes de elementos eletronegativos, estaremos em plena forma. Se entendermos esses conceitos, não precisaremos de uma tabela para saber que um próton próximo a dois cloros terá um deslocamento químico maior do que um próton próximo a um cloro. Essa compreensão dá flexibilidade para resolver problemas de RMN.

Segundo Erro: Começar pelo acoplamento

A menos que tenhamos certeza do que estamos fazendo, tentar resolver uma estrutura considerando primeiro o acoplamento resultará em muito cabelo arrancado e vários vidros de aspirina vazios. Ao contrário da integração, o acoplamento não se refere a quantos hidrogênios (prótons) são representados por um pico, mas indica quantos prótons vizinhos tem um determinado hidrogênio. Por isso, determinar as partes da molécula usando o acoplamento é muito mais difícil do que usando as integrações.

Pense, como analogia desse processo, no trabalho de um pesquisador do censo que vai de casa em casa coletando informações sobre o número de residentes em cada casa. Se você estivesse realizando o censo, o que facilitaria seu trabalho, pessoas que digam quantos vivem naquela casa sendo visitada ou pessoas que digam quantas pessoas vivem na casa ao lado da que está sendo visitada? Fazer o censo seria mais fácil se os moradores dissessem quantas pessoas vivem naquela casa em particular, certo? Para continuar com essa analogia, a integração diz quantas pessoas (hidrogênios) vivem na casa (o carbono específico); o acoplamento diz quantas pessoas (hidrogênios) vivem na casa ao lado.

Outra desvantagem de começarmos pelo acoplamento é que ele tem tantas nuances (muitas das quais estão fora do escopo da RMN na graduação) e os picos nem sempre se dividem em singletos, dubletos, tripletos, e outros, seguindo seu padrão. O acoplamento de larga escala (que não abordo nesse livro) pode complicar as coisas, assim como a presença de centros estereogênicos (veja o Capítulo 6). Os prótons próximos a hidrogênios não equivalentes podem resultar também em alguns padrões complicados de divisão. Geralmente, obtemos apenas um monte de feno – um grande amontoado de picos agrupados que são difíceis de resolver. Às vezes, o acoplamento também será visto com dificuldade, a menos que seu professor tenha sido gentil e aumentando-os para você. Por todos esses fatores, o acoplamento é principalmente útil para determinar a *conectividade* dos fragmentos e é menos útil para determinar sua *identidade*.

Terceiro Erro: Confundir integração com acoplamento

Lembre-se que a integração indica o número relativo de prótons representados por um pico, mas que o acoplamento refere-se a quantos vizinhos tais prótons veem. Portanto, a regra n + 1 só se aplica ao acoplamento, não à integração, e não tem nada a ver com quantos prótons são representados por um pico. Um multipleto pode integrar para 1H assim como um singleto pode integrar para 9H. O acoplamento e a integração não dependem um do outro.

Parte V

A Parte dos Dez

A 5ª Onda Por Rich Tennant

Nesta parte...

Em qualquer área há os que fizeram grandes avanços. Pense em Einstein e Newton na física e em Freud e Jung na psicologia. Nesta parte, apresento dez gigantes da química orgânica que chacoalharam a área até a medula. Dou também dez dicas que ajudam a se dar bem em química orgânica e incluo dez descobertas bacanas da química orgânica, só por diversão.

Capítulo 18

Dez Dicas para Sobreviver à Química Orgânica

Neste Capítulo

- Descobrindo os segredos de sucesso da química orgânica
- Tornando a química orgânica divertida e sem dor
- Desenvolvimento de bons hábitos de estudo e habilidades para realização de testes

A química orgânica tem reputação de ser um curso desafiador. Mas o que geralmente não se menciona é: A química orgânica é uma matéria que qualquer um pode dominar. Para se dar bem, porém, é necessário trabalho pesado e eficiente. Então, este capítulo dá dicas práticas sobre como estudar com a maior eficiência possível para que você possa se dar bem na aula.

Tenha Atitude Positiva

Coloco isso em primeiro lugar porque, provavelmente, a dica mais importante para sobreviver à química orgânica é ter a atitude correta. Mesmo que você não esteja empolgado com a ideia de estudar química orgânica e ache que nunca a usará na carreira que pretende seguir, você precisará entrar na aula com uma atitude positiva. Se você decidir aproveitar a aula ao máximo e aprender tanto quanto for possível, será bem mais fácil estudar. Com uma boa atitude, a química orgânica pode se tornar bastante divertida e, se for divertida para você, será mais fácil forçar-se a sentar e estudar o assunto. Com uma atitude negativa, estudar para a aula será mais difícil do que tentar fazer com que uma criança de 10 anos fique quietinha para tomar uma vacina.

Resolva Problemas

Claro, se você tiver uma ótima atitude, mas não usar seu tempo para solucionar os problemas, os resultados continuarão feios. Ninguém – nem você, nem eu, nem Einstein (bem, Einstein talvez) – consegue dominar a química orgânica sem resolver problemas. E você não apenas tem que resolver problemas, mas tem que resolvê-los de maneira honesta – ou seja, precisa testá-los sozinho, sem dar uma olhadinha nas respostas até ter concluído o problema. Não basta *olhar* as respostas e dizer para si mesmo "é, eu consigo fazer isso, lógico. Claro que isso parece certo". Porque em um exame você não verá uma caixinha de seleção dizendo "Essa resposta parece certa para você? Marque sim ou não". Você verá uma questão com um espaço em branco olhando na sua direção de modo meio tonto, esperando ser preenchido. A maioria dos livros didáticos tem problemas resolvidos ao longo dos capítulos, e eles costumam ser úteis para você ver se dominou os conceitos críticos daquela seção. Resolva esses problemas conforme for lendo o livro.

Algumas pessoas acham que trabalhar em grupos é útil, e alguns estudos sugerem que o trabalho em grupo é uma das melhores maneiras de se aprender. Eu, particularmente, sempre desconfiei de trabalhos em grupo, porque muito da química orgânica precisa ser aprendida sozinho e os grupos costumam ter tendências ruins (como uma pessoa fazendo todo o trabalho e as demais copiando, por exemplo). Um grupo provavelmente não vai te ajudar a memorizar os grupos funcionais, mas pode ajudá-lo a enfrentar problemas, se todos do grupo se unirem. Se você já tiver trabalhado em grupos antes e souber como os grupos funcionam para você – particularmente se você conhecer as pessoas que estarão no grupo – então ótimo. Use o trabalho em grupo para seu benefício.

Mas, independentemente de como você escolher estudar, não se pode passar pela química orgânica sem resolver problemas.

Não Dê para Trás

A química orgânica provavelmente é o curso de ritmo mais rápido que você fará enquanto estudante de graduação. Os livros didáticos sobre química orgânica chegam a mil páginas ou mais, e a maioria delas provavelmente será trabalhada em um curso de dois semestres (e isso não será exatamente como folhear um romance de Stephen King). Se você der para trás, será quase impossível voltar a acompanhar o ritmo. Então, prepare um cronograma e pratique um pouco de química orgânica diariamente.

Parte do não dar para trás é tirar vantagem de seu recurso mais precioso: o tempo. Em um mundo utópico ideal – que é o mundo no qual muitos professores universitários parecem acreditar que os alunos vivem –, há tempo suficiente para conseguir entender e dominar cada conceito e ideia da química orgânica. No mundo real (que é aquele onde os estudantes têm empregos de meio período, outras aulas, família, emergências médicas e – aguente essa – vidas), as coisas nem sempre funcionam assim.

Os médicos dos prontos-socorros usam um conceito chamado de triagem para alocar recursos que não sejam suficientes para fazer as coisas regularmente. Uma pessoa ferida à bala recebe os cuidados médicos à custa da pessoa que tem uma dor de cabeça. O tempo é seu recurso mais precioso. Gaste-o com sabedoria usando esse *princípio de triagem*. Por exemplo, se você tiver pouco tempo antes de um exame, em vez de passar três horas memorizando uma tabela de dados que possa representar um problema em um exame, use esse período de tempo para dominar uma ideia importante da síntese orgânica que represente metade do exame. Em outras palavras, seja prático ao estudar.

Revisar exames antigos que estejam em arquivo é um estudo com taxa de retorno extremamente alta, porque se tem uma ideia do que um professor considera importante e – talvez ainda mais crucial – o que ele ou ela considera sem importância. Se você vir os exames dos três últimos anos e perceber que não há uma única pergunta sobre nomenclatura comum, mas há inúmeras perguntas sobre reagentes, perceba a dica: Estude os reagentes.

Uma armadilha na qual muitos estudantes caem é sentir-se confortável depois de ir bem no primeiro exame. Não caia nela. O primeiro exame geralmente é o mais fácil que será feito ao longo de todo o semestre. A química orgânica é uma maratona, não é uma prova de velocidade. Você precisa entrar no ritmo, então disponha de um certo tempo diário para praticar química orgânica, haja chuva, sol ou uma festa enorme na república, e não diminua o ritmo.

Estude da Forma Correta

Aprender química orgânica não é uma tarefa passiva. Não se pode ler o livro e esperar que o material seja sugado, como água em uma esponja (embora alguns estudantes tenham tentado usar o livro didático como travesseiro, quando necessário). Você precisa se dedicar ativamente, solucionando os problemas dos capítulos do livro didático ao passar por eles, destacando passagens importantes (não se preocupe em estragar o livro) e solucionando os problemas ao fim dos capítulos. Alguns estudantes sublinham o capítulo que estão trabalhando, enfatizando todas as ideias críticas que possam ser usadas, enquanto fazem simultaneamente lembretes para quando forem se preparar para um exame.

Não tente memorizar o curso arduamente. Não vai dar certo. Você vai se frustrar rapidamente e vai perder muito tempo. Em química orgânica é preciso aprender e compreender de forma genuína os conceitos para, então, conseguir aplicá-los. Muitos estudantes, acho, não levam essa ideia a sério imediatamente porque a palavra “aprender” costuma ser usada pelos professores universitários como eufemismo para “memorizar”. Mas, dessa vez, seu professor quer dizer que você precisa entender o material por completo. Lógico, a química orgânica envolve memorização. Qualquer um que disser que não há memorização na química orgânica estará mentindo para você. Ainda assim, há milhões e milhões de moléculas orgânicas e milhões de reações específicas, então será preciso compreender as generalidades e saber aplicar esses conceitos gerais a qualquer problema.

Vá à Aula

Essa dica é, provavelmente, óbvia, mas, ainda assim, é importante. Diferentes professores enfatizam coisas diferentes, e você não saberá o que eles consideram particularmente importante (ou sem importância), a menos que vá à aula. Alguns professores insistem em nomenclatura e outros não dão a menor importância a ela, desde que você entenda o básico. Alguns querem que você memorize as tabelas de pKa, outros não. Você nunca saberá se não aparecer. Na aula, os professores costumam dar informações valiosas sobre o que haverá nos exames. Sempre que dizem algo como "aguardem uma questão desse tipo no exame", coloque uma estrelona próxima dela nas suas anotações, sublinhe duas vezes e destaque. Eles, provavelmente, estão falando sério.

Ir para a aula também é um uso eficiente de tempo, pois um bom professor explica química orgânica melhor do que qualquer livro didático. Em outras palavras, uma hora na aula vale por duas horas sozinho. Lógico, o tempo que se passa em aula será muito mais frutífero se você houver lido o livro didático *antes* de ir à aula. Sentar-se na sala e copiar notas do quadro sem usar o cérebro e sem ter ideia do que seu professor está falando é perda de tempo. Então, a leitura antecipada do livro didático permitirá que você aproveite ao máximo seu tempo em aula. O período da aula também é bom para fazer perguntas sobre conceitos que você tenha tido dificuldade para compreender lendo o livro.

Procure Ajuda Quando Precisar

Professores têm horários específicos para atender alunos, assim como os professores assistentes. Suas mensalidades pagam o salário deles, então utilize-os. Se você ficar preso em um problema (e todos ficarão em algum momento) ou, simplesmente, não entender um conceito, vá encontrá-los. Eles, provavelmente, ficarão felizes em ajudá-lo (a menos que sejam mais de cinco da tarde de sexta-feira, quando todos querem ir embora e tomar uma cerveja durante o *happy hour*). Se você achar que precisará de ajuda individual consistente, peça a seu professor para indicar um tutor.

Pergunte

Não caia na conversinha que diz que você parecerá burro se fizer uma pergunta. A química orgânica não é uma matéria óbvia (e isso é um eufemismo). Acredite quando digo que após algumas semanas, mais da metade dos alunos de sua turma estará completamente perdida e não terá absolutamente nenhuma ideia do que o professor está matracando (você, claro, vai entender, porque terá lido o capítulo antes de ir para a aula). Então, para você, não entender uma ideia aqui ou ali será um problema menos importante e, certamente, não será nada de que se envergonhar.

Acredite ou não, os professores universitários *gostam* de alunos que perguntam. As perguntas dos alunos permitem que os professores saibam quais tópicos precisam ser melhor explicados e como eles podem melhorar seu ensino. Perguntar também permite que seu professor saiba que você está participando ativamente da aula e, quando o fim do período letivo chegar, com sua nota flutuando próximo a uma nota abaixo da média, seu professor poderá decidir empurrá-lo para o degrau mais alto porque você demonstrou esforço em aula.

Pratique Química Orgânica Diariamente

Rachar de tanto estudar química orgânica é um exercício de futilidade. Não vai funcionar. É preciso praticá-la um pouquinho diariamente para dominá-la. Além disso, para fazer um exame de química orgânica é necessário um cérebro relaxado, não um cansado de noites viradas à base de café enquanto se desesperadamente estudavam detalhes em pilhas de livros didáticos, anotações e tarefas para casa, xingando Friedrich Wöhler por ter lançado os fundamentos do que é a química orgânica moderna.

Acredite, eu *tentei* fazer assim algumas vezes quando estudava (e metade de seus colegas provavelmente também tentará). Simplesmente não funciona. É preciso praticar a química orgânica fielmente todos os dias. Se você tiver um bom orientador, não terá se inscrito em cursos de cálculo multivariável, equações diferenciais, física quântica e programação avançada em C++ no mesmo semestre em que estiver estudando química orgânica, portanto terá algum tempo para dedicar a ela todos os dias. Monte um cronograma de aulas mais simples – evite encher-se de aulas que terminem com os sufixos *–ologia* ou *–ica*, enquanto estiver fazendo química orgânica. Futuramente, você estará agradecido por esse espaço para respirar.

Faça os Exames da Forma Correta

Resolver as questões dos exames em sequência é bastante fácil na maioria das matérias, começando pela primeira equação e prosseguindo com cada questão na ordem. Mas a química orgânica não é como a maioria das aulas, porque o tempo costuma ser um fator. É comum ver estudantes de orgânica saindo de um exame frustrados por não terem terminado. Para usar melhor seu tempo, dê uma lida rápida pelo teste ao recebê-lo e, então, responda primeiro todas as questões fáceis. Após ter respondido as fáceis, volte e trabalhe com as mais difíceis. Não permita que o tempo acabe sem ter respondido perguntas fáceis na última página por ter passado 20 minutos lutando contra aquela questão impressionante da página dois.

Mais importante, leia cada pergunta do exame. Não suponha saber o que o professor está perguntando. Essa dica é bastante básica, mas muitos estudantes não leem as perguntas com cuidado e perdem pontos por negligenciarem a resposta à pergunta da forma como o professor queria ou por não responderem uma parte dela. Você quer todos os pontos que puder obter, então não desperdice nenhum cometendo um erro bobo como se esquecer de ler a pergunta.

Outro erro a se evitar é não ser claro nas respostas. Exames de química orgânica costumam ter perguntas que requerem alguma explicação e o avaliador – ai! – não sabe ler mentes. Certifique-se de ter explicado com clareza cada parte da questão. Coloque-se no lugar do avaliador e pense "eu entenderia o que estou dizendo aqui?". Não deixe nada nas entrelinhas. Você sofrerá tentando recuperar os pontos em uma revisão de prova quando sua explicação para o professor começar com as palavras "mas o que eu quis dizer foi...". Seja claro na resposta.

Tenha confiança em si e em suas habilidades. Tente evitar se corrigir em cada questão. Se eu ganhasse 25 centavos cada vez que um aluno me dissesse que havia respondido uma pergunta corretamente, ouviu os infernais sussurros da criatura da dúvida empoleirada sobre seu ombro esquerdo e, então, apagou a resposta certa e escreveu a errada, eu já teria dinheiro suficiente para aquela casa de ouro que eu sempre quis (ou, pelo menos, para a entrada). Além disso, nunca deixe uma pergunta em branco. Muitos professores dão um crédito parcial (e, às vezes, até uns "pontos de dó" se você fizer apenas um rabisco em uma questão), então não vai doer tentar pelo menos fazer uma adivinhação culta.

Resolva Problemas

Não há como enfatizar mais esse ponto. Não é possível se dar bem em química orgânica, a menos que se resolvam problemas. Então, resolva os problemas! Resolva os problemas! Resolva problemas!

Capítulo 19

Dez Descobertas Orgânicas Legais

Neste Capítulo

- Dez descobertas importantes em química orgânica
- Reconhecimento do papel do acaso no processo de descoberta

Neste capítulo, abordo dez descobertas legais relacionadas com a química orgânica. Uma característica interessante dessa lista é que todas essas descobertas contêm algum elemento de acaso. Embora nunca se possa descontar o trabalho árduo e a preparação, a sorte vem tendo um papel importante nas grandes descobertas da química orgânica (embora, como diria Pasteur, a sorte favorece uma mente preparada).

Explosivos e Dinamite!

Alfred Nobel e sua família reconheceram o potencial da nitroglicerina como explosivo comercial – uma substância de propriedades explosivas melhor que a pólvora. Em seu laboratório, porém, a família descobriu, em primeira mão, o perigo da substância. Em uma explosão maciça de nitroglicerina, Emil, irmão de Alfred, e vários colegas de trabalho foram mortos.

Após o acidente, Alfred trabalhou para tornar a nitroglicerina mais segura (veja a Figura 19-1). Ele notou que, ao misturar a nitroglicerina com pó de sílica, obteve uma massa estável que chamou de dinamite. Ao comercializar sua descoberta – junto com espoletas que detonam a explosão com segurança –, tornou-se um dos homens mais ricos de sua época. Ao falecer, em 1896, deixou sua fortuna para criar a Fundação Nobel. Anualmente, a Fundação Nobel dá os prestigiosos Prêmios Nobel, dentre os quais, por ironia, o Prêmio Nobel da Paz é um dos mais famosos.

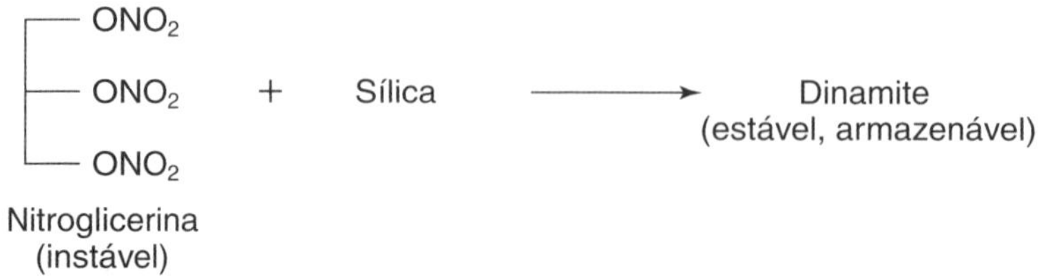

Figura 19-1: Fazendo dinamite.

Fermentação

Ninguém sabe com certeza quem descobriu a fermentação, mas ela, provavelmente, foi observada pela primeira vez muitos milhares de anos atrás, em baús de frutas apodrecendo. Após ser machucada e abandonada por várias semanas, a fruta *fermenta* (é decomposta por enzimas em fermentos), fazendo o álcool, como exibido na Figura 19-2. Embora essa fruta apodrecida provavelmente não tivesse um sabor muito bom, alguém que bebeu o suco descobriu que ele tinha um efeito agradável e potente no corpo. Isso provavelmente levou à descoberta da produção de vinho e, tempos depois, da cerveja, que usa grãos e mel em vez de fruta como fonte de açúcares e carboidratos.

Os Sumérios foram os primeiros a serem registrados como tendo iniciado a fabricação de cerveja, há uns 6.000 anos atrás (embora a produção de cerveja provavelmente já viesse sendo feita há muito mais tempo). Na verdade, alguns sugerem que muitos humanos teriam desistido de seu estilo nômade de vida e teriam se tornado fazendeiros após a descoberta da fermentação apenas para criarem colheitas que produzissem a cerveja (isso parece coincidir com a natureza humana).

$$\underset{\text{Açúcar}}{C_6H_{12}O_6} \xrightarrow{\text{fermento}} \underset{\text{Álcool}}{CH_3CH_2OH} + CO_2$$

Figura 19-2: Fazendo álcool.

A Síntese da Ureia

A síntese do composto orgânico ureia a partir de uma substância inorgânica, realizada por Friedrich Wöhler, foi um dos primeiros avanços importantes em química orgânica. Com essa realização, ele mostrou que as substâncias orgânicas não eram mantidas juntas por "uma força vital", como se supunha à época.

Wöhler havia tentando sintetizar o cianato de amônia como continuação de seus estudos sobre cianatos inorgânicos. Em vez disso, ele isolou uma substância que parecia semelhante à ureia, "uma substância dita como sendo animal", ou em termos modernos, um composto orgânico. Veja a Figura 19-3. Ao comparar as propriedades desse composto sintetizado com as da ureia pura que ele havia extraído da urina, descobriu que as propriedades dos dois eram idênticas.

Figura 19-3: Wöhler criou ureia a partir do cianato de amônia.

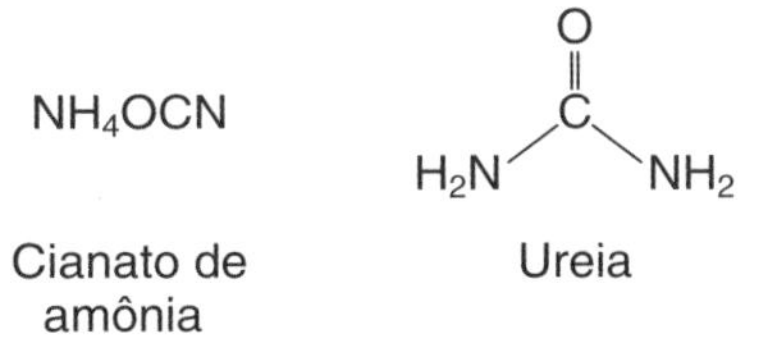

A Destreza do Ácido Tartárico

A destreza do ácido tartárico (exibido na Figura 19-4) foi descoberta por Louis Pasteur. Por que Pasteur estava estudando o ácido tartárico? Enquanto químico francês, ele estava estudando o vinho (é claro), do qual o ácido tartárico é um componente. Ele percebeu que o ácido tartárico se formava em dois formatos diferentes de cristal. Com pinças, ele separou os cristais sob um microscópio e percebeu que os cristais de um formato giravam a luz polarizada em uma direção, e os outros cristais giravam a luz na direção oposta. Ele imaginou (corretamente) que esses cristais diferentes deviam estar relacionados com a destreza das próprias moléculas.

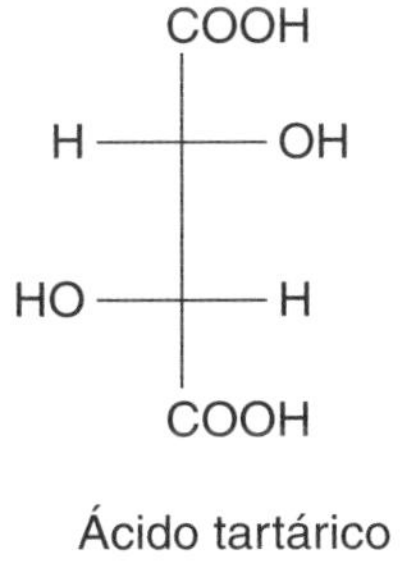

Figura 19-4: Ácido tartárico.

A Reação de Diels-Alder

Dois químicos alemães, Otto Diels e Kurt Alder, descobriram a síntese do alcadieno, atualmente conhecida como reação de Diels-Alder. Essa reação é muito legal – ela forma duas ligações carbono-carbono simultaneamente e é extremamente útil para construir as estranhas moléculas bicíclicas, como o pesticida Aldrina, exibido na Figura 19-5, e vários anéis de seis membros.

Curiosamente, em seu clássico artigo que descreve a reação, Diels e Alder escreveram: "reservamos explicitamente a nós mesmos a reação que desenvolvemos para a solução de tais problemas [síntese de produtos naturais]". Surpreendentemente, esse aviso de "caia fora!" teve o efeito desejado: Outros químicos mantiveram-se distantes dessa reação até depois do fim da Segunda Guerra Mundial, quando a química sintética, na Alemanha, havia levado um grave golpe. Logicamente, porém, tais declarações na literatura têm o efeito oposto ao desejado. Moses Gomberg descobriu isso em 1900 da pior maneira, ao reservar-se o direito de estudar o radical trifenilmetil ($Ph_3C\cdot$) – primeiro radical conhecido entre os químicos –; os químicos subestimaram uns aos outros ao começarem suas próprias pesquisas sobre a molécula.

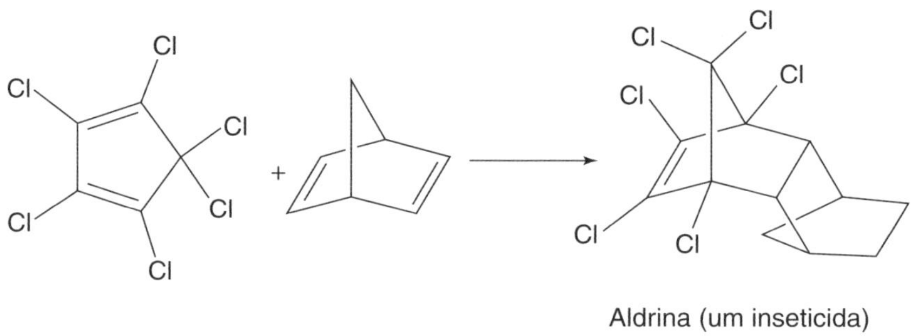

Figura 19-5: Criação da Aldrina com a reação de Diels-Alder.

Futebolenos

Futebolenos são o alótropo do carbono mais recentemente descoberto. *Alótropos* são compostos que contêm apenas um único elemento – nesse caso, o carbono. Dentre outros alótropos de carbono há o grafite e o diamante. Os futebolenos, descobertos em 1985 por Richard Smalley, Harry Kroto e Robert Curl, parecem bolas de futebol moleculares. Os futebolenos foram descobertos acidentalmente quando esses químicos lançaram um *laser* no pó de grafite e passaram esses produtos por um espectrômetro de massa. Eles notaram um pico em seu espectro de massa que correspondia a exatamente 60 carbonos. Usando a intuição, eles supuseram que a estrutura correspondente a esse pico devia ser uma molécula esférica (veja a Figura 19-6). Eles nomearam essa molécula de buckminsterfullereno em referência a Buckminster Fuller, que popularizou o domo geodésico; por causa de seu formato esférico, essas moléculas costumam ser *chamadas de Futebolenos*. Embora essas moléculas ainda não tenham produzido nenhuma aplicação prática, elas estão sendo estudadas para uso como supercondutores, como marcadores de gasolina (de forma que vazamentos de óleo possam ser rastreados de volta até uma companhia petrolífera específica) e como veículos para a injestão de medicamentos.

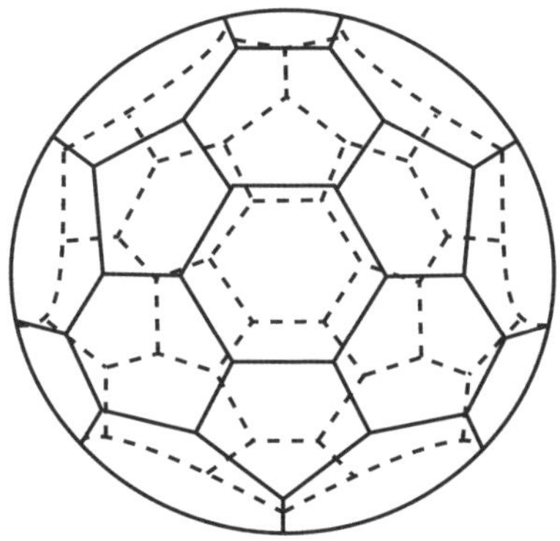

Figura 19-6: Futeboleno.

Sabão

A lenda diz que o sabão foi descoberto primeiro pelas romanas que lavavam roupas no rio Tibre. Elas perceberam que as roupas lavadas em alguns lugares do rio ficavam mais limpas do que quando eram lavadas em outros lugares. Aparentemente, próximo ao rio, havia um local de sacrifícios em que, presumivelmente, a gordura animal dos sacrifícios misturava-se às cinzas do fogo (que contêm soda cáustica, ou hidróxido de sódio), formando o sabão (Figura 19-7). O sabão, então, descia colina abaixo até o rio após a chuva.

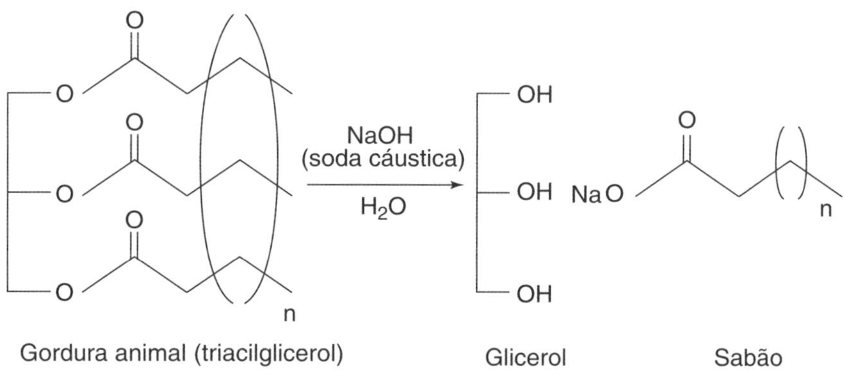

Figura 19-7: Fazendo sabão.

Aspartame

James Schlatter descobriu o aspartame fazendo algo que mataria de vergonha os especialistas em segurança – ele lambeu os dedos após trabalhar no laboratório. Descobriu que os dedos estavam com um gosto muito doce. Ele rastreou a doçura até o aspartame (exibido na Figura 19-8), composto em que estava trabalhando (e provou mais uma vez seu aspartame sintético só para garantir que estava certo). E assim nasceu um dos mais famosos substitutos do açúcar. Nutrasweet e Equal contêm o aspartame substituto do açúcar, assim como muitos refrigerantes dietéticos.

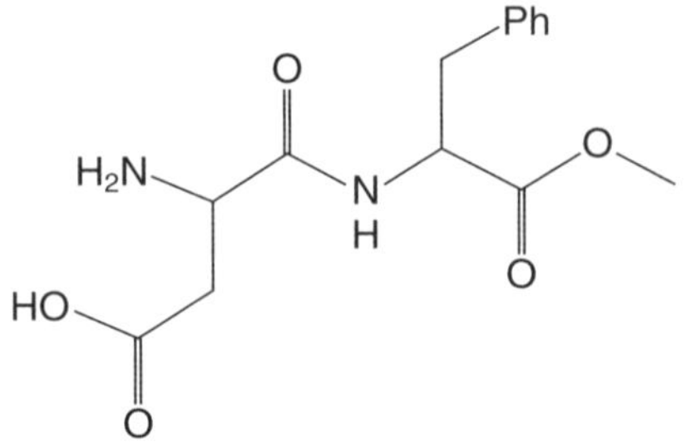

Figure 19-8: Aspartame.

Penicilina

A história da descoberta da penicilina é, provavelmente, o mais conhecido caso de sorte no processo de descoberta. Alexander Fleming estava fazendo uma pesquisa sobre a bactéria *staphylococcus*, quando percebeu que suas placas de Petri haviam sido contaminadas por um fungo *Penicillium*. Ele descartou as placas em um líquido esterilizante, mas não as submergiu adequadamente. Ao retornar ao laboratório, percebeu que nas placas em que o fungo havia crescido, a bactéria havia sido morta. "Algo que o fungo está produzindo deve estar matando a bactéria", pensou consigo. Esse algo era a penicilina (exibida na Figura 19-9), um antibiótico que, eventualmente, salvaria inúmeras vítimas.

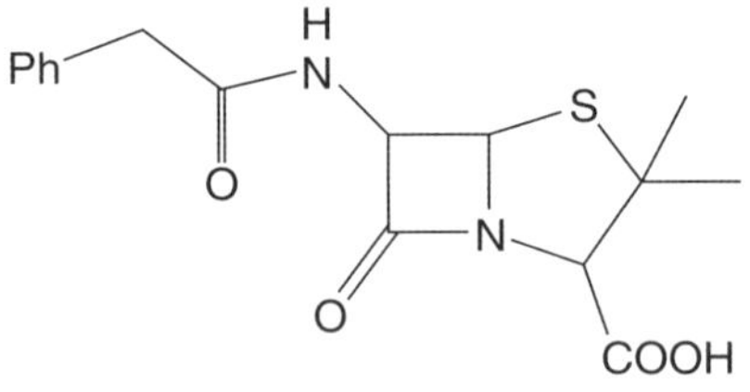

Figure 19-9: Penicilina.

Teflon

Dois químicos, James Rebok e Roy Plunkett, que trabalhavam para a Dupont, descobriram o Teflon em 1938. Teflon é a superfície polimérica antiaderente que evita que seus ovos, *bacon* e panquecas grudem nas frigideiras (veja a estrutura na Figura 19-10). Quando descobriram o Teflon, Rebok e Plunkett estavam trabalhando com gases hidrocarbonetos fluorados mantidos em filtros grandes. Um dia eles abriram a válvula do que acreditavam ser um filtro cheio de gás, mas nenhum gás saiu. A princípio, eles acharam que o filtro tivesse um vazamento, até que perceberam que o filtro supostamente vazio tinha o mesmo peso de um contenedor cheio. Serrando o contenedor, eles encontraram uma substância branca grudenta cobrindo o interior do contenedor – o Teflon!

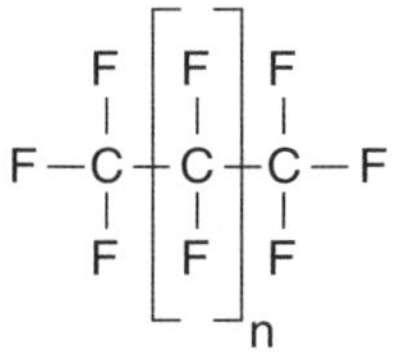

Figure 19-10: Teflon

Capítulo 20

Dez Grandes Químicos Orgânicos

Neste Capítulo

- Dez pioneiros do campo da química orgânica
- As descobertas que transformaram a química orgânica

Embora essa seja uma lista de dez (ou quase) grandes químicos orgânicos, apenas uma mulher – Dorothy Hodgkin – está na lista. Essa exclusão não é uma recusa ao reconhecimento das químicas, mas, simplesmente, um reflexo do que ainda recentemente era uma indústria dominada pelos homens. O trabalho desses dez químicos (onze, na verdade) reflete a diversidade da química orgânica e são trabalhos que tiveram impacto significativo na área (ou, no caso de Linus Pauling e John Pople, trabalhos que chacoalharam todo o tronco da química, não apenas o galho da química orgânica). Alguns desses caras são os pioneiros da química orgânica, lá na virada do século XX e antes disso, e alguns são pessoas que atuam ainda hoje, dando novas contribuições ao campo da química orgânica.

Robert Burns Woodward

Muitos dizem que Woodward foi o maior de todos os químicos orgânicos – e, certamente, há argumentos para tal afirmação. Entre suas muitas realizações, foram importantes suas sínteses de moléculas orgânicas impressionantemente complexas, tais como a Vitamina B12 (em colaboração com Albert Eschenmoser), a estriquinina e a quinina (veja a Figura 20-1). Essas sínteses são, particularmente, magníficas considerando que foram realizadas em uma época em que a espectroscopia e a determinação de estrutura eram uma sombra do que são hoje (na verdade, Woodward foi pioneiro em várias técnicas espectroscópicas para elucidação de estrutura). Junto com Roald Hoffman, Woodward resolveu o quebra-cabeça do por quê as reações pericíclicas (como a reação de Diels-Alder, no Capítulo 12) ocorrem da forma como ocorrem; ele o fez usando argumentos sobre simetria orbital, uma formulação hoje chamada de regras de Woodward-Hoffman (que você poderá aprender se fizer o segundo semestre de química orgânica). Ele ganhou o Prêmio Nobel de química, em 1965, "por suas impressionantes realizações na arte da síntese orgânica" e indubitavelmente o teria ganhado novamente junto com Roald Hoffman pelas Regras de Woodward-Hoffman, se não houvesse falecido dois anos antes (os Prêmios Nobel não são dados postumamente).

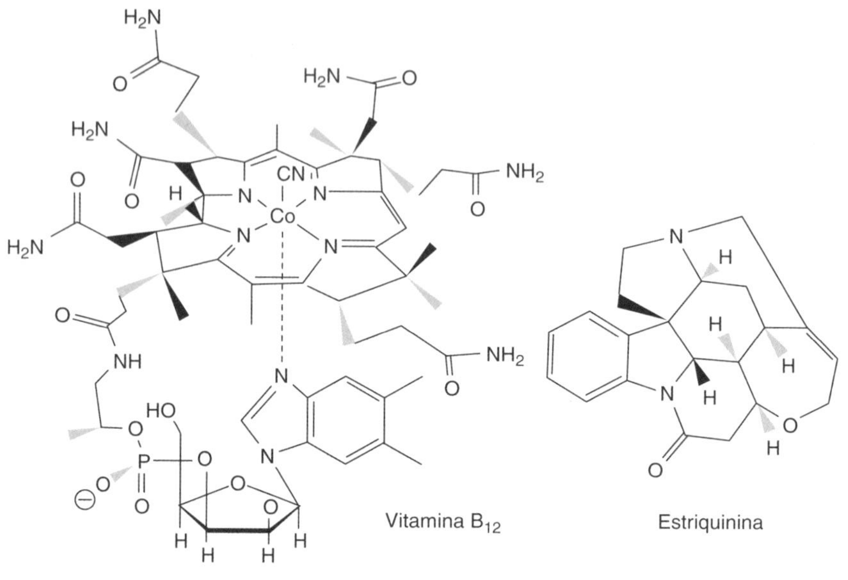

Figura 20-1: As estruturas da vitamina B12 e da estriquinina, duas das grandes realizações sintéticas de Woodward.

August Kekulé

Segundo alguns relatos, August Kekulé era um mala enquanto palestrante e um desastre no laboratório, mas suas ideias sobre a natureza dos compostos orgânicos foram extremamente influentes (e, mais importante, estavam corretas). Ele propôs, corretamente, que o carbono poderia fazer quatro ligações com outros átomos e poderia formar estruturas complicadas, combinando-se com outros átomos de carbono para fazer cadeias e anéis. Kekulé também propôs a estrutura correta do benzeno, C_6H_6, e, notoriamente, gabou-se anos depois de que sua inspiração para a estrutura cíclica do benzeno teria vindo de um sonho com uma cobra que mordia o próprio rabo, uma afirmação tão suspeita quanto divertida.

K. C. Nicolaou

K. C. Nicolaou é outro gigante no campo da química orgânica sintética. Dentre suas realizações na área sintética estão a síntese total do Taxol, da brevetoxina B e da calicheamicina. A calicheamicina, exibida na Figura 20-2, é um composto antitumores de importância que contém uma porção de enediino (um alceno ladeado por duas unidades de alcino) crucial à sua atividade. A molécula adere a um sulco no DNA da célula de tumor e corta o DNA como tesouras no papel, destruindo-o e, principalmente, matando a célula de tumor (você pode ler mais sobre as origens e a atividade biológica da calicheamicina, no Capítulo 6). Os dois livros de Nicolaou sobre síntese – *Classics in Total Synthesis* e *Classics in Total Synthesis II* – são leituras obrigatórias para qualquer um que se interesse por química sintética.

Voltar e observar tais monumentos naturais complexos como a calicheamicina e a vitamina B12 – e pensar em quão grandes realizações suas sínteses são – pode deixá-lo menos inclinado a reclamar das sínteses comparativamente simples que precisam ser consideradas nos cursos de química orgânica da graduação (bem, talvez você ainda não esteja feliz com os problemas sobre síntese, mas mesmo assim essas estruturas são bastante imponentes). Nicolaou atualmente trabalha no Scripps Research Institute, na Califórnia.

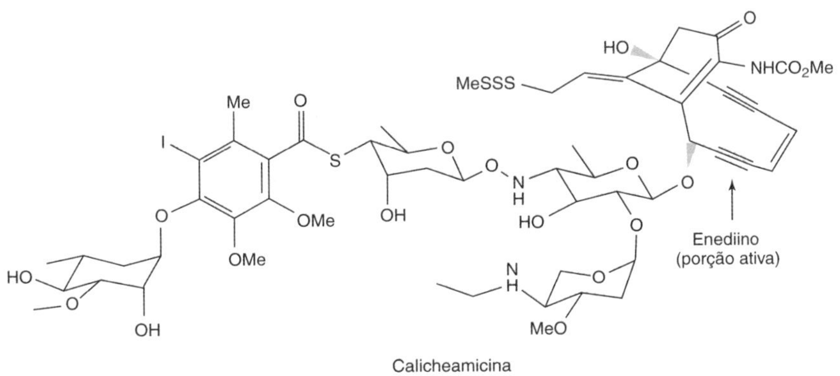

Figura 20-2: A estrutura da calicheamicina.

E. J. Corey

E. J. Corey foi o primeiro a articular com clareza a arte da síntese orgânica e mostrou que a retrossíntese – a técnica de fazer o trabalho de volta a partir de uma molécula alvo – era a estratégia mais viável no planejamento da síntese de uma molécula complexa. Junto com R. B. Woodward, Corey elevou a síntese das moléculas orgânicas complexas a uma forma de arte. Recentemente, Corey declarou publicamente ter inspirado Woodward a pensar na simetria orbital nas reações pericíclicas (o que levou às Regras de Woodward-Hoffman) e sugeriu que ele merecia crédito por essa realização significativa. Hoffman, porém, rejeitou essa afirmação. Mereça ele ou não crédito por essa realização (com Woodward morto, podemos não saber jamais), Corey elevou a estatura da síntese orgânica e recebeu justamente o Prêmio Nobel de Química, em 1990, por definir a análise retrossintética.

Louis Pasteur

Louis Pasteur descobriu a destreza das moléculas orgânicas – o fato que as moléculas podem ter a mesma conectividade atômica, mas orientações diferentes daqueles átomos no espaço. Pasteur fez essa descoberta observando o ácido tartárico formado em dois tipos distintos de cristais. Então, ele separou com pinças os dois tipos de cristais sob um microscópio e percebeu que a *luz polarizada* (luz que oscila em uma única direção) girava em uma única direção ao passar por um tipo de cristal e na direção oposta ao passar pelo outro tipo de cristal. Com essas observações, ele especulou que a diferença na forma do cristal e na rotação da luz deviam se relacionar com as diferentes orientações dos átomos nos dois cristais. Ele tinha razão e criou a fundação para nosso atual entendimento da estereoquímica.

Dorothy Hodgkin

Dorothy Hodgkin envolveu-se na determinação da estrutura, usando uma técnica chamada de cristalografia de raios-x. Embora sofresse de graves problemas de saúde, inclusive uma artrite que a deixou inválida, era extremamente persistente e dedicada e determinou as estruturas de muitas moléculas importantes usando a cristalografia de raios-x, inclusive a estrutura da penicilina e, mais tarde, a estrutura da vitamina B12. Ganhou o Prêmio Nobel de Química, em 1964, por seu trabalho.

Emil Fischer

Fischer foi um dos pioneiros da química orgânica. Depois de ouvir de seu pai que ele era burro demais para ser empresário, frequentou a Universidade de Bonn e estudou ciências. Após receber seu doutorado, trabalhou na Universidade de Munique. Fischer trabalhou na sintetização e determinação das estruturas dos açúcares e descobriu a estereoquímica d/l dos açúcares. Então, ele fez avanços significativos na compreensão das purinas (a adenina e a guanina, duas das bases do DNA, são purinas). Embora o início de sua carreira tenha sido marcado pelo gênio criativo, sua vida terminou em tragédia. Ele sofreu os efeitos colaterais dos compostos tóxicos de mercúrio com que trabalhava no laboratório e, após a morte de sua esposa e a perda de dois de seus três filhos na Primeira Guerra Mundial, cometeu suicídio. Embora sua vida tenha terminado em tragédia, suas realizações na química orgânica são consideradas por químicos orgânicos algumas das melhores.

Linus Pauling

Linus Pauling usou a mecânica quântica para descrever a natureza das ligações químicas e como os átomos se reúnem para formar moléculas. Seu livro, *The Nature of the Chemical Bond*, é considerado um clássico da área. Após seu trabalho teórico sobre ligações químicas, Pauling foi pioneiro no campo da bioquímica e elucidou as estruturas das proteínas.

Pauling era uma pessoa incomum. Ele recomendava doses diárias maciças de Vitamina C e foi tão explícito contra políticas governamentais que teve vistos negados para participar de importantes conferências científicas internacionais. Sugere-se que se ele houvesse participado da conferência em que Rosalind Franklin apresentou suas estruturas em raios-x do DNA, com sua compreensão das hélices a partir de seu trabalho sobre proteínas, ele talvez tivesse elucidado a estrutura do DNA antes de Watson e Crick (que participaram da conferência). Pauling é a única pessoa a ter ganho dois Prêmios Nobel sem dividi-los – um em química, por suas ideias sobre a natureza da ligação química, e o outro da Paz, por sua posição descomprometida contra testes e proliferação nucleares. Pauling faleceu em 1994, aos 93 anos.

John Pople

John Pople tornou prático o uso das técnicas computacionais. Ele trouxe a química teórica para fora da torre de marfim e a colocou nas mãos de químicos práticos que suam a camisa. Tornou os cálculos teóricos disponíveis até para novatos em química, enquanto antes eles haviam estado disponíveis apenas aos teóricos ferrenhos graduados em matemática. Foi pioneiro no programa computacional Gaussian, um *software* de computador fácil de usar projetado para realizar esses cálculos moleculares. Compartilhou o Prêmio Nobel de Química pelo desenvolvimento dos métodos computacionais. Faleceu em 2004, após uma carreira de quase um século inteiro.

Friedrich Wöhler e Adolf Kolbe

Friedrich Wöhler e Adolf Kolbe estabeleceram os fundamentos da química orgânica moderna, destituindo a teoria estabelecida do vitalismo, que dizia que as moléculas orgânicas continham uma força vital não presente nos compostos inorgânicos. Ao sintetizar a molécula orgânica ureia a partir do cianato de amônia inorgânico, Wöhler provou que a teoria do vitalismo estava errada. Mesmo após esse experimento, porém, muitos químicos permaneceram céticos.

O aluno de Wöhler, Kolbe, deu o sopro da morte no vitalismo ao sintetizar o ácido acético a partir de materiais que poderiam ser feitos diretamente a partir dos elementos. Grandes ações, porém, nem sempre são realizadas pelas melhores pessoas. Parece, por seus escritos e relatos de terceiros, que Kolbe era alguma espécie de idiota e antissemita que odiava os franceses. “Os franceses realmente são uma nação de meio crianças, meio loucos”, ele escreveu. “Tenho um ódio e desprezo profundos pelos franceses, mas nunca os havia considerado tão não civilizados, bárbaros e rasos como agora vemos que eles o são”. Apesar de xenofóbico e desagradável, sua realização ao derrubar o vitalismo é inegável.

Parte VI
Apêndices

Nesta parte...

Explico a respeito da solução de problemas de síntese em várias etapas e de mecanismo, porque esses tipos de problemas são onipresentes na química orgânica e são particularmente desafiadores para a maioria dos estudantes. Incluo também um glossário de química para ajudá-lo a manter toda a terminologia organizada.

Apêndice A

Solução de Problemas de Síntese em Várias Etapas

Neste Apêndice

- Compreensão dos problemas de síntese em várias etapas
- Descoberta de dicas para solucionar problemas de síntese em várias etapas

Os problemas de síntese em várias etapas prevalecem por toda a química orgânica – e tendem a aparecer com maior frequência ao longo do curso. Muitos alunos citam esses problemas, junto com os problemas de mecanismo, como os mais difíceis no curso. Esse apêndice detalha por que as pessoas se incomodam com a síntese em várias etapas e indica vários mandamentos para como solucionar esses tipos de problemas, de forma que possamos evitar cometer importantes pecados na síntese em várias etapas.

Por Que Síntese em Várias Etapas?

Uma boa ilustração da importância da síntese orgânica é a fabricação de fármacos. Ao longo da história, os fármacos vêm sendo obtidos principalmente a partir de recursos naturais. Os reis da Mesopotâmia fumavam papoulas para ficarem doidões com as propriedades alucinógenas dos alcaloides do ópio. Os indígenas norte-americanos mascavam casca de salgueiro contendo aspirina para aliviar a dor e Fleming descobriu a penicilina em um molde que cresceu em suas placas com a bactéria *Staphylococcus*. Mesmo hoje, químicos de produtos naturais extraem compostos dos organismos vivos, caracterizam-nas e testam-nas para ver se tais compostos têm atividade biológica.

Mas a extração de fármacos a partir das fontes naturais tem seus problemas. Frequentemente, o fármaco vem de uma fonte rara (como uma planta ou fungo exótico) e, às vezes, de uma fonte em risco de ou próxima da extinção. A extração desses compostos também pode ser desafiadora, porque o composto ativo deve ser separado da massa de moléculas inativas; essa tarefa pode ser difícil em alguns casos.

Às vezes, a fonte não produz um fármaco em grandes quantidades e iniciar com milhares de quilos de material fonte para extrair apenas alguns minúsculos miligramas do composto desejado dele não é incomum. A natureza pode ser um sintetizador de moléculas orgânicas muito melhor do que os humanos possam jamais sonhar se tornar, mas isso não quer dizer que a natureza produza as quantidades necessárias do material necessário. Pegar milhares de quilos de uma espécie em vias de extinção para fazer apenas algumas poucas doses de um medicamento geralmente não é prático.

Então, como os químicos podem conseguir os compostos desejados? Pela síntese, em várias etapas. Esse processo envolve a criação do composto a partir do zero. Para fazê-lo, os químicos pegam materiais iniciais comercialmente disponíveis e constroem a molécula desejada usando reagentes e técnicas disponíveis. Grande quantidade dos medicamentos que podem ser comprados em farmácias hoje foi feita pela síntese em várias etapas, usando quantidades enormes de materiais iniciais e reagentes que foram colocados com pás carregadeiras em gigantescos navios de reação. Mas tudo isso foi planejado primeiro em papel pelos químicos, exibindo a rota mais curta, mais barata e mais elegante disponível até o composto alvo (sendo que as rotas mais curtas e mais baratas têm precedência na indústria farmacêutica, e a elegância é premiada pela academia).

Claro, isso não quer dizer que a aplicação da síntese em várias etapas se limite aos fármacos. A síntese em várias etapas é usada com muitas finalidades diferentes, e uma vantagem da habilidade do químico orgânico para fazer compostos é o reino livre que ela lhe traz para fazer praticamente qualquer coisa na área da química (que é o motivo pelo qual bioquímicos e físicos-químicos são forçados a colaborar com químicos orgânicos sintéticos se quiserem que algo seja feito). Em alguns casos, a síntese em várias etapas é realizada até pela própria síntese. Nesses casos, os químicos orgânicos sintetizam produtos naturais estruturalmente interessantes que têm atividade de *proposta para subsídio* – ou seja, produtos que possam mostrar suficiente atividade biológica que fundamente uma proposta para subsídio, mas que, provavelmente, não têm potencial suficiente para serem considerados em testes clínicos. Nesses casos, a síntese em várias etapas é usada como estudo para desenvolver novas reações, como forma de testar métodos de reação conhecidos e, mais frequentemente, como centro de reunião de químicos para exibirem suas artes de sintetização.

E, embora os químicos sintéticos deem o melhor de si para planejar sínteses de moléculas complicadas, os passos invariavelmente dão errado quando tentados fora do laboratório. Porém, esse fracasso costuma ser bom. Quando reações planejadas em uma síntese não funcionam, os químicos orgânicos precisam descobrir novas maneiras de fazer as coisas para superarem as barreiras que essas moléculas erguem. Geralmente, novas reações e ideias são descobertas dessa maneira.

Por exemplo, a síntese da Vitamina B12 (discutida em maiores detalhes no Capítulo 20) foi realizada sabendo-se, antecipadamente, que qualquer síntese dessa molécula extremamente complexa seria cara demais para ser feita em escala comercial. Ainda assim, sua síntese foi extremamente valiosa para os químicos orgânicos. Muitas novas técnicas sintéticas foram descobertas durante essa síntese, além de um avanço teórico importante (a compreensão de reações pericíclicas, como a reação de Diels-Alder) que ocorreu enquanto se contemplava um dos passos da reação. Então, embora a síntese da Vitamina B12 não fosse nada prática para ser realizada em escala comercial, a síntese total da molécula acrescentou um grande conhecimento ao campo da química orgânica.

Os Cinco Mandamentos

Sínteses em várias etapas são o tipo de problema no qual se diz quais são o material inicial e o produto, e você deve descobrir a rota sintética que converterá o material inicial naquele produto. Para esses tipos de problemas devem-se fornecer reagentes para converter os materiais iniciais em um ou mais compostos intermediários que sofrerão reação para fazer o produto final. Haverá frequentemente vários passos na síntese. No entanto, *nenhum mecanismo (lançamento de flechas) precisa ser exibido para as reações individuais em um problema de síntese em várias etapas*. Esse é um erro comum. Para esses problemas, forneça simplesmente os reagentes e os produtos de cada passo ao passar por eles.

Por exemplo, suponha que a pergunta tenha sido como converter o Composto W no Composto Z (veja a Figura A-1) usando a síntese em várias etapas.

$$W \xrightarrow{?} Z$$

Figura A-1: Síntese em várias etapas.

Aqui, uma resposta aceitável mostraria as reações individuais que transformariam o Composto W no Composto Z (um exemplo é dado na Figura A-2). Note que nenhum mecanismo é exibido para essas reações, apenas os reagentes e os intermediários. Em muitos casos, é possível mais do que uma rota para converter o material inicial em produto, então esses tipos de problemas costumam ter várias respostas aceitáveis (porém a rota mais curta costuma ser a preferida).

$$W \xrightarrow{\text{reagente}} X \xrightarrow{\text{reagente}} Y \xrightarrow{\text{reagente}} Z$$

Figura A-2: Respondendo questões sobre síntese em várias etapas.

Aqui estão cinco mandamentos para ajudá-lo a resolver esses problemas de síntese.

Primeiro mandamento: Aprenderás tuas reações

Aprender as reações é o requisito mais básico para a síntese em várias etapas. Não importa quão esperto você seja, não terá chance de acertar as perguntas sobre síntese se não conhecer as reações. Memorize os reagentes, use cartões ou quaisquer outras técnicas que você achar úteis, mas domine as reações. Essa memorização não é algo que se possa fazer da noite para o dia. Aprender as reações leva tempo. Uma boa técnica é definir uma porção de seu horário de estudos diários para o estudo dos reagentes.

Como a química orgânica é um curso cumulativo, não se pode arcar com o esquecimento de quaisquer reações que tenham sido abordadas em capítulos anteriores. Se você usar cartões (um método fortemente recomendado), não deverá jamais jogar fora sua pilha de cartões antigos, que contêm as reações dos capítulos anteriores. Ao contrário, continue acrescentando à sua pilha (sim, até o fim do curso ela ficará suficientemente grande para fazer uma baleia engasgar!). A maioria dos livros didáticos tem convenientes resumos das reações ao fim dos capítulos, dando uma visão geral de todas as reações abordadas no capítulo, e tais visões gerais podem ser extremamente úteis para criar os cartões.

Segundo mandamento: Compararás esqueletos de carbono

A primeira coisa a se procurar na síntese em várias etapas é a comparação do esqueleto do carbono do material inicial com o esqueleto do carbono do produto. Algum carbono foi acrescido ou perdido? Caso sim, você consegue identificar onde eles foram acrescidos ou perdidos? Uma contagem do número de carbonos no reativo e no produto não leva muito tempo, mas pode ajudar a determinar com quais tipos de reações se está lidando.

Pegue o seguinte exemplo simples exibido na Figura A-3. A porção sombreada mais fraca na molécula identifica onde o provável esqueleto de carbono do reativo é encontrado no produto. Ver as moléculas desse jeito permite ver claramente qual porção precisa ser acrescida ou perdida durante sua síntese (esse passo pode parecer trivial nesse exemplo óbvio, mas em problemas mais difíceis, esse processo pode ajudá-lo a organizar seus pensamentos).

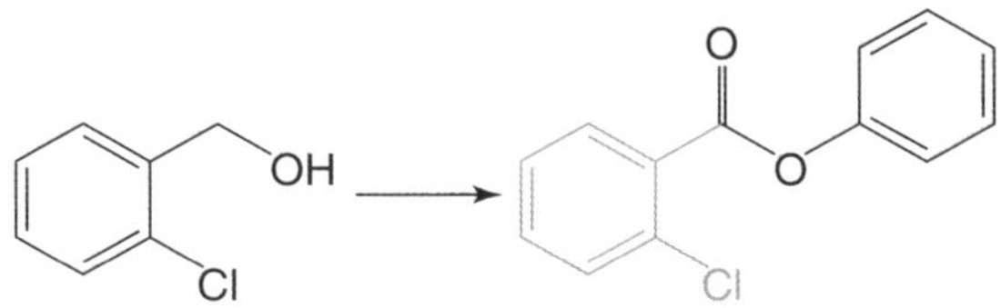

Figura A-3: Comparação de esqueletos de carbono.

Terceiro mandamento: Deverás fazer o trabalho de trás para frente

Alguma vez, você já trabalhou com labirintos e descobriu que é mais fácil resolver um começando pelo fim e fazendo o trajeto de volta até seu início do que começando pelo começo? A mesma coisa se aplica aos problemas de síntese em várias etapas. Fazer o trabalho de trás para frente nos problemas de síntese é uma técnica chamada de *retrossíntese*.

A primeira coisa que devemos olhar é o produto, pensando em todas as reações conhecidas que poderiam formá-lo. Por enquanto, ignore o material inicial. Se o produto for um alceno, por exemplo, pense nas reações que formam o alceno, como as reações de eliminação ou a reação de Wittig (veja no Capítulo 8 um resumo das reações que formam alcenos). Escreva todas essas reações e veja qual reativo seria necessário para cada uma.

Depois de ter escrito todas as potenciais candidatas, volte ao material inicial. Qual reação tem um reativo que mais parece com o material inicial? Essa é, provavelmente, a melhor a ser selecionada como candidata em potencial.

Por exemplo, suponha que tenhamos de fazer a síntese exibida na Figura A-4.

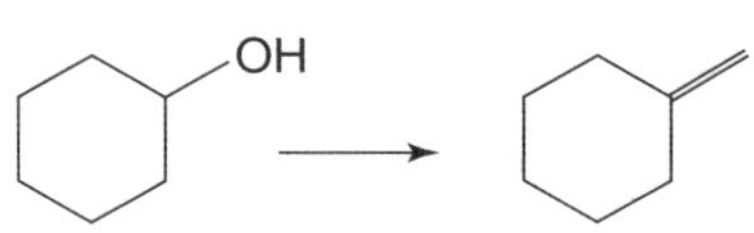

Figura A-4: Amostra de problema de síntese.

Após completar os primeiros dois mandamentos, devemos pensar em maneiras de produzir alceno. Por enquanto, ignore o material inicial. Apenas faça um *brainstorm* de todas as maneiras de fazer o alceno em que você pensar e as escreva em sua folha de rascunhos. Você deverá obter algo parecido com a seguinte lista (veja a Figura A-5).

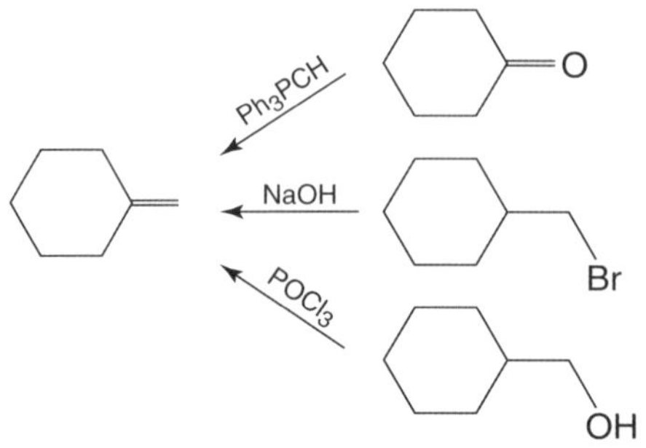

Figura A-5: Reações de formação do alceno.

Agora, temos três rotas possíveis para escolher. A rota a ser escolhida é aquela que usa um reativo que mais se pareça com o material inicial original. Se você fez o passo 2 (justificando o esqueleto de carbono), saberá que o produto tem um carbono a mais que o material inicial. Apenas a primeira reação, a reação de Wittig, justifica esse carbono adicional, então a reação de Wittig seria a reação escolhida como tentativa. Se essa escolha se provar errada, podemos sempre voltar e tentar outro caminho.

Vendo o esquema de reação, temos agora algo que parece com a seguinte reação (veja a Figura A-6).

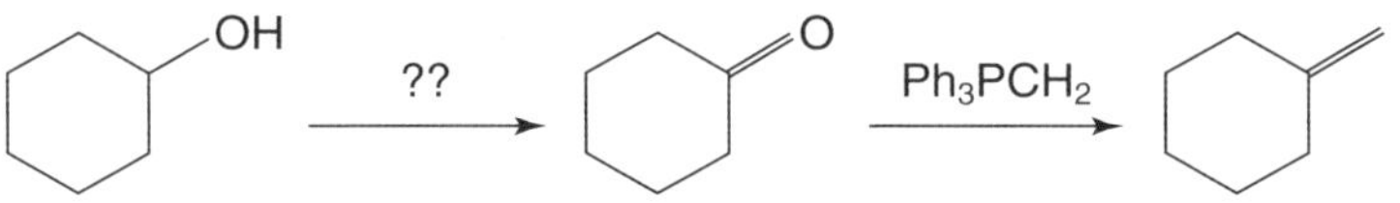

Figura A-6: Completando uma retrossíntese.

Agora, repita o mesmo procedimento para a ciclohexanona, pensando em todas as diversas formas como essa cetona poderia ser feita. Um ponto aqui é que quanto mais perto chegamos de completar uma retrossíntese – em outras palavras, quanto mais perto chegamos ao material inicial – mais devemos referenciar o material inicial em nosso pensamento. Nesse ponto, por exemplo, você pode querer modificar seu pensamento de "preciso pensar em todas as formas de fazer ciclohexanona" para, talvez, algo mais parecido com "preciso de uma reação que converta um álcool em uma cetona". Se você fez o primeiro passo, saberá várias formas de produzir uma cetona a partir de um álcool (por exemplo, usando o reagente de Jones, PCC e daí por diante). A escolha de um desses métodos completará sua síntese.

Se você ficar preso, volte e tente um dos outros caminhos. Se a reação de Wittig do nosso exemplo tivesse levado a um beco sem saída, teríamos que voltar e tentar uma das reações de eliminação. A escolha da forma correta de voltar costuma ser uma questão de intuição, e isso só surge após muita solução de problemas (veja o Quinto Mandamento).

Quarto mandamento: Verificarás tua resposta

Quando houver uma síntese em potencial, volte e certifique-se de que todos os reagentes sejam compatíveis com os grupos funcionais da molécula. Certifique-se, por exemplo, se você estiver propondo uma reação de Grignard, de que não há álcoois ou outras funcionalidades incompatíveis em seu reagente. Professores de química orgânica na graduação costumam parecer deliciarem-se com a criação de perguntas desafiadoras (pegadinhas) para os exames, então verifique duas vezes cada detalhe de sua síntese para ver se ela está correta.

Quinto mandamento: Resolverás muitos problemas

Esse é o maior de todos os mandamentos. Como mero mortal, você não tem outra opção; não há fórmula mágica à disposição para evitar esse mandamento. Um bom livro didático terá muitos problemas de síntese em várias etapas para praticar. Comece com problemas fáceis de síntese para entender o que for necessário, depois vá trabalhando os problemas mais difíceis.

Se você tiver as respostas em seu livro (algo que recomendo), não as olhe até ter terminado o problema. Assim como não é razoável esperar saber tocar o piano apenas por ouvir alguém tocando e sem nunca ter praticado, não se pode esperar olhar o guia de estudos e ser capaz de fazer problemas de síntese em um exame sem nunca tê-los praticado por conta própria. Olhar as respostas e pensar "ah, eu poderia resolver esse problema" não substitui fazê-lo de fato. É preciso experiência. Adquira muita experiência.

Apêndice B
Solução de Mecanismos de Reação

Neste Apêndice

- Definição de problemas de mecanismo
- Certos e errados dos problemas de mecanismo
- Distinguindo as questões de mecanismo das de síntese
- Erros comuns no desenho de mecanismos

Químicos orgânicos querem saber *quais* reagentes convertem um tipo de molécula ou grupo funcional em outro. Mas eles também querem saber *como* as reações acontecem. Eles querem saber o quê, exatamente, aconteceu quando diferentes produtos químicos foram jogados em um frasco que converteu os materiais iniciais em produto. Sabendo como acontece uma reação, os químicos orgânicos podem otimizar com mais facilidade as condições de reação (o solvente, a temperatura, a acidez, as quantidades de reagente, e daí em diante), que permitem que a reação aconteça com a maior eficiência. O mecanismo de uma reação mostra como ela acontece.

Entendendo o mecanismo de uma reação, os químicos também têm um entendimento melhor de como as reações funcionam, ficando melhor informados sobre quando uma nova reação provavelmente acontecerá ou fracassará. Um mecanismo de reação é o processo em passos detalhados que usa flechas para mostrar como os elétrons se movem durante uma reação. Um mecanismo completo inclui todos os passos de criação e quebra de ligações que convertem o material inicial em produto e mostra quaisquer espécies intermediárias formadas ao longo do caminho.

Os Dois Tipos Não Mencionados de Mecanismo

De um ponto de vista pragmático, na química orgânica vemos duas classes não mencionadas de mecanismos de reação – os mecanismos de reação que podemos descobrir por conta própria e os que simplesmente temos de memorizar. Se você estiver fazendo aulas de introdução à química orgânica, provavelmente verá uma abundância dos dois tipos. A reação de bromação dos alcenos (veja o Capítulo 8), por exemplo, é um mecanismo de reação que simplesmente tem de ser memorizado. Você teria dificuldades para descobrir sozinho que o mecanismo de reação envolve um íon bromônio intermediário de três membros. A existência desse intermediário pode ter sido uma surpresa até para os pesquisadores que descobriram o mecanismo!

Como esses tipos de mecanismo simplesmente têm de ser memorizados, não posso fazer muito para ajudá-lo a aprendê-los, exceto mostrar os mecanismos ao discutir as reações neste livro e dar dicas sobre como estudar de forma eficaz (veja o Capítulo 18). *Posso* ajudá-lo a entender os mecanismos que podem ser desenvolvidos por conta própria e armá-lo com princípios gerais para reações cujos mecanismos não estejam no texto.

Acho que um motivo pelo qual os estudantes encrencam com os problemas de mecanismos é que eles não veem essa distinção entre mecanismos que precisam ser memorizados – que costumam ser impossíveis de serem descobertos de forma independente – e mecanismos que eles precisam saber resolver sozinhos.

Muitos, por exemplo, veem a reação de bromação e, sabendo que têm de conseguir resolver os mecanismos sozinhos, jogam cinzas sobre a cabeça, rasgam as roupas e pensam "eu nunca poderia resolver isso sozinho!" Então, perdem a coragem para a coisa toda, embora a bromação não seja um mecanismo que se espere que os estudantes consigam deduzir sozinhos.

Ainda assim, mesmo que essa distinção seja compreendida, a maioria dos estudantes acha esses problemas de mecanismo de solução por conta própria bastante desafiadores. Esses problemas são desafiadores por dois motivos. Primeiro, ao contrário dos mecanismos que requerem memorização, ela é inútil e impossível para os tipos de problemas de mecanismos que precisarão ser desenvolvidos por conta própria. Além disso, professores universitários acham que pedir para os alunos desenharem mecanismos de reações que eles nunca viram antes é perfeitamente razoável. O truque para resolver problemas de mecanismo é entender os princípios gerais de lançamento de flechas (veja o Capítulo 3) e praticar bastante (muita e muita prática!). Detalho aqui alguns dos princípios gerais e dou algumas dicas sobre bons hábitos de escrita de mecanismos. Mostro também algumas armadilhas comuns a serem evitadas ao escrever mecanismos. Então, mostro um mecanismo de exemplo para ilustrar como esses princípios podem ser aplicados a um problema real.

Certos e Errados na Solução de Mecanismos

Saber o que não fazer em um problema de mecanismo é quase tão importante quanto saber o que fazer. Então, aqui vai uma lista de certos e errados para escrita de mecanismos.

- **Não confunda problemas de mecanismo com problemas de síntese em várias etapas.** Esse é um erro comum. Os problemas de mecanismo trazem todos os reagentes necessários para a conversão do material inicial em produto. Então, não forneça seus próprios reagentes extras.

- **Use todos os reagentes dados por um problema de mecanismo.** Os problemas de mecanismo não trazem nenhum reagente estranho que não seja usado em um mecanismo, então o mecanismo de reação deve justificar o uso de todos os reagentes.

- **Não confunda solventes e sequestrantes de base com reagentes.** Saiba reconhecer solventes típicos que, geralmente, não atuam em um mecanismo – solventes como THF, DMF, DMSO, $CHCl_3$, CH_2Cl_2, e daí em diante. Se reconhecer esses solventes, você não tentará incorporá-los ao mecanismo (embora, às vezes, seja aceitável usar o solvente para transferências de próton, particularmente solventes de álcool e água). Além disso, os sequestrantes de base (como piridina e trietilamina) às vezes são utilizados para neutralizar qualquer ácido formado na reação, mas, geralmente, não têm muita relação com o mecanismo em si.

- **Crie o hábito de destacar todos os átomos dos centros de reação.** Destacar as estruturas de Lewis em vez das representações em bastão pelo menos nas porções da molécula que mudam torna menos provável a perda ou a colocação de átomos ou cargas em posições incorretas. O destaque dos átomos se torna particularmente importante quando as cargas estão envolvidas em um mecanismo, porque localizar os átomos que têm carga é muito mais fácil do que quando todos os átomos são explicitamente destacados.

- **Não tente fazer duas coisas ao mesmo tempo em um mecanismo.** Faça o mecanismo passo a passo. Isso não quer dizer que não haverá mais de uma flecha em um dado passo (frequentemente haverá), mas não tente dar dois passos de uma só vez. Não protone um álcool e remova a água para fazer um carbocátion em um mesmo passo, por exemplo. Faça-os em passos separados.

- **Destaque todas as estruturas de ressonância dos intermediários.** Embora o desenho das estruturas de ressonância de intermediários reativos talvez não seja solicitado por seu professor, é uma boa prática fazê-lo. Por exemplo, ao escrever o mecanismo para a reação de substituição eletrofílica aromática (veja o Capítulo 13), destaque todas as estruturas de ressonância para o intermediário catiônico.

- **Observe para onde você está indo.** Quando se quer ir do Tennessee a Utah, não se entra simplesmente no carro e dirige-se em qualquer direção, desejando eventualmente chegar lá. Em outras palavras, embora um passo que você proponha pareça que poderia acontecer de modo concebível, certifique-se de que ele o levará em direção ao produto. Pergunte-se quais ligações devem ser quebradas e quais ligações devem ser formadas para transformar o material inicial em produto. Tenha as respostas a essas questões em sua mente enquanto resolver o mecanismo, de forma que mantenha um registro de onde está indo.

- **Não analise detalhadamente por que um produto diferente do indicado não seria obtido.** O produto foi dado, então não é preciso se preocupar demais com por que o produto indicado é formado, e não um outro. Geralmente, os produtos de menor importância em uma reação são exibidos como produto porque o professor quer que você descubra como a reação criou esses produtos de menor importância. Perguntar por que as coisas acontecem é marca de um excelente aluno, mas ficar preso no por que um produto é formado em detrimento de outro em um dado mecanismo pode ser um pouco improdutivo. Como princípio geral, desenhe o mecanismo primeiro e pergunte depois.

- **Ignore íons espectadores.** Frequentemente, vemos reagentes iônicos que incluem potássio (K), sódio (Na) ou lítio (Li) como partes do reagente. Costuma ser uma boa ideia remover esses íons espectadores para que não nos sintamos tentados a incluí-los no mecanismo. Por exemplo, se o reagente for NaOH, exclua o sódio e faça o reagente OH^-. Dessa forma, não seremos tentados a incluir o cátion sódio (Na) no mecanismo.

- **Pergunte-se se todos os passos e intermediários propostos são sensatos.** Você sempre mostra os sinais de menos atacando os sinais de mais (e nunca, nunca o contrário)? Se estivermos falando em ácidos, você se certificou de não ter formado nenhum intermediário de carga negativa? Se estivermos falando em bases, você se certificou de não ter formado nenhum intermediário de carga negativa? Certificou-se de nunca desenhar um carbono pentavalente (carbono com cinco ligações) ou de quebrar quaisquer regras de valência? Todas as cargas estão em equilíbrio? Pergunte-se esse tipo de coisa após propor um mecanismo.

- **Saiba trabalhar com diferentes tipos de mecanismos (discutidos na próxima seção)**. Depois de resolver muitos problemas, você notará padrões de mecanismo e começará a perceber que alguns mecanismos são semelhantes entre si.

Tipos de Mecanismos

Depois de solucionar muitos problemas, você perceberá que emergem padrões de solução de mecanismos para diferentes tipos de mecanismos de reação. Esses tipos diferentes mais comuns de mecanismos são exibidos na lista a seguir. Claro, alguns desses tipos de mecanismo se sobrepõem. Por exemplo, geralmente em mecanismos de ácidos fazemos cátions e, frequentemente, em mecanismos de bases geramos ânions. A determinação do tipo de mecanismo da reação que está sendo desenhado pode ajudá-lo a organizar seus pensamentos ao enfrentar problemas.

- **Mecanismos termais:** São mecanismos sem reagentes. Esses mecanismos são vistos principalmente no segundo semestre de química orgânica, mas a reação de Diels-Alder é um exemplo (veja o Capítulo 12).

- **Mecanismos nucleófilo-eletrófilos:** São, provavelmente, o tipo mais comum de mecanismo. Se você souber fazer mecanismos nucleófilo-eletrófilo, terá compreendido uma boa parte da química orgânica. Esses mecanismos envolvem *nucleófilos* (amantes de núcleos) que atacam eletrófilos (amantes de elétrons). Normalmente, alguma espécie com um par solitário de elétrons (um nucleófilo) ataca um carbono deficiente em elétrons (um eletrófilo).

- **Mecanismos de ácido-base:** Esses mecanismos são identificáveis vendo um ácido forte (como HCl ou H_2SO_4) ou uma base forte (como $NaNH_2$) como reagente. Com mecanismos de ácido, normalmente não se deseja formar qualquer espécie que tenha carga negativa líquida (com a exceção da base conjugada de um ácido, que, geralmente, tem carga negativa) e com mecanismos de base, não se quer formar qualquer espécie que tenha carga positiva líquida. Normalmente, o primeiro passo no mecanismo de ácido é a protonação, enquanto em um mecanismo de base o primeiro passo é a desprotonação.

- **Mecanismos de carbocátion:** Esses mecanismos acontecem geralmente sob condições de acidez (você não verá cargas positivas líquidas – como a carga positiva de um carbocátion – em casos de base). Observe os rearranjos dos carbocátions nesses mecanismos (como os deslocamentos de alquila ou de hidrogênio). Se um intermediário tiver carga negativa líquida, é porque, provavelmente, você fez algo errado (deve estar faltando um passo de transferência de próton).

- **Mecanismos de ânion:** Esses mecanismos são encontrados principalmente em reações de carbonilo (cetonas, aldeídos e daí em diante) e, geralmente, acontecem em condições de base. Essas reações não são vistas com frequência no primeiro semestre de química orgânica.

- **Mecanismos de radical livre:** São, de certo modo, menos comuns que os outros tipos de mecanismo, mas, ocasionalmente, aparecem. Ao ver a luz (hν) ou peróxido (ROOR), pense em mecanismos de radical livre. Vemos mecanismos de radical na bromação dos alcanos usando luz e bromo, por exemplo (Capítulo 7). Ao solucionar mecanismos de radical livre, use flechas de ponta simples ao invés de flechas de ponta dupla para mostrar o movimento de apenas um elétron. O desenho de todos os passos de iniciação, propagação e terminação é uma prática padrão para muitas reações de radical livre.

Vendo por Exemplos: Exemplo de Problema de Mecanismo

Agora, vamos aplicar os princípios a um exemplo. Suponha que você precise propor um mecanismo para converter o álcool exibido na Figura B-1 no alceno exibido na mesma figura.

Figura B-1: Exemplo de um problema de mecanismo.

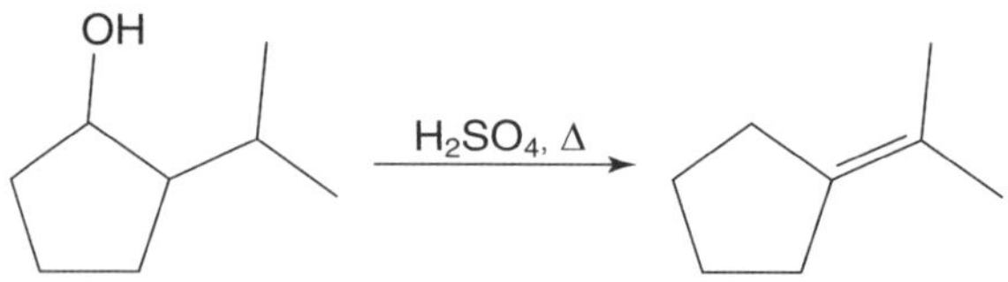

Primeiro, é preciso identificar com que tipo de mecanismo estamos lidando. É um mecanismo de ácido ou de base? É um mecanismo de nucleófilo ou de eletrófilo? É um mecanismo de radical livre? Como o reagente é um ácido sulfúrico (H_2SO_4) mais Δ (símbolo que indica que a mistura da reação é aquecida), a reação será uma reação de ácido.

Em seguida, identificamos para onde seguimos no mecanismo. A conversão de um álcool em um alceno costuma envolver desidratação (perda de água). Mas podemos perceber que o alceno no produto está em posição incomum, porque a desidratação costuma colocar o alceno adjacente ao álcool inicial. O produto, nesse caso, tem a ligação dupla a uma distância de um átomo de carbono além de sua posição esperada. Então, esperaríamos algo incomum nesse mecanismo que justifique a regioquímica incomum da reação.

Agora que sabemos aproximadamente nosso destino nesse mecanismo, podemos começar a propor a rota para chegarmos lá. Em um mecanismo de ácido, a primeira coisa a procurar é um grupo da molécula que possa ser protonado. O único grupo básico do material inicial nesse caso é o álcool, então o primeiro passo seria protonar o grupo álcool com ácido sulfúrico.

DICA

O primeiro passo em mecanismos de ácido é, quase sempre, a protonação.

Como sempre, siga as convenções para lançamento de flechas (detalhadas no Capítulo 3), desenhando flechas de ponta dupla a partir dos elétrons até seu destino (os únicos mecanismos que usam flechas de ponta simples são mecanismos de radical livre).

Como muitos professores de química orgânica estão convencidos de que o círculo mais interno do inferno de Dante está reservado aos alunos que desenham consistentemente a protonação de forma incorreta, certifique-se de desenhar sempre a flecha a partir dos elétrons na base na direção do próton acídico sendo atacado pelos elétrons. Nunca cometa o pecado imperdoável de desenhar uma flecha a partir de um ácido H^+. Além disso, para facilitar o seguimento do movimento dos átomos e das cargas, os átomos nas partes da molécula que mudam na reação são desenhados explicitamente com a estrutura de Lewis completa, como exibido na Figura B-2.

Figura B-2: Primeiro passo.

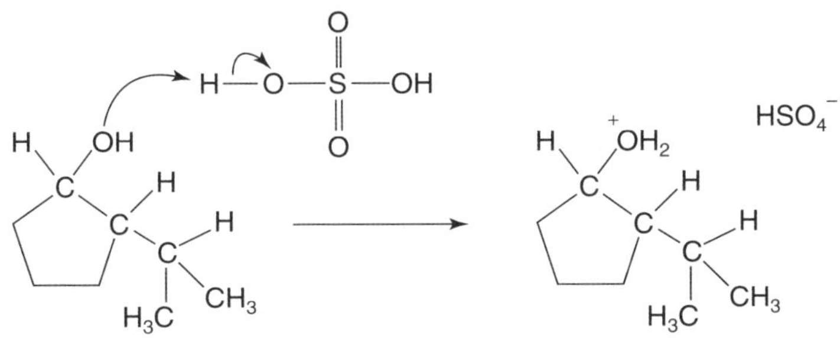

Em seguida, examine as consequências da protonação. O que pode ser feito agora que não podia ser feito antes? Uma coisa que pode ser feita agora que o álcool está protonado é formar um carbocátion. Enquanto o íon hidróxido, OH^-, é um grupo de saída ruim (lembre-se que as bases fortes são grupos de saída ruins), a água é um bom grupo de saída. Portanto, como no mecanismo típico de desidratação de álcool (Capítulo 9), o próximo passo envolve a perda de água para criar um carbocátion secundário, como exibido na Figura B-3.

Figura B-3: Fazendo um carbocátion.

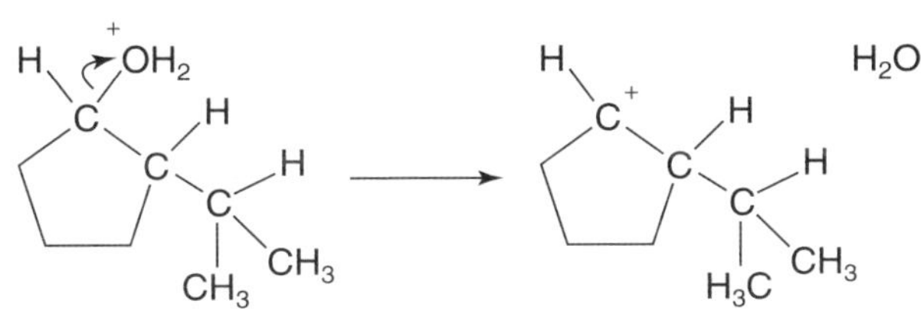

Na desidratação do álcool, quando o carbocátion é formado, o próximo passo costuma ser a formação da ligação dupla pela eliminação de um próton. Fazer isso nesse passo, porém, formaria a ligação dupla na posição errada. De alguma forma, o carbocátion precisa se mover de forma que quando o hidrogênio for eliminado, a ligação dupla seja formada na posição correta.

Olhando mais de perto, percebemos que o carbocátion está localizado próximo a um centro de carbono terciário. O carbocátion é, atualmente, um carbocátion secundário, mas está louco para se tornar um carbocátion terciário (lembre-se que carbocátions terciários são mais estáveis que carbocátions secundários). Um processo de pensamento mais pragmático pode ser que esse é o ponto para onde o cátion deve se mover para conseguir a eliminação no lugar correto. Para termos o carbocátion na posição terciária, realizamos um deslocamento de hidreto, que move o átomo de hidrogênio terciário e ambos os elétrons da ligação C-H para o centro catiônico, deixando o carbono terciário com carga positiva. Esse passo é exibido na Figura B-4.

Figura B-4: Cuidado com os deslocamentos em mecanismos de cátions.

Agora, a eliminação de um próton leva ao alceno correto. Mostro a desprotonação na Figura B-5, usando água para regenerar uma molécula de ácido. Também podemos usar a base conjugada de ácido sulfúrico como base aqui.

Figura B-5: Formação do alceno.

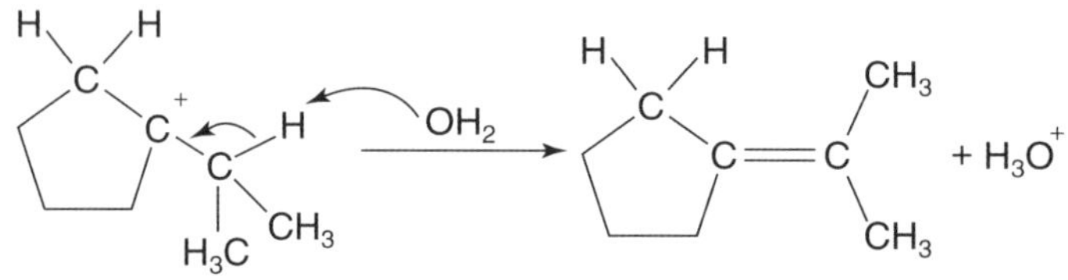

Apêndice C
Glossário

ácido: Doador de próton ou recebedor de pares de elétrons.

ácido de Brønsted: Um doador de próton.

ácido carboxílico: Molécula contendo um grupo carboxilo (COOH). É também um grupo funcional.

ácido conjugado: Ácido resultante da protonação de uma base.

ácido de Lewis: Receptor de par de elétrons.

adição anti: Reação em que os dois grupos de um reagente X-Y se acrescentam a faces opostas de uma ligação carbono-carbono.

adição sin: Reação em que dois grupos de um reagente X-Y se acrescentam à mesma face de uma ligação dupla carbono-carbono.

alcadieno: Molécula contendo duas ligações duplas em alternância. Reativo da reação de Diels-Alder.

alcano: Molécula contendo apenas ligações simples C-H e C-C.

alceno: Molécula contendo uma ou mais ligações duplas carbono-carbono. É também um grupo funcional.

alcino: Molécula contendo uma ou mais ligações triplas carbono-carbono. É também um grupo funcional.

álcool: Molécula contendo um grupo hidroxila (OH). É também um grupo funcional.

aldeído: Molécula contendo um grupo carbonila verdadeiro (CHO). É também um grupo funcional.

amida: Molécula contendo um grupo carbonila ligada a um nitrogênio ($-CONR_2$). É também um grupo funcional.

amina: Molécula contendo um nitrogênio isolado (NR_3). É também um grupo funcional.

anel fenil: Anel de benzeno como substituinte.

ânion: Átomo ou molécula de carga negativa.

antiaromático: Sistema de anéis planares altamente instáveis com elétrons $4n\pi$.

antiperiplanar (também chamada de anti coplanar): Conformação em que um hidrogênio e um grupo de saída estão no mesmo plano e em lados opostos de uma ligação simples cabono-carbono. Conformação necessária para a eliminação E2.

aromático: Sistema de anéis planares que contém orbitais p ininterruptos em torno do anel e um total de $4n + 2\pi$ elétrons. Compostos aromáticos são compostos inesperadamente estáveis.

arila: Grupo aromático como substituinte.

aquiral: Molécula sobreponível em sua imagem especular. Moléculas aquirais não giram a luz polarizada.

base: Receptor de próton ou doador de pares de elétrons.

base conjugada: Base resultante da desprotonação de um ácido.

base de Brønsted: Um receptor de prótons.

base de Lewis: Doador de par de elétrons.

benzino: Um intermediário altamente reativo. Um anel de benzeno com uma ligação tripla. Veja a Figura C-3.

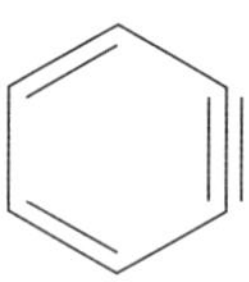

Figura C-1: Benzino.

bicíclica: Molécula com dois anéis que compartilham pelo menos dois carbonos.

carbânion: Átomo de carbono com carga negativa.

carbeno: Intermediário reativo, caracterizado por um centro de carbono neutro, deficiente em elétrons, com dois substituintes (R_2C:)

carbono alílico: Carbono sp^3 adjacente a uma ligação dupla.

carbocátion: Carbono de carga positiva.

cátion: Molécula ou átomo de carga positiva.

centro estereogênico: Carbono ou outro átomo com quatro substituintes não idênticos.

cetona: Composto contendo um grupo carbonila anexado a dois carbonos. É, também, um grupo funcional.

cinética: Estudo das velocidades de reação.

cis: Dois substituintes idênticos do mesmo lado de uma ligação dupla ou anel.

configuração: Orientação tridimensional de átomos em torno de um centro estereogênico. É designada como R ou S.

conformação: Arranjos espaciais instantâneos dos átomos. As conformações podem se modificar por rotação em torno de ligações simples.

conformação alternada: Conformação de uma ligação simples carbono-carbono, em que as ligações saídas de um carbono estão a uma distância máxima das ligações que saem de um carbono adjacente (60° de distância quando visualizadas em uma projeção de Newman). Veja a Figura C-13.

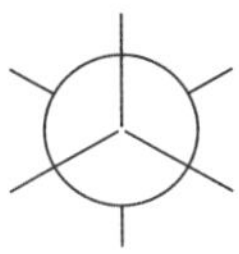

Figura C-2: Projeção de Newman de uma conformação alternada.

constante de acoplamento: Distância entre duas linhas vizinhas em um pico de RMN (dada em unidades de Hz).

conformação anti: Tipo de conformação alternada em que os dois grupos grandes são opostos em uma projeção de Newman. Veja a Figura C-1.

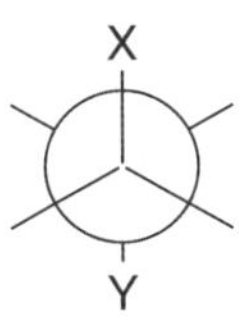

Figura C-3: Projeção de Newman de uma conformação anti.

conformação de cadeira: Normalmente, a conformação mais estável do cicloexano. Parece uma cadeira. Veja a Figura C-4.

Figura C-4: Cadeira.

conformação eclipsada: Conformação de uma ligação simples carbono-carbono em que todas as ligações saídas de dois carbonos adjacentes são alinhadas entre si (0° de distância quando visualizada em uma projeção de Newman). Veja a Figura C-5.

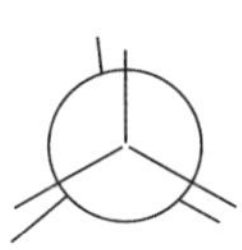

Figura C-5: Projeção de Newman de conformação eclipsada.

conformação gauche: Tipo de conformação alternada em que dois grupos grandes ficam próximos (exibida em uma projeção de Newman, na Figura C-7).

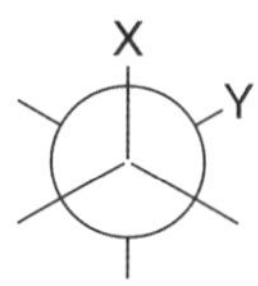

Figura C-6: Projeção de Newman de uma conformação gauche.

conformação s-cis: Conformação em que as duas ligações duplas de um alcadieno conjugado estão do mesmo lado da ligação simples carbono-carbono que as conecta. Conformação necessária para a reação de Diels-Alder. Veja a Figura C-11.

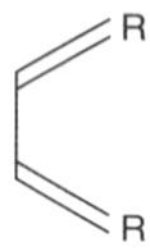

Figura C-7: conformação s-cis.

conformação s-trans: Conformação em que as duas ligações duplas de um alcadieno conjugado estão em lados opostos da ligação simples carbono-carbono que as conecta. Veja a Figura C-12.

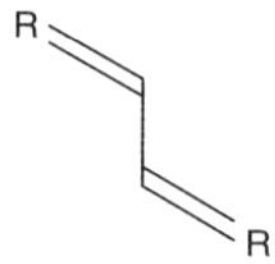

Figura C-8: conformação s-trans.

composto orgânico: Composto que contém carbono.

desidrohalogenação: Perda de um hidrácido (como HBr, HCl e outros) para formar uma ligação dupla.

deslocamento químico: Posição de um pico de RMN em relação ao tetrametilsilano padrão (TMS), dado em unidades de partes por milhão (ppm).

diastereoisômeros: Estereoisômeros que não são imagens espelhadas um do outro.

dienófilo: Reativo da reação de Diels-Alder que contém uma ligação dupla. Os dienófilos costumam ser substituídos por grupos retiradores de elétrons.

dubleto: Descreve a divisão de sinal da RMN em dois picos.

efeitos de indução: Doação ou retirada de elétrons por átomos eletropositivos ou eletronegativos através da estrutura da ligação sigma.

efeito estérico: Termo que se refere à forma como os átomos podem blindar um local ficando no caminho da aproximação de um reativo.

eletronegatividade: Termo que descreve a gula por elétrons de um átomo. Mais tecnicamente, medida da tendência que um átomo tem para atrair os elétrons em uma ligação covalente para si próprio.

eletrófilo: Amante de elétrons. Molécula que pode receber um par solitário de elétrons (um ácido de Lewis).

enantiômeros: Moléculas que são imagens especulares não sobreponíveis.

espectroscopia IV: Técnica instrumental que mede a absorção de luz IV pelas moléculas. Pode ser usada para determinar grupos funcionais em uma molécula desconhecida.

espectrometria de massas: Técnica instrumental que envolve a ionização de moléculas em fragmentos. Pode ser usada para determinar pesos moleculares de moléculas desconhecidas.

estado de transição: Ponto mais alto do monte de energia que transforma uma espécie em outra.

éster: Molécula contendo um grupo carbonila adjacente a um oxigênio. É, também, um grupo funcional.

estereoisômeros: Moléculas que têm a mesma conectividade atômica, mas orientações diferentes daqueles átomos no espaço tridimensional.

estereoquímica: Estudo de moléculas em três dimensões.

estruturas de ressonância: Estruturas usadas para representar melhor a posição dos elétrons pi e não ligantes em uma molécula. Uma molécula parece um híbrido de todas as estruturas de ressonância.

éter: Molécula contendo um oxigênio com uma ligação simples a dois átomos de carbono. É, também, um grupo funcional. O éter costuma se referir ao éter etílico.

equatoriais: Ligações em um cicloexano em cadeira que são orientadas ao longo da linha do equador do anel. Veja a Figura C-6.

Figura C-9: Equatoriais.

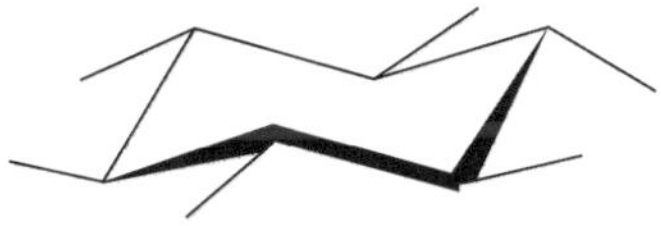

grupo benzil: Um anel de benzeno mais uma unidade de metileno (CH_2) (C_6H_5-CH_2).

grupo carbonilo: Carbono duplamente ligado ao oxigênio (C=O).

grupo funcional: Centro de reatividade.

grupo R: Abreviação dada à parte sem importância de uma molécula. Indica o Resto da molécula.

hiperconjugação: Interação fraca (doação de elétrons) entre ligações sigma e orbitais p. A hiperconjugação explica porque os substituintes alquila estabilizam os carbocátions.

haleto: Membro do grupo VIIA da Tabela Periódica (como F, Cl, Br, I e daí em diante). Ou uma molécula que contenha um desses átomos. É, também, um grupo funcional.

intermediário: Qualquer espécie formada em uma reação a caminho da criação do produto. Normalmente, os intermediários são instáveis.

íon molecular: Fragmento em um espectro de massa que corresponde ao radical cátion (M^+) da molécula. O íon molecular resulta na massa molecular da molécula.

isômeros constitucionais: Moléculas de mesma fórmula molecular, mas de átomos ligados de maneiras diferentes.

isômero E: Estereoisômero em que dois grupos de maior prioridade estão em lados opostos de um anel ou ligação dupla.

isômero Z: Isômero em que os dois substituintes de mais alta prioridade estão do mesmo lado de uma ligação dupla ou anel.

ligação axial: Ligação perpendicular ao equador do anel (para cima ou para baixo) em um cicloexano em cadeira. Veja a Figura C-2.

Figura C-10: Ligações axiais.

ligação covalente: Ligação em que dois elétrons são compartilhados entre dois átomos.

ligações duplas conjugadas: Ligações duplas separadas por uma ligação simples carbono-carbono. Alternância de ligações duplas.

ligações duplas não conjugadas: Ligações duplas separadas por mais de uma ligação simples carbono-carbono.

ligação iônica: Ligação em que os elétrons não são compartilhados entre dois átomos.

ligação pi (também chamada ligação π): Ligação com densidade eletrônica acima e abaixo de dois átomos, mas não diretamente entre os dois átomos. Encontrada em ligações duplas e triplas.

luz polarizada: Luz que oscila em um plano único.

ligação sigma (também chamada ligação σ): Ligação em que os elétrons estão posicionados entre os núcleos dos átomos ligantes. Ligações simples são ligações sigma.

meso: Moléculas com centros estereogênicos, mas que são aquirais como resultado de um ou mais planos de simetria na molécula.

meta: Descreve as posições de dois substituintes em um anel de benzeno separados por um carbono. Veja a Figura C-8.

Figura C-11: Meta.

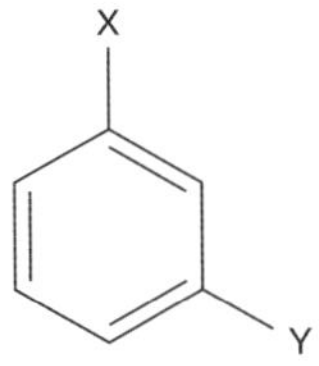

mistura racêmica: Mistura 50:50 de dois enantiômeros. Misturas racêmicas são opticamente inativas (não giram a luz polarizada).

molécula quiral: Molécula não sobreponível em sua imagem espelhada. As moléculas quirais giram a luz polarizada.

momento de dipolo: Medida da separação da carga em uma ligação ou molécula.

nitrila: Um composto contém um grupo ciano: um carbono ligado triplamente a um nitrogênio (CN). É, também, um grupo funcional.

nó: Região de um orbital com densidade eletrônica igual a zero.

nucleofilicidade: Medida da reatividade de um nucleófilo em uma reação de substituição nucleofílica.

nucleófilo: Amante de núcleos. Molécula com habilidade para doar um par solitário de elétrons (base de Lewis).

opticamente ativo: Gira luz polarizada.

orbital: Região de espaço em que um elétron está confinado ("apartamento" do elétron).

orbitais híbridos: Orbitais formados da mistura de orbitais atômicos, como orbitais sp^2, resultantes da mistura de orbitais s e p.

orto: Descreve as posições de dois substituintes em um anel de benzeno que estão em carbonos adjacentes. Veja a Figura C-9.

Figura C-12: Orto.

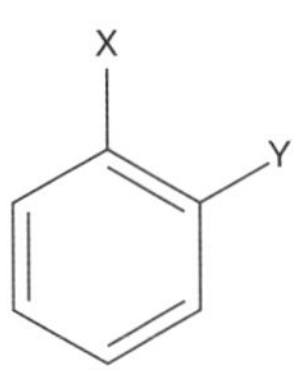

orto-para dirigente: Substituinte aromático que direciona eletrófilos às posições orto ou para.

oxidação: Reação que envolve a perda de elétrons por um átomo ou molécula.

para: Descreve as posições de dois substituintes em um anel de benzeno que são separados por dois carbonos. Veja a Figura C-10.

Figura C-13: Para.

pKa: Escala para definir a acidez de uma molécula (pKa = – log Ka).

plano de simetria: Corte plano em uma molécula na qual ambas as metades são imagens espelhadas entre si.

posição benzílica: Posição de um carbono ligado a um anel de benzeno.

produto cinético: Produto de formação mais rápida (esse produto tem a menor energia de ativação).

produto natural: Composto produzido por um organismo.

produto termodinâmico: Produto da reação com menor energia.

próton: Um íon H^+. É, também, uma partícula nuclear de carga positiva.

prótons de acoplamento: Prótons que interagem entre si e dividem o pico de RMN em um certo número de linhas que seguem a regra n + 1.

radical: Átomo ou molécula com um elétron não emparelhado.

reação de Diels-Alder: Reação que une um alcadieno e um dienófilo para formar moléculas bicíclicas e anéis.

reação de eliminação E1: Reação que elimina um hidrácido (como HCl, HBr e outros) para formar um alceno. Reação de primeira ordem que passa por um mecanismo de carbocátion.

reação de eliminação E2: Reação que elimina um hidrácido (como HCl, HBr e outros) para formar um alceno. Reação de segunda ordem que ocorre em um único passo, no qual a ligação dupla é formada enquanto o hidrácido é eliminado.

reação S_N1: Reação de substituição de primeira ordem que passa por um intermediário carbocátion.

reação S_N2: Reação de substituição de segunda ordem que acontece em uma etapa e não tem intermediários.

redução: Reação que envolve o ganho de elétrons por um átomo ou molécula.

região de impressão digital: Região de um espectro IV abaixo de 1.500 cm^{-1}. A região de impressão digital do espectro IV costuma ser complexa e de difícil interpretação.

regra de Hückel: Regra que afirma que anéis planares completamente conjugados com elétrons $4n + 2\pi$ são aromáticos.

regra de Markovnikov: Regra que afirma que eletrófilos se adicionam ao carbono menos altamente substituído de uma ligação dupla carbono-carbono (ou o carbono com a maioria dos átomos de hidrogênio).

regra n + 1: Regra que prevê o acoplamento de um próton na espectroscopia RMN de ^1H. Um sinal RMN dividirá em picos n + 1, onde n é o número de prótons adjacentes equivalentes.

RMN: Espectroscopia de ressonância magnética nuclear. Técnica que mede a absorção da luz pelas moléculas em frequência de rádio. Método poderoso para determinar estrutura.

singleto: Descreve um sinal de RMN que consiste de um único pico.

síntese em várias etapas: Síntese de um composto que leva várias etapas para ser atingida.

solventes apróticos: Solventes que não contêm ligações O-H ou N-H.

solvente prótico: Solvente contendo ligações O-H ou N-H.

sp: Orbital híbrido feito da mistura de um orbital s e um orbital p.

sp^2: Orbital híbrido feito da mistura de um orbital s e dois orbitais p.

sp^3: Orbital híbrido feito da mistura de um orbital s e três orbitais p.

substituinte: Pedaço que sai da cadeia principal ou anel de carbono.

substituinte de orientação meta: Qualquer substituinte em um anel aromático que direcione eletrófilos à posição meta.

tautômeros: Moléculas que diferem na colocação de um hidrogênio e ligações duplas e são facilmente interconversíveis. Formas cetônicas e enólicas são tautômeros.

teoria orbital molecular: Modelo de representação da posição dos elétrons que permite que eles mudem de posição por toda a molécula. Uma teoria mais precisa, mas menos simples do que o modelo de ligação de valência.

termodinâmica: Estudo das energias das moléculas.

tiol: Molécula contendo um grupo SH. É, também, um grupo funcional.

tripleto: Descreve a divisão de sinal de RMN em três picos.

valor delta (também chamado valor Δ): Deslocamento químico. Posição de um pico de RMN em relação ao tetrametilsilano padrão (TMS), dado em unidades de partes por milhão (ppm).

valor J: Constante de acoplamento entre dois picos em um sinal de RMN. Expresso em unidades de Hz.

Índice Remissivo

• Symbols •

• A •

• B •

• C •

• D •

• E •

• O •

• P •

• Q •

• R •

• S •

• T •

• U •

• V •